"十二五"国家重点出版物出版规划项目

绿色复合材料

唐见茂　编著

中国铁道出版社
CHINA RAILWAY PUBLISHING HOUSE

内容简介

环境友好、可自然降解的绿色复合材料是当今复合材料领域的研究热点。本书沿着高性能复合材料主线，重点论述“绿色”的内容，包括各种不同绿色复合材料的设计、选材、制造、表征和评价等内容。

本书适合复合材料领域的科研人员、生产技术人员以及政府相关职能部门、中介咨询机构阅读参考，亦可作为高等院校材料科学相关专业的参考书。

图书在版编目(CIP)数据

绿色复合材料/唐见茂编著．—北京：中国铁道出版社，2016．12

ISBN 978-7-113-21347-3

Ⅰ．①绿…　Ⅱ．①唐…　Ⅲ．①复合材料—无污染技术　Ⅳ．①TB33

中国版本图书馆 CIP 数据核字(2015)第 320856 号

书　　名：绿色复合材料

作　　者：唐见茂　编著

策　　划：李小军　　　　**读者热线**：(010) 63550836

责任编辑：李小军　许　璐

封面设计：MXK DESIGN STUDIO

责任校对：张玉华

责任印制：郭向伟

出版发行：中国铁道出版社（100054，北京市西城区右安门西街 8 号）

网　　址：http://www.51eds.com

印　　刷：北京盛通印刷股份有限公司

版　　次：2016 年 12 月第 1 版　　2016 年 12 月第 1 次印刷

开　　本：787 mm×1 092 mm　1/16　**印张**：21.75　**字数**：474 千

书　　号：ISBN 978-7-113-21347-3

定　　价：78.00 元

自　　序

谈及复合材料，应该首先从材料说起，对于材料，人们并不陌生，“材充环宇，料满天下”，我们生活的这个世界，可以说就是由各种材料组成，房屋、汽车、高速列车、航空航天、船舶、机械、电脑、互联网、医疗、运动、休闲等都离不开材料。尽管如此，但目前还没有一个共同约定的关于材料的准确定义。一般而言，材料是指具有一定的化学成分与分子结构，以及能提供一定的物理和化学性能，使其可用来制造各种产品和工具的物质。应该说，这个定义非常广泛，它几乎涉及人类生活、工作和学习的方方面面，以及所有的现代高技术领域和现代化产业体系。所以说材料是人类物质文明的基础，也是现代高新技术和产业的基础和先导。

人类数千年的物质文明发展，特别是200多年来的现代工业发展，成就了材料发展的无比辉煌，现在可供人类使用的材料达50 000多种，而且高性能、高功能、多功能、智能化的新型材料还在陆续开发。一方面，随着现代高新技术的发展，材料的提取、合成、制造、加工、改性、应用等技术水平，达到了空前的高度，为人类的未来展现出非常光辉的前景。另一方面，所有的材料都是用资源换取的，全球的资源只有两大类，一类是不可再生资源，一类是可再生资源。目前全球资源的状况是：不可再生资源在日益枯竭，可再生资源还未得到充分的开发利用。这就是绿色材料和材料绿色化异军突起的根本原因，而其中绿色复合材料的开发和应用将发挥极其重要的作用。

材料按照其化学组成，可分为金属材料、无机非金属材料和有机非金属材料（以合成高分子材料为主）三大类。由于复合材料品种越来越多，产量越来越大，应用越来越广泛，在材料学科中的地位和作用越来越重要，因此现在有的分类把复合材料列为第四大类材料，但从材料的属性来看，复合材料只不过是上述三大类材料以不同方式进行组合或复合而得到的一大类材料。

在复合材料大家族中，绿色复合材料算是新增的成员。自20世纪90年代起，其地位迅速上升，原因不言而喻。人类赖以生存的地球所面临的资源、能源和环境问题日益迫切，促使人们去寻找一种新的发展理念和模式，也就是现在言必提及的可持续发展的理念和模式。“可持续发展是指既满足当代人需要，又不损害后代人满足需要的能力的发展。”（《我们共同的未来》，世界环境与发展委员会，1987年）对于材料科技和产业发展而言，就是要实现从产品设计、材料提取和选用、加工制造、服役和使用、回收再生的整个生命周期的绿色化和生态化，即要实现从传统的“从摇篮到坟墓”(from cradle to grave)到“从摇篮到再生”(from cradle to gate)的根本性转变,绿色材料和绿色复合材料在这方面大有作为。

绿色复合材料是一个内容极为丰富的概念,现在还没有一个普遍接受的定义。从“绿色”的概念出发,目前绿色复合材料可以分为两类:一是指至少有一种组分材料是可降解的复合材料,发展主流是用可全降解的高性能天然植物纤维与全降解的生物聚合物复合而成的一类复合材料,有人称为100%的绿色复合材料;二是其他复合材料,包括航空航天等高端应用的高性能复合材料的绿色化,涉及绿色设计、绿色制造、退役产品的回收和再生利用等。从可持续发展的要求出发,绿色复合材料将展现出非常广阔的发展前景。

近年来,绿色复合材料成了材料大家族中的新秀,究其原因,一是原材料来自取之不尽用之不竭的可再生自然资源,如纤维素、木质素、淀粉、蛋白质、核壳糖等,相对于石化原料,具有资源上的优势;二是绿色复合材料退役制品和废弃物可自然降解,最后变成CO_2和H_2O,回到大自然中去,不产生环境负荷。这两方面都是实现可持续发展的非常重要的条件。

绿色复合材料在全球范围内的研究、开发和应用已逐渐成为材料学科和材料技术发展的一种趋势,在材料设计、原材料提取、制造加工、产品使用、回收再生以及产业化等方面取得重要进展,在汽车、高铁、建筑、船艇、城市园林等方面的应用迅速扩大,随着石化高分子材料及其复合材料的资源日渐短缺,绿色复合材料对可持续发展的地位和作用将更为突出。

在签约本书之前,曾经有过犹豫,作为一个在航空航天复合材料圈子里转悠近40年的科技工作者,对复合材料自然有一种难以割舍的情结,但毕竟对“绿色”的知识、内容和前景的了解和掌握有限,最后恐难尽如人意,但怀着为可持续发展做一点努力的愿望,我完成了这部国内类似书籍尚属不多的著作,希望来为我国新材料绿色化的可持续发展能起到一点作用。

绿色复合材料仍未脱出复合材料的范畴,所以本书思路基本是沿着高性能复合材料主线,着重论述“绿色”的内容,包括设计、选材、制造、表征及评价等,本书可供从事复合材料的科研、生产、教学人员以及职能部门和中介咨询机构阅读和参考。

编著者

2016年6月于北京

目　　录

第1章 概 论

1.1 复合材料概述

复合化是新材料发展的重要趋势之一，即将两种或两种以上异形、异质、异构的材料，用专门的成型技术和方法复合而得到的一种高性能的新材料体系，复合的目的之一是取两种材料之长，形成优势互补，使材料高性能化。所谓**高性能化**，就是实现轻质、高强，也就是大幅提高单位质量材料的强度和刚度，称之为**高比强度**和**高比刚度**。用作结构材料时，较轻的结构质量，就可以完全满足承载的要求，使材料的效率得以充分发挥。例如，航空航天结构件用高性能碳纤维增强的树脂基复合材料代替轻质高强铝合金，减重效果可达20%～40%，体现出节能减排的巨大效益。

复合的另一个目的是使材料拥有某种物理性能，如光、电、热、声、磁等的特殊功能，实现材料的高功能化和多功能化。因此复合材料按使用要求大致分为结构复合材料和功能复合材料，随着复合材料技术的发展，现在也在大力发展结构/功能一体化或智能化的复合材料。

另外，从材料技术的发展历程来看，复合化也是势在必行。现代材料技术100多年的发展表明，单一材料技术的发展已相当成熟。单一材料包括金属、无机非金属和有机高分子材料，在性能上继续实现重大突破的空间已经有限，但现代高新技术，例如航空航天领域，却对材料提出了越来越高的要求，这就促使人们去研究开发更新和更高效的材料。

有的单一材料尽管性能很好，但在使用中却常表现出一些不足。例如，金属材料强度高、耐热性好，但一般情况下密度高、重量大，不利于减轻结构重量；新型陶瓷材料耐高温、耐腐蚀，但致命的缺陷是脆性大，限制了其在结构上的使用；新型高分子材料综合性能好、加工容易、成本低，适于大量推广，但本身的强度和耐热性都不够。

目前，能有效克服单一材料的某些不足的方法就是复合。通过复合，人们可以根据自己的愿望来获取一种高性能或具有某种特殊功能的新材料，这就是复合材料。复合材料这种取不同材料之长以达到优势互补的作用被称为**复合效应**。通过复合效应就可以设计各种新型材料，因此，现在也把复合材料称为“**设计材料**”。

业界认为，从材料发展的进程看，21世纪是复合材料时代，就材料而言，现在的趋势是“一切都要复合；一切都可复合；一切都在复合”。在今后一段时期内，只有复合材料才有潜力取得

20%～25%的性能提升。这是指结构材料而言。而对于功能材料，复合正在为各种新功能、高功能、多功能材料提供前所未有的发展空间。

通常将组成复合材料的材料或原材料称为**组分材料**(constituent materials)，它们可以是金属、陶瓷或高聚物材料。对结构复合材料而言，组分材料包括**基体**(matrix)和**增强体**(reinforcement)，基体的作用是将增强体固结在一起并在增强体之间传递载荷；增强体是复合材料中承载的主体，目前用得最多的是**纤维增强**，也可用颗粒、晶须或小薄片的形式增强。如前所述，用作基体和增强体的材料可以是金属、陶瓷或聚合物材料。

功能复合材料的组分材料是**基体**和**功能体**(functional agents)，功能体大多是具有某种物理特性的颗粒物或其他形态的物质，它们可以使基体在原有性质的基础上增加光、电、声、热、磁等特殊功能。[1,2]

1.1.1 复合原理[3,4]

复合材料的复合原理就是将两种或两种以上的组分材料通过物理或机械的方法进行组合，组合过程中，组分材料不发生化学变化，也就是组分材料以原有的形态和性质共同存在于复合材料中。因此复合材料在宏观上包括至少两种不同的组分材料，是一种多相组成的材料体系。

基于这样的复合原理，不是所有的通过物理或化学方法得到的混合物或化合物都能称为复合材料，金属材料中的合金也不能算复合材料。为了有别于越来越多的混合物、化合物和合金，近年来对什么是复合材料有了较明确的界定，主要有以下几方面：

(1)复合材料是人工复合的，以区别于具有复合材料形态的某些天然物质；

(2)组分材料必须具有不同的性质和形态，并在复合材料中保持不变，以区别于合金和化合物；

(3)组分材料的性质和含量可以进行选择和设计，有人提出，每种组分含量至少在5%以上；

(4)复合后的各组分材料之间存在界面层或界面相，在宏观上是多相的材料体系；

(5)复合材料的性能取决于各组分材料的性能和含量以及复合方式，复合后可得到原组分不能提供的性能或功能，也就是说，复合能使材料高性能化和特殊功能化。

由此可以看出，复合材料与一般材料简单的混合有本质区别，也不同于金属材料中的合金，合金只是一种包含不同金属元素的金属材料，不含其他性质不同的材料。同样复合材料也有别于用不同方法，如接枝、嵌段和互穿网络共聚改性的二元、三元或多元高聚物材料，因为它们也不包含性质不同的其他材料，实际上也是一种高分子聚合物材料。

简言之，复合材料是组分材料在不同尺寸、不同层次上进行材料结构设计和优化的结果，既保留了组分材料原有的性能，又能得到组分材料不能提供的一些新的性能或功能，甚至产生了原组分材料根本不具备的全新的功能。例如，纳米复合材料(nano-composites)是近年来快速发展的新兴复合材料，由于填充物的纳米尺度效应、大的比表面积以及填充物与基体间强的界面相互作用，纳米复合材料的性能经常不受常规复合理论的约束，具有一系列独特的力学、热力学和加工流变等性质。

复合材料大大拓宽了材料的应用范围，通过不同方式的复合，可以开发出许多的新材料品种，使复合材料继金属、无机非金属和有机高分子材料之后，成为一大类新的材料。

在复合材料大家族中，用增强纤维与树脂基体复合是一种最基本的复合，因此纤维复合材料，尤其是碳纤维树脂基复合材料是目前在结构应用中发展的主流。其复合的原理如图 1－1 所示，这是一种最基本的复合，将平行排列的纤维与树脂直接组合成复合材料。

纤维与树脂的复合有多种方式，而在高性能的复合材料中，大量采用的是用连续纤维增强的层压复合材料（见图 1－2）。它是先将平行纤维与树脂基体制成层片（通常以预浸料的形式提供），再经过铺层设计，将层片按不同的纤维取向进行叠合，最后用热压成型的方法制成层压板或层合板，图 1－2(a)是**单向层板**，纤维沿同一个取向，呈各向异性，平行纤维方向与垂直方向性能大不相同，这是纤维复合材料与各向同性的金属材料最基本的区别，它是研究复合材料最基本的单元；图 1－2(b)是**多向层板**，采用对称铺层设计，即在层板中心面两侧的各层的纤维是对称的，称**准各向同性板**。

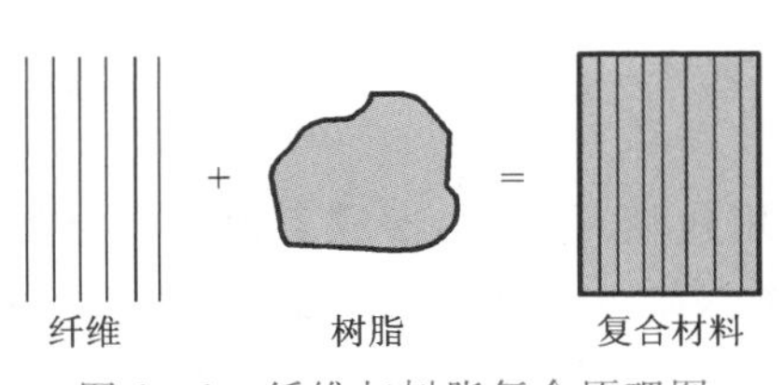

图 1－1　纤维与树脂复合原理图

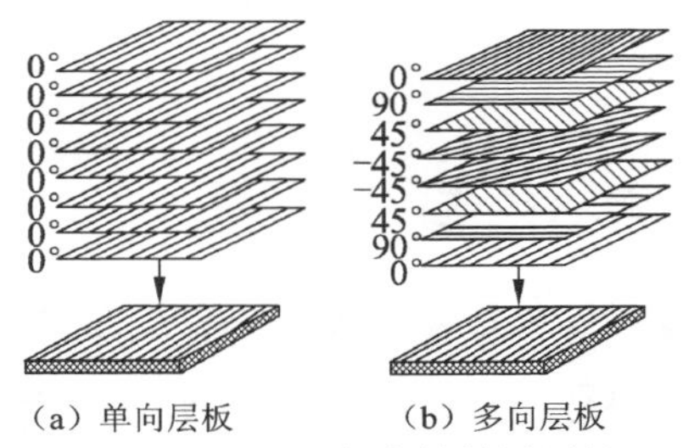

图 1－2　纤维复合材料层压板

现代复合材料技术正是基于这种层压结构而发展起来的，比如复合材料力学，包括微观力学和宏观力学，它必须研究各组分（如基体和增强体）的性能、含量、复合方式、界面结合、非均匀性的影响等微观特性，以及纤维取向、层片叠合顺序、层压板强度和刚度、失效准则、湿热环境影响等宏观特性，成为复合材料结构设计的技术基础。

为了改善这种层压结构中纤维与基体的界面结合以及层与层之间的结合，近年来发展了用二维的织物或三维的纤维编织件或缝合件与树脂复合的技术（见图 1－3）。这种增强方式解决了层压复合材料薄弱的层间结合问题。

复合材料另一种特殊的结构形式是**夹层结构**（见图 1－4）。强度很高的上下面板与轻质夹芯用胶膜粘接在一起，形成一个“三明治”，面板可以是玻纤或碳纤复合材料，芯材可以是蜂窝、高性能泡沫塑料及特形芯材，但蜂窝芯用得最多，如 Nomex 蜂窝芯。夹层结构的特点是重量轻、刚性好，能承受较高的弯曲和扭曲载荷，在航空航天、船舶、列车和建筑上得到广泛应用。比如用玻璃纤维复合材料面板与蜂窝芯制成的夹层结构，除很高的强度和刚度外，还有很好的透电波性能，是各种雷达天线罩主要的结构形式。

图 1－3　三维纤维编织预型件示意图

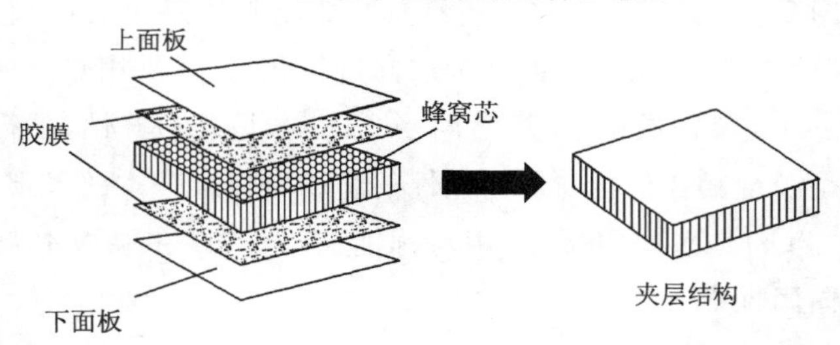

图 1－4　蜂窝夹层结构示意图

1.1.2　复合效应[5]

复合效应是指复合过程中各组分材料的相互作用或相互影响，形成各取所长、优势互补，实现复合材料的性能改进或提高的一种度量，或得到一种或多种新的功能。因此复合材料的整体性能不是其组分材料性能的简单叠加和平均，而是通过各种复合效应得到一种不同于原组分材料的新材料体系所具有的综合性能。

复合效应是复合材料技术研究的重点内容，由于组分材料性质、形状、含量、分布以及复合的方式多有不同，复合效应也有多种不同的表现形式，从目前的研究现状来看，大致上可分为两种类型：**线性效应**(linear effect)和**非线性效应**(non-linear effect)。

线性效应是指复合材料的性能与组分材料用量呈线性变化关系。例如，纤维增强复合材料性能的线性复合效应就可表示为：

$$P_c = P_m V_m + P_f V_f$$

式中：　P——材料性能；

　　　　V——材料体积含量；

　　c、m、f——分别表示复合材料、基体和增强体(或功能体)，下同。

例如，复合材料的弹性模量按线性效应就可表示为：

$$E_c = E_m V_m + E_f V_f$$

式中：　E——弹性模量；

　　　　V——组分的体积分数。

应该指出，这只是一种理论的假设，实际情况也许不尽一致。而且，这种关系只在一定的范围内适用，例如，纤维增强复合材料，增强体的体积分数一般在60%左右，高性能复合材料的纤维体积含量可达70%，在这个范围内，复合材料的强度会随纤维体积分数的增大而逐步提高，超出这一范围，树脂基体不足以包覆全部纤维的表面，造成严重的界面缺陷，导致复合材料性能迅速下降。

非线性效应在功能复合材料上体现较多，典型的如航天器表面热防护的梯度功能复合材料，与均匀功能复合材料不同。梯度功能复合材料的主要特征：一是材料的组分和结构呈连续梯度变化；二是材料内部没有明显的界面；三是材料的性质也相应呈连续梯度变化。其设计思想是高温侧壁采用耐热性好的陶瓷材料，以适应几千摄氏度高温气体的环境；低温侧壁使用导热性和强度好的金属材料，与飞行器表面连接。由于该材料内部不存在明显的界面，陶瓷和金属的组分呈连续变化，物性参数也呈连续变化。材料从陶瓷过渡到金属的过程中，其耐热性逐渐降低，机械强度逐渐升高，热应力在材料两侧均很小，既能对飞行器表面进行有效的热防护，又不至于增加防护层与飞行器表面的应力差，对飞行器表面起到保护作用[3]。

在结构复合材料中，较理想的复合效应体现在以下几方面：

1. 力学性能提高

纤维与基体复合后，在基体的连接和约束下，形成固定的形状和尺寸，并通过界面进行彼此之间的载荷传递，使复合材料相对于基体而言力学性能大幅提高。复合材料优异的力学性能只能通过两者的复合才得以实现和发挥。

2. 光学性能与力学性能的复合

用透光性极好的玻璃纤维增强聚酯复合材料，具有很好的力学性能并同时具有充分的透光性，可应用于透光的建筑结构制品。

3. 电性能与力学性能的复合

玻璃纤维增强树脂基复合材料具有良好的力学性能，同时又是一种优良的电绝缘材料，用于制造各种仪表、电机与电器的绝缘零件，在高频作用下仍能保持良好的介电性能，又具有电磁波穿透性，用来制作各种雷达天线罩。聚合物基体中引入炭黑、石墨、酞花菁络合物或金属颗粒粉等导电填料制成的复合材料具有导电性能，同时也具有高分子材料的力学性能和其他特性。

4. 热性能与力学性能的复合

① 耐热性能。力学性能和热性能是结构树脂基复合材料的两个主要性能。耐热性能取决于所用的树脂基体，如飞机结构的环氧树脂复合材料最高使用温度可达150 ℃，双马树脂为180～220 ℃。

② 热防护性能。航天飞行器在往返大气层时表面温度将达数千度，一般的材料很难承受如此高温，通常采用热烧蚀材料进行防护；烧蚀防护材料依靠材料本身的烧蚀带走热量而起到防护作用。玻璃纤维、石英纤维及碳纤维增强的酚醛树脂是成功的烧蚀材料，本身具有较高的强度，同时酚醛树脂遇到高温立即碳化形成耐热性高的碳原子骨架；玻璃纤维还可部分气化，

在表面残留下几乎是纯的二氧化硅，它具有相当高的黏结性能。两方面的作用，使酚醛玻璃钢具有极高的耐烧蚀性能。

5. 吸波隐身功能与力学性能复合

在复合材料基础上加入雷达波吸收材料，并通过对结构的特殊外形设计，可以得到吸波隐身功能，这对于提高飞机的突防能力很有帮助。

6. 透波功能与力学性能复合

玻璃纤维复合材料除具有足够好的力学性能外，还具有透雷达波功能，因此玻璃纤维复合材料可以制造各种雷达天线罩。

实际上，复合材料技术的核心内容就是复合效应。既然要复合，就要重视复合的效果，而复合的效果就是通过各种复合效应体现出来的。因此复合效应几乎包括了复合材料技术所有的内容，如概念设计、详细设计、设计选材、复合机理、复合方式、成型工艺、性能表征和评价等。复合效应主要取决于组分材料的性能、含量及复合方式，而加工和成型的工艺质量则是复合效应能否充分得到体现和发挥的关键。

1.2 高性能纤维复合材料的发展历程[6,7]

高性能纤维复合材料主要是指用高性能增强纤维与高性能树脂基体复合而成的能满足航空航天等高端应用的一类复合材料，其优势在于其优异的综合性能，特别突出的是轻质高强，用作结构材料能大幅减轻结构质量。高性能复合材料于 20 世纪 60 年代成功开发，首先在飞机结构上得到应用，现在已迅速发展到能源、交通、船舶、汽车、化工、机械等其他领域。半个多世纪来，高性能复合材料发展的主流是以碳纤维增强的树脂基复合材料。

碳纤维复合材料的研究开发启迪于对玻璃纤维复合材料的认识和经验。20 世经 50 年代初美国以手糊成型制成了玻璃纤维增强聚酯军用飞机的雷达罩，从此开始了高性能复合材料的发展历程。但通常的玻璃纤维复合材料，密度要高出碳纤维复合材料的 1/3 以上，而拉伸强度仅是碳纤维复合材料的 2/3，模量则低于其 1/3，满足不了高性能飞行器的要求。因此研究高强、高模及低密的增强纤维成为发展高性能纤维复合材料的前提。在碳纤维之前，曾经开发过硼纤维，1960 年钨丝芯硼纤维开始小批量生产，硼纤维直径约 100 μm，拉伸模量达 400 GPa，拉伸强度达 3 800 MPa，硼纤维增强的环氧复合材料（纤维体积含量 $V_f \approx 60\%$），拉伸模量达 200 GPa（相对密度≈2.0），比玻璃纤维复合材料的拉伸模量 40 GPa（相对密度≈1.8）大 5 倍，比铝合金的拉伸模量（相对密度≈2.7）70 GPa 大 3 倍，因此美国空军材料实验室（AFML）将硼纤维/环氧复合材料命名为先进复合材料（advanced composite materials，ACM），并于 20 世纪 60 年代后期开始了在飞机结构上应用，如飞机水平尾翼和垂直安定面翼盒结构等。

然而，硼纤维生产工艺复杂，成本高，硼纤维本身粗硬，增加了复合材料成型制造的难度。基于这一事实，于 20 世纪 60 年代后期，一种新型的高性能纤维——聚丙烯腈基碳纤维研发成功并实现批量生产，从此开始了碳纤维复合材料在航空航天领域应用的新里程。

1.2.1　高性能纤维复合材料的优异性能

高性能纤维复合材料最主要的优势是轻质高强，它是通过采用高性能纤维作增强材料来实现的，目前高性能纤维包括三种，即碳纤维、芳纶和超高分子量聚乙烯纤维，而碳纤维仍占主导地位。

碳纤维是一种高性能的连续细丝材料，直径为 6～8 μm。目前用在复合材料中的碳纤维主要有两大类，即聚丙烯腈基碳纤维和沥青基碳纤维，它们是分别用聚丙烯腈原丝，或称之为前驱体(precursor)，或沥青原丝通过专门而又复杂的碳化工艺制备而得的。由于碳化，使原丝中的氢、氧等元素得以排出，成为一种含碳量在 90%以上的纯碳材料，而本身质量大为减轻。而且由于碳化过程中对纤维进行了沿轴向的预拉伸处理，使得分子沿轴向进行取向排列，因而碳纤维轴向拉伸强度大大提高，成为一种轻质、高强、高模、化学性能极为稳定的高性能纤维材料。

用碳纤维和高性能的树脂基体复合而成的先进树脂基复合材料是目前用得最多，也是最重要的一种结构复合材料。

碳纤维复合材料的性能特点主要表现为：

1. 优异的力学性能

对于航空应用的高端结构材料，轻质、高强是不断追求的目标，而碳纤维复合材料正是在这一点上体现出独特的优势，具体表现在超高的比强度和比模量(见表 1-1)。比强度和比模量是单位质量所能提供的强度的模量，显然比强度和比模量高的材料能提高承载能力，减轻结构质量，充分发挥材料效率。

表 1-1　几种工程材料性能比较

材　料	密度 $\rho/(g\cdot cm^{-3})$	拉伸模量 E/GPa	拉伸强度 σ/MPa	比模量 (E/ρ)	比强度 (σ/ρ)
高强钢	7.87	207	340～2 100	26.30	0.04～0.27
铝 6061—T6	2.70	68.9	310	25.52	0.11
高强碳纤/环氧(单向)	1.55	137.8	1 550	88.90	1.00
高模碳纤/环氧(单向)	1.63	215	1 240	131.90	0.76
玄武岩纤/环氧(单向)	1.90	70	1 000	36.84	0.53
E 玻纤/环氧(单向)	1.85	39.3	965	21.24	0.52
芳纶 49/环氧(单向)	1.38	75.8	1 378	54.93	1.00

由表 1-1 可看出，碳纤维复合材料的比强度可达钢的 14 倍，是铝的 10 倍，而比模量则超过钢和铝的 3 倍。碳纤维复合材料这一特性使其利用效率大为提高。目前，碳纤维复合材料在航空航天领域已大量替代铝制造飞行器结构，这种趋势还在继续。可以说，在航空航天技术的发展和竞争中，复合材料是一个重要的方面。不仅如此，其他如汽车、海运、交通、风电等与运行速度有关的部门都会因采用复合材料而大为受益。

2. 从材料到结构的设计和制造一体化，材料性能的可设计性

碳纤维复合材料用得最多的是层压结构的复合材料，由单向预浸带逐层叠合并加热加压制得，宏观上表现出非均匀性和各向异性。单向带沿纤维方向的性能与垂直纤维方向的性能差别很大，因此可通过设计增强纤维的取向及用量而对结构材料的性能实行“剪裁”，达到性能最佳化。例如，可把复合材料设计成在主受力方向上有足够的纤维来承受拉伸和压缩载荷，而其他方向有适当的纤维来承受剪切载荷或其他载荷，这种多纤维取向结构的制造又可通过不同的成型工艺来完成。复合材料这种可剪裁性(tailor ability)的优点，不仅可提高材料的使用效率，而且在设计阶段就考虑了可制造性，为大型复杂构件的整体化成型奠定了基础，提高了结构的整体性，简化了制造程序，降低了制造成本。

3. 制造成型的多选择性

复合材料的材料成型和结构成型是同时完成的，这使得大型和复杂的结构件整体化成型成为可能，经过数十年的发展，到现在有数十种不同的成型工艺供选择，如热压罐、模压、纤维缠绕、树脂传递模塑、拉挤、注射、喷塑、高度自动化的预浸带自动铺叠和纤维丝束的自动铺放等，实际应用时可根据构件的性能要求、材料的种类、产量的规模和成本的考虑等选择最适合的成型方案。

复合材料大型和复杂的结构件的整体成型，能大幅减少金属结构件机械加工和紧固件数量，提高工效，降低成本。

4. 良好的耐疲劳性能

层压的复合材料对疲劳裂纹扩张有“止扩”作用，这是因为当裂纹由表面向内层扩展时，到达某一纤维取向不同的层面时，会使得裂纹扩展的断裂能在该层面内改变方向，从而分散或降低了断裂能，这种特性使得复合材料的疲劳强度大为提高。研究表明，钢和铝的疲劳强度是静力强度的50%，而复合材料可达90%。

5. 良好的抗腐蚀性

由于复合材料的表面是一层高性能的环氧树脂或其他树脂塑料，因而具有良好的耐酸、耐碱及耐其他化学腐蚀性介质的性能。这种优点使复合材料在未来的电动汽车或其他有抗腐蚀要求的应用中具有强大的竞争力。

6. 受环境影响

除了极高的温度，一般不考虑湿热对金属强度的影响。但复合材料结构则必须考虑湿热环境的联合作用。这是因为复合材料的树脂基体是一种高分子材料，会吸进湿气，高温可加速湿气吸收，湿热的联合作用会降低其玻璃化转变温度，对结合界面形成影响，从而引起由基体控制的力学性能，如压缩性能、剪切性能等的明显下降。

综上所述，优异的比强度和比刚度以及性能可设计性是复合材料最突出的优点，它们为复合材料的应用提供了极为广阔的空间，也使得各种新型材料，如结构-功能一体化、多功能化、高功能化、智能化材料的开发成为可能。

1.2.2 复合材料的应用及发展前景

先进复合材料发端于航空航天需求，几十年来，特别是进入新世纪以来，发展非常迅速，应用范围不断扩大，除航空航天外，在船舰、汽车和轨道交通、能源、建筑、机械以及休闲等领域也得到越来越多的应用。

1.2.2.1 航空航天[8—12]

发端于航空航天结构应用的先进复合材料，半个多世纪以来走过了一条由小到大、由次到主、由局部到整体、由结构到功能、由军机扩展到民机的发展历程。

值得一提的是进入新世纪后，复合材料在民机上的应用实现了跨越式的发展，最具代表性的美国波音新推出的B-787梦想飞机，其复合材料用量达50%。另一家航空巨头——空客也不甘示弱，为了形成抗争局面，计划推出新款A-350XWB超宽体客机，复合材料用量达52%。业内表示，大型民用飞机结构复合材料的用量最高可达60%。

与此同时，直升机和无人机结构用复合材料发展更快，如美国的武装直升机科曼奇RAH66，共用复合材料50%；欧洲最新研制的虎式(tiger)武装直升机，复合材料用量高达80%；X-47C无人机复合材料用量达90%以上，甚至出现了全复合材料无人机，如“太阳神”(Helios)号。国外军机和民机复合材料的进展如图1-5所示。

今后20～30年，航空复合材料将迎来新的发展时期，在飞机结构用量的比例将继续增大，未来飞机，特别是军机为了进一步达到结构减重与降低综合成本，复合材料将不断取代其他材料，用量继续增长。

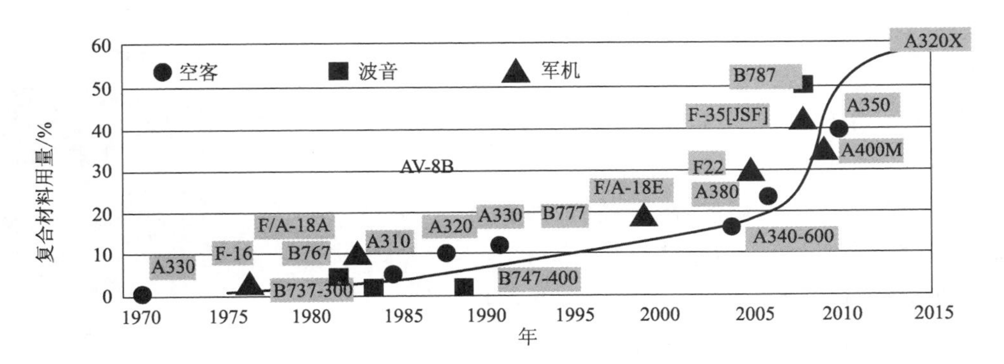

图1-5 国外军机和民机复合材料应用进展

在航天领域，由于高模量碳纤维质轻，刚性、尺寸稳定性和导热性好，被成功地应用于人造卫星结构体、太阳能电池板和天线中。而太空站和天地往返运输系统上的一些关键部件也大量采用碳纤维复合材料。以高性能碳(石墨)纤维复合材料为典型代表的先进复合材料作为结构、功能或结构/功能一体化构件材料，在导弹、运载火箭和卫星飞行器上也发挥着不可替代的作用，有力地推动了航天技术的发展。最近，美国NASA成功地完成了用于火箭发射用的复合材料——大型低温液体推进剂储罐，直径达5.486 4 m(18英尺)，是有史以来建造的最大的复合材料燃料罐之一，储罐采用自动纤维铺放技术和非热压罐固化技术成型(见图 1-6)。同时 NASA 还开发了适用于 8.382 m(27.5 英尺)燃料罐的设计和制造方案，这已是当今大型运载火箭中金属燃料罐的尺寸。用复合材料代替金属，储罐重量减轻 30%，成本节省 25%。不仅如此，从金属到复合材料结构的转变有潜力使未来空间发射系统(space launch system，SLS)的重型运载火箭性能大幅提高，促进航天技术的发展。

(a) 自动纤维铺放技术

(b) 储罐运抵试验站

图 1-6 NASA 制造的火箭发动机大型低温燃料储罐

此外，NASA 研发中的韦伯太空望远镜(James Webb space telescope，JWST)采用复合材料背板作为铍合金镜片的支架(见图 1-7)，复合材料背板由 10 000 多个轻质碳纤维复合材料零件组成，组装后的尺寸高 7.3 m，宽 5.9 m，深超过 3.4 m。而重量仅226.8 kg，它支持超过自身重量三倍的主反射镜和光学仪器。

复合材料用的是一种高模量碳纤维，通过专门的铺层设计，使零件具有超高的尺寸稳定性，使背板在整个运行中变形量不超过 38 nm(约为人类头发直径的 1/1 000)。此外，复合材料零件要与精密金属配件连接。这些金属配件由不胀钢和钛材料制成，保证整个背板的尺寸精确性，复合材料的连接是一种要求非常高的技术，用数以万计的零件连接成一个如此大型的整体构件，这是前所未有的，标志着复合材料向构件大型化、精密集成化方向发展。

图 1-7 JWST 主反射镜复合材料支持背板

1.2.2.2 汽车及轨道交通[13—15]

1. 汽车

新能源汽车已被正式列入我国战略性新兴产业，发展新能源汽车主要体现在两方面，一是发展新型动力电池，二是发展汽车轻量化材料。汽车轻量化材料的主要发展方向是新型工程塑料、以塑代钢以及纤维复合材料。

据报道，汽车结构每减重 10%，燃油消耗可节省 7%，这样大大减少了寿命期内的使用成本。若车体减重20%～30%，每年每年CO_2排放可减少0.5 t。

汽车用复合材料主要是玻璃纤维增强热塑性树脂复合材料，现已发展到碳纤维复合材料。20年代90年代初，随着汽车轻量化和节能环保等呼声越来越高，以GMT(玻璃纤维毡增强热塑性复合材料)、LFT(长纤维增强热塑性复合材料)为代表的热塑性复合材料得到了迅猛发展，主要用于汽车结构部件的制造，年增长速度达到10%～15%。

复合材料汽车零部件主要分为三类：车身部件、结构件及功能件。

(1)车身部件：包括车身壳体、车篷硬顶、天窗、车门、散热器护栅板、大灯反光板、前后保险杠以及内饰件等。主要适应车身流线型设计和外观高品质要求，目前开发应用潜力依然巨大。主要以玻璃纤维增强热固性塑料为主，典型成型工艺有：片状模塑料/块状模塑料(SMC/BMC)、树脂传递模塑(RTM)和手糊/喷射等。

(2)结构件：包括前端支架、保险杠骨架、座椅骨架、地板等，其目的在于提高制件的设计自由度、多功能性和完整性。主要使用高强SMC、GMT、LFT等材料。

(3)功能件：其主要特点是要求耐高温、耐油腐蚀，以发动机及发动机周边部件为主。如：发动机气门罩盖、进气歧管、油底壳、空滤器盖、齿轮室盖、导风罩、进气管护板、风扇叶片、风扇导风圈、加热器盖板、水箱部件、出水口外壳、水泵涡轮、发动机隔音板等。主要工艺材料为SMC/BMC、RTM、GMT及玻璃纤维增强尼龙等。图1-8所示为汽车复合材料典型部件图例。

(a) SMC双层顶盖

(b) SMC后盖箱

(c) 混合动力车碳纤维复合材料车身骨架

图1-8 汽车复合材料部件的典型示例

2. 轨道交通

轨道交通中也在越来越多地使用复合材料，如高速铁路。由于复合材料轻质高强的优点，一些传统零部件都升级为用复合材料生产，如机车玻璃钢齿轮箱、轴箱，制动模块和齿轮箱，车厢内嵌板，座椅，屋顶水箱，洗手间配件，盥洗槽，窗框，门（正门、车厢门、卫生间的推拉门、滑动门等），折叠桌，行李架等。车厢部件使用复合材料，还可以带有阻燃功能，以有效提高运行安全性。

近年来，国内外也在大力推进复合材料在列车整体车厢和机车头盖的应用，用复合材料代替铝合金或钢材，车身自重可减轻 25%以上（见图 1-9）。

(a) 座椅及行李架

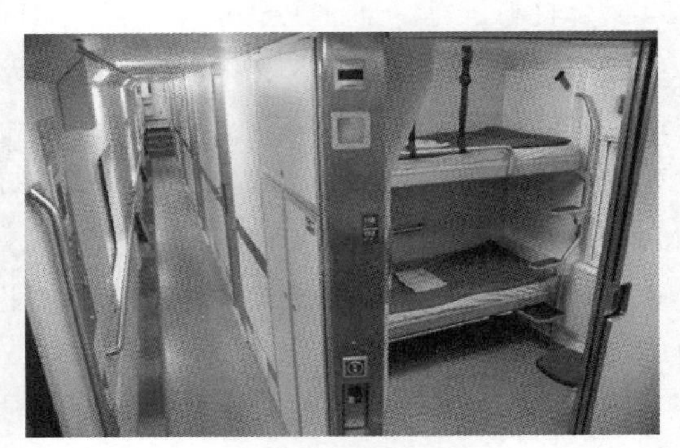

(b) 卧铺间设施

(c) 复合材料机车头盖和整体车厢

图 1-9　复合材料在高轨交通中的应用

1.2.2.3　新能源[16,17]

风力发电是绿色能源的一种，复合材料在新能源的应用中主要用来制造风电机组的叶片。随着风力发电功率的不断提高，捕捉风能的叶片也越做越大，对叶片的要求也越来越高。叶片的材料越轻，强度和刚度越高，抵御载荷的能力就越强，叶片就可以做得越大，其捕风能力也就越强。因此，轻质高强、耐蚀性好、具有可设计性的复合材料是目前大型风机叶片的首选材料（见图 1-10）。

近年来，已开始研发用竹纤维增强的树脂基复合材料用于风电叶片的制造。竹纤维增强的层压复合材料积材具有良好的性能，比模量已超过玻璃纤维复合材料，比强度也具有与其相同的数量级。目前通过与风电叶片使用的玻璃纤维复合材料和木素层压复合材料性能相比较，竹质增强材料具有性能优良、可再生、加工消耗能源少、无废弃物、废旧产品易于处理等优点，是一种新型的风电叶片材料。

图 1-10 风电机组复合材料叶片

1.2.2.4 船舶及海洋工程[18,19]

复合材料在船舶及海洋工程中应用的优势主要在于：一是高比强度、高比刚度、能大幅降低船体重量；二是耐腐蚀、抗疲劳。木材长期浸泡在水中会腐烂，钢铁经海水腐蚀要生锈，而复合材料可耐酸、耐碱、耐海水浸蚀，水生物也难以附生，大大提高了使用寿命；三是成型方便，建造工艺简单，建造周期短；四是透波、透声性好，无磁性，介电性能优良，适宜作舰艇的功能结构材料。例如船艇依靠声呐在海上定位、测距、发现目标，作为声呐设备保护装置的声呐导流罩，其材料要求透声波性好，声波的失真畸变小，具有一定的刚度和强度，必须采用复合材料。

纤维复合材料是船舶应用的主要品种。基体可以是热塑性树脂（如尼龙等）或热固性树脂（如不饱和聚酯、环氧树脂等）。增强纤维则有玻璃纤维、碳纤维、有机纤维等。

复合材料舰船上的应用发展很快，被广泛用作各种船体、内装上层建筑、桅杆、舱壁、舵、推进器轴以及潜艇的表面、升降装置、推进器上的应用（见图 1-11）。

（a）玻璃钢制造的30.5 m豪华游艇

（b）复合材料制造的驱逐舰船体

图 1-11 复合材料在船舶及海洋工程中的应用

另外，复合材料因具有质量轻、比强度高、比模量高、耐疲劳、耐腐蚀、热膨胀系数小、尺寸稳定性好等优点，也被用作开发海底气油田的最好选材之一，尤其是对深海油气田的开发将发挥更大作用，在海洋管道、抽油杆及其配套系统以及系泊系统中得到应用。

1.2.2.5 建筑及其他[20]

建筑工业中使用树脂基复合材料对减轻建筑物自重，提高建筑物的使用功能，改革建筑设计，加速施工进度，降低工程造价，提高经济效益等都十分有利。

复合材料建筑结构品种繁多，应用广泛，包括承载结构，如柱、桁架、梁、承重折板、屋面板、楼板等；围护结构，包括波纹板、夹层结构板、外墙板、隔墙板、防腐楼板、屋顶结构、遮阳板、天花板等；门窗装饰材料，如门窗拉挤型材，装饰板（平板、浮雕板、复合板）；采暖通风材料，如冷却塔、管道、栅板、风机、叶片及整体成型制品，中央空调的通风橱、送风管、排气管、防腐风机罩等。

复合材料在基建的另一种应用是建筑结构的补强加固，与传统的钢板螺栓加固相比，碳纤维复合材料加固具有施工简单、易操作、适用性强，无须专用设备，且外形美观等优点。

尽管碳纤维复合材料价格比钢板高，但考虑人力、设备、时间、施工条件、能耗等综合因素，碳纤维的补强加固仍具有发展前景。图 1-12 所示为用碳纤维复合材料进行高速公路立柱的修补和加固。

图 1-12　碳纤维复合材料加固高速公路立柱

除上述几个领域外，复合材料在机械、电气、石化、体育及休闲器材等领域也得到越来越广泛的应用，如用碳纤维复合材料代替铝合金制作复合导线的芯线，具有更轻和更耐用的特点。其他如体育休闲用品的复合材料，如自行车、鱼竿、高尔夫球杆、网球拍等都有了几十年的发展历史，市场也在不断扩大。

1.3　高性能纤维复合材料面临可持续发展的挑战

任何事物都具有其两面性，复合材料，特别是碳纤维增强的树脂基复合材料也是这样，有人曾形象地把它比作“两刃剑”。一方面，其轻质高强的优点，在航空航天和其他领域能大幅减轻结构自重，体现出节能降耗减排的巨大经济效益和社会效益；另一方面，其极稳定的化学分子结构和优异的耐腐蚀性，给回收和再利用带来极大的难题。

从可持续发展的理念审视，复合材料面临的主要挑战是：第一，生产制造的高成本、高能耗、高污染；第二，如何回收和再利用。

1.3.1 高性能复合材料是高投入、高成本和高能耗产业[21—23]

居高不下的成本是一直是复合材料存在的突出问题之一。

首先是碳纤维的生产和制备。碳纤维是一种直径极细的连续细丝材料，直径范围在6～8 μm内，是20世纪60年代发展起来的一种高技术新材料。用在复合材料中的碳纤维主要有两大类，即聚丙烯腈基碳纤维和沥青基碳纤维，它们是分别用聚丙烯腈原丝(或称为前驱体)或沥青原丝通过专门而又复杂的碳化工艺制备而得的。采取碳化工艺，是因为碳是不溶的材料，它不像其他人工纤维那样，通过溶解成溶液或熔融抽丝来制备碳纤维。而碳化是一种复杂和高能耗的工艺，要先对原丝进行预氧化，期间会有大量废气排出；碳化是在专门的石墨炉中进行，碳化温度达1 800～2 000 ℃，能耗极高，而且对碳化炉的制造也带来高成本和高难度。有资料表明，生产1 kg的碳纤维能耗为1.75 kW，是玻璃纤维的11.76倍，环境影响约为玻璃纤维的60.2倍。

其次是碳纤维复合材料的成型制备。碳纤维增强树脂基复合材料大多用预浸料层压结构的热压罐成型，用这种方法制备的复合材料制件，具有压制密实、纤维含量高(60%以上)、纤维与基体界面结合好、性能和质量优异等特点，航空航天高性能复合材料主要用这种方法制备，但生产成本非常高，能耗非常大。

纤维预浸料的制备需要专门的设备和技术，在用预浸料制备制件时，要将预浸料切割成不同规格和形状的层片，再将层片按设计要求铺叠成层板，最后进行热压固化成型，这需要投入大量的人力和工时。制件的热压成型是在热压罐中完成的，热压罐实际上是一种压力容器，可以有不同的尺寸规格，对大型或超大型的复合材料制件，则需要大型的热压罐来成型，有的超大型热压罐，内径达10 m，长度达20～30 m，其设备制造和安装费用是相当昂贵的(见图1-13)。

图1-13 用于成型大尺寸复合材料制件的大型热压罐

热压罐成型过程中，需要对制件加热和加压，因此要求热压罐能提供不同的加热温度，一般在200 ℃以下。对高温型的聚双马来酰亚胺树脂或聚酰亚胺树脂，要求热压罐能提供的加热温度为250～350 ℃。固化在最高固化温度下一般要持续2 h，后固化处理为2～5 h。除加热外，还要加压，大多是用氮气实行静态加压，压力要维持在20～30个大气压(1个大气压$=1.01\times10^5$ Pa)，直到后固化结束。这种高能耗、设备高投入的成型，是复合材料成本长期居高不下的原因之一。

制造成本占复合材料总成本的30%以上，因此，自20世纪80年代以来，开始了低成本化制造技术的研究，陆续开发出以树脂传递成型为代表的液体树脂成型技术、非热压罐固化技术。再配合高效的自动铺丝/自动铺带技术，大大提高了复合材料的生产工效，有效地降低了制造成本。但对于一些性能要求特别高的复合材料大型制件，热压罐固化还在继续使用。

1.3.2 复合材料回收困难[24-26]

回收困难是复合材料面对可持续发展的第二个重大挑战。航空航天等高端应用的复合材料，几十年的发展主流一直是碳纤维增强的热固性树脂基复合材料。热固性树脂共同的特点是胶接强度高，与纤维结合力强，耐热性好，尺寸稳定性好，抗腐蚀，制作的复合材料能满足不同的使用要求。热固性树脂基体实际上是一种按性能要求设计的树脂体系，本质上是一种合成高分子聚合物材料，其主要成分是树脂本身、固化剂和固化促进剂等。如制备功能复合材料，还须加入具有特殊功能的助剂，如增韧剂、阻燃剂以及一些具有特殊物理功能（光、电、声、热、磁）的添加剂等。

这样的树脂体系通过不同的方式固化后，其化学分子结构将发生形态变化，由二维的链状线性大分子结构变成高度交联的三维立体网状分子结构，树脂由流体变为不溶不熔的坚实固体，复合材料的制备就是通过这样的固化，将纤维紧密地固结在一起，形成性能优异的复合材料体系。热固性树脂基体固化后，由流体变为固体，这种变化是不可逆的，也就是不可能再回到固化前的熔融流体状态，它不像热塑性聚合物材料，或传统的金属材料，固熔的变化是可逆的，因而可进行二次加工，进行回收再利用。而且热固性树脂性能极为稳定，不易降解，回收极为困难，目前最终处理大多是掩埋或焚烧，对环保带来巨大的压力（见图 1－14）。

（a）退役的复合材料飞机机翼

（b）复合材料废弃物

图 1－14　待处理的复合材料制品及其废弃物

碳纤维制品多用于特殊领域，其使用寿命和更新周期均有严格要求，大量废弃的碳纤维产品所导致的二次污染问题亟待处理。据日本三菱人造丝公司估计，目前全球废弃的碳纤维复合材料已超过 1 万 t，2020 年可达 5 万 t。随着碳纤维生产能力的扩大及复合材料的越来越多的使用，环保问题也得到越来越多的重视和关注，可持续发展战略要求人们重视碳纤维的回收利用。德国 Thudngian(TITK)研究所、英国诺丁汉大学等采用化学和热解处理技术开发了碳纤维-环氧树脂复合材料回收再利用的新途径,其回收产品可用于一般的碳纤维增强塑料。日本东丽公司、帝人公司、日本东邦和三菱丽阳公司计划联手从飞机和其他设备中回收和循环利用使用过的碳纤维。

据统计,2008 年世界上对碳纤维的需求量达 35 000 t,并且以每年 12%的速度递增,预计到 2020 年世界范围内碳纤维的需求量将超过 15 万 t。其中航空航天工业约占总消费量的 40%,工业市场和娱乐市场分别占总消费的 40% 和 20%。一架波音 787 或空客 A350 中含有 50% 以上的碳纤维增强复合材料,军用飞机中碳纤维增强复合材料的含量也接近这个比例。据预计,目前约有 700 架飞机将进入报废期,到 2025 年将有 8 500 架商用飞机报废,而每架飞机退役后将产生大量碳纤维增强复合材料废弃物。另外,风电、高速列车、电动汽车等产业对碳纤维的需求量也逐年递增,需要回收的碳纤维增强复合材料的数量将越来越多。

由于复合材料结构各异,所用树脂基体也千差万别,没有任何一种方法能解决所有复合材料的回收问题。总体上看,复合材料的回收技术必然向着绿色环保、低能耗、低腐蚀的方向发展,且要求回收产物可高值再利用,满足可持续发展的要求。

1.4 绿色复合材料发展现状及前景[27—30]

绿色复合材料是指组分材料中至少有一种是由天然资源获取并能完全降解的复合材料,也称为**生物复合材料**或**生态复合材料**(bio-composites or eco-composites)。从绿色环保和可持续发展的要求出发,绿色复合材料应包括两个内涵:

(1) 以可再生生物质资源为原材料。例如,可全降解的生物高分子基体材料和天然植物纤维增强体,用专门的成型工艺复合而成的一类新型绿色材料,称为**100%的绿色复合材料**。它具有性能优异、环境友好、品种多样、附加值高、用途广泛等诸多优点,能最大限度地替代石化、矿产资源产品以及塑料、钢材、水泥等传统材料,是高性能复合材料的重要分支,也代表复合材料的发展方向。

(2) 高性能复合材料的绿色化。用于航空航天等高端领域的高性能复合材料,目前以高性能纤维,主要是以碳纤维增强的树脂基复合材料为发展主流,目前还处于不可替代的地位,但高性能复合材料的高能耗、高投入、高环境负荷一直是困扰业界的主要问题。随着复合材料的大量应用,绿色化的发展就越来越成为关注的热点。所谓**绿色化发展**是指在复合材料的整个生命周期内,从设计、选材、成型制造、使用、直到产品退役、废弃物处理和回收再利用的整个过程中将环境的负荷降到最低,最大限度地提高使用性能和可循环再生率。20 世纪 90 年代开始使用的复合材料低成本化技术,由"性能第一"向"性能和成本平衡"转型,可以认为是一种实现复合材料绿色化的努力。而现在这种趋势进展很快,如大型或超大型的复合材料制件非热压罐成型,在节能减排、降低成本及资源消耗等方面显示出巨大优势。

绿色复合材料属于树脂基复合材料的范畴，现在已发展成为复合材料的重要分支，应用研究和产业化发展都取得了很大进展，在新能源、汽车、轨道交通、基建、生物医用等领域得到越来越多的推广应用，并开始向航空航天高端领域应用发展。

与石化资源合成的生物树脂基体材料相比，绿色复合材料目前主要的问题是生物树脂基体的制备成本高，物理机械性能，如强度、耐热性、韧性不够好，这些问题是现在和将来绿色复合材料研究的重要内容。

1.4.1 绿色复合材料的研究现状

出于可持续发展的考虑，从20世纪80年代开始，人们开始了植物纤维自身的强度和韧性的研究以及纤维素纤维与热固性树脂复合化的研究，20世纪90年代木粉和热塑性树脂复合制备木塑复合材料的研究有很多报道。随后，以剑麻、黄麻、亚麻和竹原纤维等高强度的植物纤维为增强体，以热塑性树脂为基体的复合材料的研究不断增多，现在发展到用天然纤维与生物树脂基体复合，制备完全可降解的绿色复合材料。

从目前的发展现状看，绿色复合材料主要有以下几大类：木塑复合材料、生物树脂基复合材料、纳米纤维素生物基复合材料。

1.4.1.1 木塑复合材料[31,32]

木塑复合材料(wood-plastic composites，WPC)是以木质纤维素材料，如木粉、稻壳、秸秆等废弃植物纤维作为增强材料，以热塑性塑料，如聚乙烯(PE)、聚丙烯(PP)和聚氯乙烯(PVC)等作为基体材料，通过适当的方法复合而生产的一种新型材料。

木塑复合材料产业化于20世纪80年代起源于美国。其应用范围非常广泛，几乎可涵盖所有原木、塑料、塑钢、铝合金及其他类似复合材料的使用领域。不仅非常符合建筑业、家具业、物流业、包装业等领域的使用要求，同时也解决了塑料、木材行业废弃资源的再生利用问题。

木塑复合材料在建筑业具有广阔的发展前景，加拿大林产品创新研究院首席研究员戴春平在他的报告《北美木质复合材料研究现状和展望》中指出，当今世界上40%的能源和材料都用于建筑业，40%的固态垃圾从建筑中产生、34%的CO_2是从建筑中产生，17%的水用于建筑业。而生物基复合材料中的木塑复合材料是目前最环保和最具再生利用优势的建筑材料。

近几年来，由于木塑复合材料的木质材料组成部分正在向各种其他植物纤维材料发展，因此，从更广泛意义上讲，木塑复合材料实质上已成为以各种植物纤维材料为增强体，与各种不同热塑性塑料复合形成的一类新型复合材料。

木塑复合材料既保持了木质材料原有的优良品质，又兼具热塑性高分子聚合物的一些特性，因而具有独特的性能特点，包括：

(1)良好的加工性能。木塑复合材料具有良好的制造和加工性能，可按要求制造出不同形状和尺寸的制件和产品，易于后续加工，可锯、可钉、可刨，使用木工器具即可完成。

(2)良好的机械性能。木塑复合材料由增强纤维与塑料基体复合，具有良好的抗压、抗弯曲等物理机械性能。硬度是木材的2～5倍。

(3)具有耐水、耐腐蚀性能，使用寿命长。木塑复合材料与一般木材相比，具有较强抗酸碱、耐水、耐腐蚀性能，使用寿命长，可达50年以上。

(4)性能易于调控。通过塑料基体的改性及调控增强体的比例和形态，可以提高复合材料的机械性能或获得某些特殊功能，如抗老化、防静电、阻燃等。

(5)原料来源广泛，可回收和再生。用生物树脂作基体的木塑复合材料，可回收或完全降解，是100%的绿色复合材料。

木塑复合材料在全球范围内发展很快，美国、欧洲、日本的年增长率超过10%，在我国近年来也得到快速发展，在建筑、家居、汽车、铁路交通领域的应用也在不断扩大。

木塑复合材料的发展应着重在以下几方面开展研究：

(1)提高资源利用率。扩大原料选用范围，多用木材、天然植物废弃物等制备木质纤维或其他形态的增强体，充分利用回收的石化废旧塑料重新加工和改性作为基体材料，用于木塑复合材料产品的加工制造。

(2)界面结合等基础研究。如研究复合材料的性能设计、原材料(塑料、木粉种类)的选择及组分比例的优化、组分材料的改性，提高界面相容性和结合力，提高复合材料强度、耐热性和抗冲击性能等。

(3)扩展成型工艺，降低制造成本。复合材料成型工艺有多种选择，根据产品性能需要，选择和开发新型成型工艺和制造技术，改变单一的螺杆挤出或模压成型工艺，开发专用设备，提高生产效率，降低制造成本。

(4)扩大应用领域，开发高性价比的产品。提高产品的性能和质量，扩大应用领域，向高端应用的方向发展。

1.4.1.2 生物树脂基复合材料[33—37]

生物树脂基复合材料是用生物树脂作基体制备的一类复合材料。**生物树脂**主要是指用天然资源通过化学合成制备的可降解生物高分子材料，也称**生物塑料**。它可以根据高分子化学理论来设计高分子主链结构，以控制或优化高分子材料的物理化学性能，而且可以充分利用自然界中提取或合成的各种小分子单体进行高分子聚合物的合成。

合成的方法主要有化学合成、微生物合成和最新研究的酶促合成高分子。目前，化学合成法研究得最多，化学合成的生物降解塑料大多是在分子结构中引入能被水解或微生物降解的含酯基结构的脂肪族生物聚酯，产品主要有聚乳酸(polylactic acid，PLA)、聚己内酯(polycaprolacton，PCL)、聚丁二醇丁二酸酯(polybutylene succinate，PBS)等。

微生物合成制备的生物树脂目前主要是聚-3-羟基丁酸酯(poly-3-hydroxy butyrate，PHB)和聚-3-羟基戊酸酯(poly-3-hydroxy valerate，PHV)，以及它们的共聚物聚3-羟基丁酸/羟基戊酸酯(poly-3-hydroxy butyrate-co-3-hydroxy valerate,PHBV)。表1-2列出了这些生物树脂的主要性能以及与通用石化塑料的性能比较。这几种生物树脂的力学性能,如拉伸强度和弯曲强度都接近通用型的石化塑料,如聚乙烯、聚丙烯、聚酰胺等,实际应用时可作替代材料,突出的缺点是耐热性差、韧性低、脆性大、抗冲击性能不好、降解性能变化较大;另外,它们大多数是疏水性材料,影响到与亲水性植物纤维的界面结合;最后,生物树脂目前的价格普遍高于石化合成塑料,限制了它们作为塑料制品的使用。因此用天然纤维增强改性制备生物基复合材料是改进性能、降低成本、推广应用的有效途径。

表1-2 生物树脂基体性能比较

树　脂	密度/($g\cdot mL^{-1}$)	结晶度/%	玻璃化温度/℃	熔融温度/℃	拉伸强度/MPa	弯曲强度/MPa	断裂伸长率/%
PLA	1.25	15～45	55～70	130～150	45～70	90～120	5.5～7.2
PHBV	1.25	65～80	−11～7	177	40～45	3.5～4	6～8
PCL	1.05	45	−62	62	41～59	14～28	510～730
PBS	1.27	35～60	−30	115	31	35	680
PP	0.9～0.94	65～70	15	171～186	31	17	500
PE	0.92	60～75	−60	110	15	16	800
PA6	1.1～1.5	40～50	50	215	74～78	100	150

而天然纤维增强体主要是木材、竹材、棉、麻等直接提取原生纤维或用农业剩余物通过熔融纺丝制备再生纤维素纤维。如表1-3所示为天然纤维与其他纤维性能比较。

表1-3 天然纤维与其他纤维性能比较

纤　维	密度/($g\cdot m^{-3}$)	拉伸强度/MPa	拉伸模量/GPa	断裂伸长/%
竹纤维	0.6～1.1	140～230	11～17	1.1～1.4
黄麻	1.45	550	13	1.5
亚麻	1.5	1 100	100	2.4
苎麻	1.5	870	128	1.2
剑麻	1.45	640	15	2.0
椰壳纤维	1.2	175～220	4.0～6.0	1.5～3.0
木纤维	1.5	1 000	40	—
马尼拉麻纤维	1.5	400	12	3～10
胶粘纤维	1.3	310	8	8
莱赛尔纤维(Loycell)	1.3	750	22.3	12
纤维素纤维	1.5	1 700	10～140	—
玻璃纤维	2.5	2 000～3 500	86	2.8
碳纤维	1.7	4 000	230～240	1.4～1.8
芳纶	1.4	3 000～3 150	63～67	2.3～3.2

由表1－3可知，麻纤维是目前性能最好的天然纤维增强体，品牌多，强度和模量高，密度与玻璃纤维接近，但拉伸强度和模量与玻璃纤维仍有相当大的差距，因此，天然植物纤维作为复合材料增强体，目前还局限于通用型的对强度要求不高的应用，要提高复合材料的性能，还有许多问题要继续研究。

生物树脂基复合材料的特点主要有：

(1)生物树脂基复合材料可完全降解，废弃后可以自行降解，最终变成 CO_2 和 H_2O，重新回归到大自然循环，不会造成环境污染；

(2)天然植物纤维原料来源广泛，可以再生，材料成本低廉，与生物树脂复合可以降低复合材料的成本；

(3)生物树脂是一种生物高分子材料，来源于可再生的天然资源，可替代石化合成高分子材料，有利于可持续发展；

(4)用纤维增强改性，改善了生物高分子材料的性能，扩大了材料的应用范围；

(5)在一定的温度、湿度及微生物条件下，可实现生物降解，而在正常使用条件下，这种生物质材料自然降解，具有足够长的使用周期。

现在，全球范围内的相关研究进展较快，主要集中于生物树脂和天然增强纤维的开发应用和改性、复合工艺及成型加工技术、复合机理、复合材料生物降解特性及界面改性等方面。有的复合材料产品已实现商业化生产规模，在汽车、建筑、医疗、电子电气、家居中得到越来越多的应用。例如，欧洲汽车内饰件经历了由天然植物纤维材料替代玻璃纤维增强复合材料的发展历程。近几年，随着汽车废弃回收利用问题的压力和人们环保意识的增强，汽车内饰行业已经把天然纤维增强可生物降解材料的应用作为汽车内饰部件用塑料复合材料发展的必然方向。

虽然目前用作基体的生物降解塑料成本远高于普通石化塑料，生物质复合材料还没有得到大规模的应用。但是，随着可用石油资源的减少和人们环境保护意识的增强，可生物降解塑料的开发与应用将引起极大的关注与重视。天然纤维材料与完全可生物降解塑料复合制备新型的环境友好的生物质复合材料将显示广阔的发展前景。

1.4.1.3 纳米纤维素生物基复合材料[38—42]

纳米纤维素(nano-cellulose)是在再生纤维素基础上发展起来的一种新材料，是一种生物材料纳米技术，近年来成为绿色复合材料新的研究热点。

纳米纤维素主要是从植物纤维制取，植物纤维主要由纤维素、半纤维素、木质素、果胶及其他成分组成。纳米纤维素的制备过程大致是先将植物纤维制成浆料，分别采用硫酸水解法和阳离子交换树脂催化水解法将半纤维素和木质素等其他成分溶解分离，制备出纳米纤维素悬浮液，经过冷冻干燥后可制得粉末状的纳米纤维素。

纳米纤维素有时也称**纤维素纳米纤维**，是直径在纳米尺度的超微细纤维。纳米纤维素具有许多优良特性，如高结晶度、高纯度、高杨氏模量、高强度、高亲水性、超精细结构和高透明性等,加之具有天然纤维素轻质、可降解、生物相容及可再生等特性,因此,纳米纤维素的制备、结构、性能与应用的研究在绿色复合材料中占有非常重要的地位。

纳米纤维素根据其制备方法、原料及结构等的不同可以分为三类,即微纤化纤维素(microfibrillated cellulose,MFC)、纳米微晶纤维素(nano microcrystalline cellulose, NCC)、细菌纳米纤维素(bacterial nanocellulose,BNC)(见表 1-4)。

表 1-4　纳米纤维素的分类

类　型	制备原料	制备、维度、性能
微纤化纤维素(MFC)	木材、甜菜、马铃薯块茎、麻类韧皮	机械压碎、化学处理、溶浆干燥; 直径:5~60 nm,长度:100 μm; 大长径比,机械、光学和热性能好
纳米微晶纤维素(NCC)	木材、棉花、麻类韧皮、小麦杆、稻草、树皮等植物废弃物	酸处理、溶浆干燥; 直径:5~70 nm,长度:100~250 nm; 比表面积大、结晶度高,机械性能好
细菌纳米纤维素(BNC)	低分子量多糖及多醇	细菌类合成;直径:5~100 nm; 带各种微纤网络,高纯度、高结晶度、机械性能可调控

表 1-4 中的纳米纤维因为来源、制备方法的差异,在结构和性能上也不相同,如前两类纳米纤维主要来自植物纤维,分别通过机械粉碎、强酸水解,将纤维素中的非纤维素成分分离、脱除,形成纳米尺度的微纤或纳米微晶纤维。由于植物纤维能快速生长、天然合成、原料丰富、成本低廉,因此这两类纳米纤维具有非常好的资源优势和发展前景。

用纳米纤维素作为绿色复合材料的增强体,具有其他增强体无可比拟的优点:

(1)具有优异的生物降解性和再生性,通过光合作用或酶解作用,可完全返回到自然界的碳循环中;

(2)具有高强度,杨式模数和抗张强度比普通植物纤维素成倍增加,用作增强体,比例分数可调,用低含量(质量分数≤5%)即可得到高性能的复合材料;

(3)具有纳米材料的多种效应,如表面效应、小尺寸效应、量子尺寸效应、宏观量子隧道效应。在化学、物理(热、光、电磁等)性质方面表现出特异性,可制备出多种功能的复合材料。

纳米纤维素与 PLA、PHB 和 PBS 复合可制备能满足不同性能要求的生物基复合材料。

作为一种新型的复合材料的增强材料,纳米纤维素还有一些问题需要继续研究,包括高性能、高质量的高效和低成本制备方法,与生物基体的复合效应,复合材料成型工艺,以及热、光、生物降解机理等。

1.4.2　绿色复合材料发展前景[43—46]

用天然植物纤维增强石化合成高分子材料,制备木塑复合材料起步于 20 世纪 80 年代,主要用于汽车、建筑、机械、家居等方面,这种复合材料从 20 世纪 90 年代开始得到迅速发展,到 21 世纪初,产量已达数百万吨,平均年增长率达到 15%~20%。

绿色复合材料的发展方向主要集中在以下几个方面：

(1)拓展原材料供应链。开发新型的生物树脂基体和纤维增强体，一是在现有研究基础上继续提高原材料的性能，逐步向高端应用的复合材料方向发展；二是充分利用资源，利用不与粮食作物和经济作物竞争的可再生植物资源，或城市、工业废弃物、造纸和纺织等副产物开发生物树脂基体材料和再生纤维素纤维增强材料。

(2)开发新型高效低成本的复合工艺和成型制造技术。在现有挤出、模压等工艺基础上，扩展到高性能复合材料的一些高度数字化和自动化成型制造工艺，如树脂传递模塑、自动铺丝/自动铺带、大型制件的非热压罐成型、双真空袋成型等，提高工效、降低成本，实现绿色复合材料大尺寸的制件成型。

(3)扩大应用范围。提高绿色复合材料的性能和质量，降低成本，实现产品的多规格化和多功能化，推动绿色复合材料向航空航天等高端应用发展。

1.4.3 高性能复合材料绿色化技术

绿色化是材料技术发展的一种必然趋势，涉及多方面的内容，最终目的是要实现在材料产品的整个生命周期内，从设计、选材、成型、使用、回收、再利用的各个阶段对环境影响减到最小。

高性能复合材料的发展主流是用高性能纤维(碳纤维、玻璃纤维、芳纶)与高性能树脂基体(环氧树脂、双马来酰亚胺树脂、聚酰亚胺树脂)复合而成的树脂基复合材料，由于其优异的综合性能，目前在航空航天等高端领域的应用还处于不可替代的地位，但高性能复合材料是高投入、高成本、高能耗的新材料，近年来绿色化的发展倍受关注，开展了大量的研究。

高性能复合材料绿色化技术包括设计、材料、成型和使用回收等方面的内容。

1.4.3.1 绿色化设计技术[47—49]

在工业化进程中，产品开发一直是沿用“串行式”的设计理念，这种理念下的工作模式是设计、选材、制造、使用、维护是相对独立、互相封闭的，一个阶段工作完成后把结果交给下一部门。但人们发现，这种设计方式有诸多弊端，因为各个环节缺少交流和配合，设计主要考虑产品形状、尺寸和性能等，而很少考虑下游的制造、装配、使用、检测、维修等环节的要求，制造出来的产品，往往还要多次返回进行设计修改，从而造成资源浪费，增加产品成本，延长产品生命周期。

20 世纪 90 年代，出于可持续发展的需要，新型的“并行式”设计理念得到开发和推广，这种方法的核心思想是要求一开始就考虑产品整个生命周期中所有的影响因素，包括质量、成本、资源、能耗、进度、环境和用户要求。这种模式要求设计、制造、产品服务等相关部门协调配合，最终制定最优化的产品开发方案。

设计是复合材料开发应用的第一个重要环节，依据并行式的设计模式，充分利用复合材料性能的可设计性、材料设计与结构设计一体化及大型构件整体成型等优点，综合考虑选材、成型制造、使用维护、成本、环保等因素，实现结构效率、性能、功能与成本的综合优化。

并行工程设计是实现复合材料设计绿色化的切实可行的途径，主要有面向制造和装配(design for manufacturing and assembly，DFMA)，此外还有面向环境设计(design for environment，DFE)、面向回收设计(design for recycling，DFR)等，用得最多的是DFMA。

DFMA的主要目的是要提高制件的可制造性和可装配性，提高工效，缩短制造周期，降低成本。而复合材料的材料与结构设计和制造一体化的特点为DFMA提供了广阔的空间，DFMA的主要原则包括：

(1)尽量减少零件数；

(2)减少机械紧固件和连接件；

(3)减少装配方向；

(4)零件易于插装和对准；

(5)使零件易于配合；

(6)使用模块化设计。

现在，DFMA的设计理念和相关产品已广泛应用于汽车、飞机制造、航空和国防等行业。在复合材料设计和制造方面，随着计算机数字化技术的发展，用计算机模拟和仿真技术应用于复合材料的DFMA，已成功地开发出各种专家系统和设计软件，用于各种复合材料的结构设计。大量研究表明，数字化模拟和仿真的各种理论模型可以不同程度地与实际情况相符合。有的技术已发展到非常成熟的阶段，对复合材料设计、优化工艺参数、提高工效、降低成本、保证产品性能和质量发挥具有重要的作用。

1.4.3.2 绿色化材料技术

1. 发展可回收的热塑性树脂基复合材料[50—52]

航空航天应用的高性能复合材料，针对热固性树脂，如环氧树脂、双马聚酰亚胺树脂等不能回收和降解的弊端，从20世纪90年代，陆续开发了系列化的高性能热塑性树脂，如聚醚醚酮系列(PEEK)、聚醚砜(PES)、聚苯硫醚(PPS)、聚醚酰亚胺(PEI)等与连续纤维或长纤维复合，制备的复合材料既具有热固性复合材料良好的综合力学性能，又在材料韧性、耐腐蚀性、耐磨性及耐温性方面有明显的优势，在工艺上还具有良好的二次或多次成型和易于回收的特性，有利于资源充分利用和减少环境压力，具有良好的发展和应用前景。目前主要在民航上应用开发。空客在这方面处于领先位置，已从次承力结构件向主承力结构件发展，如空客A-380就采用了玻璃纤维增强的PPS热塑性复合材料制造机翼前沿。

在其他应用领域，有代表性的是长纤维增强的热塑性复合材料(long fiber thermoplastic composites，LFT)，具有轻质、高强、抗冲击、耐腐蚀、工艺性能优良、可设计与重复回收利用、绿色环保等卓越性能。在汽车上的应用取得很大进展，主要被用于制作结构和半结构部件，如前端模块、保险杠大梁、仪表盘骨架、电池托架、备用轮胎仓、座椅骨架、脚踏板及整体底板等。长纤维增强聚丙烯被用于轿车的发动机罩、仪表板骨架、蓄电池托架、座椅骨架、轿车前端模块、保险杠、行李架、备胎盘、挡泥板、风扇叶片、发动机底盘、车顶棚衬架等;长纤维增强的聚酰胺(尼龙)被进一步扩展到引擎盖内,高玻璃纤维含量使其热膨胀系数几乎与金属相同,能承受引擎带来的高温。

2. 开发可降解的热固性树脂[53,54]

用作高性能复合材料的热固性树脂主要是环氧树脂,具有黏接强度高、耐热性好、抗腐蚀、固化物尺寸稳定、工艺性能好,数十年来,一直是用得最多的复合材料的基体材料,环氧树脂的最高使用温度可达150℃,因此很适合用于民用飞机复合材料结构件的制造,如波音的B-787梦想客机和空客的A-350 XWB超宽体客机,复合材料结构用量分别为50%和52%,都是采用环氧树脂作基体材料。

环氧树脂固化物是高交联密度的三维网状分子结构体,不溶、不熔,成为回收再利用的难题。随着大量的使用,环氧复合材料的回收和再生受到更多的关注。

由于环氧树脂在高性能复合材料的作用和地位目前还不能被取代,所以近年来开始了**可降解环氧树脂**(也称**生物环氧树脂**)的研究。

实际上,生物环氧树脂的开发可以看成是对环氧树脂进行可降解的改性研究,目前可分为两种方法,一是**物理共混**,二是**化学合成**。

物理共混是在环氧树脂中加入可降解的生物高分子材料,如淀粉、天然植物油脂、可生物降解的聚酯等,共混型技术含量较低,树脂最终不能完全降解,但因成本低,目前还有许多应用。

化学合成是将可降解的官能基团引入到环氧分子链中,形成共聚化合物。按机理可分为热降解、光降解和生物降解。

生物降解是目前的研究重点,是将环氧官能团引入可生物降解的聚合物结构中。此类树脂基体中具有被微生物分解的结构,因此易被微生物消化吸收。常用的可生物降解的聚合物有:

(1)聚乙二醇(PEG)。既溶于水又溶于有机溶剂,有较好的生物相容性和端基反应性,分子量范围广、选择余地大,可用于修饰生物降解型聚酯。环氧基封端的聚乙二醇即可作为热固性环氧树脂。

(2)生物降解聚酯。热稳定性和机械性较差。将环氧官能团引入聚酯分子结构,既能保持一定的机械强度,又能被生物降解。合成这类环氧树脂时,环氧官能团数量可以人为控制。酯基易于水解,生成可降解的小分子片段,最后完全降解。

(3)聚氨酯。具有优良的力学强度、高弹性、耐磨性、润滑性、耐疲劳性、生物相容性,是生产可生物降解材料的理想原料。以聚乙二醇、羟基封端的聚己内酯为起始原料合成的聚氨酯型环氧树脂,具有较好的生物降解性能。

可降解环氧的研究近年来取得了实质性进展,如美国复合材料技术服务公司(CTS)开发出用可降解固化剂制备的生物基环氧树脂(bio-based epoxy resin),对碳纤维具有良好的浸润性,用它制成的新一代碳纤维预浸料具有很好的工艺性能,适用于树脂传递模塑、拉挤、纤维缠绕等工艺，制成的复合材料，具有很好的韧性、抗冲击性和剪切性能，可在航空航天、汽车、新能源风电叶片等领域得到应用。

可降解环氧树脂要完全替代高性能的环氧基体作为复合材料的基体，还需要继续研究。

3. 高效低成本碳纤维制备新技术[55—60]

碳纤维自20世纪60年代成功用于高性能复合材料增强体以来，轻质高强的优异性能使它一直处于不可替代的地位，但碳纤维是一种高投入、高能耗、高污染的高技术产业，其居高不下的成本一直是困扰业界的主要问题。21世纪初对碳纤维的低成本和绿色化的制备开展了多方面的研究，目前已取得了不少进展，主要有以下几个方面：

(1)开发新型的**碳纤维前驱体**，也称**原丝**(precursor)，包括造纸副产物的木质纤维素、乙醇生产过程中的副产物等，用以替代高价格的聚丙烯腈原丝。

如美国能源部的橡树岭国家实验室(ORNL)于2007年首次从纤维素乙醇副产物中提取的α-纤维素，通过熔纺和碳化而制备成低成本碳纤维，这种碳纤维就是木质素碳纤维，但迄今尚未产业化。日本森林综合研究所与北海道大学农学研究院成功地开发出由杉树等针叶林的木质素制备碳纤维的技术，木质素碳纤维的抗拉强度可达到以往以石油为原料的通用级碳纤维的水平，制造成本也大体相同。用木质纤维素作原丝，还可解决石化资源日益短缺的问题。这一技术在形成规模化的产业方面，还在继续研究。

用聚烯烃废旧饮料瓶为原料制取原丝已获得突破性进展，有望使成本降低2/3。此外沥青基原丝、腈纶基原丝都可以降低碳纤维成本，其中沥青基碳纤维已经实现产业化规模，具有优异的性能，刚度为钢铁的4.5倍，导热性为铜的2倍，而质量只有铝的2/3，密度为1.7～2.2 g/cm^3。沥青基原料可取自石化、煤化及造纸的副产物，日本、美国等已形成年产达数百吨至上千吨的规模。

(2)开发低成本的碳纤维制备新工艺。采用干喷湿纺，与传统湿法纺丝相比，干喷湿纺多了一个在空气层中高分子溶液的拉伸步骤，这一改进使高倍的喷丝头拉伸成为可能，同等条件下纺丝速度大幅提高，产量可提高3倍以上，且产品质量也可得到提高。

原丝生产速度的大幅度提高是降低成本最有效的手段，在高纺速的干湿法纺丝工艺基础上，采用特殊相对分子质量组成的聚合体，获得更大倍数的高倍喷丝头拉伸倍数的原液与可稳定经受更高饱和蒸汽拉伸倍数的凝胶体原丝，来达到高速度和高稳定性的原丝制备。

(3)开发大丝束品种。通常每束单丝数大于48 000(简称48 K)的碳纤维称为**大丝束**，现在已发展到480 K。大丝束能大幅提高纤维的铺放速度，对于大尺寸复合材料制件，如风电叶片，能大幅提高工作效率，缩短生产周期，降低成本。

(4)开发各种新技术。包括从源头的原液聚合、纺丝成型、预氧化、碳化等各个环节，采用新技术能有效提高生产效率，降低能耗和成本。如碳化技术的改进，碳化是制备高性能碳纤维的关键工序，在高性能碳纤维成本中占25%～30%，而且对最终产品的性能有极大的影响。一种新技术是采用微波碳化和石墨化替代上千度的高温加热，大大减少热能的消耗。另外还有预氧化碳化废气零能耗处理和热能回收技术——将预氧化炉和碳化炉内的废气合并进入焚烧炉，在氧气氛围中自主式高温焚烧后的排放气体达到排放标准后排放，同时回收热能，减少了碳排放。

1.4.3.3 绿色化制造技术[61-68]

绿色制造是材料科学和工程发展的必然趋势，是综合考虑环境影响和资源消耗的现代制造模式，其目标是使得产品在制造过程中对环境影响最小，资源利用率最高，使经济效益和社会效益协调优化。

高性能复合材料对制件的性能和质量要求非常严格，必须用专门的设备与方法进行复合材料的成型和制造。成型和制造是关系到复合材料设计思想、复合效应及性能优势能否充分体现的关键，同时也是复合材料高投入、高能耗和高成本的主要原因。数据分析表明，复合材料的制造成本占总成本的50%以上，包括专门设备投入和运作成本、人工成本以及成型过程中高能耗和各种工序引起的成本等。

例如，热压罐成型一直是航空航天复合材料结构的主要成型技术，至今仍在广泛应用。但热压罐设备成本高，如美国航天局（NASA）为固化直径10 m的复合材料运载火箭桶身状壳体，专门建造了直径为12 m、长度为24 m的热压罐，其设备制造、运输、安装耗资超过1亿美元。另外，热压罐成型能耗大。高温型环氧树脂的固化温度在200 ℃以上，而双马来酰亚胺树脂为250～300 ℃，聚酰亚胺树脂为350～400 ℃，固化时间周期为5～8 h，后固化处理时间为6 h，另外固化过程中要用氮气加压到30～40 MPa。此外，设备利用率不高，热压罐一次只能成型一个制件，工效不高，不适合批量生产。

面对居高不下的成本，20世纪90年代开始了复合材料发展的转型，即由“性能第一”转向“性能/成本平衡”，开始实施各种低成本计划，其中最重要的一个方面就是降低制造成本，以树脂传递模塑（RTM）为代表的各种低成本成型技术得到开发和推广应用。其他的低成本化技术还包括低温固化复合材料技术、电子束和微波固化技术、自动铺丝/自动铺带技术等。值得一提的是，为适应复合材料制件向大型化和超大型化发展的趋势，自20世纪90年代开发了一种新的成型技术，即非热压罐成型（out of autoclave，OoA）。

经过20年的技术储备和发展，OoA制备的复合材料大型构件都已满足航空航天结构复合材料的要求。在航天方面，如图1-6所示的大型复合材料低温燃料储罐已成功完成地面试验，超大尺寸储罐的研发也在计划之中。另外，美国NASA更多地采用OoA制造航天器大型复合材料构件，如复合材料乘员舱（composite crew module，CCM）、直径达10 m的太空发射系统（space launch syste，SLS）的有效载荷整流罩（payload fairing）等，标志着OoA在航天应用中已进入成熟阶段。

在航空方面，OoA也取得了重要进展。如由洛克希德-马丁公司制造的先进复合材料运输机Dornier 328，其19.8 m长的全复合材料机身的上下蒙皮，波音新一代无人机“幻影眼”（Phantom Eye）制造出11.6 m长的翼梁验证件，都用OoA成型。

OoA的目标是不用热压罐而能得到与热压罐成型具有同等性能和质量的复合材料制件，

体现出节能的世袭效益，同时还能缩短制造周期，工序简单，灵活方便，能大幅减少工装和运作费用。特别是对于大型或超大型复合材料制件，OoA 具有多方面的优势。从绿色化制造发展看，OoA 将来也许会打破高性能航空航天复合材料热压罐成型的格局，引发复合材料产业性的变革。

大型或超大型复合材料制件的 OoA 成型是一种集成化的技术，需要有相关的材料技术、制造技术配套支撑，包括适合于 OoA 的树脂体系和薄层预浸料、自动铺丝/自动铺带技术、双真空袋成型技术等。

1.4.3.4 绿色化回收再生技术[69—78]

高性能复合材料所用的碳纤维是一种高成本高价位产品，据估算，制备 1t 碳纤维平均需要至少耗资 1 万英镑，随着碳纤维的大量使用以及越来越多的退役制件和废弃物的产生，用掩埋或焚烧处理不仅造成资源极大浪费，而且带来极大的环境影响，因此，绿色化的回收和再利用日益受到关注。

21 世纪初，美国波音公司、日本东丽公司、英国诺丁汉大学（Nottingham University）和其他材料供应商，包括先进复合材料集团（ACG）、陶氏化学汽车（Dow Automotive）、福特汽车公司（Ford Motor Company）等都实施相关计划，开展碳纤维的回收与再利用的研发。我国中科院宁波材料技术与工程研究所近年来也开展了相关研究，取得了不少进展。

热塑树脂基复合材料的回收相对简单，热塑性树脂的熔/固转换是可逆的，通过加热树脂变成熔融流体就能使纤维分离，这也是今后要加大开发应用热塑性复合材料的重要原因之一。

热塑性树脂基复合材料的回收再生有以下三种方法：

（1）熔融再生法。直接将回收的热塑性树脂基复合材料清洁造粒后重熔，若有必要则加入硅烷等偶联剂，然后用注模压成新的复合材料。

（2）溶解再生法。采用适当的溶剂使热塑性树脂基复合材料废料得以溶解，然后加入沉淀剂分离出聚合物和增强相，过滤后就得到再生材料。

（3）热解法。只需少量的热量及催化剂即可将材料基体转化为低分子量碳氢化合物，以气体形式逸出纤维得以回收。这种方法对回收碳纤维等贵重纤维有良好效果，基本上能保持纤维原有的性能和质量。

相对而言，热固性树脂基复合材料的回收要困难得多，这是因为热固性树脂固化物是一种不溶、不熔的坚实固体，且性能稳定，不易降解。因此，绿色化回收技术的研究主要是针对热固性复合材料。

目前，热固性复合材料的回收和再生主要有：

（1）物理法。机械粉碎回收法作为较早被研究的一种物理回收方法，主要依靠机械设备，通过机械力将热固性树脂及其复合材料碾碎、压碎或切碎等方式，获得尺寸不一的块体颗粒、短纤等物质，具有工艺简单、不产生污染物等优点。如用机械碾压从玻纤增强聚酯基、环氧基、环氧/芳纶纤维复合材料中获得不同长度的纤维，将回收得到的纤维重新与树脂复合，回收纤维复合材料具有很好的力学性能。机械粉碎回收法操作简单，可回收不同长度的短纤及复合材料粒子，但是纤维在回收过程中受到的破坏较大，无法得到长纤维。

(2)热解法。热解法是在空气或惰性气体环境中利用热量使热固性树脂分解成小分子气体逸出的方法。从而得到填料颗粒和表面干净的纤维。这种方法的优点是操作简便，不需要复杂专门的设备，能较好地保持纤维的形态和性能，缺点是能耗较大，树脂裂解产生的低分子气体对环境有污染。

热解法分高温热解、流化床热解和微波热解，这几种方法原理相似，都是通过高温的作用使树脂基体分解，由于高温的作用，回收得到的纤维机械强度降低幅度较大，同时树脂分解产生的小分子气体对环境有影响。在如何降低能耗、充分利用剩余热能、降低污染、保护纤维性能等方面还需继续研究。

(3)超临界流体法。超临界流体法是指流体的温度和压力分别超过其固有的临界温度和临界压力时所处的特殊状态。处于超临界状态的流体具有类似液体的密度和溶解能力，类似气体的黏度和扩散系数，所以超临界流体在一定条件下可以渗入多孔固体材料和溶解有机材料。超临界流体强大的溶解能力可将碳纤维复合材料废弃物的树脂基体分解，从而得到干净的碳纤维，而且能够很好地保留碳纤维的原始性能。工艺条件，包括温度、时间、催化剂、树脂/流体的原料比和压力等因素对回收过程都有影响。

超临界流体法作为一种新的回收方法，具有原料廉价、回收过程清洁无污染，且回收得到的碳纤维表面干净且性能较为优异等优势；但是超临界条件要求比较苛刻，大部分超临界流体要求高温高压，对反应设备的要求比较高，且造价昂贵，安全系数低。目前，超临界流体技术回收热固性树脂复合材料还需要继续研究，实现产业化规模尚存在诸多问题。

综上所述，对于碳纤维增强的热固性树脂基复合材料，绿色化回收及循环再生既要能够把树脂基体从碳纤维上分离开来，保证原纤维的性能和质量不受严重损坏，以利于开发新的应用，同时又要做到整个回收过程的能耗和环境影响降到最低。

每种回收方法都有其优点，也有不可回避的缺点。由于复合材料结构各异，所用树脂基体也千差万别，没有任何一种方法能适合所有复合材料的回收，因此，必须根据复合材料本身的特点，开发合适的回收技术。总体上看，复合材料的回收必然向着绿色环保、低能耗、低污染的方向发展，且要求回收产物具有再利用的价值，满足可持续发展的要求。

参考文献

[1] 唐见茂．高性能纤维复合材料[M]. 北京：化学工业出版社，2013.

[2] MAZUMDAR S K. Composite manufacturing: materials product and process engineering[M]. LLC, USA: CRC Press，2002.

[3] 朱和国，张爱文．复合材料原理[M]. 北京：国防工业出版社，2013.

[4] 成来飞、殷小玮、张立同．复合材料原理[M]. 西北工业大学出版社，2016.

[5] MILTON G W. The Theory of Composites[M]. UK：Cambridge University Press，2004.

[6] 陈祥宝,张宝艳,邢丽英. 先进树脂基复合材料技术发展及应用现状[J],中国材料进展,2009,28(6):1-12.

[7] TANG JIANMAO. Review and prospect of carbon fiber resin matrix composites [J]. Spacecraft Environment Engineering,2010,27(3):269-280.

[8] 郭玉明,冯志海,王金明. 高性能 PAN 基碳纤维及其复合材料在航天领域的应用[J]. 高科技纤维与应用,2007,32(5):1-8.

[9] TANG JIANMAO,STEPHEN K L LEE. Recent progress of applications of advanced composite materials in aerospace industry [J]. Spacecraft Environment Engineering,2010,27(5):552-557.

[10] STEITZ D E. NASA tests game changing composite cryogenic fuel tank [R/OL],http://www.nasa.gov/press/2013/july.

[11] JEFF SLOAN. AFP/ATL evolution[J/OL]. High-Performance Composites,2014-3,http://www.compositesworld.com/articles/afpatl-evolution.

[12] Northrop Grumman & ATK Complete James Webb Backplane Testing[R/OL],http://www.compositestoday.com/2014/07/northrop-grumman-atk-complete-james-webb-backplane-testing.

[13] 陈绍杰. 先进复合材料在汽车领域的应用[J]. 高科技纤维与应用,2011,36(1):18-24.

[14] 蒋鞠慧,陈敬菊. 复合材料在轨道交通上的应用与发展[J]. 玻璃钢/复合材料,2009,(6):81-85.

[15] 邹志华,曾竟成,刘钧. 高速列车及其用复合材料的发展[J]. 材料导报 A:综述篇,2011,(21):112-1185.

[16] 牟书香,陈淳,邱桂杰. 碳纤维复合材料在风电叶片中的应用[J]. 新材料产业,2012,(2):32-36.

[17] 孙正军,任海青. 先进生物质复合材料在风电叶片中的应用[J]. 复合材料学报,2006,23(3):127-129.

[18] 施军,黄卓. 复合材料在海洋船舶中的应用[J]. 玻璃钢/复合材料,2012,(11):275-279.

[19] 代志双,宋平娜,高志涛. 纤维复合材料在海洋油气开发中的应用[J]. 海洋工程装备与技术,2014,(3):65-69.

[20] 彭福明,郝际平,岳清瑞. 碳纤维增强复合材料(CFRP)加固修复损伤钢结构[J]. 工业建筑,2003,(9):7-10.

[21] ROUISON D,SAIN M,COUTURIER M. Resin transfer molding of hemp fiber composites: optimization of the process and mechanical properties of the materials [J]. Composites Science and Technology,2006,66(7-8):895-906.

[22] ROUISON D,SAIN M,COUTURIER M. Resin-transfer molding of natural fiber - reinforced plastic. I. Kinetic study of an unsaturated polyester resin containing an inhibitor and various promoters [J]. Journal of Applied Polymer Science,2003,89(9):2553-2561.

[23] BROSIUS D. Out-of-autoclave manufacturing: The green solution [J/OL],High-Performance Composites,2014-01.

[24] PICKERING S J. Recycling technologies for thermoset composite materials——current status [J]. Composites: Part A,2006,(37):1206-1215.

[25] PATEL V. Composites recycling: market opportunity analysis [J]. FRP Today,2010,(4):23-27.

[26] RUSH S. Carbon fiber: Life Beyond the Landfill[J/OL]. High-Performance Composites,2007-5-1. http://www.compositesworld.com/articles/carbon-fiber-life-beyond-the-landfill.

[27] THAKUR V K. Green composites: polymer composites and the environment [M]. New York: CRC Press,2005:5-15.

[28] THAKUR V K. Green composites from natural resources[M]. New York:CRC Press,2013:2 - 15.
[29] TICOALU A,ARAVINTHAN T,CARDONA F. A review of current development in natural fiber composites for structural and infrastructure applications[J]. Proceedings of the Southern Region Engineering Conference,2010:1(5):11 - 12.
[30] 曹勇,合田公一,陈鹤梅. 绿色复合材料的研究进展[J]. 材料研究学报,2007,21(2):119 - 125.
[31] 李光哲. 木塑复合材料的研究热点及发展趋势[J]. 木材加工机械,2010,(2):41 - 44.
[32] 刘涛,何慧,洪浩群,等. 木塑复合材料研究进展[J]. 绝缘材料,2008,41(2):38 - 41.
[33] 欧阳平凯,姜岷,李振江,等. 生物基高分子材料[M]. 北京:化学工业出版社,2012.
[34] 李坚. 生物质复合材料学[M]. 北京:科学出版社,2008.
[35] 封硕. 生物可降解高分子材料研究综述 [J]. 中山大学研究生学刊,2012,31(1):29 - 32.
[36] PICKERING K. Properties and performance of natural fiber composites [M]. Oxford:Woodhead Publishing in Materials,2008.
[37] GAULT M L. Bio-composites update: Beyond eco-branding[J/OL]. Composites Technology,2013,06, http://www. compositesworld. com/articles/biocomposites-update-beyond-eco-branding.
[38] 董凤霞,刘文,刘红峰. 纳米纤维素的制备及应用[J]. 中国造纸学报 2012,增刊:466 - 472.
[39] 范子千,袁晔,沈青. 纳米纤维素研究及应用进展[J]. 高分子通报,2010,(3):40 - 60.
[40] 周素坤,毛键贞,许凤,等. 微纤化纤维素的制备及应用[J]. 化学进展,2014,26(10): 1752 - 1762.
[41] 卿彦,蔡智勇,吴义强. 纤维素纳米纤丝研究进展[J]. 林业科学,2012. 48(7):145 - 152.
[42] 李勍,陈文帅,于海鹏. 纤维素纳米纤维增强聚合物复合材料研究进展[J]. 林业科学,2013,49(8): 145 - 152.
[43] PANDEY J K,AHNL S H,LEE C S,et al. Recent advances in the application of natural fiber based composites [J]. Macromolecular Materials and Engineering,2010,295(11): 975 - 989.
[44] SHAH D U. Developing plant fibre composites for structural applications by optimising composite parameters: a critical review [J]. 2013,48(18): 6083 - 6107.
[45] ZAMIR A,SALIT M S,TAHIR S M,et al. A review of current development in natural fiber composites in automotive applications [J]. Applied Mechanics and Materials,2014,(564): 3 - 7.
[46] DAVID B. Critical review of recent publications on use of natural composites in infrastructure [J]. Composites Part A: Applied Science and Manufacturing,2012,43(8):1419 - 1429.
[47] 布斯劳. 面向制造与装配的产品设计[M]. 北京:机械工业出版社, 1999.
[48] 王咏梅. 浅谈国内复合材料设计制造一体化技术[J]. 航空制造技术 2012,(18):41 - 44.
[49] 马瑛剑,宫少波,齐德胜. 复合材料部件设计制造一体化研究[J]. 化学与粘合, 2010,(2):30 - 34.
[50] 王兴刚,于洋,李树茂,等. 先进热塑性树脂基复合材料在航天航空上的应用[J]. 纤维复合材料,2011, 27(2):44 - 47.
[51] BLACK S. Reinforced thermoplastics in aircraft primary[J/OL]. High-Performance Composites,2011,(5): http://www. compositesworld. com/articles/reinforced-thermoplastics-in-aircraft-primary-structure.
[52] 马鸣图,魏莉霞,朱丽娟. 塑料复合材料在汽车轻量化中的应用[J]. 化工新型材料,2011,39(11):1 - 3.
[53] 王新波,黄龙男. 降解型环氧树脂[J]. 化学进展,2009,21(12):2704 - 2711.
[54] 杨萍. 降解型环氧树脂用于可持续碳纤维复合材料[J]. 玻璃钢,2013(4):42 - 46.

[55] Composite Technical Services,LTD. Bio-based epoxy resin for next generation epoxy prepregs[N/OL], www. azom. com/news. aspx? newsID=30774.

[56] MA S,LIU X,FAN L,et al. Synthesis and properties of a bio-based epoxy resin with high epoxy value and low viscosity [J]. Chem Sus Chem,2014,7(2): 555-562.

[57] BAKER D A,RIALS T G. Recent advances in low-cost carbon fiber manufacture from lignin [J]. Journal of Applied Polymer Science,2013,130(2): 713-728.

[58] WARREN C. Low-cost carbon fiber: Real or just wishful thinking? [J/OL]. Composites Technology,2003, 12,http://www. compositesworld. com/columns/low-cost-carbon-fiber-real-or-just-wishful-thinking.

[59] 梁燕,金亮,潘鼎. 碳纤维低成本制备技术[J]. 高科技纤维与应用,2011,36(2):39-44.

[60] 韩克清,严斌,余木火. 碳纤维及其复合材料高效低成本制备技术进展[J]. 中国材料进展,2012,31(10): 30-36.

[61] 包建文. 高效低成本复合材料及其制造技术[M]. 北京:国防工业出版社,2012.

[62] GARDINER. Out-of-prepregs: hype or revolution? [J/OL]. High-Performance Composites,2011-01-01,http://www. compositesworld. com/articles/out-of-autoclave-prepregs-hype-or-revolution.

[63] DALE B. Out-of-autoclave manufacturing: the green solution,[J/OL]. High-Performance Composites, 2014-01-01, http://www. compositesworld. com/articles/out-of-autoclave-manufacturing-the-green-solution.

[64] North Thin Ply Technology. Prepreg materials[R/OL]. 2014-11-16. http://www. thinplytechnology. com/prepreg-materials. php.

[65] JEFF S. AFP/ATL evolution [J/OL]. High-Performance Composites,2014-03-4. http://www. compositesworld. com/articles/afpatl-evolution.

[66] HOUT H, JENSENB J. Evaluation of double-vacuum-bag process for composite fabrication[J/OL]. 2013-11-30,http://www. researchgate. net/publication/250043379_Evaluation_of_Double-Vac uum-Bag_Process_For_Composite_Fabrication.

[67] 罗云烽,彭公秋,曹正华. 航空用热压罐外固化预浸料复合材料的应用[J]. 航空制造技术,2012 (18): 26-31.

[68] 唐见茂. 航空航天复合材料非热压罐成型研究进展[J]. 航天器环境工程,2014,31(6): 572-583.

[69] PIMENTA S,PINHO S T. Recycling carbon fiber reinforced polymers for structural applications: Technology review and market outlook[J]. Waste Management,2011,(31): 378-392.

[70] 段志军,段望春,张瑞庆. 国内外复合材料回收再利用现状[J]. 塑料工业,2011,39(1):14-18.

[71] YANG Y,BOOM R,HEERDEN D J V,et al. Recycling of composite materials[J]. Chemical Engineering and Processing,2012,(51): 53-68.

[72] 张东致,万怡灶,罗红林. 碳纤维复合材料的回收与再利用现状[J]. 中国塑料,2013,27(2):1-6.

[73] BOURMAUD A. Investigations on the recycling of hemp and sisal fibre reinforced polypropylene composites[J]. Polymer Degradation and Stability,2007,92(6): 1034-1045.

[74] MISHRA R,BEHERA B,MILITKY J,et al. Recycling of textile waste into green composites: Performance characterization[J]. Polymer Composites,2014,35 (10): 1960-1967.

[75] PIÑERO-HERNANZ R,GARCÍA-SERNAA J,DODDS C,et al. Chemical recycling of carbon fibre com-

posites using alcohols under subcritical and supercritical conditions [J]. The Journal of Supercritical Fluids, 2008,46(1): 83-92.

[76] 罗益锋. 碳纤维复合材料废弃物的回收与再利用技术发展[J]. 纺织导报,2013(12):36-39.

[77] ASMATULU E, TWOMEY J, OVERCASH M. Recycling of fiber-reinforced composites and direct structural composite recycling concept [J]. Journal of Composite Materials, 2014,48(5): 593-608.

[78] 徐平来,李娟,李晓倩. 热固性树脂基复合材料的回收方法研究进展[J]. 工程塑料应用,2013,41(1): 100-104.

第2章 绿色复合材料生命周期评价

2.1 LCA概述[1,2]

产品生命周期是一个仿生化的概念，是指产品从原料采集和处理、加工制作、包装运销、使用回收、再循环，直至最终处置和废弃等环节组成的生命链，表示产品从自然中来又回到自然中去的物质转化全过程，即“由摇篮(诞生)到坟墓(消失)”(cradle to grave)的全过程。

随着全球工业化发展的加速，进入自然生态环境的废物和污染物越来越多，超出了自然界自身的消化吸收能力，对环境和人类健康造成极大影响。另一方面工业化进程的加速也将使自然资源的消耗超出其恢复能力，进而破坏全球生态环境的平衡。因此人们越来越希望有一种方法对人类各类活动的资源消耗和环境影响有一个彻底、全面、综合的了解，以便寻求机会采取对策，以减轻人类对环境的影响。生命周期评价(life cycle assessment，LCA)正是在这样的背景下产生的一种系统性的分析和评价方法，也可认为是针对环境保护，实现可持续发展的一种新的理念和策略。

LCA是在产品的整个生命周期中用来分析和量化各个阶段中能量和物质的消耗以及环境负荷，然后评价这些消耗和释放对环境的影响，最后辨识和评价减少这些影响的可能性的一种方法。按国际标准化组织定义“LCA是对一个产品系统的生命周期中的输入、输出及其潜在环境影响的汇编和评价”。

而在1993年国际环境毒理学会与化学学会(SETAC)发布的“生命周期评价纲要：实用指南”的报告中，将LCA定义为：LCA是一种对产品、生产工艺以及活动对环境的压力进行评价的客观过程，它是通过对能量和物质利用以及废物排放对环境的影响，寻求改善环境影响的机会以及如何利用这种机会的方法。这个生命周期包括原材料提取与加工，产品制造、运输以及销售，产品的使用、再利用和维护，废物循环和最终废物弃置。

可以看出，LCA是一套系统化的评价方法，它包括政策层面上、技术层面上和人们理念层面上的各种问题，通过对不同的产品进行生命周期评价，可以比较或辨识不同产品的相对环境优点，为产品的开发、生产和市场经营提供可供决策用的参考依据。

LCA的最终目的是实现产品在资源、能源和环境等综合因素上的优化，最大程度上降低产品在整个生命周期内的环境负荷(见图2-1)。其应用已经覆盖了整个工业社会，涉及工业产品及生产工艺的设计、环境政策制定、废弃物管理等各方面，成为许多国家制定工业发展战略的决策工具之一。

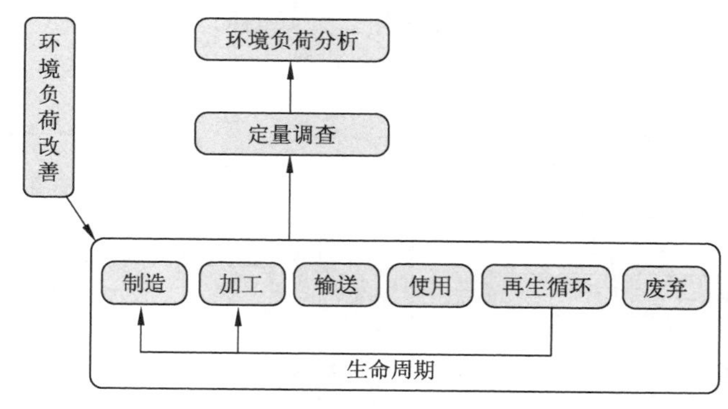

图 2-1　LCA 的基本思想

2.2　LCA 技术框架[3]

LCA 评价产品环境影响的主要思路是通过收集与产品相关的环境清单数据，应用 LCA 定义的一套计算方法，从资源消耗、人体健康和生态环境影响等方面对产品的环境影响做出定性和定量的评估，并进一步分析和寻找改善产品环境表现的时机与途径。这里所说的环境清单数据就是在产品寿命周期中流入和流出产品系统的物质流（能量流），这里的物质流既包含了产品在整个寿命周期中消耗的所有资源，也包含所有的废弃物以及产品本身。

可以看到，LCA 的评估是建立在具体的环境清单数据基础之上的，这也是 LCA 方法最基本的特性之一，是实现 LCA 客观性和科学性的必要保证，是进行量化计算和分析的基础。

概括起来，LCA 主要有三个特征：

(1)通过确定和量化与评估对象相关的能源、物资消耗和废弃物排放，评估其造成的环境影响和环境负担；

(2)判别和评估改善环境影响的机会；

(3)评价对象可包括一个产品，也可包括一个过程，评价的范围包括产品或过程的产生直至最后废弃。

在 ISO 14040—1997 标准中，对 LCA 详细地定义了具体的评估实施步骤，它包括如下四个阶段：目标和范围确定（goal and scope definition）、清单分析（life cycle inventory analysis，LCIA）、影响评价（life cycle impact assessment，LCIA）、生命周期解释（life cycle interpretation），如图 2-2 所示。为此 ISO 专门制定了相应的标准：

ISO 14040—1997：环境管理—生命周期评价—原则与框架；

ISO 14041—1998：环境管理—生命周期分析—目标和范围的界定及清单分析；

ISO 14042—2000：环境管理—生命周期分析—影响评价；

ISO 14043—2000：环境管理—生命周期分析—生命周期解释。

由图 2 - 2 可知，LCA 是一个包含各阶段相互关联的闭环过程，它表明产品在整个生命周期内都有环境影响的问题。

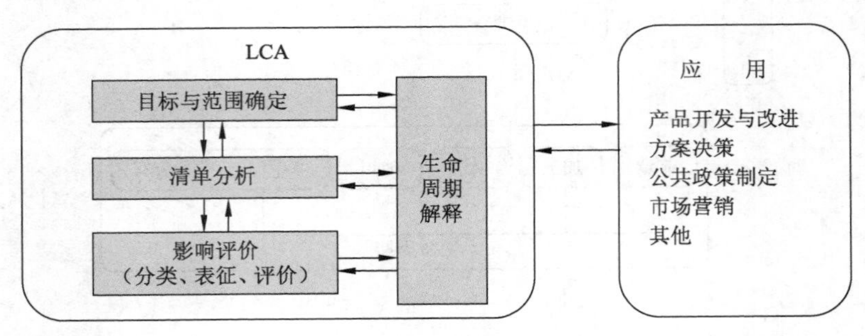

图 2 - 2　LCA 技术框架

2.2.1　目标和范围确定

目标和范围确定是 LCA 的第一步，它是清单分析、影响评价和结果解释的依据，也是进行具体 LCA 的出发点与立足点，决定了后续阶段的进行和 LCA 的评价结果，直接影响到整个评价工作程序和最终的研究结论。在这一阶段，既要明确提出 LCA 分析的目的、背景、理由，还要指出分析中涉及的假设条件、约束条件。设定功能单位也是不可缺少的，它是对产品系统输出功能的量度。其基本作用是为有关输入和输出提供参照基准，以保证 LCA 结果的可比性。

目标的确定必须具有很强的目的性，而范围的确定则是关系到 LCA 成效的关键。不同的产品或行为都具有各自的特征，而且自然界中各种物质和能量的转换和循环是相互影响的过程，在分析评价时很难精确地定量描述。因此，LCA 的范围确定只能是一种模拟化的模式，将有相互影响的各种边界条件单独列出，形成一个编目清单，便于定量化的数据分析。这种边界范围的确定必须是科学合理和可操作的，能最大限度地反映客观情况，使整个 LCA 更具实效性，一般说来，同类产品或行为的比较应建立在相同的边界基础上。

另外，对于同类产品或行为，由于 LCA 的目的不同，研究结果的用途不同，会导致研究的对象不同，因此对边界条件的划分和确定也不同。

2.2.2　清单分析

清单分析也称编目列表分析，清单分析是对第一阶段中所确定的目标和范围中的全体边界条件进行输入和输出的定量化的分析和计算，主要是计算产品整个生命周期（原材料的提取、加工、制造和销售、使用和废弃处理）的能源投入和资源消耗以及排放的各种环境负荷（包括废气、废水、固体废弃物）数据。这需要进行充分的调研，收集各种数据，包括产品的原料、制造、使用、废弃的数据，以及产品的全寿命周期中各种资源和能源消耗的数据。一般而言，完备的有实用价值的数据收集是费时和费力的，因此目前大多数研究者使用 LCA 软件数据库中的数据。清单分析需要处理庞大的数据，必须运用软件来完成，目前国内外已研发出许多实用性的软件用于各种不同的 LCA。如图 2 - 3 所示为一种清单分析示意图。

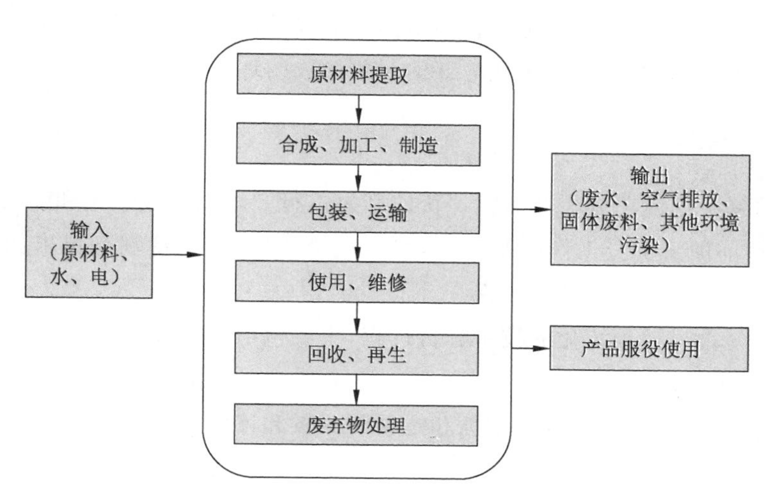

图 2-3　清单分析示意图

2.2.3　影响评价

影响评价主要是指环境影响评价，影响评价建立在生命周期清单分析的基础上，根据清单分析数据与环境影响的相关性，得出一个能表征被评估对象所造成的环境负荷的具体指标，以评价各种环境问题造成的潜在环境影响的严重程度。这是将清单分析得到的大量环境数据转化为环境影响指数进行比较和评估的过程，现在通行的模式包括三个阶段——**分类**、**表征**和**评价**。

(1)分类。将环境污染按影响作用进行分类，现在通行的是分为 9 类：

① 不可再生资源的消耗(abiotic depletion potential，ADP)；

② 不可再生的能源消耗(energy depletion potential，EDP)；

③ 温室效应(global warming potential，GWP)；

④ 臭氧层的破坏(ozone depletion potential，ODP)；

⑤ 生物体的损害(ecotoxicity potential，ECA)；

⑥ 环境酸化(acidification potential，AP)；

⑦ 人类健康损害(human toxicity potential，HT)；

⑧ 光化学氧化物生成(photochemical oxidant creation potential，POCP)；

⑨ 氮化作用(neutrophication potential，NP)。

简单的一般也可分为三大类——资源消耗(含生物与非生物资源)、人类健康损害、生态环境损害。

(2)表征。将与各环境损害项目相联系的清单项目进行汇总，定量计算造成的各种环境损害的大小。即根据环境影响分类，依据一定的模型，将每个清单分析数据转换为相应的环境影响指标。

(3)评价。目前还是靠人为规定各种环境损害的权重指数,将前面得到的各种环境损害数据加权求和,从而得出一个指标来表征被评估对象造成的环境负荷。

2.2.4 生命周期解释[4,5]

生命周期解释是把清单分析和影响评价的结果进行归纳以形成结论和建议的阶段。这是 LCA 的目的。在前面三部分工作的基础上,得出一个评估结论,特别是提出如何减小环境损害的建议,提出改进措施,促进环境改善。

生命周期解释是一种系统化的技术分析过程,主要包括三个步骤:

(1)识别环境影响的因素;

(2)对清单分析所得的结果进行定性和定量的分析和评价;

(3)根据上述两阶段的结果提出结论意见并作某些修改,以完善整个评价报告使其具有精确性、一致性和完整性。

LCA 研究报告的评审一般由独立于 LCA 研究组的专家承担,评审主要包括:LCA 研究采用的方法在科学和技术上是否合理;是否符合相关标准要求;所采用的数据就研究目标来说是否合理;结果讨论是否反映了原定的研究目标和范围等。

迄今为止,在 LCA 的四个实施阶段中,影响评价被认为是技术含量最高、难度最大的一个技术环节。影响评价的方法学、理论框架,以及各种影响类别的评价模型也还处在不同的形成阶段。目前尚不存在统一的标准在清单数据和具体的潜在环境影响之间建立一致、准确的联系。影响评价一般包括如下步骤:分类化(classification)、特征化(characterization)、标准化(standardization)、加权(weighting)。

综上所述,LCA 基本上是一种技术层面上的分析方法或管理工具,其主要目的是将环保意识和可持续发展的理念引入到产品开发和生产的决策过程中,为制定正确的决策提供依据。

LCA 是在产品的生产和服役的整个生命周期中评价环境影响的一种有效方法,但它也有一些局限性,LCA 包括产品从“摇篮到坟墓”的全生命,在实施过程中有很多不确定因素是不能非常精确地预测的,只能做一些简化的假设,这样所得到的大量用于清单分析的数据并不能完全代表实际情况,因此最后形成的影响评价也与实际情况有一定差距。尽管如此,LCA 目前仍然是一种备受关注的方法。

2.3 LCA 在绿色复合材料中的应用

复合材料的 LCA 目前尚未得到广泛的研究和应用,目前大多数绿色复合材料的 LCA 主要聚焦于建筑结构的木塑复合材料以及用于汽车工业的植物纤维复合材料,当然也包括其他一些材料,如生物基聚合物等。基本的方法是将这类材料与其他传统材料相比较,如玻璃纤维复合材料、钢材和混凝土材料。

由于 LCA 涉及的内容繁多,所以本章仅选择某些特殊案例加以阐述。

2.3.1　木塑复合材料的 LCA[6—8]

木塑复合材料(wood - plastic composites,WPC)是采用木纤维或植物纤维以各种不同的形态作为增强材料或填料,经过预处理后使之与热塑性树脂基体,如聚乙烯、聚丙烯和聚氯乙烯等复合而成的一种新型木质材料,通过挤压、模压、注射成型等塑料加工工艺,可生产出不同尺寸和形状的板材或型材。木塑复合材料及其产品兼备木材与塑料的双重特性,木质感强,可根据需要制造出不同颜色和许多木材所没有的特性——机械性能高,质轻、防潮、耐酸碱、便于清洗、易于加工、价格低廉等,同时也克服了木质材料吸水率高、易形变开裂、易被虫蛀霉变的缺点。

木塑复合材料目前在主要应用在建筑领域,大量用作非结构性住宅装饰结构件,例如门窗装饰部件,走廊、屋顶、汽车装饰材料以及户外花园和公众场所的各种设施等。

作为一种新型的绿色材料,木塑复合材料在节能环保方面体现出两大优点:①原材料的提取能最大限度地提高资源利用率,木屑、竹屑、稻壳、麦秸、大豆皮、花生壳、甘蔗渣等农作物废弃料都可制备成木质纤维用作复合材料的增强体;②木质复合材料大多都可回收再用,减少环境的负荷。

Lal Mahalle 等对两种木塑复合材料进行了生命周期评价,采用生态聚合物-聚乳酸作基体材料,与木质纤维复合制备复合材料,一种是木质纤维与纯聚乳酸(polylactic acid,PLA)制备的复合材料,另一种是木质纤维与聚乳酸和热塑性淀粉料(thermoplastic starch,TPS)的混合料制备的复合材料,两者都采用挤压工艺成型。

评价按 2006 年 ISO 14040 和 ISO 14044 规定的方法进行,将两种木塑复合材料进行互相比较,再与聚丙烯基复合材料进行比较。目标与范围确定和清单分析根据美国环境保护署(US environmental protection agency)提出的环境影响评价方法,围绕全球气温变暖、同温层臭氧损耗、土壤和水资源酸化、雾霾、人类健康、生态毒性等选择了输入和输出数据。

研究表明,用纯聚乳酸制备的木塑复合材料,其环境影响因子要高于用淀粉料混合物制备的复合材料,主要原因是用纯聚乳酸作复合材料的基体材料,其用量要高于含有淀粉料混合物的聚乳酸用量,导致更多石化燃料的消耗;此外聚乳酸的长途运输也增加了影响因子,而淀粉料是当地提供的。因此,聚乳酸混合料的环境性能要优于纯聚乳酸,这就为这种木塑复合材料的环境性能改进提供了依据。最后,将这两种复合材料与聚丙烯基复合材料进行比较,所有的环境影响因子都低于聚丙烯基复合材料。因此用生态聚合物代替石化聚合物基体,具有很大的发展潜能,因为它能在产品“从摇篮到坟墓”的整个生命周期内有效地减少环境负荷。

近年来国内在这方面也有不少研究,如用 LCA 来评价木材加工和中密度纤维板生产使用的环境影响问题。

中密度纤维板(medium density fiberboard,MDF)简称**中纤板**,实际上是一种木质纤维复合材料,是以小径级原木、木材采伐、加工剩余物以及非木质的植物纤维为原料,与聚合物黏合剂，如脲醛树脂、酚醛树脂等混合，再经热压后制成的一种人造板材。由于具有较好的性价比，加工方便，自20世纪60年代以来，得到快速发展，被大量用于中高档家具、室内装修、音响壳体、乐器、车船内装修、建筑等行业。作为大规模生产和应用的材料，中密度纤维板原料的制取、制备、生产、使用和废弃过程，要消耗大量的资源、能源，同时也排放出大量的废气、废水和工业固体废弃物，造成环境污染。

中纤板的LCA是按照国标GB/T 14040—2007，分析我国中纤板工业产品生产过程中不同生命周期阶段的能源、资源消耗及对环境的影响，找出影响环境的主要因子，从而提供改进生产工艺、进行绿色清洁生产的机会与途径。

该研究的范围界定是按中纤板生产普遍采用的工艺流程进行划分，包括原材料的获取阶段、生产加工阶段、使用阶段和废料处理及回收再生处理阶段。

原材料获取阶段主要包括制造中纤板原料（木材）的获取、工艺用气的获取、辅助化工原料的获取；生产加工阶段包括木材的提取、干燥、分选、施胶、铺装、预压、热压、冷却、裁边、砂光等过程；再生处理阶段主要考虑使用后的中纤板及边角废料的回收和处理。

清单分析是对生产中纤板的能源、原材料消耗及废物排放量的鉴定及量化，评估产品生产过程或活动中对环境带来的负担（见图2-4）。

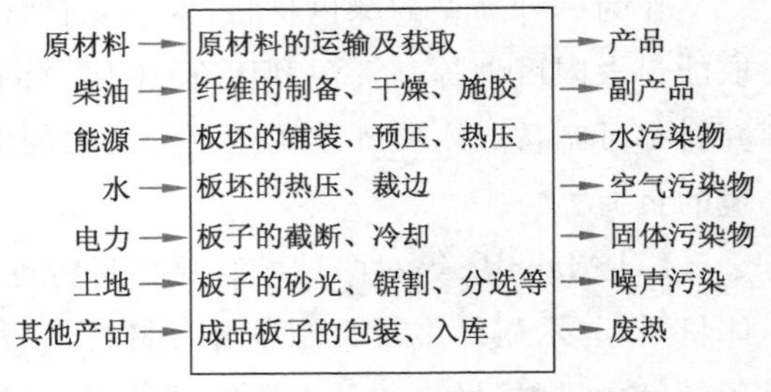

图2-4 中纤板LCA的清单分析框图

影响评价阶段包括原材料消耗分析、能源消耗分析、环境排放清单分析，如废水排放、废气排放、固体废弃物排放、噪声污染等。其中中纤板生产过程中的水环境污染负荷见表2-1。

表2-1 中纤板生产过程中的水环境污染负荷

工序/部门	排水量/m^3	BOD_5/kg	CODcr/kg	SS/kg
水洗	0.11	0.039	0.072	0.050
甲醛车间	0.29	0.102	0.189	0.131
能源工厂	0.87	0.305	0.567	0.392
制胶车间	0.11	0.042	0.075	0.052
单板线	0.02	0.007	0.013	0.009
化验室	0.01	0.004	0.006	0.005
污水站	0.27	0.095	0.176	0.122
生活办公	0.19	0.067	0.124	0.086
合计	1.87	0.658	1.219	0.845

通过中纤板的LCA对木质材料，包括人造纤维板材料发展政策的确定、研究的重点和方向的确立等工作都具有一定的现实意义。

2.3.2 天然纤维复合材料的LCA[9,10]

天然纤维是指从自然界的原料提取的纤维。目前性能较好，用得较多的是植物纤维，如木质纤维、竹纤维等，可用做增强体制造的复合材料，也被越来越多地用于汽车和船舶内装、建筑、家居等领域。天然纤维复合材料的LCA评价主要是与玻璃纤维复合材料作比较，通过LCA的评价，现在天然纤维复合材料作为一种“绿色”或“生态复合材料”被越来越多地认知和接受。

国内外关于天然纤维复合材料的LCA有过不少的研究和报道，图2-5所示是用玻璃纤维复合材料和非织物亚麻纤维复合材料制造的车库门面板的LCA对比结果。

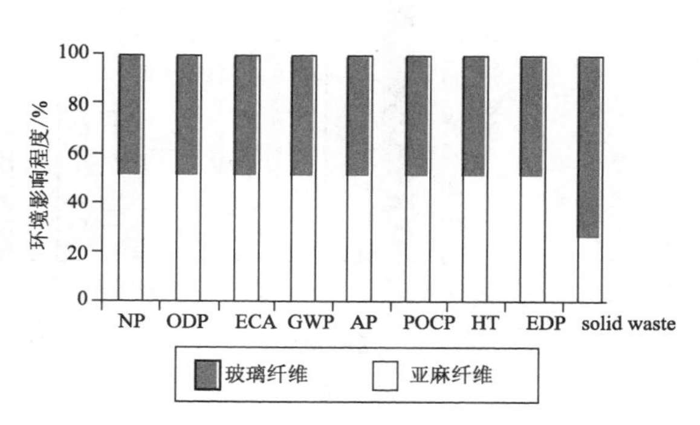

图2-5 玻璃纤维和亚麻纤维复合材料车库门板环境影响对比

如图2-5所示，在所列的9类环境影响中，包括氮化作用(NP)、臭氧层的破坏(ODP)、生物体的损害(ECA)、温室效应(GWP)、环境酸化(AP)、光化学氧化物生成(POCP)，人类健康损害(HT)、不可再生的能源消耗(EDP)、固体废物(solid waste)等。两种复合材料门板的环境影响指数几乎没有差别，但玻璃纤维门板的固体废弃物约为亚麻纤维的3倍。

如果仅从原材料来考虑，亚麻纤维的环境影响应比玻璃纤维低得多，但原材料的提取只是LCA清单分析的一个方面，如果将产品生产加工过程中的环境影响考虑进去，通过对两种复合材料门板的生产加工过程进行对比，上述结果就可以得到清楚的解释。研究发现，亚麻纤维复合材料门板在生产过程中有较多的工艺程序，如亚麻原料的采集、运输、纤维成丝和纤维毡的制备等，而更主要的原因是采用聚酯树脂作黏合剂，胶衣树脂作表面光洁剂，从而极大地增加了其对环境影响的程度。

该案例清楚地表明，LCA是一个全方位地评价产品或行为的环境影响的方法，如果仅从某一个方面来考虑，所得的结果很可能是不客观全面的，这也是目前LCA在继续研究发展的一个原因。

天然纤维复合材料在建筑领域得到广泛应用，在汽车和轨道交通中也体现出广阔的应用前景，天然纤维复合材料的LCA研究表明，相对于玻璃纤维复合材料，天然纤维生态复合材料在汽车和轨道交通的应用可以体现出15%～50%的可持续发展潜能，而这主要是由于它的轻质高强在节能减排方面具有巨大的社会效益和经济效益，而且大多生态复合材料易于回收和再利用，可大幅提高资源的利用效率。

2.3.3 复合材料与金属材料的比较[11]

用LCA评价复合材料与金属材料的环境影响是非常有效的方法，如图2-6所示为铝合金、不锈钢和玻纤/聚酯复合材料制造的电动滚梯扶栏型材的 LCA 评价结果,三种型材均取 100 m 线性长度,评价从原材料和成型加工的能耗开始,经过清单分析,确定温室效应、酸雨效应、富营养化、臭氧层损耗、雾霾、水消耗、能耗等七种环境影响因子。

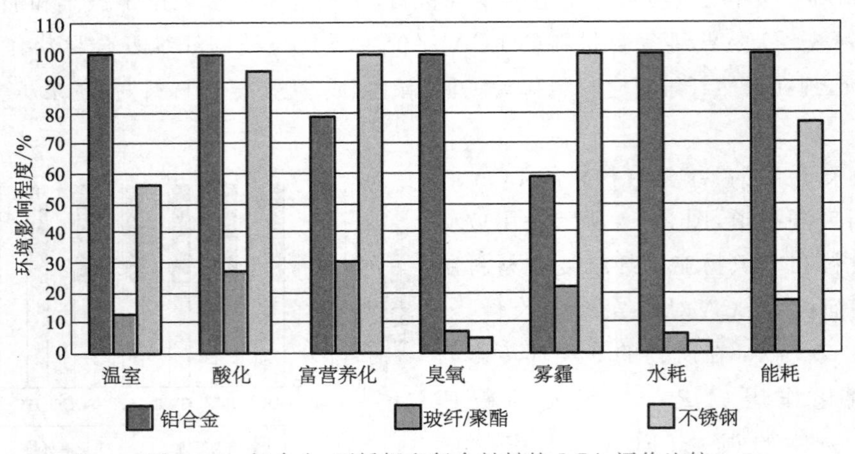

图 2-6 铝合金、不锈钢和复合材料的 LCA 评价比较

LCA 结果表明,铝合金扶栏对环境的影响最大,不锈钢略低于铝合金,而玻纤/聚酯复合材料的平均影响不到前两者的 1/3,这充分体现了纤维增强的树脂基复合材料在绿色环保方面的优势。

2.4 基于 LCA 的复合材料清洁生产[12—16]

清洁生产(clean production,CP)是现代产业发展的总趋势,是传统制造业向绿色制造业转型的必由之路。

清洁生产是指改进设计、使用清洁的能源和原料、采用先进的工艺技术与设备、改善管理、综合利用各种资源等,从源头削减污染,提高资源利用效率,减少或者避免生产、服务和产品使用过程中污染物的产生和排放,以减轻或者消除生产过程对人类健康和环境的危害。

清洁生产的原则是预防为主,从源头开始,通过生产过程控制,实现经济效益和环境效益的统一。可以认为,清洁生产的实质是将传统的环境污染“末端治理”的理念转变为“预防为主”的理念,从根本上解决工业生产的环境污染问题。

从可持续发展出发。复合材料清洁生产主要面对三个方面的问题:

(1)环境问题。复合材料的生产是指将组分材料,即纤维增强体和树脂基体复合制造成产品或制件的过程。从复合材料产业链看,组分材料原材料的生产,如树脂基体的合成,纤维的生产等也会产生大量的环境问题。复合材料生产的环境问题主要来自所用组分材料、预浸料制备、纤维预型件制作、成型工艺以及成型辅助材料废弃物等。其中热固性复合材料的降解和回收困难是最大的环境问题。另外,溶液法制备预浸料需要大量的有机溶剂,热压罐大型制件成型消耗的大量辅助材料，如吸胶毡、透气布、脱模膜、真空袋、密封胶条等，这些都是高性能和高成本的材料，用过后不能回收，只能废弃处理。此外还有预浸下料形成的边角料，如铺层错误还会造成整个制件报废。相对金属材料，复合材料的环境问题更严重，更需认真处理。

(2)社会问题。在溶液法制备预浸料和复合材料成型过程中，有大量有机溶剂剩余物和低分子挥发物排出，造成空气污染，影响人体健康。另外复合材料退役件，废品的掩埋和焚烧都会造成极大的生态和社会问题。

(3)经济问题。复合材料，特别是高性能复合材料的高投入、高能耗和高成本一直是困扰人们的问题，其中制造成本占50%～70%，包括专用设备的高投入和运行，如大型热压罐、高端纤维缠绕机、自动铺丝/铺带机等，这些专用设备技术要求高、配套控制系统复杂、制造成本高，另外成型过程的能耗高，辅助材料的消耗高。实现复合材料成型制造的绿色化和低成本化一直是重点研究课题，目前已取得重要进展，如大型或超大型复合材料制件的非热压罐成型，在航空航天领域已成功开发应用，并有可能发展成为取代传统热压罐成型的绿色制造技术。

2.4.1　基于LCA清洁生产的一般方法

基于LCA的复合材料清洁生产可以针对具体的产品或生产企业，也可针对一个行业或一个地区的产业运行和管理。运用LCA的技术框架可进行清洁生产整个过程的分析和评价。

(1)确定清洁生产的目标和范围。从清洁生产的需求出发，梳理生产过程中与环境影响有关的因素，找出资源消耗和环境影响最突出的问题，确定清洁生产的审计对象(如产品、工序或措施)，研究清洁生产能取得最大社会和经济效益的可能性，规划和界定清洁生产的具体目标和研究范围。

(2)清洁生产清单分析。在确定目标和范围的基础上，按生命周期清单分析方法和程序进行**清洁生产审计**，也称**编目列表分析**，是对确定的目标和范围中的所有边界条件进行输入和输出的定量化的数据分析和计算，对复合材料的清洁生产，需要收集各种数据，如原料成分和性能、成型设备和技术、产品性能和质量、副产物、边角料和废弃物、资源和能源消耗等。完备的有实用价值的数据收集是费时和费力的，因此，如有可能，可使用LCA软件数据库中的数据或一些专业数据库的数据。清单分析需要处理庞大的数据，必须运用相关的软件来完成，目前国内外已研发出许多实用性的软件用于各种不同的LCA。清单分析有各种不同的方法模式，但基本要求是确定的边界条件以及各种数据、图表等必须具有完整性、准确性、有效性和实用性，以提高LCA评价的准确性。

(3)影响评价。影响评价建立在清单分析的基础上，是针对清洁生产的各个环节进行环境影响评价，根据清单分析数据与环境影响的相关性，得出一个能表征被评估对象所造成的环境负荷的具体指标，以评价各种环境问题造成的潜在环境影响的严重程度。这是将清单分析得到的大量环境数据转化为环境影响指数进行比较和评估的过程，最后得出定量化的各种指标来评价被审核对象造成的环境负荷。

(4)生命周期解释。生命周期解释是把清单分析和影响评价的结果进行归纳以形成结论和建议的阶段。在前面三部分工作的基础上，找出改进潜力最大的影响类型或生产环节，得出一个评估结论，特别是提出如何减小环境损害的建议，提出改进措施，使方案对环境的影响最小。如果要使方案切实可行，还必须进行技术和经济可行性分析。

(5)清洁生产方案实施。LCA 用于清洁生产的最终目的就是通过 LCA 实现清洁生产，使产品对环境的影响最小。

在完成上述工作之后，就可以实施清洁生产方案。实施清洁生产方案是一件大事，应采用系统工程的理念和方法，实行整体上的配合和努力，并制定切实可行的实施方案，认真落实。

2.4.2 复合材料清洁生产的研究内容

从技术上考虑，复合材料清洁生产的基本思想是采用绿色工艺和绿色制造，通过 LCA 评价，更新设计观念，正确合理选材、改善产品体系，最大限度地提高资源、能源的利用水平，将环境污染减到最少。基于 LCA 的清洁生产技术框架如图 2-7 所示。

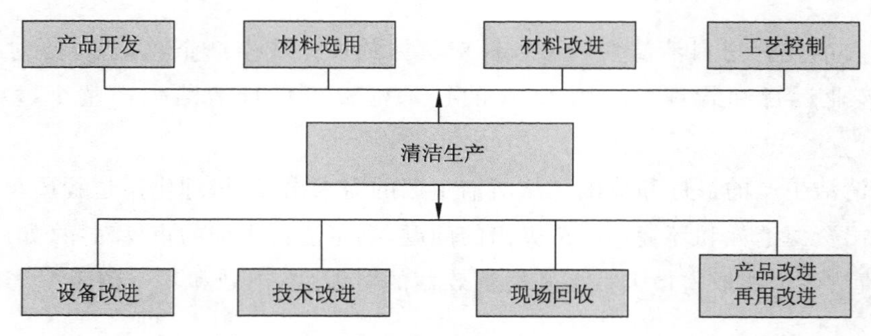

图 2-7 基于 LCA 的清洁生产技术框架

复合材料的可设计性以及成型工艺的可选择性为实现清洁生产提供了极大的发展空间。在复合材料的整个生命周期中，特别是对于航空航天高端应用的高性能复合材料，成型制造是一个高能耗、高投入和高成本的环节，制造成本占总成本的 50%～70%，其中主要是大型成型设备高投入(如热压罐等)和热固化成型的高能耗，从 20 世纪 90 年代开始复合材料低成本化，许多低成本制造技术得到开发和应用，使复合材料绿色制造和清洁生产进入实际性的阶段，但从发展趋势看，复合材料的绿色化技术，特别是清洁生产和绿色制造技术，仍面临着重大挑战。

复合材料的清洁生产是根据复合材料是由两种以上不同材料复合的特点，按照图 2-7 所示框架，基于 LCA 方法，进行清洁生产实施和管理。

2.4.2.1 产品开发

产品开发主要是指产品的概念设计到详细设计，在设计过程中就要考虑产品整个生命周期其他各个阶段的资源消耗、环境影响以及产品的属性(如可制造性、可装配性、可拆卸性、可回收性、可维护性、可重复利用性等),并将其作为设计目标,在满足环境目标要求的同时,保证产品应有的功能、使用寿命、质量等要求。这就是所谓的绿色设计。

绿色设计是实现清洁生产的前提,是一种并行工程的设计理念,在设计过程中材料选择、结构设计、工艺设计、包装运输设计、使用维护设计、拆卸回收设计、报废处置设计等多个设计阶段同时进行、相互协调,各阶段和整体设计方案、分析评价结果要及时进行信息交流和反馈,它要求在产品生命周期中涉及单位、集体和个人共同配合协调,从而在设计研发过程中及时改进,最终使产品设计达到最优化。

绿色设计的基本思想是“面向 X 的设计”(design for X,DFX),X 表示前面提到的产品的各种属性,有关内容将在第 3 章中专门介绍。

2.4.2.2　材料选用

复合材料的组分材料选择非常重要,除满足性能和质量要求外,针对清洁生产,应尽量选择在生产过程中无公害排放、低成本和低能耗、使用寿命长以及可回收的原材料。从 20 世纪 90 年代开始用可回收的高性能热塑性树脂作基体材料与高性能纤维复合制备高性能复合材料,这方面的研究已取得重要进展,热塑性复合材料向飞机主承力结构件应用方向发展,如空客公司已成功地用玻璃纤维增强的 PPS 热塑性复合材料制造空客 A－380 机翼前沿。又如用生物基高分子材料作基体与天然植物纤维复合制备全降解型复合材料也得到了快速发展,被越来越多地用于汽车、建筑、家居及船舶等领域。

材料的选择还包括新型材料的开发,如低温固化而又具有高温性能的树脂基体,光固化、微波固化、电子束固化的树脂基体都能为降低能耗、清洁生产提供很大发展空间。

2.4.2.3　工艺控制

工艺控制是复合材料清洁生产的重要环节,直接关系到产品的性能和质量以及制造成本。清洁生产的工艺控制是针对产品制定出最优化的成型工艺方案,使制造过程在高效和低能耗的条件下完成,既能保证最终的性能和质量,又能减少或避免废料和有害物的排放。

树脂基复合材料采用热压成型,工艺控制的主要内容是针对所选用的树脂基体实现温度、压力和时间之间工艺参数的优化组合,现在主要用数字模拟仿真来实现,通过数字化模型定量描述复合材料成型过程中的一些性能参数,如树脂流变性、黏度、固化度、压力分布等随温度、压力和时间的变化关系,然后按模型给定的工艺条件进行成型过程的控制。

工艺控制的数字模拟仿真现已发展到智能化的现场监控,即通过先进的传感技术,用光纤、压电晶片、磁流变等传感器放置在制件不同部位,在成型过程中现场感知和测量一些性能参数的变化,并将测量结果输送到计算机控制终端,与数字模型比较,实现对成型过程的全程现场监控。

2.4.2.4　材料改进

复合材料制造和生产是将两种组分材料复合的过程,成型工艺优化是实现清洁生产的重要保证，而成型工艺又与组分材料的性能有关，因此原材料的改性一直是复合材料重要的研究内容，原材料的改性不仅能提高复合材料的使用性能，也能改善复合材料的成型工艺性能。例如，在环氧树脂固化体系中，加入一定量的路易斯碱及无机碱作为亲核型促进剂。能使高温固化的环氧树脂的固化温度降低 50 ℃左右。又如酚醛树脂固化温度一般在 180℃以上，添加固化促进剂或高反应性的物质，如碳酸钠、碳酸氢钠、碳酸氢钾、碳酸丙烯酸酯类的碳酸盐与碳酸酯、间苯二酚、异氰酸酯等是较好的固化促进剂，能使固化温度降低，缩短固化时间，降低能耗。

2.4.2.5 设备改进

复合材料的成型制造需要专门的设备和机器，如层压成型的热压罐、模压成型的热压机、拉挤成型设备、缠绕成型设备等，设备的改进能提高生产效率，降低能耗，减少废料和有害物排放率。采用能够使资源和能源利用率高、原材料转化率高、污染物产生量少的新工艺设备代替那些资源浪费大、污染严重的落后工艺设备。生产企业要进行技术改造，提高整体工艺装备和技术水平，通过新设备和新技术实施清洁生产方案，取得清洁生产效果。

同时要加强设备管理，提高设备完好率和运行率，提高人员素质，落实岗位和目标责任制，生产过程中杜绝“跑冒滴漏”，防止生产事故，使人为的资源浪费和污染排放减至最小。

2.4.2.6 技术改进

通过技术创新，研究开发既不牺牲产品功能、质量和成本，又能使环境的负面影响降到最小、资源利用率最高的新型成型工艺和制造技术，也就是采用绿色工艺和绿色制造技术。

对于复合材料的清洁生产，新型的绿色制造技术的研究可以归纳为两大类：一类是绿色制造的概念和方法的研究，主要研究有关的技术框架和理论，主要方法是数字化模拟仿真技术，包括材料供应链模型、资源优化模型、材料生产工艺模型以及各种分析计算方法；另一个领域则是面向技术应用的研究，通常针对复合材料成型工艺过程研究开发新型的低能耗和低成本的先进技术，如 20 世纪开始的以树脂传递模塑为代表的液体低成本技术，近年来针对大型或超大型制件成型的非热压罐成型技术，能大幅提高工效和减少预浸料下料边角料的自动铺丝/自动铺带技术等。

2.4.2.7 现场回收

提高资源利用率，节约能源和原材料，做到物尽其用。通过资源、原材料的节约和合理利用，使原材料尽可能地转化为产品或尽可能充分利用余料和边角料。复合材料层压结构是最主要的应用形式，通常是先制备成连续纤维预浸料，再按结构设计要求将预浸料切割成不同形状和尺寸的层片叠合成结构坯件，最后固化成型。预浸料下料过程中，不可避免地会产生边角料，据报道，下料形成的边角料可达制件用料的 5%～10%，这些边角料一般不再适合高性能的结构应用，但回收后可用于其他应用，如将回收的纤维制备短切纤维复合材料，可用于汽车、轨道交通、机械、建筑等领域。此外，液体成型和缠绕成型过程中的剩余树脂和纤维余料均可回收、再开发和再利用。

2.4.2.8　产品改进

针对产品的使用性能和质量，以开发、生产无环境污染、对人体无害的清洁产品为目的，将环保因素预先考虑到产品设计之中，并考虑产品整个生命周期对环境的影响，是实现清洁生产的根本目的。

对复合材料而言，产品改进对实现清洁生产也非常重要，产品改进的第一个目标是提高产品的性能和质量，延长使用寿命，可回收和再利用。如针对生物树脂基复合强度和热性能普遍较低，如何通过对树脂基体和纤维增强体的改性提高强度和耐热性，是目前绿色复合材料研究的重要课题，用生物树脂基制备的复合材料大多易于回收再利用，或易于降解，有利于减少环境负荷。又如用高性能热塑性复合材料制备航空航天应用的高性能结构复合材料，目前正向主承力结构件应用发展，旨在解决热固性复合材料回收和降解困难的问题。

产品改进的第二个目标是通过新工艺新方法实现产品结构改变，如热固性预浸料一般是采用溶液法制备，这需要大量的有机溶剂，在预浸料制备和复合材料热压成型过程中，溶剂的挥发对环境和人体健康都有影响。新的工艺采用热熔法，一是将树脂融熔成流体，直接浸渍纤维；二是先将树脂制成薄膜，再与纤维均匀复合。热熔法制备预浸料快速简便，既提高了生产效率，又消除了溶剂使用造成的污染。当然生产过程要严格进行质量控制，使预浸料中的纤维分布均匀、浸渍充分，含量达到预期要求，与树脂良好地结合。

综上所述，LCA 是一种以可持续发展理念为背景的新概念和新方法，它以资源、能源和环境的协调发展为目的，涉及现代社会生活的方方面面，不仅有技术层面的意义，也对决策、规划、管理以及提高全民素质、增强环保意识都有现实意义。在 LCA 应用多方位的发展中，面向绿色设计和制造的 LCA 得到了越来越多的关注和研究。

参考文献

[1]　ISO 14040 Environmental management-Life cycle assessment-Principles and framework[S]. Geneva: ISO,2006.

[2]　国际环境毒理学会与化学学会(SETAC). 生命周期评价纲要:实用指南[R],1993.

[3]　杨建新,徐成,王如松. 产品生命周期评价方法及应用[M]. 北京:气象出版社,2002.

[4]　郑秀君,胡彬. 我国生命周期评价(LCA)文献综述及国外最新研究进展[J],科技进步与对策,2013,30(6):154—160.

[5]　稲葉敦監修. LCAシリーズ「第二分冊」:LCAの実務[Z]. 産業環境管理協会丸善出版事業部,2005.

[6]　MAHALLE L,ALEMDAR A,MIHAI M,et al. A cradle-to-gate life cycle assessment of wood fibre-reinforced polylactic acid (PLA) and polylactic acid/thermoplastic starch (PLA/TPS) biocomposites [J]. The International Journal of Life Cycle Assessment,2014,19(6):1305 - 1315.

[7]　US Environmental Protection Agency,"TRACI 2.0: The Tool for the Reduction and Assessment of Chemical and Other Environmental Impacts. 2003.

[8]　李慧媛,黄思维,周定国. 生命周期评价体系在我国木材加工领域的应用[J]. 世界林业研究,2013,

26 (2):54 - 59.

[9] 薛拥军,向仕龙,刘文金. 中密度纤维板产品的生命周期评价[J],林业科技,2006,31(6):47 - 50.

[10] PATEL M,BASTIOLI,C,MARINI L. Life-cycle assessment of bio-based polymers and natural fiber composites [J]. Biopolymers,2003,(10): 154 - 162.

[11] BLACK S. Life Cycle Assessment: Are composites "green"? [J/OL]. Composites Technology 2010 - 11 - 30 http://www.compositesworld.com/articles/life-cycle-assessment-are-composites-green.

[12] United Nations Industrial Development Organization(UNIDO). Cleaner Production (CP) [D/OL]. http://www.unido.org/en/what-we-do/environment/resource-efficient-and-low-carbon-indu strial-production/cp/cleaner-production.html#pp1[g1]/0/.

[13] TUCKER N. Clean Production [M]. Cambrige:Woodhead Publishing Ltd & CRC Press LLC,2004.

[14] JACQUEMIN L,PONTALUER P Y, SABLAYROLLES C. Life cycle assessment (LCA) applied to the process industry: A Review[J]. The International Journal of Life Cycle Assessment,2012,17(8): 1028 - 1041.

[15] 曹利江,金声琅. 基于生命周期评价的清洁生产模式研究[J]. 中国环境管理,2010,(3):27 - 32.

[16] XU L N, FU G Z. Application of Life Cycle Assessment in Cleaner Production [J]. Guangdong Chemical Industry,2005 (5):94 - 96.

第3章 绿色复合材料设计

复合材料是由两种或两种以上异形、异质、异构的材料(称之为组分材料)用专门的工艺和技术复合而成的一类材料体系,因此,复合材料从设计、制造到应用都有不同于传统材料的特点。目前复合材料发展的主流是纤维增强的树脂基复合材料,特别是碳纤维增强的树脂基复合材料,由于其轻质高强的优点,用作结构材料时,能体现出节能、减排、降耗的巨大经济效益和社会效益,半个多世纪以来走过了快速发展历程,从航空航天迅速扩大到其他工业部门,包括汽车、铁路、新能源、机械、海洋等。

设计是复合材料开发应用的第一个重要环节,它必须根据构件的形状、尺寸、质量和服役性能要求,再综合考虑制造工艺、成本等因素,充分利用复合材料性能的可设计性及大型构件整体成型等优点,实现结构效率、性能、功能与成本的综合优化。

对于绿色复合材料,设计时除要考虑上述一些因素外,还要着重原材料选取、制造技术、包装物流、应用特点和回收再用等如何实现绿色化、生态化和环保化的要求,在设计开始就考虑到产品整个生命周期中从概念形成到产品报废处理的所有因素,如质量、成本、用户要求、环境影响、资源消耗、材料的回收和再利用等,以寻找和采用尽可能合理和优化的结构和方案,使得资源消耗和环境负影响降到最低。

3.1 复合材料设计概述[1]

一种复合材料中至少应包含两种主要的组成相,一是**连续相**,称为复合材料的基体,它可以是金属,也可以是无机非金属(陶瓷、玻璃等),或有机非金属(天然聚合物或合成聚合物)。另一相是**分散相**,同样由金属、无机非金属、有机非金属制得。分散相的形式目前主要有纤维、颗粒、晶须等,分散相按功能主要分为**增强体**和**功能体**,增强体用于结构复合材料,起到承受载荷的主体作用,而功能体用于功能复合材料,使复合材料具有光、电、声、热、磁等特殊功能。但现在也在发展结构-功能一体化的复合材料。分散相通过连续相固结在一起,就形成一种多相的复合材料体系,这样的复合体系实际上是一种材料结构。

这种多相的材料体系可以有很多种不同的组合形式,而不同的组合得到的复合材料的性能则大不相同,这样在实际应用中,就给人们提供了一种可能性,即按不同的使用要求对复合材料的组合形式进行设计,而得到各种不同结构形式的复合材料,这就是复合材料最基本的创新点。它为复合材料的发展和应用开拓了极为广阔的前景，复合化已成为新材料发展的一个重要趋势。

同其他材料一样，设计是复合材料开发应用的第一个环节，但由于复合材料独具的特点，在结构设计中就表现出不同于传统材料（如金属、陶瓷、工程塑料等）结构设计的特点，主要有：

1. 材料的可设计性

除轻质高强外，复合材料另一个最大的优点就是性能的可设计性。传统材料的结构设计，材料是直接选用的，即按结构的服役要求，在有确定性能数据的各种材料中选用合适的材料牌号与规格，相对来说，这种设计要简单得多。而在复合材料的结构设计中，材料本身就是一种复合的多相结构，而这种复合结构就是结构所要用的材料，如前所述，这种复合材料体系是可以根据设计条件（如性能要求、载荷情况、环境条件等）进行设计的。

最典型的情况是目前使用最多的各种薄壁结构中所用的复合材料层压结构，这种**层合板**（也称**层压板**）是由单向纤维预浸渍树脂基体制成预浸带，再将预浸带按设计要求切割成不同尺寸和形状的层片，然后将层片逐层叠合并固化而成，因此它是一种层合结构。如果所有单层都处于同一方向，则称为**单向层合板**，如果单层按不同方向构成层合板，则称为**多向层合板**。

单向预浸带沿纤维方向与垂直纤维方向的性能差别很大，因此按不同的方向铺设不同比例的单向带，就可以设计出不同性能的层压板来满足不同的结构要求，这样的设计称为**层压板设计**，也称**铺层设计**。这种设计得到的复合材料不同于均质的各向同性的金属材料，它在宏观表现出非均质，且是各向异性的。这种性能可设计性也称为**性能"剪裁"**。通过这种"剪裁"，使复合材料得到优于传统材料的两大优点：一是材料的性能优异，除轻质高强外，还具有抗疲劳、耐腐蚀、结构整体化成型等优点；二是材料的效率充分发挥，真正做到"物尽其用"。例如，在主承力方向可以适当增加纤维含量比例而达到提高承载能力的效果，而不需要额外增加结构的重量，这对于航空航天结构显得尤其重要。所谓复合材料的可设计性，其灵魂可以说就是这种纤维取向和分布的优化。当然这种各向异性的可设计性给结构设计、分析和制造增加了困难，但是也给复合材料的设计创新带来了非常广阔的空间。

2. 材料设计和结构设计同时进行

如前所述，复合材料是一种多相组合的材料体系，它不同于金属材料，在作为结构件使用时，不是现成提供的，而是通过专门的设计得来的。因此，复合材料结构设计分为两个层次，即**材料设计**和**结构设计**，而这两个层次是统一的。结构设计包含材料设计，而且是从材料设计开始，材料设计是结构设计的主要内容，这两者是同时进行的。比如一种层压复合材料结构件，所用的材料就是复合材料层压板，在设计时必须从正确选择基体材料和纤维增强材料开始，再按结构的受力特点进行层压板的铺层设计，铺层设计主要任务是确定层合板内不同方向的纤维排放比例以及可变厚度的局部加强。通过分析计算，得到能满足结构承载要求同时又能最大限度地提高材料效率、减少材料用量的最佳优化方案。这样设计出来的复合材料层压结构也就是结构设计所要求的最终结构形式。在此基础上，再增加一些诸如加工、连接和装配等方面的设计，最后形成结构设计的完整方案，但其核心内容是开始阶段的材料设计，这是复合材料结构设计的另一个特点。作为一门新兴的新材料技术，它为结构设计师提供了更多的设计空间，也带来了更多的挑战，这也是复合材料推广应用最吸引人的地方。

3.1.1　复合材料设计基础

复合材料结构设计的基础是**复合材料力学**以及由它发展起来的**复合材料结构力学**。复合材料的材料力学是从研究由纤维和基体组成的单层的力学性能开始，进而研究由单层组合的层压结构的力学性能；复合材料结构力学的研究对象是典型的复合材料结构件，如杆、梁、板、圆壳等。这两者构成了复合材料结构的设计技术基础，因为任何的复合材料结构件都可以认为是这些典型件的组合，只不过是不同的结构件有不同的技术要求而已。

有时也将上述两者统称为**复合材料力学**。复合材料力学是在20世纪60年代为高性能纤维增强树脂基复合材料的结构设计而发展起来的一门新兴的固体力学分支。它是在传统材料力学基础上针对复合材料多相组成的特点加入许多新概念和新内容，因此涉及的范围更广，研究的内容更多。

首先，常规材料存在的力学问题，如结构在外力作用下的强度、刚度、疲劳、断裂等问题，在复合材料中依然存在，但由于复合材料有不均匀和各向异性的特点，以及由于材料几何（各材料的形状、分布、含量）和铺层几何（各单层的厚度、铺层方向、铺层顺序）等方面可变因素的增多，上述力学问题在复合材料力学中都必须重新研究，以确定那些适用于常规材料的力学理论、方法、方程、公式等是否仍适用于复合材料，如果不适用，需进行修正。

其次，复合材料中还有许多常规材料中不存在的力学问题，如层间应力（层间正应力和剪应力耦合会引起复杂的断裂和脱层现象）、边界效应以及纤维脱胶、纤维断裂、基体开裂等。

最后，复合材料的材料设计和结构设计是同时进行的，因而在复合材料的材料设计（如材料选取和组合方式的确定）、加工工艺过程（如材料铺层、加温固化）和结构设计过程中都存在力学问题。

复合材料是一种多相结构，包含增强相、基体相与界面相，对于层压复合材料而言，它又是一种多层次的复合结构，一种层压复合材料中至少包含三种不同的层次结构，第一是基体和增强体，以及它们之间的界面；第二是纤维和基体组成的单层；第三是由各单层复合而得到的层合板，每个层次具有各自的结构特点，在复合材料力学中分别定义为**微观**、**细观**与**宏观**结构，而它们又具有各自的力学行为特征，因此复合材料力学又细分出有针对性的**微观力学**、**细观力学**与**宏观力学**。

微观力学是研究复合材料组分之间的相互影响，以此预测复合材料的宏观力学性能。微观结构的力学行为非常复杂，影响因素很多，如纤维与基体的力学性质、含量、纤维的几何形态及排列布置，纤维与基体间的界面性能等。给试验、检测和分析带来很大困难，而且分析结果往往不能尽如人意。现在，复合材料力学主要研究的内容是单层板和层合板的力学特性，也就是细观力学与宏观力学。

3.1.1.1 细观力学

细观力学是以纤维沿一个方向的平行分布所形成的单层板为对象，研究其在各种载荷下的力学行为特征，以此为基础来进一步研究复合材料的宏观力学性能，为复合材料的设计、制造提供依据。单层是指用连续排列的平行纤维浸渍树脂基体制成的层片，在复合材料技术中通常以单向预浸带的形式提供。

单层的力学性能决定于所用的纤维和树脂基体以及它们的结合情况，纤维是承受载荷的主体，但纤维必须由基体牢固地黏结在一起才能更有效地提高单层强度，因此正确选择基体和纤维以及保证它们之间的复合效果是复合结构设计非常重要的第一步，这属于微观力学的范畴。

细观力学假定单层板是均质各向异性的，只考虑单层板中沿纤维方向的力学性能与垂直纤维方向的平均“表观”力学性能，而不考虑它们之间的相互影响。而且由于层合板中的单层厚度很薄，垂直于单层面的法线方向的应力分量与面内的应力分量相比很小，可以忽略不计，因此单层细观力学分析可简化为广义的二维平面应力问题，只考虑单层面内的强度和刚度，这样就可以沿用传统材料力学中的平面力学分析方法，进行各单层的力学性能分析。

细观力学的分析对象是从单层中取出一个如图 3-1 和图 3-2 所示的代表性体积单元，它不能是无限小的单元体，而是必须能够代表复合材料的细观结构，因而足以用它表征单层的基本性能，如拉、压、剪作用下的强度和刚度等。

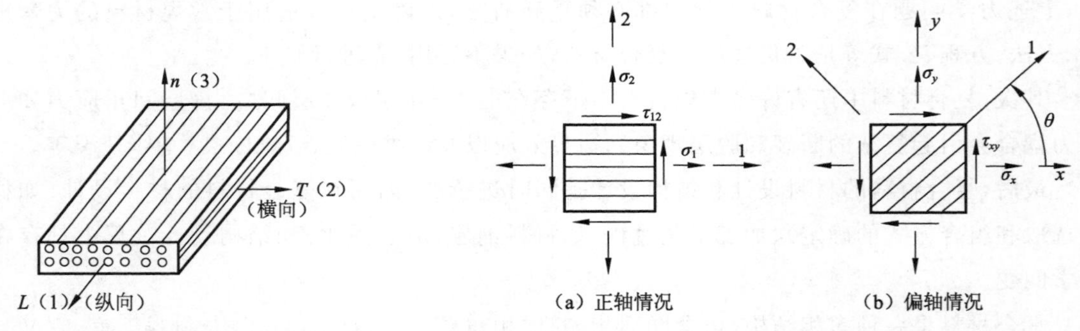

图 3-1 单向层合板的坐标体系

图 3-2 单层板坐标和相应的应力分量

在进行细观力学分析时，将单向层面内沿纤维的方向定义为纵向；垂直于纤维的方向定义为横向。纵向和横向统称为主轴方向，也称 1 向和 2 向。1-2 坐标系为材料的主坐标系，又称**正轴坐标系**，如图 3-2(a)所示。实际的层合板中各单层的纤维取向是不同的，在细观分析时将具有不同纤维取向的坐标系表示为 $x-y$ 坐标系，又称**偏轴坐标系**，如图 3-2(b)所示。这两个坐标系之间的夹角称为纤维的**铺向角**（**铺层角**）。

若将单层沿纤维逐层叠合就得到单向层压板，单向层压板很少在结构中单独采用，但经常用来进行力学试验，测量单层的力学性能数据，如纵向、横向的拉伸和压缩强度及模量，面内剪切强度和模量等，再用这些数据通过坐标体系的转换计算出各种偏轴的强度和刚度。简言之，这就是复合材料设计的细观力学基础，也是多向层压板铺层设计的基础。

应该指明，在细观力学分析中，假定单层板在表观上是各向异性的均质体，但实际上，单层板的性能包含多种复杂多变的微观层次上的影响因素，如基体和纤维的性能、纤维含量、纤维和基体的界面，以及成型工艺和工作环境的影响等。这些都是在单层板的分析中无法精确预测的，因此微观力学理论模型计算得到的单层板性能参数与实际的试验结果有时相差很大，这些问题还处于继续研究之中。

3.1.1.2　宏观力学

如前所述，将具有不同纤维取向的各单层叠合在一起就成了多层的层合板，如果纤维沿同一个方向叠合，得到的就是**单向层合板**，但普遍应用的是用不同纤维取向的单层叠合而得到的**多向层合板**。在复合材料技术中，将单层片叠合的铺放顺序称为**铺层编码**，不同的铺层编码，所得到的层合板的铺层结构也不相同。如图3－3所示的是一种沿厚度方向有一个对称中面的对称层合板，在这种层合板中，沿厚度方向的各层的纤维取向是对称的。此外还有正交层合板、角交层合板、非对称层合板、反对称层合板和非均衡层合板等其他形式，因此，复合材料层压板的设计是一个非常具有挑战性的课题，它可以根据不同的结构要求，设计出许多高性能的层压结构。

复合材料宏观力学是以层合板为研究对象，在细观力学对各单层分析的基础上，研究层合板的总体表观性能，分析层合板在载荷作用下拉伸、压缩、弯曲、剪切、屈曲等问题。

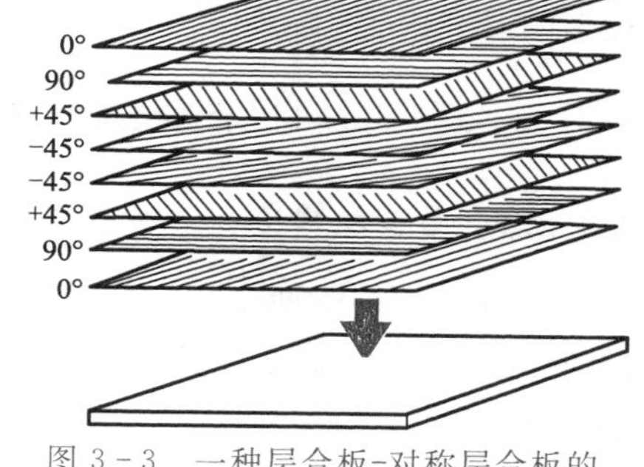

图3－3　一种层合板-对称层合板的铺层结构示意图

层合板由不同纤维取向和几何尺寸单层组成，宏观上是各向异性的，层合板不一定有确定的主方向。另一方面，层合板在厚度方向具有非均匀性和力学性质的不连续性，使层合板的力学分析变得更为复杂。

基于层合板大多是厚度很小的平板材料，因此在进行宏观力学分析时，可以作一些必要的假设，包括层间变形一致性假设——层合板各单层之间黏合层非常薄，单层边界两边的位移是连续的，层间不能滑移，无相对位移；**直法线不变假设**——假设垂直于层合板中面的一根初始直线，在层合板受到拉伸和弯曲后，仍保持直线并垂直于中面，且长度不变。这实质上是忽略了层合板垂直中面方向，即法线方向的应力和应变，通过这样的假设，就把层合板处理成均匀的各向异性的薄板材料，将三维的弹性力学简化成二维问题。

宏观力学的出发点是研究层合板总体性能与各单层的关系，当层合板用作结构材料时，强度和刚度就成为主要的关注问题，当前提出的各种预测层合板强度的方法主要是通过单层板的强度来预测整个层合板的强度。单层板的强度计算属于细观力学的范畴。

目前研究层合板强度主要有两种考虑，一种是最先一层失效，即在外载荷按比例增加的过程中，强度比最小的那一单层将首先破坏；另一种最后一层失效，认为对于复合材料层合板，最先一层的破坏并不一定等同于整个层合板的破坏，虽然某个或者某几个单层板的破坏会带来层合板刚度的降低，但层合板仍然有可能承受更高的载荷，因而可以继续加载直到层合板中各个铺层全部失效破坏，此时层合板的强度称为**层合板的极限强度**，其对应的载荷称为**极限载荷**。因此，层合板的强度分为**最先一层失效强度**与**极限强度**。在实际分析时，这两种情况是很难准确把握的，应根据具体情况以某一状态作为判定层合板是否失效的依据。

从结构应用的层次上考虑，复合材料的宏观力学性能不仅受材料微观结构、细观结构以及成型工艺质量的影响，还与服役的环境有关，由于树脂基体对服役环境的温度和湿度都非常敏感，复合材料的湿-热效应也是结构设计中必须考虑的问题。

复合材料的结构设计与其他工程设计一样，其目的是要实现经济效益与社会效益的完美结合，即要以尽可能低的成本制造出性能优良、外表美观、安全可靠、使用方便的构件或产品。而在可持续发展的重要性日益突显的当代社会，绿色设计和绿色制造被提到了越来越高的地位，在这方面，纤维增强复合材料以其性能可设计性而体现出一种特殊的优越性。也正因为如此，复合材料力学得到不断发展，从经典的层压结构力学发展到多纤维编织结构、混杂增强结构、纳米改性增强结构、多功能化和智能化结构的复合材料力学。随着复合材料技术与其他现代高新技术的进一步融合，将会有更多的新型产品得到开发和应用，这将为复合材料力学增加更多的研究内容和课题。

3.1.2 复合材料设计原则和方法

3.1.2.1 复合材料设计一般原则

复合材料是一种多相的材料体系，复合材料结构设计的特点是材料设计与结构设计同时进行，在材料设计阶段就应考虑如何实现复合材料的高效率、低成本和绿色化。具体而言，应着重考虑：

1. 提高结构效率

(1)优化铺层设计。充分利用复合材料性能可设计性的特点，扬长避短，发挥沿纤维方向的优良性能，避免使用弱的横向性能和剪切性能。

(2)针对复合材料对缺口、裂纹、分层等缺陷的敏感性，合理选择层压板的组成和构形，要注意对某些敏感区的局部铺层设计：如在连接区、局部冲击区、应力集中点、开口附近等处的铺层一般应进行局部调整和加强；在结构尺寸和结构外形突变区要设计铺层过渡；采取相应措施弥补层压复合材料的某些区域易产生分层，从而可能引发的结构承载能力下降或失效的问题。

(3)提高结构整体性。复合材料具有整体化成型制造大型复杂制件的优点。设计中在不增加工装复杂程度的情况下应尽量减少零件数量，设计成整体件。这样可不用紧固件或减少紧固件的数量，减轻结构重量，提高结构效率，并可降低钻孔、装配和由孔引起的应力集中以及制造成本。

2. 结构要求良好的工艺性

设计必须保证能制作出高质量和低成本的结构，尽量避免成型和装配时可能出现的各种缺陷：

(1)避免铺层设计不合理带来的工艺性问题，如铺层、装配不对称或同一铺向角的铺层数过多集中使构件在固化过程中产生翘曲变形、树脂裂纹，甚至分层。

(2)由于树脂基体较脆，所以复合材料结构不能用锤铆的方法装配，设计时要考虑工艺补偿措施。例如，可在碳纤复合材料构件外表面贴以玻璃布辅助铺层，通过对该辅助层的加工来控制公差要求。

(3)便于维修。与金属结构一样应使结构具有通畅性和可达性。同时对复合材料所允许的缺陷/损伤的类型和水平，适用于复合材料的无损检测技术以及修理材料、修理方法等，都需要建立相应的标准和规范。

(4)合理的连接设计。影响复合材料结构和连接强度的因素比金属结构要复杂得多，因此复合材料结构的连接设计与金属结构有不同的内容和特点，必须予以足够的重视。

(5)要考虑结构与环境的相容性。包括湿热老化对性能的影响，腐蚀、雷电、静电等防护设计。

需要特别指出的是，复合材料更要强调设计与制造工艺一体化。复合材料的特点是材料与结构同时形成，典型结构件如杆、梁、板、圆壳等的连接可以在材料(同时也是结构)形成的同时，采用共固化、缝合、编织和 Z－pin 等工艺来实现，从而可一次性地设计与制造出具有复杂功能的大型整体结构件，大大减少零件与紧固件的数量，并可大大减少机械加工和装配工作量，大幅度减重、提高性能和降低制造成本。

3.1.2.2 复合材料设计方法

与金属结构设计不同，复合材料结构设计充分体现出材料与结构一体化的特点，综合设计思想在复合材料结构设计中的体现非常突出。一般情况下，金属结构设计是根据手册提供的性能数据，选择所需材料的牌号和规格，然后进行具体的结构设计。而复合材料结构设计选材时就必须同时考虑材料的机械性能、使用环境和工艺性(如树脂体系的固化温度、固化时间和工艺方法)等因素。因为复合材料是结构设计与材料设计同时进行，材料与结构一次成形，所以在设计时既要对组成构件各部分的层合板参数进行设计，还要选择构件的构造形式和几何尺寸。在初步设计阶段就应对结构的可维护性、可修理性和维修的费用进行考虑与评估。

复合材料设计从设计要求开始，材料设计包括结构选材、单层性能设计和层合板设计，而结构设计是在层合板设计的基础上，针对不同的技术要求进行典型件的设计和最终结构件的设计。

1. 设计要求

明确设计要求是复合材料设计的第一步，即根据使用目的提出对结构的性能要求、规定载荷情况、环境条件、结构几何形状及尺寸限制等，这些内容往往要经过使用部门、设计部门、材料和制造加工部门多次反复地研究和协商，最后形成的结论意见以任务书的形式提出。

(1)结构性能要求。复合材料结构除要满足金属结构的一般要求外(如刚度、强度等,还有一些特殊要求,主要表现在结构耐久性和损伤容限的要求。

复合材料大多以层合板结构的形式提供,因此与金属结构不同,复合材料结构耐久性的主要考虑不是疲劳寿命和腐蚀,而是如何抗冲击损伤。要考虑使用中由低能量冲击所引起的损伤,装配、维护和搬运过程中工具掉落、人员踩踏所引起的损伤等。冲击损伤的主要形式是层间的局部分层、纤维部分断裂,有些低能量的冲击损伤在制件表面看不出来,但在服役过程中会逐步变大,成为一种潜在的危险,因此要采取提高结构抗冲击损伤能力的措施,如选用韧性高的树脂基体等。

损伤容限要求是指含有缺陷的结构在规定的使用期内应有足够的剩余强度,复合材料结构缺陷的主要形式是冲击损伤、分层和划伤,在设计时,通常是假定一个缺陷初始尺寸来进行结构的剩余强度分析。

除强度和刚度外,还要考虑结构的特殊功能要求,如耐腐蚀、防静电、抗雷击、透波、电磁屏蔽、阻燃等。

(2)工艺要求。在满足高性能的前提条件下尽量考虑采用低成本制造工艺。当前发展低成本制造技术主要有:非预浸料成型的液体成型技术,包括树脂传递成型及其派生技术;改善损伤容限和层间性能的纤维编织、缝合等三维增强技术,以及高度自动化的纤维铺放技术和预浸带自动铺放技术;非热压罐固化成型技术,包括电子束、超声、微波固化技术;大型结构整体化共固化、共胶接成型技术等。

(3)使用环境要求。使用环境要求主要考虑湿热环境。主要是指复合材料服役的大气环境,即温度和湿度条件,它们对复合材料结构性能的影响方式不同,温度影响是通过热传导在较短时间内发生作用,而湿度影响是由复合材料的树脂基体吸进湿气,含水量逐渐增加,历经较长的时间。但这两者的作用是综合的,高温下吸湿速率和吸湿量都会增大,吸湿量有饱和程度,也就是最大吸湿量,不同树脂基体有不同的最大吸湿量,如环氧树脂基体,有研究表明,最大吸湿量质量分数可达 0.3%~0.6%,造成复合材料的层间剪切强度下降达 20%。这是因为吸进的湿气对基体能起到一种增塑作用,使网状交联的立体分子结构产生链段松弛,玻璃化转变温度和胶接强度都要下降,因此在设计选材时,要明确树脂基体的最高工作温度和最大吸湿量,在设计分析时,要综合考虑湿/热条件下的应力分布。在选材时,要具备树脂基体的湿热老化性能数据,必要时要进行湿热老化试验,得出相应的性能数据。

2. 材料设计

材料设计包括结构选材、单层设计和层合板设计。

(1)结构选材。对于纤维增强复合材料而言,结构选材主要是选用树脂基体和增强纤维。一般原则是:

① 满足结构轻质高强的要求。这是通过结构选材来实现的。比强度、比刚度高的组分材料,如碳纤维是首先考虑入选的材料,但碳纤维成本高,因此在发展低成本碳纤维的同时,在满

足结构强度、刚度的前提下，也可考虑混杂纤维的增强方式。另外就是复合材料的韧性，这取决于树脂基体，涉及冲击损伤阻抗和含缺陷/损伤后的剩余强度、开孔拉伸和压缩强度、以及连接挤压强度等性能。

② 满足结构使用环境要求。使用温度应高于结构最高工作温度。在最严重的工作环境条件(如湿/热)下，其力学性能不能有显著下降；长期工作环境下，力学性能稳定。

③ 满足工艺性能要求。应具有良好的工艺性(成型固化工艺性、机械加工性、可修补性等)，其中成形固化工艺性包括树脂黏性、铺覆性、成形固化工艺参数(温度和压力、加压带宽度、储存期、流动性等)。

④ 满足低成本化和绿色化的要求。在满足结构完整性要求下应尽量选用价格低的材料，在结构选材时，应尽量使用性能已得到充分表征、有使用经验和有可靠且稳定供应渠道的材料。若选用未使用过的新材料，应通过足够的验证试验后才能选用。

所选用的材料要尽量能满足无污染或低污染的成型工艺要求，要尽量做到能回收、再生和循环使用。

(2)单层设计。单层设计是根据所选用的组分材料来确定它们的组合形式，对纤维增强树脂基复合材料，单层设计要考虑纤维和树脂基体的类型、性能、含量、纤维取向以及它们之间的界面结合等影响因素。单层设计是层合板设计的基础，最典型的情况是纤维为同一方向排列的单层设计，它的性能可通过微观力学的分析来预测，但通常是采用单向层合板的力学性能试验来获取的。

(3)层合板设计。层合板设计的主要任务是在单层设计的基础上确定所用单层的数量及各自的纤维取向，层合板的设计也就是铺层设计。层合板设计应考虑以下原则：

① 铺层定向原则。尽可能选择0°、90°和±45°四种铺层方向，也可采用±30°或±60°的准各向同性铺层。以避免铺层角过多而使设计复杂化。

② 铺层对称均衡原则。除特殊要求，应采用对称均衡铺层，避免耦合挠曲；如需要采用非对称或非均衡铺层，应考虑工艺变形限制，将非对称和非均衡铺层靠近层压板中面以减少工艺变形。

③ 纤维取向按载荷选取原则。单层0°方向尽量与面内拉伸或压缩载荷方向一致，以充分利用纤维沿其轴向的高强度和高刚度；±45°方向铺层用以承受面内剪切应力；90°方向纤维用以改善横向强度和调节泊松比。

④ 铺层比例分配原则。由0°、90°和±45°单层组成的层压板中，任一个角度单层数的比例应不小于6%，也可选择[0°/90°]、[±45°]、[0°/±45°]铺层。同一铺层角的单层不宜过多集中在一起，超过4层时易产生树脂基体纵向开裂和层间应力提高。

⑤ 铺层顺序原则。应使各铺层尽量沿层压板厚度均匀分布，铺层顺序应兼顾强度、刚度、稳定性、损伤阻抗和损伤容限。应尽量用0°、90°层将±45°层隔开，同样也应尽量用±45°层将0°、90°层隔开。

⑥ 变厚度设计原则。变厚度构件的铺层差、各层台阶设计宽度应相等，台阶宽度应至少

大于 2.5 mm。为防止台阶处层间剥离破坏，表面应有连续铺层覆盖。

目前层压板的设计方法主要有等代设计法、准网络设计法、毯式设计法、主应力设计法、层压板优化设计法等。

3.1.2.3　复合材料结构设计概念创新

经过几十年的发展及使用经验的积累，复合材料设计概念不断发展，一些具有创新性的设计概念陆续出现，使复合材料高比强度、高比刚度、性能可设计、易于成型的优点得到进一步发挥，同时更加有效地避免层间强度低、开口处应力集中、与铝合金会产生电偶腐蚀等缺点，达到扬长避短的目的。

1.“整体化”设计概念

复合材料具有整体化成型的优点，可采用共固化、共胶接、纤维预型件结合液体树脂成型技术（如树脂传递成型及其派生技术）制造出比较复杂的整体结构件。

“整体化”设计概念是力求充分利用复合材料的整体化成型特点和不断创新的工艺方法，提高复合材料结构整体化的程度。一般可采用以下途径来实现这一目的。

（1）采用共固化或共胶接的组合件。飞机翼面结构的整体加筋板是应用最广泛的一种整体组合件。

（2）采用新型的成型技术。如纤维缠绕是一种快速高效的先进制造工艺，能充分发挥纤维的承载能力。火箭壳体大多采用这种成型工艺，现在纤维缠绕已发展到连续纤维丝束自动铺放和连续预浸带自动铺放技术，已用于波音 B－787 机身段和 F－22 进气道的成型。

（3）采用全高度蜂窝夹层结构。在飞机翼面的前缘或后缘采用全高度蜂窝夹层结构可以减少零件及紧固件数量，也可减轻结构重量或增加结构刚度。

（4）研制翼身融合整体。这是目前飞机复合材料结构设计和制造技术的一个重要发展方向，其目的是在关键或主要结构中更充分地发挥复合材料的优点，来进一步改善结构的受力特性。

（5）采用各种纤维预型件和液体树脂成型技术制造整体化结构，如三维编织、缝合、针织等。

2. 智能化结构设计概念

智能化结构是将复合材料技术与现代传感技术、信息处理技术和功能驱动技术集成于一体，通过埋置在复合材料结构内部不同部位的传感器感知内外环境和受力状态的变化，并将感知到的变化信号通过微处理机进行处理并做出判断，向执行单元发出指令信号，而功能驱动器可根据指令信号的性质和大小进行相应的调节，使构件适应这些变化，整个过程完全是自动化的，从而实现自检测、自诊断、自调节、自恢复、自我保护等多种特殊功能。

智能化结构是复合材料结构发展的一个新阶段，主要用于高性能航空航天器对结构快速反应的要求，也大量用于船舰、桥梁、建筑等领域，目前大多采用光纤传感器技术，将光层纤维嵌入复合材料中的不同部位，通过光纤的感知来预报结构在使用期间的内部损伤情况。

3.2　绿色复合材料设计概述

一般而言，前述的有关复合材料设计的基础、原则和方法都适用于绿色复合材料的设计，但可持续发展要求对绿色复合材料的设计从理念到具体的设计内容、方法和步骤都加入新的内容和要求。

3.2.1　绿色设计的价值理念

绿色复合材料设计属于绿色设计的范畴，但在设计时必须考虑复合材料本身的特点。也就是要把绿色设计的理念融入复合材料的设计中。

最早提出绿色设计概念是在20世纪60年代，美国设计理论家威克多·巴巴纳克在他出版的《为真实世界而设计》(Design for the Real World)中，第一次提出产品设计应该认真考虑有限的地球资源的使用，为保护地球的环境而服务。

在资源、能源和环境问题日益迫切的今天，绿色设计已风行全球，成为现代工业产品设计最热门的话题。从可持续发展的理念考虑，绿色设计不仅是一种技术层面上的考虑，更重要的是一种理念上的变革。即将传统的"从摇篮到坟墓"(cradle to grave)的产品设计理念转为"从摇篮到再生"(cradle to gate)，其核心的价值理念就是资源的充分利用，一种产品从开始诞生之日起，就具备回收再用的潜质，最终能再诞生另一个新产品。

这种"从摇篮到再生"的设计理念，其核心就所谓的"3R"思想，即Reduce、Reuse和Recycle，就是"少量化、回收再用、资源再生"，要求在设计阶段就要考虑尽量减少物质和能源的消耗、减少有害物质的排放，而且要使产品及零部件能够方便地分类回收并再生循环或重新利用。

(1)Reduce——少量化。Reduce是"减少"的意思，可以理解成产品总量的减少，面积的减少，数量的减少，通过量的减缩而实现的生产、流通与消费过程中的节能化，即"少量化设计原则"。少量化的出发点是减少资源过度消耗或浪费以及对环境破坏，它包含了四个方面的内容，即产品设计中的减小体量及精简结构、生产中的减少能耗、流通中的降低成本、消费中的减少污染。

减少的概念引申为目前所流行的一种设计方式——"产品简约设计"，它要求在设计时尽量使产品体量实现"轻、薄、短、小"，还必须保证产品结构的简化、优化与品质的高性能化。从复杂臃肿的产品结构和产品功能中减去不必要的部分，以求得到最精粹的功能与结构形式的设计。

(2)Reuse——回收再用。即本来已脱离消费轨道的零部件返回到合适的结构中，通过更换影响整体性能的零部件而使整个产品返回到使用过程中。这种"再利用"设计是绿色设计中一项新的发展趋势，"再利用"的设计包含了三个方面的要求：第一，产品结构自身的完整性；第二，产品主体可替换结构的完整性；第三，产品功能的系统性。上述三个方面的要求缺一不可。

(3)Recycle——资源再生。即零部件回收后再加工和再利用。这是“3R”理念中呼声最高,反应最热烈,进展也最明显的一个发展趋势。它包括:通过立法形成全社会对于资源回收与再利用的普遍共识;通过材料供应商与产品销售商联手建立材质回收的运行机制;通过产品结构设计的改革,使产品部件与材质的回收运作成为可能;通过回收材料并进行资源再生产的新颖设计,使得资源再利用的产品得以进入市场;通过宣传与产品开发的成功,使再生产品的消费为消费者接受和欢迎等。

3.2.2 绿色复合材料设计原则

如前所述,绿色复合材料设计基本上可沿用复合材料设计的基础、原则和方法,例如,发挥复合材料性能可设计的优点,通过优化组分材料的配比和组合形式,达到提高材料利用效率的目的,又如,通过面向制造的工艺设计,优化工艺程序,实现无污染或低污染的绿色制造等。在此基础上,绿色复合材料的设计又增加了一些可持续发展的理念和要求,其基本原则是通过对产品、自然环境、社会环境、用户进行全方位的考虑,对产品整个生命周期进行全过程分析,设计出满足环境要求、适应市场和用户需求的产品,并发挥引导作用促使同步实现产品、自然环境、社会环境和消费者健康生活方式的可持续发展。概括地说,绿色复合材料设计的这些原则包括:

(1)生态效益最好原则。绿色设计强调不论是在产品制造过程中,还是在产品使用过程中,都要求产品对周围环境无污染或低污染。这就要求在设计时要充分考虑如何使材料对环境的影响降到最小,尽量选择低污染的材料及零部件,避免选用有毒、有害和有辐射性的材料;设计能源消耗少的产品,减少对材料和资源的需求,保护地球的矿物资源。噪声也是一种环境污染,影响到人体健康。随着环保意识的增强,人们对环境要求越来越苛刻,低噪声设计日趋重要。从设计上就考虑产品的生态平衡性,应用绿色设计理念,是一种从源头上控制污染的有效策略。

(2)经济效益最好原则。设计的产品既要在功能上满足客户要求,又要成本低廉。考虑经济最佳性必须从设计和制造两个方面入手。设计上保证合理的原理方案,选用正确的材料;制造上考虑产品的加工工艺性和装配工艺性。

(3)安全可靠原则。安全可靠是对任何产品质量最基本的要求,必须保证产品在使用或服役过程中,有足够强度、刚度、耐环境性、抗腐蚀性和使用寿命,同时还要使产品与人们的社会活动更协调,创造绿色、舒适、安全的生活、工作和学习环境。产品的外观、造型、色彩都能给人以时代感和美感。

(4)可回收、循环、再生原则。要考虑产品的整个生命周期,从产品的构思开始,在产品的结构设计、零部件的选材、制造、使用、报废和回收利用过程中对环境、资源的影响。

3.2.3 面向产品生命周期的绿色设计

绿色设计(green design)又称生态设计(ecological design)、面向环境的设计(design for environment)、环境意识设计(environmental conscious design)等,而现在更风行的是面向生

命周期设计(design for life cycle),因为它更贴近绿色设计的实质,即借助产品生命周期中与产品相关的各类信息(技术信息、环境协调性信息、经济信息),利用并行设计等各种先进的设计理论,使设计出的产品具有先进技术性、良好的环境协调性以及合理的经济性的一种系统设计方法。对于具体产品而言,绿色设计主要是以绿色技术为原则进行的产品设计。

实现面向生命周期的绿色设计,必须解决的两个关键问题:一是必须了解产品生命周期的每一个阶段、过程及其活动的有关技术、经济信息及其对环境产生的影响;二是如何在产品设计和制造过程中做出合理的决策,从而最小化产品的环境负面影响,并同时满足功能、质量、成本等综合目标,这是一个多目标的系统设计过程。因此,前一章介绍的产品生命周期评价(LCA)是实现绿色设计的基础。

可见,进行产品绿色设计必须利用并行工程的思想,系统考虑产品生命周期的每一个阶段和每一个设计流程,建立产品的集成信息模型,对整个生命周期过程进行合理设计。因此,绿色设计具有系统性、集成性、并行性、时间性(全生命周期)、空间性(产品系统实体及其信息分布)等特点。

依据产品生命周期评价,绿色设计应具备以下三个条件:

(1)产品全生命周期建模。

产品全生命周期设计和管理的核心是对产品系统进行建模。绿色设计的首要任务是分析产品全生命周期的各种过程和活动,并建立相应的产品系统模型。产品系统模型是对特定产品系统及其全生命周期相关活动过程和信息内容、逻辑关系进行描述和表示的计算机数字化模型。进行产品全生命周期设计和管理,首先必须获取产品的全生命周期,牵涉到各种各样的信息,从技术层面而言,包括材料/半成品获取、加工制造、包装运输、使用阶段分布维护、拆卸回收、焚烧掩埋等。

(2)产品全生命周期环境影响评价。

产品全生命周期评价是在确定和量化某个产品及其过程或相关活动的材料、能源、排放等环境负荷基础上,评价其对环境的影响,进而找出和确定改善环境影响的方法和机会。

评价的内容应该包括产品、过程或相关活动的整个生命周期,包括原材料的获取、加工制造、运输和排放、使用、维护、回收、再利用及最后的处理等生命周期阶段。

通过生命周期评价,获取产品生命周期各阶段环境影响的量化数据,为产品的生命周期设计提供依据。

(3)产品全生命周期经济成本分析。

绿色设计是对产品功能质量、经济、环境的综合优化设计,因此,产品的全生命周期成本管理、分析和评价是绿色设计的重要组成部分。

绿色设计的产品经济性分析评价是指对产品系统整个生命周期中所有成本信息和收益信息的分析和评价。面向产品全生命周期过程的产品系统成本包括企业成本、用户成本和社会成本。企业成本分析应采用企业管理会计的思想,主要考虑生产成本(材料、人工、动力成本)、相关辅助制造费用、管理成本、产品销售费用。用户成本绿色设计中考虑的成本还应该包括产品使用、维护、拆卸回收、废弃物处置(掩埋和焚烧)成本。社会成本主要包括各种环境污染和资源使用问题的经济成本,如惩罚税费等。

该领域的研究正在引起人们的高度重视。许多研究指出,目前的或传统的成本核算方法已经不能适应现在污染付费、制造商负责制、生产者延伸责任制度等现实,同时,也不能考虑一些难以监测和统计的环境影响的社会成本,因此迫切需要对产品全生命周期成本进行建模和分析。

3.3 绿色复合材料设计选材[2]

材料选择是任何产品设计也是绿色设计的第一步,对产品后来的制造、服役、经济效益和环境影响等起决定性的作用。正确选材对现有产品改善性能、降低成本、延长寿命都很重要,也是新产品开发和应用的基础。

3.3.1 影响设计选材的因素

一般而言,绿色设计的选材,需要考虑的影响因素主要有:

(1)材料性能。材料的性能要求包括材料的物理化学性能及力学性能,包括材料在各种载荷(拉、压、弯、剪)下的强度、模量、韧性,以及耐热性、抗疲劳、耐腐蚀、环境性能等。

(2)零件的形状与尺寸。零件的形状与尺寸对加工工艺、装配工艺、生产成本有重要影响。如典型结构件的板、梁、壳、管、杆的制造对材料和加工工艺都有不同的要求。

(3)制造工艺。不同的制造工艺对材料的要求也不同。如复合材料的热压成型、拉挤成型、RTM及纤维缠绕成型,都要选择适合工艺要求的材料。制造工艺决定了材料的选择,而制件的制造过程对材料选择的成本与环境影响等都起着重要作用。

(4)环境因素。材料选择的环境因素包括材料生产过程环境影响、材料成型与构件制造过程的环境影响,使用过程的环境影响,以及回收处理过程的材料环境影响。

(5)材料成本。选择的成本不仅指材料本身从市场购买的成本,材料选择还对材料成型与零件制造成本、回收处理过程成本、回收收益起决定性作用。

应该说明,这些因素是同时存在、相互作用并相互影响的。如制造工艺与材料性能及零件的形状与尺寸有关,材料的环境性能与制造工艺对环境的影响也必须考虑,而所有的这些因素都关系到成本。因此设计选材是综合考虑这些影响因素,反复分析比较的闭环过程。

3.3.2 设计选材的一般原则

绿色复合材料设计选材必须首先在满足产品的使用性能需要和良好的制造工艺的前提下加入绿色化的要求,一般而言,应考虑以下几方面的要求:

(1)环境友好性。所选材料应具有环境协调性、低能耗、低成本、少污染的优势,在材料使用过程中，对生态环境无副作用，与环境有良好的协调性。一般而言绿色复合材料所用的增强体和基体材料，如选用天然纤维作增强体，可降解的生物质树脂作基体，都应能满足这一要求。对于高性能的绿色复合材料，在满足使用性能要求的前提下，最好选择可回收的玻璃纤维和高分子纤维作增强体，高性能的可回收的热塑性树脂作基体，将环境影响减到最小。

(2)不用表面涂镀。绿色复合材料大量用于汽车、轨道交通、船舶、飞机的内装件以及家居装修，对外观、表面和颜色都有较高的要求，这可在成型过程中采取适当的工艺措施来实现，如提高模具的表面光洁度，或使用可降解的胶衣树脂来改善制件表面质量，或加入颜料使产品具有美观的外表。尽量避免大量使用涂镀材料，这不仅给废弃后的产品回收再利用带来困难，而且大部分涂料都有毒，且涂镀工艺本身也会给环境带来极大的污染。

(3)减少所用材料种类。同一产品设计时应尽量避免采用多种不同材料，以便有利于将来回收再利用。产品的废弃物如包含多种材料，在回收时势必给分类、分装、清理和再加工带来更多工作量，增加能耗和成本，如把材料种类减少，不仅处理废物的成本下降，性能也得到了改善。

(4)易于实现无污染或少污染的绿色制造的材料。对绿色复合材料的设计选材，涉及绿色制造和加工主要有三个方面的内容：第一，如前所述，所选材料种类应越少越好，这样有利于简化产品结构，便于材料的分类与回收；第二，材料良好的工艺性能，树脂对纤维的浸渍性好，胶接强度高，易于铺叠，可适合不同的成型工艺，便于实行加工制造过程中的工艺质量控制，加工形成的边角料可回收再利用；第三，易于实现快速、高效的自动化绿色制造，生产过程安全性好、低噪声、无污染，实现能源消耗最小化、废弃物最小化、环境污染最小化的绿色工艺化。

(5)易回收、易处理、可再用、可降解材料。例如，绿色复合材料利用天然生物材料，如纸、木材、竹编材料、木屑、麻类棉织品、柳条、芦苇以及农作物茎秆、稻草、麦秸等制成天然纤维，与生物基树脂复合，产品在自然环境中极容易分解，不污染生态环境，而且可资源再生，成本较低。高端应用先进热塑性复合材料，退役的制件可进行再加工回收，减少环境压力。而热固性复合材料如碳纤维/环氧复合材料，退役制件目前只有掩埋或焚烧处理。

3.3.3　设计选材步骤

设计选材一般要经过以下几个阶段。

(1)确定产品对材料的性能要求。从产品的最终服役要求出发，确定所需材料必须满足的要素，包括材料性能、成本、可加工性、提取资源、环境因素等。这些对于不同的产品体现出不同效益。例如，材料本身的重量对于一般性消费复合材料产品，也许不显得特别重要，但作为航空航天结构、新能源汽车、现代轨道交通，轻质高强的材料就能体现出节能降耗的巨大效益。又如，家居装饰的木塑复合材料，应选用质轻、易加工、表面光洁、外形美观、易降解或回收的生物质材料。

(2)评价可能入选材料。对一个产品的设计，会有多种可能入选的材料。从产品的生命周期评价出发，对可能入选的材料进行资源、能耗、性能、工艺性、成本、环境负荷等的分析和比较，得出量化数据，作为最后选择的依据。材料的筛选可根据供应商或材料手册提供的材料性能数据进行。

(3)确定候选材料。在上一步工作基础上，在入选材料清单中，最后确定一种或几种最适合的材料。在工艺设计阶段，可能有多种复合材料体系或多种制造方法供设计师选择，例如，用复合材料制造管材构件，可用的制造方法有拉挤、纤维缠绕、树脂传递模塑等，针对不同的制造工艺选择最合适的材料体系，如玻璃纤维增强/聚酯复合材料最适合纤维缠绕成型，而玻璃纤维和尼龙体系最适合拉挤成型，因此设计师对产品需求的充分了解有助于更好地确定最终入选的材料。

(4)试验和评价。对材料供应商或材料手册提供的各种牌号材料的性能数据，在产品设计时大多可直接采用。但对于新开发的材料体系，或对已有材料体系开发新的应用领域，必须对所选材料进行必要的性能试验，取得相关的性能数据，包括力学性能、物理化学性能、耐湿热老化性能等。对于高端应用的航空航天制件，还必须对所采用的材料和工艺进行全尺寸构件的服役性能验证试验，通过验证试验的设计方案，才能正式用于产品的生产。

3.3.4 设计选材的方法

绿色复合材料的设计选材并不存在统一的或标准的方法，设计师可根据不同产品的使用要求来选择最适合的材料。目前较通行的设计选材方法有成本分析法和层次分析法。

3.3.4.1 成本分析法

成本分析法是基于产品生命周期评价，将环境因素融入材料选择过程，要求在满足产品(包括功能、几何、材料特性等方面的要求)和环境等需求的基础上，使零部件的成本最低。材料选择关系到产品生命周期的其他阶段，特别是与设计、制造阶段密切相关，必须集成起来考虑。选择结果要保证所选材料不仅能恰当地满足性能要求，而且要尽量降低材料费用和制造成本。因此，进行材料选择时，在实现所需技术功能和减少产品生命周期总成本之间必须协调一致。

图 3-4 所示为一个基于生命周期评价的设计选材的成本分析模型。可以看出，设计选材的基本思想是把成本作为共同的基础，综合考虑传统设计中的材料选择因素和环境因素。如图 3-4 所示，根据基本的工程要求和材料性能初步选择几种材料之后，要考虑相关的制造和环境属性，估算用每种被选材料制成零件的总费用(零件总费用是性能、几何和材料属性以及材料、制造和环境费用的函数)，然后根据零件总费用重新评价初选材料，从而根据工程要求和最少总费用来决定最终选择哪种材料。整个材料选择过程由式(3-1)决定：

$$\mathrm{Min}\ C_t = f(F, G, M, C_u) \tag{3-1}$$

式中：C_t——所选材料制成的零件的总费用，元；

F——零件的功能要求，如负荷；

G——几何参数，如产品尺寸；

M——材料属性，如密度；

C_u——成本。

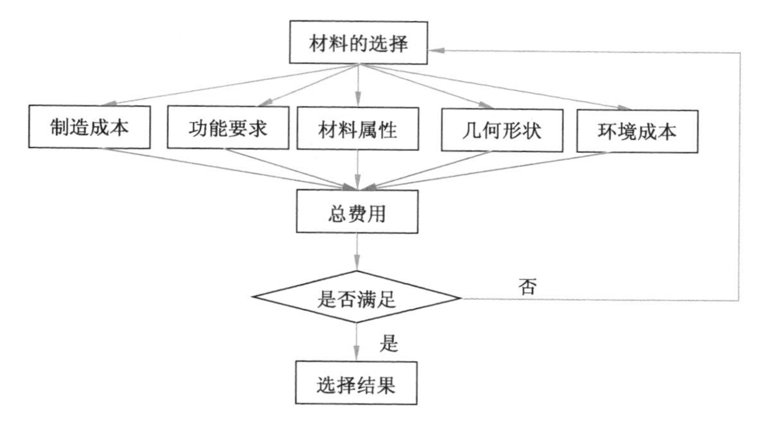

图 3-4　设计选材的成本分析模型

$$C_u = C_i + C_m + C_e$$

式中：C_i——零件材料成本，元/kg；

C_m——零件制造成本，元/kg；

C_e——环境费用，元/kg，反映了材料整个生命周期的环境成本。

这样，总成本就成为包括功能要求、几何参数、材料属性以及与成本（包括生命周期相关环境费用）等参数的目标函数，表明上述各参数的变化将直接影响所选材料的总费用。

3.3.4.2　层次分析法

层次分析法也叫权重分析法，两者的工作内容是相同的。在产品设计中，选材有多种可能的方案，对不同的选材方案进行综合的定量评价有着重要意义。由于各评价指标的相对重要性（即权重）是不相同的，因此权重是一个非常关键的参数，是整个综合评价的核心，对评价结果起着至关重要的作用，不同的权重分配有时会得到差异很大的评价结果。

层次分析法（analytic hierarchy process，AHP）是一种建立在专家咨询上的优化方法，由美国运筹学家萨迪于 20 世纪 70 年代提出，是定性分析和定量分析相结合的一种方法，AHP 法解决问题的基本思路是：首先根据设计目标以及设计中需要考虑的各种因素分解出各个影响指标，将相关指标按照不同属性自上而下分解成若干层次，然后逐层进行分析，获得各个影响指标对于最高层（总目标）的权重。把多层次多指标的权重赋值进行各指标重要性的两两相互比较，然后进行数学处理，最后形成一个对各指标影响因素进行评价的判断矩阵。

一般将层次结构分为三层：**目标层**，指需要解决的问题或进行的决策的最高层，对于设计选材而言，就是最后入选材料的确定；**最下层**（也称**指标层**），为可供选择的方案，对设计选材而言，也就是可能入选的不同材料，它应包括各种数据，如材料属性、成本、环境影响等；**中间层**是用来判断下一层对上一层的影响标准，称为**准则层**或**中间目标层**（见图 3-5）。

以下将通过纤维增强的复合材料低温储罐为例，具体说明如何用层次分析法来最后确定设计过程中的选材。

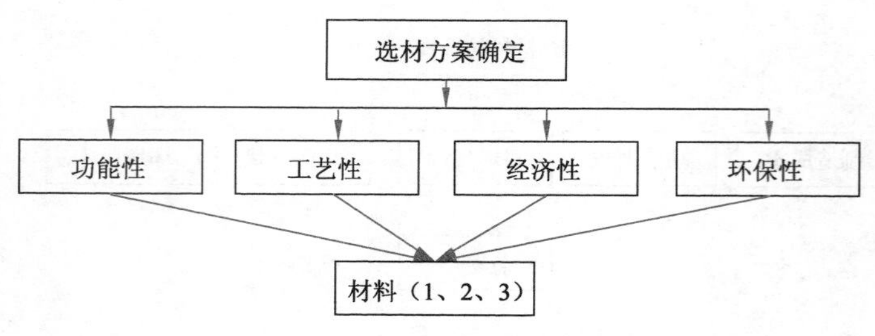

图 3-5　层次分析法的基本框架

1. 构建层次结构

根据低温材料的工作特性，从储罐的服役功能性要求出发，选择 7 种性能参数作为评价指标（编号为 1～7），建立如图 3-6 所示的层次结构。

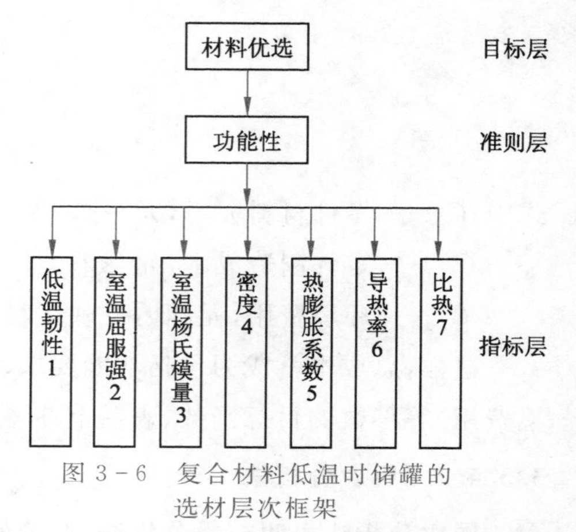

图 3-6　复合材料低温时储罐的选材层次框架

2. 确定指标层的权重指数

首先，通过对低温存储罐工作状况和失效情况的分析，可以判断以上性能指标对于存储罐选材的必要性和重要性。首先要考虑移动和运输过程中防止储罐发生突然的脆性破坏，造成泄漏等事故，材料应当具有较好的韧性。因此，低温下的韧性是主要的考虑指标，在指标层居第一位。

第二位是材料的屈服强度，确保储罐容器的承载能力。储罐应该是可移动的，因而重量要轻。在此类压力容器进行结构设计时，为确定低温容器的壁厚需进行存储罐刚度校核，材料的室温屈服强度和弹性模量也很重要。强度较高的材料可以采用薄壁，这意味着容器重量更轻、冷却热损失更少。材料密度越小，容器重量越轻；而材料导热率以及材料的比热容越低，热损失也越小。另外，材料的热膨胀系数低能降低容器的热应力。

权重指数的确定是层次分析的基础和关键的一步，可以通过各指标的两两相互比较进行定性和定量分析计算出各指标权重的量化结果。

3. 一致性检验

权重分析也许会有不同的结果，因而必须通过一致性检验，最后确定权重分配的合理性，可供储罐材料的终选以及综合评价时使用，这个过程通常由专家组来完成。

3.4　面向制造和装配的设计[3]

面向制造设计（design for manufacture，DFM）也称为**可制造性设计**，或考虑制造性设计，是一种并行工程的设计理念。DFM 是指在产品的开发设计中，既要考虑产品功能和性能、成本和环境性的要求，又要考虑在满足这些要求的前提下对制造工艺的要求，将设计和制造融合在一起进行总体优化，形成一种最好的制造工艺方案，因此，DFM 的基本思想是要提高产品的可制造性，使产品的生产制造实现高工效、低成本、无污染或少污染。同时也能提高产品的可装配性,缩短装配周期,降低整个生命周期的成本。可制造性设计和可装配性设计是有内在联系的,所以DFM有时也称为**面向制造和装配的设计**(design for manufacture and assemble,DFMA)。它是一种由设计、制造、装配、使用、维修等不同部门人员共同参与协同配合的全新设计模式。

复合材料的性能可设计性是指在组分材料、复合方案、成型工艺等方面进行各种影响因素的综合分析优化以实现产品的高性能化和低成本化,其本身就具有较强的DFM特征。特别是对于大型化和整体化复合材料构件的设计和制造,DFM就更显出其重要性。

例如,在设计一个复合材料层合结构时,DFM应重点考虑的包括:避免铺层设计不合理而导致构件在固化过程中产生翘曲变形、树脂裂纹,甚至分层;尽量少用机械紧固件和连接件;使结构具有通畅性和可达性,便于装配和维修;合理的连接设计等。

又如,对于形状复杂的大型整体结构件,要充分发挥复合材料设计与制造一体化的优势。典型元件如杆、梁、板、壳等的连接设计可以在材料(同时也是结构)形成的同时,采用共固化、缝合、编织和Z-pin等工艺来实现,从而大大减少零件与紧固件的数量,减少机械加工和装配工作量,大幅度减重,提高性能和降低制造成本,所有这些都要通过DFM付诸实现。

3.4.1 复合材料制造工艺质量要求

相对其他材料,复合材料成型制造也独具特点,即材料的成型与制品的成型同时进行和同时完成。复合材料的生产过程也就是复合材料制品的生产过程。复合材料有多种成型工艺,如热压罐成型、以树脂传递成型为代表的液体成型、真空袋成型、模压成型等,要保证材料或制品的性能和质量,应根据制品的结构特征、承载要求和服役环境、设计精度要求等来选择成型工艺和优化工艺参数。虽然不同的成型工艺有不同的要求,但最后评价成型工艺质量,应共同考虑以下因素。

(1)增强纤维均匀分布和含量。增强纤维是复合材料承载的主体,复合材料的力学性能不仅与增强纤维的种类有关,还决定于纤维的含量与分布,合理的纤维含量和均匀分布是评价工艺质量的重要指标之一。

(2)树脂基体工艺质量。树脂基体的作用是将纤维固结在一起并在其中传递载荷,树脂基体的成型工艺质量包括多方面的要素,如合理的树脂含量、均匀分布程度、固化度、无富胶或贫胶区等,这些都取决于合理的工艺路线和工艺条件。

(3)纤维和树脂的结合强度。高质量的复合材料制件,必须是纤维和树脂结合牢固、层间压制密实,没有纤维脱粘、分层、纤维局部堆集、扭曲等缺陷,这主要取决于树脂基体的工艺性能,如树脂体系的胶接强度、流动性、浸润性、凝胶和固化特性等,以及在此基础上选择的工艺方法和工艺条件,如固化升温速率、预固化、固化和后固化的温度和时间、固化压力大小和加压时间等。复合材料的层间强度和纤维与树脂的界面强度都有标准的试验方法用于评价成型的工艺质量。

(4)空隙率的精确控制。空隙率是树脂基复合材料重要的性能参数和质量指标,其形成的主要原因是树脂基体中包含有残余的溶剂和低分子量的挥发物,在加热固化过程中,没有得到充分的释放和排除,在制件中留下气孔和空隙,它严重影响制件的工艺质量和使用性能,这些微气孔或空隙在制件的服役过程中可能会诱发局部的失效，甚至导致重大事故。空隙率是评价复合材料质量的重要指标，也有标准的试验方法可循。对于主承力构件，空隙率要求小于1%，次承力构件小于2%。

复合材料成型工艺质量的评价，最后都要用制件的随炉件进行相关的物理性能和力学性能试验，得出相关数据，使评价做到数据化和定量化，这些都要依据标准试验方法来进行。

一般而言，要成功地进行工艺质量控制，要从以下两方面展开系统的研究。

(1)充分掌握树脂基体的工艺特性。复合材料的工艺性能主要取决于所用树脂基体，在整个成型过程中增强纤维性能不会有太大变化，而树脂基体变化的因素较多，如固化过程中树脂黏性、流动性、固化反应动力学特性、低分子挥发分排出、固化反应热的释放等，都是制件工艺质量的重要影响因素，因此必须充分掌握所用树脂基体的工艺性能，进行充分的工艺性能试验，制定出合理的工艺规范，制造出高质量的复合材料制品。

(2)要建立相关的数据库。对增强纤维、树脂基体、预浸料、层压板等进行系统的性能试验，取得相应的数据，建立完善的数据库十分重要，因为影响复合材料性能和质量的因素很多，进行各种性能试验，积累数据，可为设计选材、制定工艺规范、评价工艺参数、提高工艺质量提供依据。

3.4.2 复合材料 DFM 的一般考虑

DFM 的主要目的是要提高制件的可制造性和可装配性，提高工效，缩短制造周期，降低成本。而复合材料设计和制造一体化的特点为 DFM 提供了广阔的空间，以下几方面的考虑适用于复合材料 DFM，也适用于金属材料和塑料的产品设计。

(1)尽量减少零件数。复合材料为整体化设计提供了很大的可能性，在一个产品设计中将零件尽量减少，可以大幅节约购买、包装运输、库存管理、检验、装配等的费用。设计的方法是使某些零件具有多功能，以减少多余的零件；另外任何一种功能如对用户毫无价值都可以去掉。但另一方面，也要避免因零件整合而导致设计变得非常复杂、构件过于超重，或制造非常困难等问题。

(2)减少机械紧固件和连接件。复合材料产品尽量少用机械紧固件和连接件，如螺丝、螺帽、铆钉等。成本估算表明，机械紧固件安装成本要超出其本身成本的 6～10 倍，在使用过程中，有可能松动或脱落。更重要的是机械连接的钻孔会切断纤维，损坏构件整体性。最好采用共固化或共胶接代替机械连接。对于质轻的复合材料或塑料产品，可以用按扣式的连接代替金属连接，能大幅节约装配费用。在用按扣式连接时，重点应考虑强度、尺寸、使用状态及承受的载荷大小等问题。避免因不同类型的垫圈、O 型圈、密封条、螺栓和螺帽等导致产品变化因素增加，可尽量使用标准的现有的零件，避免使用专门化(非标准)的零件。

(3)减少装配方向。最好设计成一个方向装配，或沿从上向下(即 Z 轴)进行装配。这使插装设备可以借助重力进行装配操作，不沿 Z 轴方向进行装配，通常需要代价昂贵的工夹具。

一个工作面的全部装配工作完成后才移至另一个工作面。多个面同时进行会浪费装配时间和增加工艺运行，从自动生产的角度看，还会增加夹具和设备费用。

(4)使装配在外部进行。装配操作应很容易被观察到，零件易于接近，装配时便于使用测量工具，这对手工和自动化装配都很重要。避免用触觉安装和检查零件，以保证质量。

(5)零件易于插装和对准。无论是手工装配还是自动装配，零件应设计成便于使用装配工具和测量工具的形式；最好设计成具有自动定位和自动对准功能；对称性好，易于装配和定向，对高速自动化装配，对称性更加重要，所以应增加一些特征来强化零件的对称性。当零件不能设计成对称时，应突出其不对称的特征，增加或扩大一些不对称特征，使零件易于识别，并按正确的方位进行装配，消除可能出现的错误。

(6)优化零件的抓取。避免设计的零件钩咬、缠结。在装配前进行一些特别处理。如有可能，可以通过增加框架、挡块、闭合弹簧末端等方法，使零件在各个工位保持同一方向，以防止零件缠结。

(7)对装配在一起的零件应有互锁特征。尽管零件在输送时不希望相互套在一起，但在最后装配时，零件有自锁特征是很好的，互相套住的零件在后续的装配中可以保持原来位置，而不需要重新定位和夹持，例如在设计时增加一些凸凹特征可使零件保持原位。

(8)使零件易于配合。当把各种零件组合在一起时，一些容差和非标准量会叠加起来，因此必须在产品和装配过程的设计中考虑柔性环节。这些技术包括在装配的零件上增加倒角和适当的引导面等，可使装配更迅速和可靠。

(9)使用模块化设计。生产质量直接与装配零件的数目相关。模块化设计可以减少每次装配零件的数目，质量问题可以在最后的总装之前就被方便地检查出来，尤其对柔性自动化装配线，各个模块的质量问题可以分别处理，而不影响其他生产线运行，使自动生产的停工时间减少。另外，用模块化设计，产品更新方便且费用降低，同时由于拆装更迅速，且不需要很多工具，也使服务检修更加简便和快速。

DFMA 是当代风行的并行工程的一个重要方面，随着计算机技术快速发展，大量的手工统计工作由计算机替代，并且利用计算机技术中的专家系统和图形显示技术，可以帮助设计人员选择最利于装配的设计方案，因此 DFMA 技术得到越来越广泛的应用。

参考文献

[1] 唐见茂.高性能纤维及复合材料[M].北京：化学工业出版社，2013.

[2] 刘志峰.绿色设计方法、技术及其应用[M].北京：国防工业出版社，2008.

[3] 钟元.面向制造和装配的产品设计指南[M].北京：机械工业出版社，2011.

第4章 天然纤维增强体

纤维是一种连续的或非连续的有一定强度和柔性的细丝材料，细度范围为8～50 μm。实际应用中一般是按长度分类，即**短纤维**，长度一般为30～150 mm；**长纤维**，长度有较宽范围，有的可达数米；**连续纤维**，长度可达数百米甚至数千米。大多人造纤维，如玻璃纤维、玄武岩纤维、碳纤维及用石化原料制备的高分子合成纤维，都以连续纤维的形式提供。

纤维作为材料家族中的重要成员，是人们生活、学习和工作须臾也不能离开的东西，高性能纤维对国民经济和国防建设都有着不可替代的作用，其中最重要的一种应用就是作为复合材料的增强体，与基体材料复合制备复合材料[1]。

目前用作复合材料增强体的纤维材料基本上可分两大类，即**天然纤维**和**人造**(合成)**纤维**。

(1)天然纤维。是指用自然界生产的原材料制备的纤维材料，如从原料直接提取的植物原生纤维，如麻原纤维、竹原纤维等。以及用自然界中广泛存在的纤维素物质通过化学处理和机械加工的方法制备的再生纤维素纤维，用天然纤维作增强体制得的复合材料，具有可降解、可回收、可再生的特点，属于绿色复合材料的范畴。

(2)人造纤维主要包括如下几类：

① 无机纤维，用自然界的无机非金属矿物质原料用成丝技术制备的纤维材料，如玻璃纤维、玄武岩纤维、陶瓷纤维等，以玻璃纤维开发最早，品种最多，应用最广，目前还在继续发展，性能优异的新品种不断得到开发应用。玄武岩纤维近20年来发展很快，其最突出的特点是电气性能好，力学性能与玻璃纤维相当。

② 有机纤维，用石化资源制备的合成纤维，这是一类品种繁多、应用非常广泛的纤维材料，一般而言，凡能用于塑料制备的有机高分子材料，都能制备出纤维材料，在复合材料技术中，最具代表性的是高性能的超高分子量聚乙烯纤维和芳酰胺纤维(芳纶)。

③ 碳纤维，是指碳元素含量达90%以上的连续细丝材料，目前用的碳纤维大多是通过有机纤维原丝(前驱体)经专门而又复杂的碳化工艺制备而得的一种高性能纤维材料，最大的性能优势是轻质、高强、高模、化学性能十分稳定，主要用作增强体与金属、陶瓷、合成高分子材料等基体复合制备高性能复合材料，主流是碳纤维增强的树脂基复合材料。

目前用在复合材料中的碳纤维主要是聚丙烯腈基碳纤维，日本东丽公司开发的T系列产品，数十年来已由T300发展到T1100～T1200，强度增加近一倍，其中T800大量用于民用飞机复合材料，此外东丽碳纤维形成产品系列化，分高强型、中模高强型和高模高强型等几大类。

用上述天然纤维制备的复合材料具有密度低、隔音效果好、比性能高、可回收、价格低廉、人体亲和性好等优点，被越来越多地应用于汽车、轨道交通、海洋、机械、建筑工业、家居及日用消费品等领域。今后随着人们环保意识的增强，各行各业特别是与人们生活密切相关的建筑工业和汽车工业，将特别青睐“绿色产品”。因此，作为“绿色产品”的天然纤维复合材料将有很大的发展机遇。

4.1　高性能天然纤维概述[1—3]

天然纤维是指用自然界的资源制备的一种人造纤维材料，包括植物纤维（如棉、麻、木纤维等）、动物纤维（如羊毛、蚕丝等）和矿物纤维（如石棉纤维等）。

由于复合材料要求具有较高的强度和刚度，对纤维增强体的性能要求较高，目前能用作纤维增强体的天然纤维主要是植物原生纤维，包括原生麻、竹纤维以及一些再生纤维素纤维，如粘胶纤维（viscose）、莫代尔纤维（modal）、莱塞尔纤维（lyocell）、三醋酯纤维（triacetate）、波里诺西克纤维（polynosic）、铜氨纤维（cuprammonuium）等，它们是以棉短绒、木材、竹子、甘蔗渣、芦苇等天然纤维素为原料，经过化学处理和机械加工而制备的具有纤维素（cellulose）的结构和性能的纤维材料。

4.1.1　天然植物纤维的化学组成[4]

植物纤维主要由纤维素（cellulose）、木质素（lignin）、半纤维素（hemicellulose）、果胶（pectin）、蜡质（wax）及矿物质等组成，不同植物天然纤维化学组成见表 4－1。

表 4－1　不同植物天然纤维的化学组成

纤维	密度/($g\cdot cm^{-3}$)	化学成分/%			
		纤维素	半纤维素	木质素	果胶素
黄麻	1.21	60	12	18	10
亚麻	1.49	67	11	2	20
剑麻	1.26	65	12	20	3
大麻	1.40	60	18	8	14
苎麻	1.54	75	12	2	11
竹	≤0.9	55	20	25	—
麦秆	1.51	39	30	9	22

可以看出，植物纤维中纤维素、半纤维素和木质素这三种组分比例占料总量的 80%～95%。其中纤维素含量最高，含量为 50%～70%，是最重要的组分，是由基体结构单元$(C_6H_{10}O_5)_n$聚合而成的高分子化合物，聚合度在 10 000 左右，纤维素是纤维强度的主要贡献者，其含量对纤维的力学性能有重要影响，如各种麻纤维的纤维素含量为 60%～75%（见表 4－1），其抗拉强度在 500～1 100 MPa 之间变化。纤维素每一个重复结构单元都有三个游离的羟基，这也决定了天然纤维的强吸水性，并带来了其作为增强材料的复合材料的差的抗吸水性能和界面性能。

4.1.2 天然植物纤维的微结构与性能[5—12]

天然纤维是由细胞壁构成的厚壁中空结构。细胞壁可分为初生壁(primary wall)和次生壁(secondary wall),前者在外,后者在内。初生壁是细胞生长过程中由原生质体分泌形成,果胶是其主要成分。次生壁是由螺旋状排列的纤维素微纤丝增强木质素和半纤维素构成的,通常分为内、中、外三层,其中每一层的相对厚度、微纤丝的螺旋角(spiral angle)均不相同。中间层相对厚度最大,占70%,其螺旋角(相对于纤维轴向)一般在20°以内。因此,天然纤维本身就是一种以纤维素微纤丝为纤维素组成纤维细胞壁的网状骨架,形成微纤。半纤维素和木素是填充在微纤之间和纤维之间的"黏合剂和填充剂",起到一种连接作用,其微观结构模型如图4-1所示。

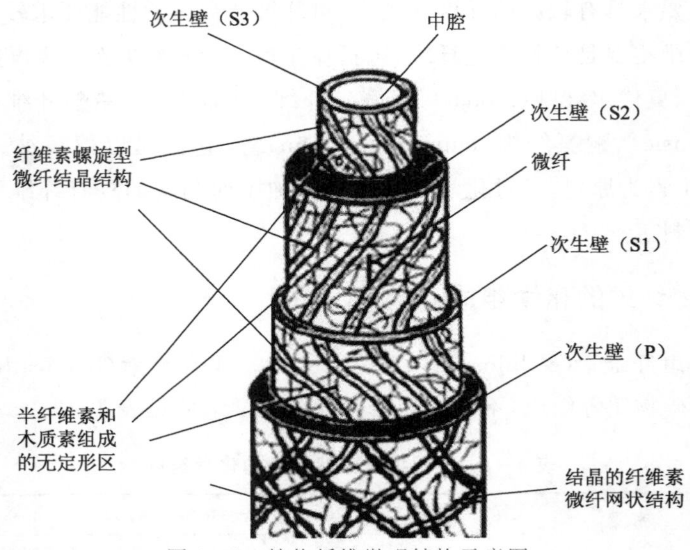

图4-1 植物纤维微观结构示意图

这种结构形式在宏观上类似于复合材料结构,这些螺旋向上形成的角称作**微纤螺旋角**(又称微纤角、微纤丝角等),它非常类似单向纤维增强复合材料中的纤维取向角。在复合材料中,材料的强度和模量是由增强纤维材料含量和纤维取向决定的。同样的,植物纤维中的力学性能主要由化学和物理组成、结构、纤维素含量、微纤取向和聚合度决定。简单来说,影响植物纤维力学性能的因素主要有两个方面:一是纤维素含量,纤维素含量越高,植物纤维的力学性能就越好。二是微纤螺旋角,对某一给定的纤维素含量,微纤螺旋角越小,沿微纤轴向的强度和模量就越高;反之,微纤螺旋角越大,微纤方向的断裂伸长度就越大。通常情况下,纤维素含量和微纤螺旋角等又会受到天然纤维植株所种植的地域、生长阶段以及收获的季节等因素的影响。因此,植物纤维的力学性能表现为较大的分散。对纤维素含量高、微纤取向度低、无缺陷的植物纤维来说,其最高杨氏模量约为128 GPa。比如,亚麻纤维的微纤螺旋角为10°,苎麻纤维(属荨麻科)的微纤丝角为8°,表现出力学性能的差别。植物纤维与其他增强材料的性能比较见表4-2。

表4-2 植物纤维与其他增强材料性能比较

纤维	密度/(g·cm⁻³)	断裂伸长/%	抗张强度/MPa	杨氏模量/GPa	微纤螺旋角/°
黄麻	1.45	1.5	550	13	8
亚麻	1.5	2.4	1 100	100	10
大麻	—	1.6	690	—	6
苎麻	1.5	1.2	870	128	8
剑麻	1.45	2.0	640	15	20
椰纤维	1.15	15.0	140	5	—
E-玻璃纤维	2.5	2.5	200～3 500	70	—
S-玻璃纤维	2.5	2.8	4 570	86	—
芳酰胺	1.4	3.3～3.7	3 000～3 150	63～57	—
碳纤维	1.7	1.4～1.8	4 000	230～240	—

此外，植物纤维的力学性能与其含水量有关，湿强度一般比干强度大一些。天然纤维的强度和刚度还与环境温度有关，一般随温度升高而降低。当温度升高到一定程度，纤维降解严重，会使纤维的力学性能急剧退化，甚至失去承受载荷的能力。

天然植物纤维复合材料按照天然纤维增强体的形态可分为以下几种：

(1)短切天然纤维复合材料，是指天然纤维经短切处理后均匀分散在基体中的复合材料；

(2)天然纤维毡增强复合材料，是指将天然纤维制成一定厚度或面密度的天然纤维毡并与基体复合制成的复合材料；

(3)天然纤维纱线增强复合材料；

(4)天然纤维织物复合材料；

(5)其他天然纤维复合材料，如天然纤维颗粒复合材料。

天然纤维复合材料的优势有：

(1)绿色环保。天然纤维是一种绿色材料，可回收再利用，对环境影响小，生产成本低。能耗小；天然纤维废料在以焚化方式处理过程中，仅发散出 CO_2，而在天然纤维生长过程中又要吸收 CO_2，因此天然纤维是一种天然的、可循环再生的资源。

(2)轻质高强。天然纤维比重轻，可制成轻质结构材料。玻璃纤维的密度为 26 g/cm³，而木纤维及天然纤维的密度为 1.5～1.6 g/cm³。使用天然纤维复合材料对实现车辆轻量化有实际意义。

(3)天然纤维降低复合材料成本。玻璃纤维的价格平均为 0.9 美元/磅(1 磅≈0.453 592 4 kg)，而木纤维为0.12 美元/磅，其他天然纤维为 0.2～0.3 美元/磅。

(4)良好的抗控性能。在汽车交通应用中，与玻璃纤维增强塑料比，天然纤维复合材料模压件不会产生锐利碎片，因而更加安全；同时也不像玻璃纤维会引起皮肤及呼吸道过敏反应。麻类等天然纤维在汽车模压内饰件中应用增长的原因在于它可提供更加环保以及耐冲击韧性更强的结构件。福特(Ford)公司认为天然纤维较合成纤维而言，能更好地吸收能量，可以制造更强韧的板材(受撞击不易碎裂),从而安全性更好。

(5)隔音性能好。

(6)可回收性强。

天然纤维复合材料主要的劣势体现在以下几个方面。

(1)亲水、吸湿性强。这是天然纤维复合材料最大的弱点。植物纤维表面含有大量亲水性的羟基极性基团,使植物纤维有很大吸水性。目前植物纤维复合材料多采用非极性的高分子材料作为基体,因此极性较强的植物纤维和非极性的基体界面相容性较差,导致两者的界面结合强度很弱,复合材料的力学性能较低。目前主要通过对植物纤维进行改性处理来改善其性能。植物纤维的吸湿性使植物纤维中含有水分,未经很好干燥的植物纤维在共混过程中因温度上升而失水,在复合材料中产生微孔隙和内部应力缺陷。

(2)易燃、热稳定性差。天然植物纤维很容易发生热降解,对纤维的强度影响很大,在复合材料制备过程中,纤维受到热机械作用,会发生热降解、氧化降解、机械降解等反应,其中以热降解和机械降解尤为重要。这就极大地限制了植物纤维复合材料的制备工艺条件和应用的领域。

(3)抗腐蚀性低、耐久性差。天然植物纤维是由纤维素、半纤维素和木素构成的天然高分子材料,容易在环境微生物的作用下腐烂降解,耐久性差。

天然植物纤维复合材料得到广泛应用,比如在汽车领域,包括了内饰件、吸噪音板、充气安全袋及轮胎帘子布等。研究表明,采用天然纤维复合材料能大幅度提高 NVH 指标(表征轿车降噪、减振、提高乘坐舒适度的综合指标)。

在国外,如德国的 BASF 公司,采用麻纤维作为增强材料与聚丙烯等热塑性塑料复合,制备出天然纤维增强热塑性塑料复合材料(NMTS);加拿大的 Motive Industries 公司近年已成功研发出以大麻纤维为汽车车身,利用清洁电力为能源的新型环保汽车。该车使用的大麻纤维经过特殊处理,使其增强基体后,复合材料的力学性能已达到了汽车使用的相关标准。

4.2 麻纤维增强体[13,14,16—18]

4.2.1 麻纤维概述

麻纤维是绿色复合材料重要的纤维增强体之一,麻纤维具有独特的微观结构,横截面为中空腔的腰圆形或多角形,主要组成物质为纤维素、半纤维素、木质素、果胶、脂肪和蜡质等。纤维素是 D-吡喃葡萄糖苷彼此以 β-1,4 糖苷键连接形成的线形高分子,每一基环含有 3 个羟基在分子内或分子间形成氢键,这种结构使麻纤维不仅具有很高的强度和模量,同时具有纤维素质硬、耐摩擦、耐腐蚀的特点。又因为其质量轻,所以比强度优于传统热塑性树脂使用的增强玻璃纤维,具有替代玻璃纤维的潜力。

我国的麻类资源极其丰富，是世界上麻分布最广、产量最多的国家之一，目前用麻纤维制备植物纤维增强复合材料的研究已经在欧美、日本和我国广泛展开，有的科研成果也已进入实用推广阶段，显示出良好的发展前景。

按照从植物本体抽取部位的不同，麻纤维主要分为韧皮纤维和叶纤维，其中韧皮纤维有苎麻（ramie）、亚麻（flax）、黄麻（jute）、大麻（hemp）和洋麻（kenaf）等。叶纤维则包括剑麻（sisal）、蕉麻（abaca）等。麻纤维为单细胞物质，纤维细长，截面呈椭圆或多三角形，因具有较高的取向度及结晶度，使其具有高强度和低伸长。麻纤维主要由纤维素、半纤维素、果胶等成分组成，其中纤维素占大部分。表 4－3 为部分麻纤维的化学组成与特性参数。

表 4－3　部分麻纤维的化学组成与特性参数

名称	化学组成/%					单纤维细度/μm	单纤维长度/mm
	纤维素	半纤维素	果胶	木质素	其他		
苎麻	65～75	14～16	4～5	0.8～1.5	6.5～14	30～40	60～250
亚麻	70～80	12～15	1.4～5.7	2.5～5	5.5～9	12～17	17～25
黄麻	57～60	14～17	1.0～1.2	10～13	1.4～3.5	15～18	1.5～5
红麻	52～58	15～18	1.1～1.3	11～19	1.5～3	18～27	2～6
大麻	67～78	5.5～16.1	0.8～2.5	2.9～3.3	5.4	15～17	15～25
罗布麻	40.82	15.46	13.28	12.14	22.1	17～23	20～25

由表 4－3 可知，不同种类的麻纤维其单纤维长度为 2～250 mm，单纤维细度为 15～40 μm。麻纤维具有独特的微观结构，表现出典型的复合材料特征。其横截面为有中空腔的腰圆形或多角形，纵向有横节和竖纹。

麻纤维因其组成和结构特点以及连续长度较长等原因，具有良好的力学性能和可加工性（见表 4－4），但是其力学性能则因生长条件、抽取部位和种植时间的不同而不同。

表 4－4　麻纤维与其他增强纤维力学性能比较

纤维	密度/($g \cdot cm^{-3}$)	断裂伸长/%	拉伸强度/MPa	拉伸模量/GPa	比强度/($MPa \cdot cm^3 \cdot g^{-1}$)	比模量/($GPa \cdot cm^3 \cdot g^{-1}$)
苎麻	1.5	3.6～3.8	400～938	61.4～128.0	267～625	40.9～85.3
黄麻	1.3	1.5～1.8	393～773	26.5	302～595	20.4
亚麻	1.5	2.7～3.2	345～1035	27.6	230～690	18.4
剑麻	1.5	2.0～2.5	511～635	9.4～22.0	341～623	6.3～14.7
E-玻璃纤维	2.5	2.5	2000～3500	70.0	800～1400	28
芳纶	1.4	3.3～3.7	3000～3150	63.0～67.0	2143～2250	45.0～47.9

可以看出，麻纤维的拉伸强度可达 E-玻璃纤维的 1/4，拉伸模量约为 E-玻璃纤维的 0.33～1.2，而密度约为 E-玻璃纤维的 1/2，具有轻质高强的优点。

麻纤维在天然纤维中纤维长度最长，且具有纤维强度、结晶度、取向度、纵向弹性模量较高和密度低等优点，适于用作复合材料的增强材料。目前，麻纤维大量用作木材、玻璃纤维的替代品来增强聚合物基体。利用麻纤维与热塑性或热固性树脂基体复合而成的新型材料——麻纤维复合材料。与合成纤维复合材料相比具有以下优势：

(1)力学性能好。高性能麻纤维复合材料将麻纤维和高分子材料的优良性能集于一身，具有良好的力学性能(包括较高的拉伸强度、弯曲模量、压缩强度、冲击强度和韧性)以及良好的抗老化能力等。用麻纤维复合材料制造的各种板材、隔热、吸音性能好；能量吸收能力好、耐冲击。麻纤维复合材料模压件在发生事故时不产生锐利碎片，安全性更佳；具有良好的刚度、断裂特性和冲击韧性；低温性能好，燃烧速率低；人体亲和性好。此外，麻纤维复合材料密度低，比传统内饰材料轻 10%～30%，可制成轻质结构材料，有利降低车辆重量、提高燃油效率。

(2)原料成本低，成形工艺简单。麻纤维复合材料的原料来源广泛、成本低廉，而且在加工过程中的边角料破碎后仍可重新利用。麻纤维复合材料易于加工，对模具的磨蚀作用较低。可用较低压力一步法成形产品，有利于节约生产成本。

(3)节能环保，产品绿色化。麻纤维复合材料生产过程中无“三废”污染。使用过程中也无有害的游离化学物质(甲醛等)和微粒(玻璃纤维成分)，替代化纤和塑料等人造材料可节约有限的石油资源；采用较轻的麻纤维复合材料将有利于减少车辆的 CO_2 排放量，且其焚烧时无毒物排放、填埋后可生物降解，可再生循环利用。

4.2.2 几种麻纤维增强体

4.2.2.1 苎麻纤维增强体[19—22]

苎麻是多年生宿根性草本植物，表 4-1 到表 4-3 的数据表明，苎麻纤维的纤维素含量高、单丝纤维长度长，力学性能好，苎麻具有最高的强度和模量，比强度接近玻璃纤维，是一种高性能的天然纤维材料，作为绿色复合材料的增强体，具有很好的应用前景。

用于苎麻纤维增强复合材料的树脂基体可分为两类：热固性树脂和热塑性树脂。热固性树脂主要有环氧树脂(EP)、不饱和聚酯树脂(UP)和酚醛树脂(PF)，热塑性树脂主要有聚氯乙烯(PVC)、聚乙烯(PE)和聚丙烯(PP)等，其中聚乙烯的应用最为广泛。相对于玻璃纤维，用苎麻纤维与热塑性基体制造的复合材料，优势主要体现在价格低廉、原料来源广泛、加工能耗低、环境性好、易于回收再利用等。

苎麻纤维增强聚丙烯复合材料目前得到广泛的研究和应用，有研究表明，苎麻纤维加入聚丙烯组成的复合材料的综合力学性能比纯聚丙烯有了明显的改善，拉伸强度、弯曲强度、压缩强度明显提高，成型收缩率明显降低，但冲击韧性和伸长率有所下降。

复合材料性能受苎麻纤维的影响主要表现在两方面，一是苎麻纤维长度，苎麻纤维越长，其拉伸强度、弯曲强度越高，冲击韧性和伸长率呈下降趋势。当长度大于 10 mm 时，拉伸强度、弯曲强度基本趋于稳定。二是不同纤维含量。随着纤维含量的增加，拉伸强度、弯曲强度明显提高，冲击韧性和伸长率呈下降趋势，纤维含量达到20%～30%时，其综合力学性能达到最优。含量再增加，拉伸强度、弯曲强度会下降，但幅度不大。

另外，用氢氧化钠溶液对苎麻进行化学表面处理，也可以改善复合材料的性能，主要是因为处理后的苎麻纤维和聚丙烯的相容性明显提高，拉伸强度、弯曲强度、压缩强度提高，综合力学性能优良。氢氧化钠浓度在10%～15%时效果达到最佳。

目前，以低价的天然植物纤维作为增强材料，生物降解树脂作为基体，开发出环境友好、可自然降解的绿色复合材料的研究越来越引人注目。如用苎麻纤维增强的醋酸纤维素是一种全纤维素型绿色复合材料，其力学性能与纤维体积分数有关，并在纤维体积分数为45%～48%时拉伸强度达到最大值；用碱处理法对苎麻纤维表面改性，并在醋酸纤维素中加入增塑剂，改善工艺性能，结果是纤维和树脂的界面结合得到改善，提高了复合材料的剪切强度和弯曲强度。

在纤维增强方式和成型工艺方面也有不少研究，如利用平织技术制作的苎麻织片以代替单向纤维丝带增强，并用生物降解树脂制成薄膜，用模压成型制备复合材料，材料的冲击试验结果表明，织物片增强的复合材料，材料的破坏韧性和抗冲击特性得到提高，这是因为，在冲击载荷下，织物片的纤维由于存在多方向的相互约束力，因此提高了复合材料对冲击载荷的承载能力。而单向纤维带，沿纤维轴向的强度很高，但横向强度很低，在冲击载荷下，横向易出现开裂。

复合材料的一个非常普遍的问题就是如何改善纤维和基体的界面结合，苎麻纤维增强复合材料也是一样，目前主要有两种途径来改善界面性能：(1)物理处理，一是提高树脂基体的结合强度；二是提高纤维与树脂的相容性和亲和性，主要是通过纤维表面处理来实现，如碱处理、低温等离子处理、硅烷偶联剂处理等，均可达到一定效果。(2)化学处理，如纤维素接枝共聚，表面包覆等。

作为一种绿色化的复合材料，苎麻纤维复合材料得到越来越多的应用，主要应用于汽车、建筑、家居、交通运输等领域。特别是在汽车上得到广泛应用，苎麻纤维增强聚丙烯复合材料除了用来制作车门内板、行李箱、顶棚、座椅背板、仪表盘等内饰产品外，现在也应用到挡泥板衬、扰流板、前后保险杠、发动机罩等外部部件。这种材料加工生产能量消耗少，无污染，对CO_2的吸收能力强，可循环再生利用，符合环保可回收要求；密度小，质量轻，符合汽车轻量化的要求；隔音、隔热性能好，能量吸收能力好，耐冲击，无脆性断裂，断裂后无锋利棱角，具有良好的刚度，符合安全性能要求；其中苎麻纤维和聚丙烯复合材料是发展主流，聚丙烯属于通用型热塑性树脂，具有耐热性、强度高、易加工、成本低、可回收等优点，可用挤塑或压塑成型，工艺简单，投资少，符合提高生产效率的要求。目前，福特、奔驰、中华、奥迪等汽车已相继应用这种材料进行零部件的生产。

4.2.2.2 亚麻纤维增强体[23—26]

亚麻是一年生草本植物，其纤维具有高强度、高模量、耐摩擦、耐高温、散热快、吸尘率低、无静电、耐酸碱、在水中不易腐烂等特点，且其本身表现出了复合材料的特征，高取向度、高结晶度使纤维强韧，拉伸强度较大，可作为复合材料的增强纤维，而且亚麻容易种植、生长周期短、价格低廉、可生物降解、便于回收利用，是实现绿色环保的重要增强纤维原料。亚麻在我国资源充足，作为产业用原材料有利于环境保护和可持续发展。

亚麻纤维密度比所有的无机纤维都小，而弹性模量的拉伸强度与无机纤维接近，在复合材料中可部分取代玻璃纤维等，而且具有生物降解性和可再生性，对环境无污染，对可持续发展有重要意义。

亚麻纤维增强复合材料具有密度小、比刚度和比强度较大、成型工艺性能好、材料性能可以设计、抗疲劳性能好、减震性能好、热稳定性好等特点，近年来获得了较快发展。

亚麻纤维与热固性树脂复合可得到高性能的热固性复合材料，用经过针刺工艺制成的亚麻纤维针刺毡作为增强材料，以不饱和聚酯树脂或环氧树脂为基体，使用真空辅助树脂传递模塑法和热压成型制备出复合材料，材料的力学性能试验结果表明，作为增强材料的针刺毡的制备方法和工艺对材料的力学性能有明显的影响；经过碱处理的漂白亚麻纤维增强复合材料的力学性能优于未处理纤维。

亚麻纤维增强热塑性复合材料是以亚麻纤维为增强体，以热塑性聚合物为基体的一类复合材料。亚麻纤维增强热塑性复合材料不仅力学性能优良、成本低廉，而且亚麻纤维可再生、可生物降解，对环境无影响，热塑性基体在材料废弃后可以回收利用。例如用亚麻丝线和聚丙烯长丝捻合形成聚丙烯包覆亚麻的纱线结构，采用机织方法织造成二维平纹布，热压成型制备了层积复合薄板。研究结果表明，捻合构成的纱线结构实现了增强材料和树脂基体的均匀混合，复合板材的拉伸性能良好，是较好的轻量材料。

不同工艺生产的亚麻纤维复合材料能满足不同的性能需求，广泛应用于汽车、建筑、土工、交通运输等各方面。以亚麻布为增强材料，用接触成型法生产的复合材料可以用来做洗盆、洗浴设施、游船等；以亚麻无捻纱、毡为增强材料，用缠绕技术加工而成的管件产品多用于各种传输管道及工业管道；以亚麻条子、纱、非织造毡等为增强材料，用压挤法生产出来的各种不同截面形状的加工件，常用来做房屋家居的结构板、椅子、简易储物架、托盘等。

由此可见，对强度要求不太高的增强材料而言，亚麻纤维是质轻、高强、低成本、生态性好、安全性高的优秀的增强纤维。

用亚麻纤维增强聚乳酸基体可得到100%的绿色复合材料，聚乳酸是以碳水化合物富集的物质（玉米、甜菜、土豆、山芋等）以及有机废弃物（玉米芯或其他农作物的根、茎、叶、皮等）为主要原料聚合得到的高分子聚合物，废弃后在土壤等自然环境中最终能被完全分解为二氧化碳和水的生物性纤维。聚乳酸不但具有高分子材料的基本性能，而且应用性能更为优良，研究表明，亚麻纤维/聚乳酸复合材料的力学性能受预成型件的纤维铺层角的影响，复合材料板的拉伸断裂主要为基体开裂、增强纤维与基体脱胶、纤维被抽拔出以及纤维断裂。增强体与基体间的界面结合处还存在一定数量的空隙，表明增强相与基体树脂间的界面结合对复合材料的强度有较大影响。

亚麻纤维用作增强体，可以短纤维、中长纤维、无纺布和各种形式的织物提供。研究发现，在亚麻产品生产中，大多利用纤维长度在 30 mm 以上的纤维；近年来，纤维长度在 25～30 mm 的短纤维应用也取得较大进展，并已应用到生产中，而这个应用是采用简单的针刺纺缝技术生产亚麻无纺布。纤维长度低于 20 mm 以下时，这种长度称为极短纤维（extremely short cut fiber）。极短纤维具有良好的介质分散性，可用作造纸、混凝土、沥青混凝土、涂料等的纤维增强材料。但亚麻极短纤维往往作为废料或加工剩余物丢弃掉，所以如何应用以及如何开发合适的新产品得到普遍的关注。

4.2.2.3　黄麻纤维增强体[27—30]

黄麻纤维是最廉价的天然纤维之一，种植量和用途的广泛性都仅次于棉花。它和红麻、大麻、亚麻、苎麻等同样属于韧皮纤维（从植物内皮或外皮提取的纤维）。纤维的颜色从白色到褐色，长 1～4 m，有光泽，吸湿性能好，散水快，它可以用来开发各种形式的纤维产品，在纺织工业和无纺工业中扮演着重要角色，黄麻具有生物降解作用。目前已成为世界上最有经济价值用途最多样的纤维之一。

黄麻有较高的比强度和比模量，与热固性树脂基体有较好的浸润性，能开发可降解和再生的绿色复合材料。有研究表明，用黄麻有捻纤维束和黄麻布增强环氧树脂、酚醛树脂等复合材料，通过力学性能的对比，黄麻纤维单向复合材料的性能比黄麻布复合材料高，与玻璃纤维布增强复合材料相当。为黄麻纤维代替玻璃纤维作为汽车内饰件的增强纤维提供了理论支持。

黄麻纤维也用于热塑性树脂基复合材料，有研究表明，纤维含量和长度是影响复合材料的两个主要因素。表 4－5 所列为不同纤维含量对黄麻/聚丙烯（PP）复合材料力学性能的影响，表中 H 表示黄麻纤维，P 表示聚丙烯，后面的前两位数字表示纤维含量的百分比，第三位数字表示纤维长度（单位为 mm）。

表 4－5　不同纤维含量对黄麻/聚丙烯(PP)复合材料力学性能的影响

试样种类	PP	HP105	HP205	HP305
拉伸强度/MPa	28.5	30.48	30.12	29.78
拉伸模量/GPa	1.124	2.69	3.10	3.36
弯曲强度/MPa	30.16	36.2	39.2	40.7
弯曲模量/GPa	0.776	1.323	1.768	2.5
冲击能量/(kJ·m^{-2})	6.57	5.10	4.37	4.18

可以看出，纤维含量由 10％增加到 30％，复合材料相对于聚丙烯树脂的拉伸强度无明显提高，但拉伸模量却提高了 1～2 倍；弯曲强度和模量都有较大增长。这主要是因为用长度为 5 mm 的短纤维增强对复合材料的拉伸强度影响不大，但对复合材料的模量有明显改进。这种现象可从表 4－6 的数据得到证实，其中 HP103、HP105 和 HP1010 分别表示黄麻纤维的含量为 10％，而第三位数字表示纤维长度分别是 3 mm、5 mm 和 10 mm。

表 4-6　纤维长度对复合材料力学性能的影响

试样种类	PP	HP103	HP105	HP1010
拉伸强度/MPa	28.5	29.54	30.48	30.9
拉伸模量/GPa	1.124	2.47	2.69	2.86
弯曲强度/MPa	30.16	35.8	36.2	37.7
弯曲模量/GPa	0.776	1.277	1.323	1.365
冲击能量/(kJ·m^{-2})	6.57	5.78	5.10	4.41

同样，纤维长度对拉伸和弯曲强度影响不大，但模量却有较大提高，这是因为纤维的长度还没有达到明显提高复合材料强度的量度。

最近有报道国内用黄麻纤维作前驱体制备碳纤维，采用的黄麻纤维的纤维素含量为57%～60%，半纤维素为14%～16%，木质素为8%～10%，先加捻制成纤维束，80 ℃下干燥12 h。预氧化在一个内径为50 mm长度为600 mm的石英管状炉中进行，对纤维束施加一定预拉伸应力，以1 ℃/min的升温速率从室温升到最后的预处理温度（200 ℃、230 ℃、250 ℃、280 ℃、310 ℃和340 ℃），每种温度下保持3 h，然后在900 ℃和氩气环境下碳化30 min。

结果表明，黄麻纤维在250～340 ℃下通过预氧化而改变化学结构和结晶结构，当温度达到250 ℃时，C═O 功能基团因预氧化反应而增加到最大值，但典型的纤维素结晶结构消失而得到新的芳香结晶结构。当温度达到340 ℃，C═O 功能基团也逐步消失，而芳香结晶结构稳定生长。黄麻纤维基碳纤维的拉伸强度取决于芳香结晶结构含量，最大可达250 MPa。这是一种低成本开发碳纤维的尝试。

4.2.2.4 洋麻纤维增强体[31—33]

洋麻也称槿麻、红麻、钟麻，是一年生的麻类经济作物。洋麻主要生长在热带、亚热带地区，大量种植于印度、中国等亚洲地区，其经济效用突出，一般亩产可达1 000 kg以上，是一种高产经济作物。这为洋麻的应用开发提供了充足的原材料。

洋麻的茎由中心的麻秆芯和环绕其周围的韧皮纤维共同构成，麻秆芯与韧皮纤维的质量比约为60∶40，体积比约为85∶15。麻秆芯的横断面呈多孔状结构，其密度仅为100～200 kg/m^3，粉碎后可得到非常轻的粒状物，其中纤维素为31%～33%，木质素为23%～27%。洋麻纤维是一种韧皮纤维，它的化学组成与木材组织较为接近，洋麻纤维是在与麻秆芯分离后经发酵、纤维分解等处理后得到，其化学组成与麻秆芯有很大的不同，其中纤维素超过60%，木质素很少，和黄麻、大麻纤维一样，密度相对较小，具有质地坚硬、纤维长、色泽洁白和拉伸强度高等特点。

洋麻纤维高强低伸的优良力学性能得到广泛的关注，其研究范围涉及洋麻纤维增强热固性和热塑性树脂复合材料的制备及纤维改性等方面，特别是针对洋麻纤维增强可降解树脂复合材料，即绿色复合材料的开发已经成为各国复合材料研究者着重研究的一个热门领域。

用洋麻纤维毡和不饱和聚酯树脂复合，利用树脂传递模型成型制备复合材料，纤维体积含量可高达20.6%，当纤维体积含量很高时，树脂浸润纤维毡能力降低，树脂注射时间显著增加。在成型工艺中，保持恒定的模具温度是关键环节。

为了改善纤维/树脂间的界面黏结性能，可用对纤维进行碱液浓度为6%的碱处理和使用变性不饱和聚酯树脂，碱处理和改性树脂都对复合材料力学性能有影响。结果表明，由碱处理纤维热压成型制备而得的材料的力学性能优于由未处理纤维制备的，与纤维/不饱和聚酯复合材料相比，使用变性不饱和聚酯树脂时，复合材料的力学性能得到提高。树脂基体的改性也能提高复合材料的性能，例如，使用长度1 cm的短洋麻纤维、聚丙烯树脂和2%马来酸酐改性聚丙烯(MAPP)，注射成型制备了纤维质量分数50%的复合材料。结果表明少量MAPP的添加可改善纤维/树脂间的界面黏结性能，其原因是MAPP与纤维中纤维素的羟基发生酯化达到接枝共聚的效果。得到的复合材料的拉伸模量和弯曲模量分别为8.3 GPa和7.3 GPa，接近纤维质量分数40%的玻璃纤维增强聚丙烯复合材料的拉伸模量9 GPa和弯曲模量6.2 GPa，而材料的密度仅为1 030 kg/m^3，则低于玻璃纤维增强聚丙烯材料的1 230 kg/m^3，显示出洋麻纤维在材料轻量化方面的广阔应用前景。此外，研究发现材料的弯曲模量随纤维分数、纤维长度的增加而呈递增趋势。此外，立足于洋麻纤维的高刚性、低膨胀率等特点，用热压成型制备了纤维体积含量达50%～90%的层压复合板材，材料的弯曲弹性模量达1.08 GPa。

近年来可生物降解树脂得到迅速发展，这也促进了洋麻纤维增强绿色复合材料的研究和应用。用洋麻纤维增强聚乳酸(PLA)复合材料使材料在负荷状态下的热稳定性能大幅提高。在负荷1.8 MPa下，纤维体积分数20%的复合材料的热变形温度为120 ℃，而通常电器制品用的ABS树脂仅为86 ℃，材料的耐热性超过了ABS树脂。相对于PLA树脂本体的弯曲模量4.5 GPa，洋麻纤维的添加促进了纤维表面PLA的结晶，使材料的弯曲模量增加到7.6 GPa，弯曲强度达到93 MPa，其值已较接近纤维体积分数20%的玻璃纤维增强ABS树脂复合材料的弯曲模量7.3 MPa和弯曲强度110 MPa。

以洋麻纤维增强的淀粉基树脂复合材料是另一种生物全降解的复合材料，用热压成型制备的复合材料的性能受纤维体积分数、长度以及取向分布的影响，随着纤维体积分数、长度的增加，材料的弯曲模量呈递增趋势，并在体积分数为62%时达到最大值。作为短纤维增强复合材料，该材料中纤维的临界长度为4.8 mm，这说明作为增强材料的洋麻纤维长度应大于此值，才能起到良好的增强作用。随着纤维取向分布的改善，纤维取向因子增大，其结果极大地提高了材料的弯曲模量。

洋麻纤维复合材料由于强度高，吸音性能好、隔热能力强等优点，在建筑业和家具制造业得到广泛应用，各种洋麻秆芯制备的刨花板、洋麻纤维增强的复合纤维板以及无粘胶剂的秆芯板的品种和产业都在增加。

在汽车领域，德国的奔驰汽车公司利用在巴西森林、农田中广泛种植的天然纤维为原材料，制造的产品已经应用到成品车内饰件，车门内饰板上。日本丰田纺织公司开发的洋麻纤维增强复合材料已经在车门内饰件等部位使用，该公司还在印度尼西亚等地大量种植洋麻，为大规模生产做准备。

日本电气(NEC)公司的研究人员开发的洋麻/聚乳酸复合材料已经在部分手提电脑上得到应用。此外,日本松下电工公司使用洋麻纤维毡和苯酚基胶黏剂,制备了适用于多种用途的各种洋麻纤维增强板,现阶段已在马来西亚开设合资企业进行大规模生产。

未来洋麻增强复合材料的发展,必须对洋麻自身的特点、物理化学性质、热稳定性质以及复合材料成型加工等相关研究进一步深化,通过物理或化学方法进行改性,提高材料的力学性能。另一方面,还应尽可能将纳米等新技术运用到树脂开发、材料制备的领域中,开发出新的复合层次与复合方式的复合材料。

4.2.2.5 剑麻纤维增强体[34—37]

剑麻纤维具有密度小、无毒无害、高强度、高模量、耐海水腐蚀、易于表面处理和获得以及价格低廉等优点,因此具有无可替代的优势。剑麻纤维增强树脂基复合材料除了具有较高的拉伸和弯曲性能外,还具有很高的冲击强度。

麻纤维按材料提取的部位不同,分韧皮纤维和叶纤维。剑麻纤维是一种叶纤维,取自剑麻作物的叶片。剑麻纤维的化学组成以纤维素(50%～65%)、木质素(8%～10%)、半纤维素(12%～20%)三大组分为主,这些化学成分含量随种植地域及生长年份的不同而有所差异。其中,纤维素和木质素含量对剑麻纤维性能的影响较大。纤维素含量越多,剑麻纤维的弹性模量越大;木质素含量少,则纤维柔软富有弹性且色泽好,可纺性及染色性均较好(反之则木质化程度高,纤维强度高,质地较硬)。剑麻纤维的木质素含量相对较高,而质地较硬。果胶含量也是直接影响纤维强度和硬度的因素。

剑麻纤维的结构特点及物理力学性能表现为剑麻束纤维的长度不匀率较小,平均长度较长,长度在 50～110 cm 的纤维占绝大部分,主体长度为 90～100 cm。有部分超长纤维,但比例不大。在加工过程中应尽量减少短纤维的形成,特别是在机械脱胶过程中,尽量减少纤维的损伤,防止加工过程中短纤维的混入。

剑麻纤维虽然平均长度较长,但支数很低,长径比很小,因此剑麻纤维的加工原则应是充分利用纤维的长度,尽可能提高纤维支数,但由于长度和支数在植物生长过程中已基本固定,在目前的加工条件下要想得到改变是十分困难的。通过提高打麻质量,减少残留胶质和提高脱胶的均匀度,从而提高纤维的分离度,则有利于工艺纤维质量的提高。

剑麻纤维弹力高、伸长小、弹性模量大,属于高强低伸长率、粗硬型纤维,制成产品后强力大,伸长变形小,且纤维刚硬。剑麻纤维的压缩率较小,刚性大,即比较粗硬;剑麻纤维压缩弹性差,即纤维弹性差,变形后亦不易恢复,纤维的天然卷曲少,保形性差,在压缩率相近的情况下,剑麻的压缩率比羊毛大得多,说明 SF 刚硬、拉伸弹性模量大。剑麻纤维对 NaCl 溶液有较大的抗腐性,而对 H_2SO_4 溶液的抗腐性较差。

剑麻纤维增强树脂基复合材料除了具有较高的拉伸和弯曲性能外,还具有较高的冲击强度和冲击韧性。

剑麻纤维增强的热固性树脂基体中,应用较多的有环氧、聚酯及酚醛树脂,无论剑麻纤维长或短，最为广泛也最为方便的成型方法为压膜成型法。随着剑麻长纤维含量的增大，在一定范围内，其拉伸强度和杨氏模量都呈上升趋势，而复合材料的断裂伸长率呈下降趋势；当剑麻长纤维的质量分数为34%时，复合材料的拉伸强度和杨氏模量最大；且纤维含量越大，复合材料的吸水率越大。

与其他天然纤维相比，剑麻纤维拥有较大的微纤螺旋角，所制备的热固性复合材料具有较高的冲击韧性。纤维增强型复合材料的韧性与所用纤维的微纤螺旋角有关，在微纤螺旋角达到15°～20°的时候，复合材料的韧性达到最优值。

剑麻纤维的预处理及纤维吸湿量对剑麻纤维增强聚酯和环氧树脂复合材料冲击性能也有影响，所用的剑麻纤维表面处理方法包括偶联剂处理、碱处理和热处理。研究表明，不同的纤维表面处理方法对复合材料的冲击性能有很大的影响，而同一种纤维表面处理方法对不同基体的复合材料的冲击性能也有不同效果的影响，通过热处理所提升的复合材料拉伸强度会使材料的韧性得以提高。剑麻纤维增强复合材料的吸湿性是由剑麻纤维引起的，同时也导致了纤维与基体间较差的界面。一般来说，剑麻纤维/聚酯复合材料的吸湿量是剑麻纤维/环氧树脂复合材料的2～3倍，这就导致了这两种复合材料不同的冲击性能。

相对于剑麻纤维增强热固性复合材料，具有成本低和可回收等特点的剑麻纤维增强热塑性复合材料在材料科学与工程领域中获得了越来越多的关注，在学术上对这种材料性能的研究文章也越来越多，包括它的机械性、环境友好性、电学性能及动态性能。

剑麻纤维增强的热塑性复合材料的制备方法主要有溶液混合法和熔融混合法。溶液混合法是将剑麻纤维混合在溶有热塑性材料的黏性溶液里，在不锈钢杯中加以搅拌，维持一定的温度后再将混合液转移至托盘内，放入真空炉中以去除溶剂。用这种方法将剑麻纤维和热塑性材料混合的过程中，纤维很容易受到损伤，要注意防范。另外一种混合方法是熔融混合法，先将剑麻纤维与熔融状态下的热塑性材料混合，在一定的温度下加速搅拌一段时间，然后将混合物从一个针头装置中挤出成型，形成粗棒。一般来说，将混合物从标准的针头模型中挤出来的纤维增强复合材料中纤维的排列是杂乱无序的，而将粗棒整齐排列再加以压缩成型的方法制备的复合材料中的纤维是有序排列的。

近年来，国内外对剑麻纤维增强复合材料进行了大量研究。研究重点主要是改变剑麻纤维的表面处理方法、纤维形态以及基体材料，从而获得不同性能的复合材料。

剑麻纤维的改性方法有物理方法和化学方法两类，具体包括热处理、酸碱处理、有机溶剂处理、改变界面张力、界面偶合、表面接枝聚合等。由于剑麻本身成分的复杂性，应针对不同的聚合物基体选择合适的化学改性剂及用量，控制最佳的改性程度，以尽可能提高复合材料的性能。

由于剑麻是一种纤维素、半纤维素和木质素的复合，在剑麻内部存在多种界面，与聚合物复合后，界面情况更加复杂，因此需要深入研究剑麻增强复合材料在不同尺寸范围内的界面微观结构和断裂机理，以指导复合材料的制备和应用。

剑麻纤维的不同形态对复合材料性能也有较大影响，作为复合材料中的增强材料，剑麻纤维的形态主要有长纤维、短纤维和混杂纤维三种。对于长纤维，由于含量提高后，难以获得基体树脂的完全浸润，故使复合物的流动性和黏结较差，从而使得材料的性能下降，因此在增强复合材料中的研究相对较少；短纤维则较好地避免了长纤维的弊端，但复合材料的性能受到纤维长度、含量、排列方向和成型工艺等的影响；混杂纤维复合材料的研究，主要是剑麻纤维与玻璃纤维、晶须的混杂，由于存在混杂效应，从而使得复合材料的热稳定性、弹性模量、冲击强度和弯曲强度等性能得到很好的改善，而且也可降低玻璃纤维复合材料的成本。

利用纤维编制和缝合技术制备剑麻纤维预浸料，可显著提高复合材料的强度和抗冲击性能，并能提高效率，降低制造成本。

在剑麻纤维优良的综合性能驱动下，近年来剑麻纤维增强聚合物复合材料的研究工作有了很大的进展。然而，这种复合材料尚未得到广泛的应用，其最主要的原因是由于剑麻纤维束结构较为复杂，树脂不易渗透浸润到每个纤维细胞之间，使复合材料在承载过程中容易因纤维细胞间开裂而造成破坏，影响了层间性能的提高。此外，对于短剑麻纤维制品，纤维在与树脂混合时，因润湿性差等问题，十分容易聚集成团，难以得到均匀分散的结构，也不利于制备高强度的复合材料。现在所采用的表面处理方法虽然效果比较明显，所得复合材料的各项性能均有所提高，但离工业化实施尚有一定的距离，需要综合考虑性能与价格的平衡。要使剑麻纤维聚合物基复合材料真正进入广泛实用阶段，还需要开展大量的基础研究工作。

4.2.2.6 蕉麻纤维增强体[15,38—40]

蕉麻又称马尼拉麻(manila hemp)，是从蕉麻树干周围的叶鞘提取而来的一种天然植物纤维，属于叶纤维范畴。蕉麻产自菲律宾，生长分布在热带地区，和香蕉植物属于近系科属。收割蕉麻需要耗费大量劳力，每根茎都必须削成条状，刮去上面附着的浆，最后用清水洗净晾干成为蕉麻纤维。蕉麻纤维的木素含量高达15%，具有很强的机械强度和耐海水腐蚀性能，因此常常被用作船用索具，较长的蕉麻纤维可达3 m。上等蕉麻纤维色泽明亮，呈淡米黄色。

蕉麻是一种热带优质硬纤维作物，力学性能很好，拉伸强度极高。研究结果表明，蕉麻纤维的拉伸强度达到970 MPa，此外，蕉麻纤维的另一个最大的优点是它的纤维长度达3 m，正因如此，蕉麻纤维复合材料已经广泛地应用于纸张、绳索、家具、工艺品以及汽车行业，特别是在汽车工业有广阔的应用前景。

奔驰制造商戴姆勒克莱斯勒公司在2005年左右开始研究蕉麻纤维用于汽车内饰件。其梅赛德斯奔驰A级三门轿车底部的备用轮胎外罩正是使用蕉麻纤维制成的复合材料做成的，这是天然纤维第一次用于制造汽车外部组件。这种高质量的天然纤维不仅有着出色的防护作用，并且还非常环保。

目前，日本对蕉麻纤维增强复合材料有较多的研究。用蕉麻纤维/生物降解树脂制备绿色复合材料，研究中使用小型编织机织造麻织片和淀粉基生物降解树脂(CP-30)。研究时注意到，麻织片织造过程中x、y方向的纤维以不同密度进行编织，纤维能获得一定的松弛和自由扭转，成型时纤维受到的损伤减小，保证了材料具有良好的力学性能。制备出的纤维取向分布良好，纤维质量分数高的双方向正交层压绿色复合材料，其弯曲强度超过10 MPa，拉伸强度超过150 MPa，材料的力学性能随着纤维质量分数的增加而增加，符合层压复合材料的力学特征。研究还发现，在纤维质量分数50%以上，拉伸强度不再增加，而保持一定值。因为纤维质量分数超过50%以后，成型时纤维所受的损伤也有所增加，导致材料的力学性能不再随着纤维质量分数的增加而增大。进一步研究发现，x 和 y 方向不同种类纤维的搭配可能获得更高强度的复合材料。

蕉麻纤维增强的生物降解树脂复合材料，力学性能也受纤维长度、纤维的化学处理的影响。例如，用平均直径约为0.2 mm，长度3～7 mm的蕉麻短纤维，与生物降解树脂如聚乳酸（polylactic acid，PLA）、聚羟基丁酸酯（polyhydroxy butyrate，PHB）和聚羟基戊酸酯（polyhydroxy valerate，PHV）以及这两者的共聚物聚3-羟基丁酸/羟基戊酸酯（poly-3-hydroxy butyrate-co-3-hydroxy valerate，PHBV）、聚丁二酸丁二醇酯（polybutadiene-styrene，PBS）、聚己内酯（polycaprolacton，PCL）等复合，用注射成型机按树脂特性在不同的料筒温度和模具温度下制备试验片。结果表明，在纤维长度为5 mm时蕉麻纤维/PHBV绿色复合材料的弯曲力学性能显示出最大值，纤维质量分数为20%时，由酸性脱水处理纤维制备的材料，其弯曲强度和弯曲模量分别提高48%和149%，与同纤维质量分数的玻纤/PHBV材料几乎相同。但是，化学处理对材料的拉伸性能没有显示出良好的效果。

综上所述，目前麻纤维增强复合材料的研究体现出三个明显的特点：

（1）研究对象覆盖了所有的麻类纤维，从韧皮纤维到叶纤维，有原生纤维，也有纤维束捻合的麻线，根据纤维自身的特点，探索性地开发了适于多种应用要求的复合材料。在复合材料制备过程中，为了避免纤维受损和保证纤维分布均匀，研究利用纤维编织、针刺制毡等工艺对纤维进行预处理，然后与树脂进行预浸后再成型，显著提高了材料的性能，降低了加工成本。

（2）所应用的成型技术中既有简单常用的热压成型，又有适于大量生产方式的注射成型，还有树脂传递模塑成型等方法。它是现阶段所获得的最佳成型条件等相关结果，为将来实用化、产业化阶段的研究以及大规模生产打下了良好的基础。

（3）由于麻纤维具有亲水性和吸湿性的缺点，复合材料制备过程中，麻纤维难以与树脂形成良好的界面。为了解决这一难题，研究者使用物理和化学方法对纤维进行改性，改善了纤维和树脂间的界面，提高了复合材料的力学性能。研究表明，适当热处理和小负荷反复拉伸等物理方法，以及碱处理、偶联剂预处理等化学方法都取得了较好的效果。但值得注意的是，针对不同的纤维和不同的树脂，只有选择合适的改性处理方法，才能有效地达到提高材料性能的目的。

4.3 竹纤维增强体

4.3.1 竹纤维概述[41—46]

竹纤维按制备方法可分为两大类，即**原生竹纤维**和**再生竹纤维**。

原生竹纤维又称**竹原纤维**，是从竹材中将木质素、蛋白质、脂肪、果胶等分离后直接提取出来的纤维，整个制取过程不添加任何化学试剂，竹原纤维保持了原生态竹纤维所具有的吸湿、透气、耐磨、长久抗菌、抑菌、防紫外线等优良特性，为100%的天然纤维，具有良好的环境友好性。

再生竹纤维是采用化学方法加工，把竹材的纤维素溶解制成竹浆，然后通过纺织的方法得到的竹纤维，是一种再生纤维素纤维，现称为**竹浆纤维**或**粘胶竹纤维**。再生竹纤维克服了原生竹纤维的刚性大、硬挺等缺点，强度和韧性较高、耐磨性较好，但环保作用和保健性能稍逊于原生竹纤维。再生竹纤维同其他高分子合成纤维一样，可以形成连续细丝的纤维材料。

竹纤维的化学组成同其他植物纤维一样，其主要化学成分包括纤维素(45%～50%)、半纤维素(20%～25%)、木质素(25%～30%)、戊聚糖、果胶等。竹纤维中纤维素的分子结构是由很多β-D-吡喃葡萄糖苷(1-5)彼此用(1-4)糖苷键连接而成的线形巨分子，纤维素起骨架作用，是竹材力学性质的主要提供者，纤维素的分子式简写为$[(C_6H_{10}O_5)_n]$，n代表葡萄糖基的个数，称为**聚合度**，竹纤维的聚合度在10 000左右。

竹纤维的力学性能主要依靠纤维素，竹纤维素呈各向异性。数十个纤维素链组成**纤维单元**，单元纤维集合成**微观纤维**，这些微观纤维组合体构成**宏观纤维束**。

半纤维素与木质素在纤维素之间起到"连接剂"的作用，这种结构形态与宏观的纤维增强复合材料类似。

根据不同产地提取纤维不同的竹材原料，竹纤维化学成分和纤维形态参数也有所不同，见表4-7。

表4-7 不同竹纤维的主要化学成分

竹种类	产地	纤维素/%	木素/%	聚戊糖/%	果胶质/%	灰分/%
毛竹	甘肃	46.50	23.40	21.56	—	1.23
葱竹	四川	44.35	31.28	25.41	0.87	1.20
绿竹	广东	49.55	23.00	17.45	—	1.78
丹竹	广西	47.88	23.55	18.54	—	1.93
毛竹	福建	45.50	30.67	21.12	0.70	1.10
毛竹	湖南	51.57	23.62	22.71	—	1.03

不同种类竹纤维，其形态参数也有所不同，如表4-8。

表4-8 不同竹纤维的形态参数

种类	纤维长度/mm		宽度/μm		长宽比	壁厚/μm	壁腔比
	平均	范围	平均	范围			
厚壁毛竹	1.254	0.729～2.162	10.404	5.776～18.839	121	6.3	4.20
唐竹	1.435	0.667～2.554	10.122	5.087～18.615	142	5.9	2.17
茶秆竹	1.486	0.861～2.999	13.450	6.145～27.346	110	5.5	2.44
黄金间碧玉竹	1.690	0.954～2.741	13.512	6.280～21.530	125	5.3	2.79
慈竹	1.861	0.860～3.794	15.560	9.514～22.058	120	5.6	2.60

纤维形态细长，细胞壁薄而大，纤维柔韧性好，相互间易于结合。因此，竹纤维具有较好的缠绕、交织能力，纤维间的结合强度较大，适合用来作为制备纤维增强材料的增强体。此外，竹

纤维的抗拉强度和弹性模量接近麻纤维，低于玻璃纤维，但是其比重比其他纤维都小，这些都意味着在相同质量条件下，竹纤维绿色复合材料的力学性能更好，比强度更高，竹纤维基本力学性能见表 4－9，与其他纤维的性能比较见表 4－10。

表 4－9　竹纤维基本力学性能参数

技术参数	数　值
平均线密度/dtex	6
断裂强度/(cN·dtex^{-1})	0.49
断裂伸长率/%	5.1
断裂长度/km	30
初始模量/(N·tex^{-1})	15.65
回潮率/%	11.64
保水率/%	34.93

表 4－10　竹纤维与其他纤维的性能比较

纤维类别	天然竹纤维	苎麻纤维	棉纤维
断裂强度/(N·tex^{-1})	0.429	0.433	0.302
断裂强度方差 S. D.	0.229	0.190	0.056
断裂伸长率/%	5.315	5.594	5.636
断裂伸长率方差 S. D.	1.329	1.337	1.768

竹纤维纵向表面光滑，呈多条较浅的沟槽，横截面接近圆形，边沿为不规则锯齿形，表面结构与成型条件有关。这种表面结构使得竹纤维的表面具有一定的粗糙度和摩擦系数，作为纤维增强体，与基体材料有较好的结合力。

竹纤维的微观结构如图 4－1 所示，其微观结构模型如图 4－2所示。由图 4－1 可以看出，竹纤维束的横断面由许多同心圆筒层组成，大体分为 3 个主要结构，其一为**初生层**(primary layer)，是紧连在竹皮内的一层，也就是竹纤维的最外层；其二是**次生层**(secondary layer)，是连接在初生层内的一层，次生层是由**宽层**(wide layer)与**窄层**(narrow layer)交替组合而成的 3 个层次；其三是**中心空腔**。

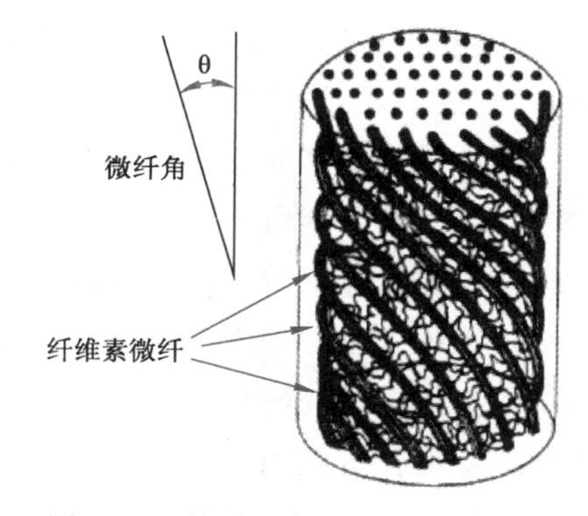

图 4－2　竹纤维微观结构模型

次生层是集中纤维素含量的一层，也是对竹纤维的强度起重要作用的一层，在这 3 层中微纤与纤维轴均呈螺旋形排列，其取向角为 10°～20°。微纤螺旋角对纤维强度也有影响。

单根竹纤维束几何形态中间很长一段呈细长柱形，两端逐渐变尖，呈纺锤形，竹纤维束的横断面也是中空的。由微纤集合而成的竹纤维束平均长度为 10～150 mm，平均直径为 27 μm 左右，纤维束内壁较平滑，空腔小，纤维束外表粗糙。竹纤维束的纵向较平滑，且有多条较浅的沟槽，这样，竹纤维束的表面在制备的复合材料中提高了界面的摩擦系数和纤维束的抱合力。

用竹纤维作增强体与树脂基体复合可以制备各种复合材料，树脂基体按所用原材料的不同大致分为两大类，一种是用石化原料制备的树脂基体，这类材料目前面临的最大问题是石化资源的日益短缺，再就是不能自然降解，给环境带来巨大压力。另一种是用天然资源制备的可生物降解的树脂基体，如淀粉基的聚乳酸，这类材料可自然降解，环保性好，但性能不如前者，目前还不能用作高性能的复合材料。

树脂基体是一种合成高分子化合物材料，一般而言，能用作工程材料的塑料都可用作复合材料基体，所以树脂基复合材料也称**增强塑料**。但对于高性能的复合材料而言，特别是用于航空航天及其他高端应用的复合材料，则要求用高性能的树脂作基体材料。

高性能树树脂基体性能优异，但成本较高，对于天然纤维增强的复合材料而言，由于纤维性能本身的局限，目前还未用于航空航天等高端领域，因此，用于天然纤维增强的树脂基体，目前主要应用通用性的、价格较低、来源充足和生产工艺成熟的品种。

高性能树脂基体分热固性和热塑性两种，目前热固性基体仍是主流，主要有环氧、双马来酰亚胺、聚酰亚胺、聚酯、酚醛、异氰酸脂等。目前用于高端应用的轻质高效结构复合材料的高性能树脂基体主要有三大类，即：150 ℃以下长期使用的环氧树脂体系、150～220 ℃长期使用的双马来酰亚胺树脂体系，和 260 ℃以上使用的聚酰亚胺树脂体系。

高性能热塑性基体主要是一些半结晶型的新型热塑性树脂，如聚醚醚酮(PEEK)、聚醚酮(PEK)、聚苯硫醚(PPS)、聚醚酰亚胺(PEI)等。

对于绿色复合材料而言，环保性能是首先要考虑的问题，因此用生物降解树脂基体代替石化资源的树脂，与天然纤维复合制成全降解的 100%绿色复合材料成为今后重要的发展方向。

4.3.2 竹纤维增强热固性树脂基复合材料[47—51]

热固性树脂是用来制备复合材料的主要基体材料。热固性树脂的优点主要表现在强度高、胶接力强、尺寸稳定性好、膨胀系数低、耐热性好、电绝缘性能优良、化学稳定性好等，此外热固性树脂基体复合材料加工制造技术较成熟，成型方法有多种选择，温度适应范围宽。

热固性树脂由于固化后的形成三维的网状大分子结构，分子交联密度高、内应力大，因而存在质脆、耐疲劳性、抗冲击韧性差、裂纹容易通过基体迅速扩展等缺点。而最主要的是热固性树脂固化是一种不可逆化学过程，固化后的树脂分子结构发生根本性的改变，由二维的线型结构变成三维的网状立体结构，在宏观上树脂由黏性的流体变为不溶不熔的坚实固体，给复合材料零部件废品回收带来很大困难，目前大多采用掩埋处理，加重环境负荷。

环氧树脂、酚醛树脂及不饱和聚酯树脂被并称为三大通用型热固性树脂。但环氧树脂性能最好，用得最多。与其他热固性树脂相比较，环氧树脂的种类和牌号最多，性能各异。环氧树脂固化剂的种类更多，再加上众多的促进剂、改性剂、添加剂等，可以进行多种多样的组合和组配。从而能获得各种各样性能优异、各具特色的环氧固化物材料。几乎能适应和满足各种不同的使用性能和工艺性能要求。

竹纤维增强的热固性树脂基复合材料，其性能受多方面因素的影响，对于竹纤维增强体而言，纤维长度、含量及纤维的表面处理对复合材料的性能均有较大影响。如表 4 - 11 所示为长竹纤维的体积含量对环氧树脂基复合材料力学性能的影响。所用的纤维长度保持试样模塑成型足够的长度，所用的树脂基体为环氧树脂(E-44 GY251)，可以看出，纤维体积分数的增加能较大幅提高复合材料的性能，当纤维含量由 20%增加到 70%时，拉伸强度提高约 50%，而模量提高了一倍多。

表 4-11　长竹纤维体积含量对环氧树脂基复合材料力学性能的影响

性　能	体积份数						
	0	20%	30%	40%	50%	60%	70%
抗拉强度/MPa	51.47	66.32	74.65	87.36	90.47	93.54	92.63
弹性模量/GPa	3.13	3.61	4.24	5.57	6.93	8.54	8.46
抗压强度/MPa	78.58	—	—	—	—	—	—
抗弯强度/MPa	67.36	73.42	78.65	85.58	89.73	92.84	94.62
剪切强度/MPa	82.74	—	—	—	—	—	—
冲击韧性/(kJ/m²)	9.62	15.71	18.36	20.85	20.74	21.58	21.39

如图 4-3 至图 4-5 所示给出了短竹纤维含量与环氧树脂基复合材料性能的关系。

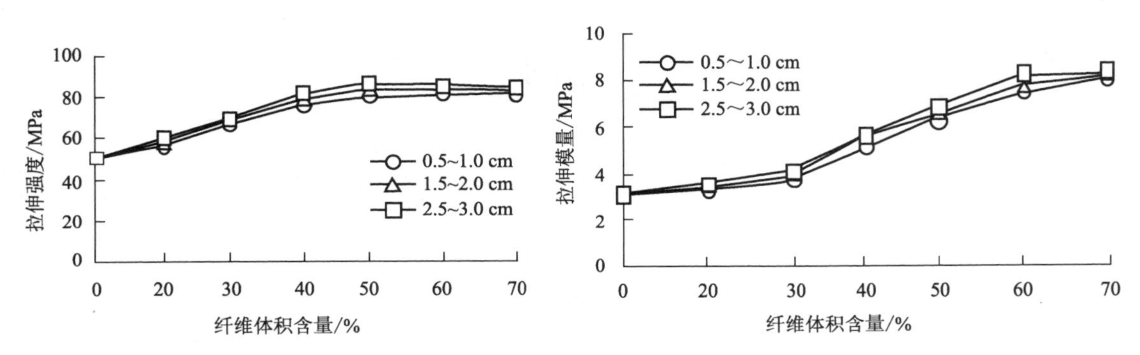

图 4-3　短竹纤维不同长度和体积分数的复合材料拉伸强度

图 4-4　短竹纤维不同长度和体积分数的复合材料拉伸模量

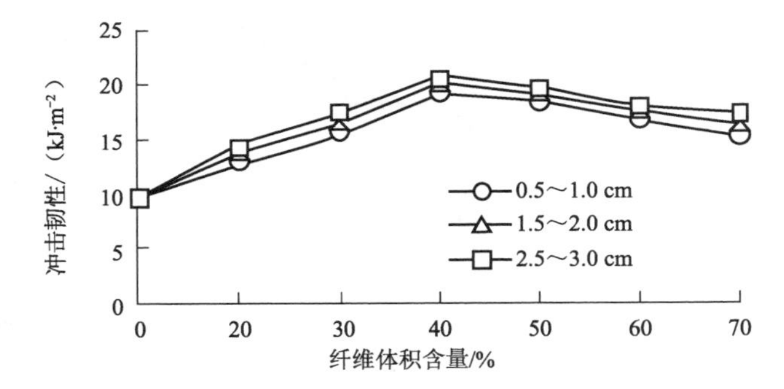

图 4-5　短竹纤维不同长度和体积分数的复合材料冲击韧性

由图示结果可以看出，纤维体积含量为 40%～60%是最合适的比例，力学性能达到最高值，再增加不仅不会使复合材料的拉伸性能继续提高，反而造成冲击性能下降，这是因为纤维含量过高，基体对纤维的包裹不够，影响基体与纤维之间的结合，导致冲击韧性下降。

酚醛树脂是另一种广泛使用的热固性树脂，具有价格低廉、耐热性好，成型简便等优点。用竹纤维增强酚醛树脂制备的复合材料，表现出与环氧树脂基复合材料相似的性能特征，复合材料的性能受纤维的形态、长度和含量的影响(见表 4-12、图 4-6、图 4-7)。

表 4-12　长竹纤维体积含量对酚醛树脂基复合材料性能的影响

性　　能	体积份数						
	0	20%	30%	40%	50%	60%	70%
抗拉强度/MPa	34.64	47.82	55.75	65.46	71.83	74.28	74.49
弹性模量/GPa	3.26	3.84	5.02	5.95	6.73	7.26	7.45
抗压强度/MPa	38.52	—	—	—	—	—	—
抗弯强度/MPa	43.67	58.76	67.28	72.19	74.52	73.13	71.02
剪切强度/MPa	42.73	—	—	—	—	—	—
冲击韧性/(kJ·m⁻²)	1.45	3.29	6.36	9.51	9.87	9.04	8.42

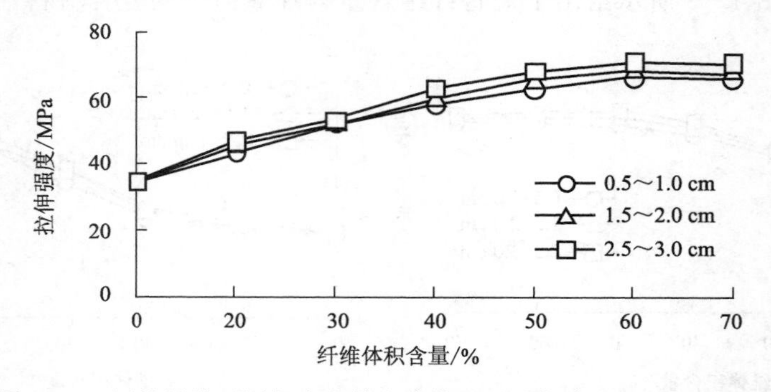

图 4-6　短竹纤维不同长度和体积分数的酚醛复合材料的拉伸强度

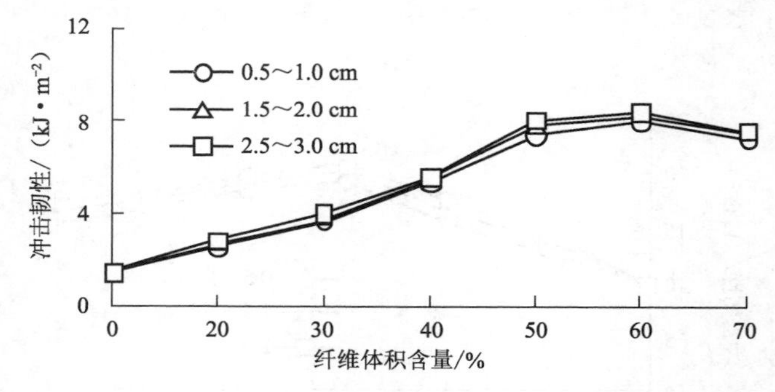

图 4-7　短竹纤维不同长度和体积分数的酚醛复合材料的冲击韧性

同样,不同的树脂基体对复合材料的性能也有显著影响(见图 4-8,图 4-9)。试验采用环氧树脂和不饱和聚酯树脂进行性能对比,图中 A0 代表纯聚酯树脂浇铸体,A1、A2、A3、A4 分别代表用 4、8、12、16 层竹纤维织物增强的聚酯复合材料。B0 代表纯环氧树脂浇铸体,B1、B2、B3、B4 分别代表用 4、8、12、16 层竹纤维织物增强的环氧复合材料。

如图 4-8、图 4-9 及表 4-13 所示,环氧树脂基复合材料的力学性能要高于不饱和聚酯树脂基复合材料,相同织物层数下,环氧树脂比聚酯树脂的拉伸、弯曲强度都要高出 1 倍左右,这归因于环氧树脂的性能优于聚酯树脂。

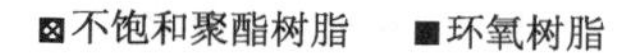

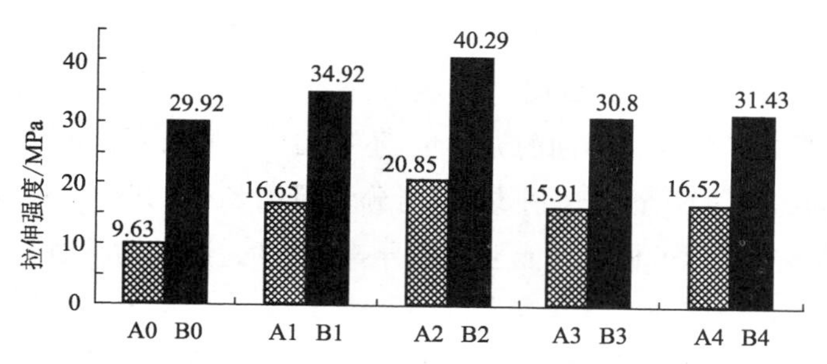

图 4－8 不同纤维含量的环氧与聚酯复合材料拉伸强度

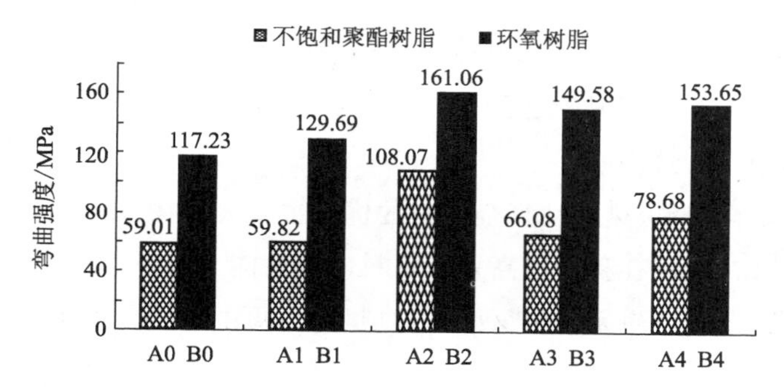

图 4－9 不同纤维含量的环氧与聚酯复合材料弯曲强度

另外，纤维含量也就是织物的层数对复合材料的性能也有显著影响，两种复合材料的拉伸和弯曲强度都随织物层数的增加先提高再降低，在层数为 8 层时达到最高值（见表 4－13），其中聚酯复合材料的拉伸强度比纯树脂浇铸体提高了 1 倍多。这可以解释为当增强纤维含量过低时，起不到承载主体的作用。而当纤维含量过大时，基体树脂不能充分有效地包覆和固结纤维，导致层间结合的强度低，复合材料整体性能下降。一般而言，增强体的含量是影响复合材料性能的一个重要参数，增强体与基体之间应有一个优化的比例，以得到最佳的复合效应。高性能复合材料的纤维体积含量一般为 60%～70%，这对所用树脂基体的胶接强度，与增强体的相容性和结合能力，以及成型的工艺质量都有很高的要求。

图 4－8 和图 4－9 的结果可归纳为表 4－13。

表 4－13 竹纤维增强复合材料力学性能的提高比例

编号	拉伸强度/%	弯曲强度/%	编号	拉伸强度/%	弯曲强度/%
A0	—	—	B0	—	—
A1	72.9	1.2	B1	14.3	12.5
A2	116.5	83.1	B2	34.7	37.4
A3	65.2	12.0	B3	2.9	27.6
A4	71.5	33.3	B4	5.1	31.1

4.3.3 竹纤维增强热塑性树脂基复合材料[52—55]

热塑性树脂是复合材料另一大类基体材料，是一种以分子结构单元（称为单体）通过共价键的作用聚合而成的有机高分子材料，如聚乙烯：

$$n[CH_2=CH_2] \longrightarrow [CH-CH]_n$$

单体　　　　聚乙烯

其中，n 是结构单元的数量，称为**聚合度**。

聚合度的大小代表了聚合物不同的分子量，不同的聚合物有不同的聚合度，数值范围在数千到数万之间，有的超高分子量聚合物，如超高分子量聚乙烯，其聚合度在 30 万～300 万之间。不同的聚合度导致高分子材料性能上的差异，如强度、韧性、耐热性以及工艺性能都有所不同。

热塑性树脂的分子结构属于线性的链状大分子结构，柔顺性较好，在温度和外力作用下分子间链段可以互相移动，其大分子聚集态分玻璃态、高弹态和黏流态三种，这三种聚集态随温度改变可以互相转换，因此热塑性树脂基体的一个重要性能参数就是玻璃化转变温度(glass transition temperature，T_g)，当常温达到 T_g 时，树脂将由玻璃态转变到高弹态，性能将发生改变，特别是强度和刚度将大幅下降。

相对于热固性复合材料，热塑性复合材料的优点主要表现在：

(1)热塑性树脂韧性高，有利于提高复合材料冲击性能。

(2)成型加工是物理过程，无化学反应，可直接在温度和压力下快速成型，大大提高工效，降低制造成本，且成品质量容易保证。

(3)可回收再加工，无环境污染问题，另外维修方便，可以多次重复加工及修补，边角余料和废品可回收。

(4)热塑性预浸料稳定，无贮存期限制，存放也无特殊要求。

热塑性树脂的主要缺点是强度普遍比热固性树脂低，尺寸稳定性较差，膨胀系数较大，耐温性要比热固性树脂差。这主要归因于它们的线性链状分子结构，在长期的载荷和温度条件下，分子链段会出现不同程度的松弛，对增强纤维的约束力有所降低，宏观上表现出材料性能上的退化。

典型的热塑性树脂(塑料)有尼龙(PA)、聚乙烯(PE)、聚丙烯(PP)、聚氯乙烯(PVC)和丙烯腈-丁二烯-苯乙烯三元共聚物(ABS)。它们可用各自的纤维增强制备复合材料，在汽车、轨道交通、机械、建筑等领域得到广泛应用。

聚丙烯树脂是一种性能优良，来源丰富、成本较低，且应用广泛的热塑性高分子聚合物材料。在通用塑料工程化的研究和开发中具有很强的发展潜力。聚丙烯有良好的综合性能，聚丙烯密度为 0.91 g/cm^3，是所用基体中比重最轻的一种，聚丙烯不吸湿，干湿状态下性能无明显变化，强度和模量较高。以聚丙烯制备的热塑性复合材料，不仅有优越的力学性能，还有良好的工艺性能，制品耐腐蚀无毒无味，还具有热固性复合材料所不具备的可重复加工和使用的特点，可以循环利用，无环保问题，是用得最多的一种热塑性复合材料。

图 4-10、图 4-11 和图 4-12 是用竹纤维增强聚丙烯复合材料的试验结果，复合材料用竹纤维毡和聚丙烯薄膜用层叠和热压技术制备，分别进行了拉伸、弯曲和冲击试验。

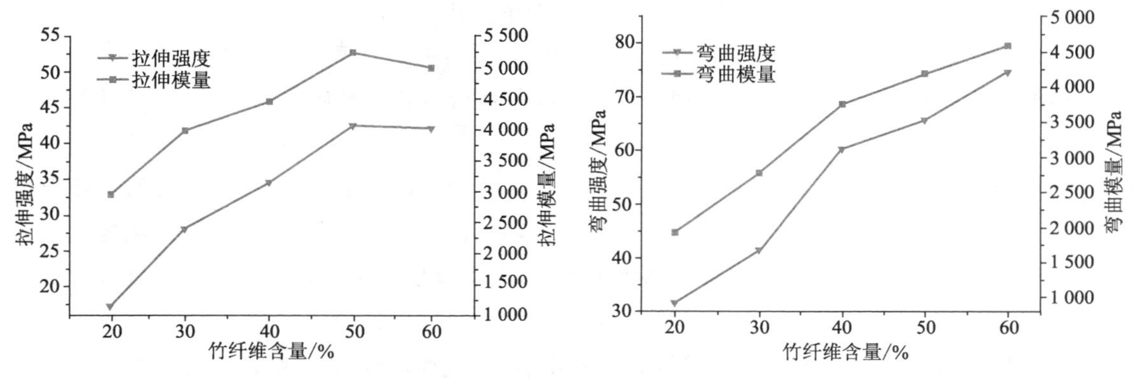

图 4－10　竹纤维增强聚丙烯复合材料拉伸性能　　图 4－11　竹纤维增强聚丙烯复合材料弯曲性能

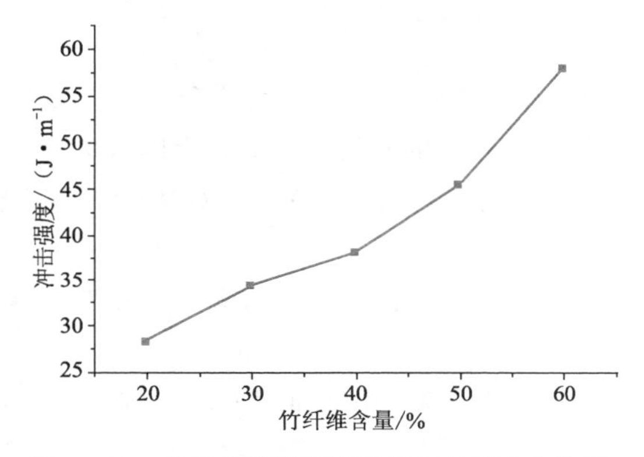

图 4－12　竹纤维增强聚丙烯复合材料冲击性能

结果表明竹纤维含量对复合材料力学性能有较大影响，竹纤维含量越高，其力学性能越高；但当竹纤维含量达到 50％时，继续提高竹纤维含量，其拉伸性能提高不大。竹纤维含量比较低时复合材料强度取决于树脂的强度，由树脂承受大部分载荷，竹纤维没有充分起到承载主体的作用；当竹纤维含量升高，承载的作用逐步发挥，复合材料强度提高；当竹纤维含量达到 50％时，纤维和树脂的比例使复合效应最佳，拉伸性能达到最高值。竹纤维含量继续增加，树脂不足以包覆所有的纤维，形成界面黏结能力下降，此时复合材料拉伸性能不会再提高。而弯曲性能和冲击性能随纤维含量增大而增大，这主要归因于纤维是承载主体，对复合材料的弯曲和冲击性能起着决定性作用。

纤维含量的增加能显著提高竹纤维增强聚丙烯复合材料的力学性能。竹纤维含量由 20％提高到 60％，拉伸性能、弯曲性能及冲击强度均有大幅提高。但是当竹纤维含量超过 50％时，因基体树脂不能充分包裹纤维表面，浸渍效果较差，导致纤维不能很好地发挥增强材料的作用。根据这种情况，可在树脂基体中加入一定量的马来酸酐接枝聚丙烯（MPP）作为相容剂，以改善竹纤维和聚丙烯之间的界面相容性。MPP 对竹纤维增强复合材料性能提高较为显著，当 MPP 在基体中含量为 4％时拉伸强度和拉伸模量可分别提高 20％和 6％；弯曲强度和弯曲模量分别提高 21.7％和 16.7％。但界面结合的加强有可能使复合材料脆性提高，冲击强度下降，因此 MPP 加入量不能太高，适宜的添加量为 4%左右。

竹纤维增强热塑性复合材料的研究取得了很大发展，但仍然有很多问题需要解决。竹纤维与传统增强材料不同，对于如何处理纤维表面和如何合成相容性较好的树脂，应在以下几方面着重研究：

(1)纤维表面改性研究。界面是决定复合材料性能的关键因素之一，界面性能的差异必然会造成复合材料性能的差异，对纤维表面进行改性，是目前提高界面结合的有效方法之一。

(2)树脂改性。树脂是复合材料重要组分之一，树脂改性对实现天然纤维复合材料的高性能化有很大影响。

(3)成型工艺，成型工艺对复合材料的性能和制备成本都有很大影响。

4.3.4 竹纤维增强生物树脂基复合材料[56—59]

可生物降解树脂也称为**可降解塑料**，是指在自然界条件下由自然界存在的微生物如红菌、霉菌和海藻等作用引起降解，并在较短的时间内最终完全降解为二氧化碳和水及其所含元素的矿化无机盐，进入环境中形成新的植物生长物质，对环境不造成任何影响的一类高分子材料。

目前开始并实现商业化生产的有聚乳酸(PLA)、聚丁二酸丁二醇酯(PBS)、聚羟基丁酸酯(PHB)、聚己内酰胺(PCL)等。

天然竹纤维具有长径比大、比强度高、比表面积大、密度低、价廉、可再生以及可生物降解等众多优点。以天然竹纤维为增强体，与可生物降解树脂复合，开发与制备环境友好、可生物降解的绿色复合材料已成为新的研究热点。

竹纤维与可降解树脂复合制备绿色复合材料的性能主要受以下几方面因素的影响：

(1)竹纤维的含量。天然竹纤维的添加量(纤维质量分数)对复合材料性能的影响目前还在继续研究。有的研究表明，一定范围内随着植物纤维质量分数的增加，复合材料的力学性能逐渐提高。如用竹纤维与生物降解树脂绿色复合材料进行模压工艺的研究，发现复合材料的拉伸和弯曲强度随竹纤维质量分数的增加而逐渐提高，竹纤维质量分数为 66.6%时材料性能达到最高值。但也有另一种结果，如用熔融捏合再热压的方法制备的竹纤维 PPLA 及竹纤维 PPBS 复合材料中，复合材料的拉伸强度都随着纤维含量增加(从 10%增至 50%)而下降。

产生上述结果的原因是多方面的，除了与可降解塑料的本身性能有关外，还与所采用的天然竹纤维和可降解高分子塑料的界面相容性以及复合材料的成型方式有关系。因此，在进行天然竹纤维/可生物降解塑料绿色复合材料研究时，纤维质量分数的选择应考虑多种因素的共同影响。

(2)可生物降解树脂性质。目前已经用于绿色复合材料制备的可生物降解树脂有聚乳酸(PLA)、聚丁二酸丁二醇酯(PBS)、聚羟基丁酸酯(PHB)、聚己内酰胺(PCL)等。这些塑料大都具有优良的可塑性、易加工成型等特点，但是也存在一些不足之处。例如，PLA 脆性较大，对复合材料的加工性能及其韧性会产生一定的影响，使用时最好加入一定量的增塑剂对其进行改性处理。如用三醋酸甘油酯作为增塑剂对 PLA 进行改性处理，在不改变 PLA 晶型的情况下，其韧性增强。

另外，这些可生物降解塑料生产成本昂贵，也严重制约了它们在绿色复合材料方面的应用。开发价格低廉的可生物降解塑料，协调其可加工性、降解性与机械性能之间的关系是当务之急。

(3)天然竹纤维/可生物降解树脂界面性能。天然竹纤维是由纤维素、半纤维素、木质素及各种抽提物组成的天然高分子材料，它是一种不均匀的各向异性材料，界面特性十分复杂。其主要成分纤维素、半纤维素和木质素等含有大量的极性羟基和酚羟基官能团，使得其表面表现出很强的化学极性，导致天然竹纤维/生物可降解树脂基体间界面相容性差，微观上呈非均匀体系，两相间存在十分清晰的界面，黏结力差。这使得应力在界面不能有效地传递，使复合材料的冲击强度和拉伸强度显著降低，从而影响复合材料的综合性能。因此，在制备绿色复合材料的过程中，要着重研究如何使亲水的极性天然竹纤维表面与疏水的非极性生物可降解树脂界面之间具有良好的相容性，提高竹纤维与生物可降解树脂的界面结合力，得到比原来单一材料性能更加优良的复合材料。改善天然竹纤维与生物可降解树脂的表面相容性可以采用改善天然竹纤维与生物可降解塑料界面的方法。目前应用较多的是竹纤维表面的碱处理、偶联剂处理植物纤维以及塑料改性等方法。

4.4　再生纤维素纤维和纳米纤维素增强体

4.4.1　再生纤维素纤维增强体[60—62]

再生纤维素纤维是指用自然界中可以用于生产纤维的植物资源，如木材、竹材、麻秆、秸秆、棉秆、芦苇、稻草及其他可回收再生的农业废弃物等，通过化学制浆、抽丝的方法制备的一类纤维材料。与原竹纤维、原麻纤维相比，具有更能充分利用资源、减少环境负荷、持续开发利用等优点。

再生纤维素纤维的发展大致分为三个阶段，形成了三代产品：第一代是 20 世纪初面世的普通粘胶纤维；第二代是 20 世纪 50 年代实现工业化生产的高湿模量粘胶纤维；第三代是 20 世纪 90 年代开发成功的新型再生纤维素纤维。最具代表性的是英国 Courtaulds 公司的天丝(Tencel)纤维和奥地利 Lenzing 公司的绿赛尔(Lyocell)纤维及新工艺生产的莫代尔(Modal)纤维。英国 Acordis 公司在天丝之后生产了维劳夫特(Viloft)纤维。近几年，我国自行研制成功了以竹子为原料的再生纤维素纤维——竹纤维，该纤维在性能上优于棉、木型粘胶纤维。

上述再生纤维素纤维品种在宏观上是连续的细丝材料，由于具有良好的生态性、亲和性、加工性和易养护性，适合以纯纺或混纺的方式制作纺织面料、服装、纤维制品，由于力学性能不及玻璃纤维或其他合成纤维，目前还未大量用作复合材料的增强体。

再生纤维素纤维的一个重要品种是木质纤维，现在已发展到用作绿色复合材料的增强纤维，同其他天然纤维，如麻纤维、竹纤维一样得到越来越多的研究和应用。研究内容仍未脱离复合材料技术范围，主要有：

(1)原材料选择。一是如何选择特定的木质纤维作为增强体，不仅要考虑性能问题，也要考虑成本和资源利用的问题。二是树脂材料的选择，目前用在木质纤维复合材料中较成熟的树脂基体多为一些合成树脂，还不能完全达到生物可降解，而真正能完全可降解的生物树脂如PLA、PHBV等的应用还有待于继续研究。

(2)影响复合材料性能的因素。包括增强纤维的形态和尺寸、体积分数、分布参数，以及如何提高耐热性、阻燃性、环境友好性以及可回收性等。

(3)绿色制造加工技术。包括高效率、高质量、低能耗、无污染或少污染的制造工艺。资源充分利用，包括边角料、加工剩余物、退役产品的回收再利用等。

(4)纤维/树脂界面结合。包括纤维表面处理、树脂基体的改性、最佳的优化工艺参数和工艺质量，以及偶联剂、增韧剂以及新型的纳米技术的应用等。

表4-14是木质纤维含量对复合材料性能影响的试验结果，复合材料由木质纤维加入聚丙烯采用双螺杆挤出机在220 ℃下将按一定配比混合好的PP、木纤维进行熔融挤出、造粒，再在相同温度下注射成型制成标准试样。

表4-14　木质纤维含量对复合材料力学性能的影响

纤维体积分数/%	拉伸强度/MPa	断裂伸长/%	冲击强度/($J\cdot m^{-1}$)	弯曲模量/GPa	弯曲强度/MPa
0	32.3	>400	48.4	1.45	55.5
10	35.3	—	29.6	—	—
20	36.3	—	29.3	—	—
30	38.8	8	27.7	—	—
40	42.4	6.6	27.5	2.89	71.9
50	47.7	2.88	27.0	3.87	78.0

由表4-14可见，随木纤维含量的增加，材料的拉伸强度逐渐提高，尤其在高含量下这一趋势更明显，当加入50%木纤维时可使材料的拉伸强度提高到47.7 MPa，约为原来的1.5倍；而弯曲弹性模量也随木纤维含量的增加而提高，当木纤维含量为50%时材料的弯曲弹性模量达3.87 GPa，比纯PP提高了近2倍。

同时，材料的弯曲强度随木纤维含量的增加大幅度地提高，当加入50%木纤维时，材料的弯曲强度为78.0 MPa，可见木纤维的加入使得材料的拉伸强度和弯曲强度明显改善，但是与其他大多数增强材料一样，在提高材料刚性的同时，也使材料的韧性下降。首先表现为悬臂梁冲击强度和断裂伸长率的降低，当加入10%木纤维时这种影响已很明显，而后随木纤维含量的增多，冲击强度进一步下降，但趋势较平缓。木纤维的加入使冲击强度降低主要归因于木纤维与PP的刚性不匹配，高刚性木纤维含量增加使复合材料的脆性逐步提高，脆性增加的另一个表现是断裂伸长率的下降，纯PP的断裂伸长率大于400%，而当木纤维的含量超过30%后，断裂伸长率则降至10%以下，基本上变成脆性材料。

4.4.2　纳米纤维素增强体[63-67]

纳米纤维素(nano-cellulose)是在再生纤维素基础上发展起来的一种新材料，近年来成为绿色复合材料研究的新热点。

纳米材料是指在三维空间中至少有一维处于纳米尺度范围(1～100 nm)的低维材料。纳米材料因为其非常小的空间维度，使得单位质量的比表面积大幅增加，表面聚集的单位质量原子数也随着大量增加，材料表面的活性能得到充分提高，使这些原子易与其他原子相结合而稳定下来，故具有很高的化学活性。纳米粒子的这种表面原子数与总原子数之比随粒径的变小而急剧增大后所引起的性质上的变化是纳米技术研究的出发点，代表了新材料向低维度发展的趋势。纳米材料的小尺寸效应、量子效应、表面效应和宏观量子隧道效应等特点，使其电、磁、光等物理、化学、力学特性等将显著地与宏观物体不同。

纳米纤维素有时也称**纤维素纳米纤维**，是直径小于 100 nm 的超微细纤维，也是纤维素的最小物理结构单元。纳米纤维素具有许多优良特性，如高结晶度、高纯度、高杨氏模量、高强度、高亲水性、超精细结构和高透明性等，加之具有天然纤维素轻质、可降解、生物相容及可再生等特性，因此，纳米纤维素的制备、结构、性能与应用的研究在目前是国内外纤维素化学研究的重点和热点。

纳米纤维素主要是从植物纤维制取。纳米纤维素的制备过程大致是先将植物纤维制成浆料，分别采用硫酸水解法和阳离子交换树脂催化水解法将半纤维素和木质素等其他成分溶解分离，制备出纳米纤维素悬浮液，经过冷冻干燥后可制得粉末状的纳米纤维素。

纳米纤维素根据其制备方法、原料及结构等的不同主要可以分为三类(见表 4-15)：纳米微晶纤维素(NCC)、细菌纳米纤维素(BNC)和微纤化纤维素(MFC)。

用纳米纤维素作为绿色复合材料的增强体，具有其他增强相无可比拟的特点：第一，源于光合作用，可安全返回到自然界的碳循环中，优异的生物降解性和可再生性；第二，具有非常高的强度，杨式模数和抗张应力，纳米纤维素增强相即使很低的含量(质量分数≤5%)也可极大改变复合材料的性能，与无机纤维相近，纤维素纳米纤维有取代陶瓷和金属的潜质；第三，比表面积巨大，表面能和活性的增大产生了小尺寸、表面或界面、量子尺寸、宏观量子隧道等效应，在化学、物理(热、光、电磁等)性质方面表现出特异性，制备出多种功能的复合材料。

表 4-15　纳米纤维素分类

类　型	制备原料	制备及平均尺寸
纳米微晶纤维素(NCC)	木材、棉花、麻类韧皮、小麦杆、稻草、树皮等植物废弃物	酸处理、溶浆干燥 直径：5～70 nm，长度：100～250 nm
细菌纳米纤维素(BNC)	低分子量糖和醇	细菌酶解合成 直径：5～100 nm，带各种微纤网络
微纤化纤维素(MFC)	木材、甜菜、马铃薯块茎、麻类韧皮	机械压碎、化学处理、溶浆干燥 直径：5～60 nm，长度：100 μm

用纳米纤维素与可降解的生物高聚物基体复合制备生物降解复合材料是目前重点研究的一个方面，很多生物聚合物(或经适当处理后)溶于水或能在水中分散。有些生物分子能在加工时聚合形成热塑性材料，还可发生交联形成热固性材料。把纳米纤维素加入到各种生物聚合物基体中，能得到新型的性能优越、可再生、可焚烧、环境友好的绿色复合材料。

4.4.2.1 聚乳酸/纳米纤维素复合材料

聚乳酸(PLA)有很好的机械性能、热塑性、生物降解性，是现今为数不多的可与聚乙烯(PE)、聚丙烯(PP)、聚苯乙烯(PS)等通用塑料相比的生物大分子，且对人体无害、无积聚，被全球公认为新世纪最有前途的新型生物材料。但 PLA 为线型热塑性聚酯，强度不高，软化温度低，熔融黏度、耐冲击性能、热分解温度、反应功能性、阻气性等性能不够理想，易发生化学水解及酶水解。当纤维素以纳米级尺寸均匀地分散在 PLA 基体中时，复合材料不仅具有较高的力学性能，其尺寸稳定性、阻隔性能也有极大提高，降解周期明显变化。如把经过表面活性剂处理过的纳米微晶纤维素(nano-crystallinecellulose，NCC)按质量分数 5%的比例添加到 PLA 基体中，采用溶液浇铸法制得聚乳酸纳米纤维素复合物，电子显微镜下观察到 NCC 很好地分散到 PLA 中，热稳定性和储能模量均得到很大改善。采用纳米纤维素作为工程塑料的增强填充剂，纳米纤维素含量高达 70%时，增强塑料比普通工程塑料的强度高 5 倍，同时具有与硅晶相似的低热胀系数，保持高的透光率。利用这种特性可开发出柔性显示屏、精密光学器件和汽车或火车车窗等新产品。

4.4.2.2 纳米纤维素/聚羟基脂肪酸酯复合材料

聚-3-羟基丁酸酯(PHB)、3-羟基丁酸酯和 3-羟基戊酸酯的共聚物(PHBV)是各方面性能均良好的生物降解性树脂材料，被希望用来代替常用的聚乙烯、聚丙烯等合成高聚物。PHB 和 PHBV 具有和聚丙烯(PP)相似的熔点、结晶度和 T_g。但天然 PHB 的机械性能差、容易热解、耐溶剂性差、结晶度过高、难以加工。PHBV 属于热塑性高分子材料，具有较高的生物相容性、憎水性及较好的物理性能和加工性能。纤维素与这类聚合物的共混，可改变其结晶与非结晶结构，使其抗冲击性得到改善，获得机械性能优良，降解速度较快的制品。

有的研究分别用 3 种多聚物 PLA、PHBV 和聚己内酯 PCL 同 α-纤维素微丝制成可生物分解的复合物。发现纤维素纳米丝可以很好地分散在这 3 种生物高聚物中，但当纳米纤维素的质量分数超过 5%时，可明显观察到纳米丝的团聚现象，同时 3 种生物复合物的憎水性、憎油性均得到改善，可制成生物降解的性能优越的复合材料。

作为一种新型复合材料的增强材料，纳米纤维素还有一些问题需要继续研究，包括高性能、高质量的高效和低成本制备方法，与生物基体的复合效应，热、光、生物降解机理等。

(1)纳米制备中的均匀性问题。纤维素具有强烈的氢键，显示出强烈的极性，极性的纳米纤维素在非极性溶剂中很难均匀分散，形成维度和形态的不均匀性。

(2)纳米纤维素目前还没有实现商品化和规模生产，亟待研发出高效、便捷的分离处理技术，能够低成本和低降解率地从天然纤维素料中分离出纳米纤维素。

(3)极性的纤维素材料与非极性的聚合物之间的不相容性，如何优化和控制复合材料的界面结合问题。

4.5 天然纤维表面改性研究[68—74]

界面的优化和控制是复合材料重要的研究内容之一，绿色复合材料的天然纤维增强体的主要成分是纤维素，由于纤维素的分子结构中含有极性很强的氢键，使纤维素纤维从本质上来说很难和C-H聚合物具有相容性，增强纤维与基体聚合物两种材料不相容时，就很难得到良好的界面结合，不利于复合材料的性能提高。针对这一点，目前主要有两种途径改善界面结合，一是对树脂基体的改性，二是对天然纤维进行表面改性，其中纤维的表面改性处理是重点研究的内容。改性方法包括物理加工、表面刻蚀、碱性试剂处理、降低纤维亲水性、包润、接枝共聚和界面偶合等。

4.5.1 物理改性

4.5.1.1 碱处理法

碱处理是一种传统的处理天然纤维的方法。这种处理方法有效地改变了天然纤维的表面性能和成键性能。

碱处理可以去除纤维中的半纤维素等成分，提高纤维的结晶度；阻止水分吸收，增加表面粗糙度；膨胀纤维的细胞壁，为后续化学分子渗透至结晶区创造条件。碱处理产生了新的碱性活性中心，并去除了酸性活性中心，使得纤维表面可反应中心数量发生了变化。氢氧化钠浓度、浸泡时间和处理温度对纤维拉伸性能(拉伸强度、弹性模量)会产生正面的影响。经过碱处理的纤维与高分子材料制造而得到的复合材料性能有不同程度的提高。

碱处理法一方面使天然纤维中的部分果胶、木质素等低分子杂质溶解，并使微纤旋转角减小，分子取向度提高。纤维表面杂质去除后，纤维表面变得粗糙，使纤维与树脂之间黏合力增强。另一方面，碱处理导致纤维内部发生原纤化，使纤维束分裂成更小的纤维，由于纤维的直径降低，长径比增加，纤维的强度和模量显著升高，同时纤维与基体的有效接触面积明显增加。

例如，采用碱处理法对黄麻纤维进行表面改性，研制了一种新型黄麻纤维增强硬质聚氨酯结构泡沫材料。试验结果发现，碱处理后黄麻纤维表面出现沟槽和裂纹，提高了纤维对基体树脂的浸润性，改善了纤维与树脂基体的界面黏结。压缩性能试验结果也表明，添加碱改性纤维的复合材料，其压缩强度明显提高。

国外也有采用碱处理法对天然纤维进行改性的研究。例如，将黄麻纤维在30℃下用5%的NaOH溶液中分别处理0 h、2 h、4 h、6 h、8 h，对处理前后的黄麻纤维进行了机械性能的测试，结果表明，黄麻纤维经4h、6h、8h处理后，模量分别提高了12%、68%和79%，纤维断裂韧性经过6～8 h处理后可提高46%，断裂应变率减少23%。

4.5.1.2 低温等离子体处理

低温等离子体处理如辉光放电、电晕放电等方法已被广泛应用于聚烯烃、聚酯及其他高聚物和天然增强纤维的表面改性，其中电晕放电可使纤维的表面氧化活性提高、从而改变纤维的表面能。例如，采用热轧非织造技术制作的竹纤维/PHBV针刺毡，采用氧气作载体，对PHBV纤维针刺毡进行等离子体处理，研究表明，等离子体处理后的纤维表面呈现蜂窝状，并生成大量—C—O—极性基团，既提高了纤维的表面能，又增大了纤维的比表面积，有利于基体与竹纤维之间的界面黏合，有效地改善了竹纤维/PHBV复合材料的力学性能。

4.5.1.3 蒸汽爆破处理

蒸汽爆破处理对纤维的改性是通过对纤维素的处理来实现的，其基本原理是在密封容器内使处于高温高压状态的水蒸气进入纤维素的非晶区，引发纤维素的润涨，在规定的极短时间内，容器压力急剧降低到大气压，从而使纤维的组分分离，杂质成分得到去除，纤维素含量提高。此外，由于纤维素中超分子结构受到破坏，分子内氢键断裂程度增加，降低了纤维素分子的聚合度，最终使纤维的化学反应性能提高。

如采用蒸汽爆破处理剑麻纤维，研究表明，经蒸汽爆破处理后纤维形态结构发生明显变化，纤维变细变小，表面裂纹增多，出现了较明显的细小沟壑，纤维比表面积增大。因此，蒸汽爆破处理不仅能去除剑麻纤维表面杂质，而且能够降低纤维中木质素的含量，使纤维束间结合力减弱。综合处理过程中机械断裂、热降解及氢键破坏的作用，使纤维中纤维素、半纤维素和木质素分离，纤维结构发生明显变化。

4.5.1.4 酶处理

酶处理是在天然纤维行业常见的一种方法。这种方法相对简便，易于应用。由于酶灭活和后处理方便，酶比其他化学试剂处理更为环保。酶处理只能对纤维的表面发生作用，可以改变纤维的表面结构，提高纤维的力学性能。可用于处理纤维的酶来源比较广泛，可以是商业化的半纤维素酶、果胶酶等品种。经过酶处理后，纤维表面更为光滑、结晶度增加、单束纤维的拉伸强度有所提高。

为了提高酶处理的效果，可以在处理过程中使用螯合剂。在一定螯合剂用量范围内，螯合剂用量增加可产生更好的处理效果，纤维的拉伸强度可以提高50%。经过酶处理的纤维用于与聚丙烯(PP)制造复合材料，酶处理过的纤维有更好的拉伸性能，更适用于作为一种增强塑料性能的增强体。

4.5.1.5 包覆处理

包覆处理可以看成是对纤维表面进行预上浆技术，将干燥的纤维在浓度很低的树脂浆料溶液中预浸渍，然后再进行加温干燥，使纤维表面附上一层极薄的浆料，再与树脂基体复合，能够改善天然纤维与聚丙烯等非极性热塑性聚合物的相容性。例如用聚氯乙烯(PVC)浆料对落麻纤维进行包覆处理，可以改善纤维吸水性、纤维表面状态和纤维单丝强度。结果表明，PVC

包覆处理可以降低落麻纤维的吸水速率，与未处理的落麻纤维增强聚丙烯复合材料相比，包覆处理后落麻纤维增强聚丙烯复合材料的拉伸和弯曲强度较处理前提高20%。

4.5.2 化学改性

4.5.2.1 纤维素接枝共聚

纤维素接枝共聚可使纤维与基体聚合物之间形成共价键或配位键，改变纤维与基体的界面黏结性。

1. 缩聚与开环聚合

缩聚与开环聚合法是利用官能团的缩合反应进行表面接枝的方法。如研究利用马来酸酐作为接枝剂，接枝聚丙烯的黄麻纤维热塑性复合材料，结果表明，通过加入2%的马来酸酐可显著提高树脂与黄麻纤维的黏结强度，从而提高复合材料的综合力学性能。用马来酸酐作为接枝剂，不同的处理时间和浓度对黄麻聚丙烯复合材料性能有显著影响，结果表明，经过马来酸酐处理过的纤维增强复合材料性能得到改善，接枝剂的加入减少了黄麻纤维与聚丙烯之间的破坏进程，扫描电子显微镜的观察表明纤维与基体的黏结性能明显改善，黄麻纤维从基体抽拔出来的可能性减小。

2. 自由基接枝聚合

自由基接枝聚合是由纤维素分子的自由基引发的化学反应。自由基聚合引发剂大多适用于纤维素接枝共聚，如过氧化氢、过氧化苯甲酰、过渡金属离子以及高能射线辐射等。对剑麻纤维采取了氰乙基化处理，结果表明，氰乙基处理后的剑麻复合材料比未处理的冲击强度有很大的提高。

4.5.2.2 界面偶联改性

植物纤维与树脂共混物中加入第三组分，成为增强纤维与树脂结合的一种助剂。界面改性剂可以降低异相材料间的界面张力，提高润湿性能，增强表面结合力，从而提高和改善复合材料的性能。有机界面改性剂的类型要有化学偶联剂、界面相容剂、表面活性剂。

1. 界面偶联剂

强极性的纤维素类固有的特性就是与疏水性聚合物不相容。当两种材料不相容时，通常可以采用第三种材料的方法产生相容性，第三种材料的性质要介于前两种材料之间，起到偶联或架桥的作用，称为**偶联剂**。偶联剂是一种带有多种具有反应活性官能团的低分子聚合物。它的反应官能团既可与植物纤维的表面羟基反应，也可以与塑料的表面分子反应或形成紧密的分子缠结性。

2. 界面相容剂

界面相容剂有**非反应型相容剂**和**反应型相容剂**，在热塑性弹体或聚烯烃表面接枝极性单体。这些相容剂表面含有羧基或酐基，能与纤维中的醇羟基发生酯化反应或与植物纤维形成氢键，降低纤维的极性和吸水性，同时长的分子链插入聚合物基体中，在聚合物和植物纤维之间起桥梁作用，界面黏合良好。例如采用马来酸酐接枝聚乙烯(MAPE)、羧酸聚乙烯(CAPE)等对植物纤维与高密度聚乙烯复合材料进行接枝改性,发现 MAPE 使复合材料的力学性能提高最显著。

3. 表面活性剂

表面活性剂其分子的一端为长链烷基,与聚烯烃分子存在一定的相容性;另一端为羧基,可与纤维表面发生酯化反应或物理作用,从而有效地覆盖纤维表面,增加其在塑料基体中的分散性。用硬脂酸处理亚麻纤维可以除掉纤维表面的弱边界层,改变纤维的面貌,降低纤维极性,提高界面应力转移率。

综上所述,为了改善天然纤维与树脂基体的界面结合性能,对纤维进行表面改性处理是一种有效途径,目前纤维表面改性的方法很多,究竟哪一种处理方法更适于处理天然纤维,目前并没有定论。在已有的研究中得到的结果也并不相同,这是因为不同的纤维具有不同的化学结构与性能,因此必须有针对性地采用合适的处理方法,才能得到最满意的处理效果。目前对于天然纤维界面改性的研究还在继续深入地进行,研究的内容将扩展到界面改性的各个方面,将对提高复合材料的性能和降低成本发挥更大的作用。

4.6 天然纤维的发展前景[75,76]

复合化是材料技术和产业的重要发展趋势之一,也是陆续开发高性能化、高功能化以及多功能化新型材料的重要途径。其中以纤维增强的聚合物基复合材料为发展主流,半个多世纪以来,高性能纤维复合材料走过了一段快速发展的历程。

纤维作为增强体是复合材料的主要组分材料,对于高性能复合材料而言,目前大多采用的高性能纤维,如玻璃纤维、玄武岩纤维、芳纶,特别是碳纤维因具有优异的力学性能,目前尚处于无法替代的地位,但它们大多回收困难,退役产品和废弃物不能降解,大量应用会带来极大环境负荷。出于可持续发展的考虑,天然纤维重新得到了高度的关注和重视。各种各样的植物纤维和动物纤维在人们的生活、工作和学习中都发挥了重要的作用,但是作为复合材料的增强材料的大量使用,走进了复合材料的世界,却是近十多年来的出现的一种新动向。

实际上,天然纤维是最早用在树脂基复合材料中的纤维材料,但是由于性能和环境问题上的原因使它们有一段时间曾退出了复合材料的应用,天然纤维的性能和环境问题主要是由较低的机械性能、高的吸湿率、老化敏感性以及较低的耐热性等造成的。现在由于考虑到了资源、能源和环境的生态发展,天然纤维又重新得到了关注和重视。

天然纤维最显著的优势主要表现在:

(1)可持续性。天然纤维均来自于快速生长的植物,如麻纤维、竹纤维、木质纤维以及其他叶素纤维等,这些自然界的资源是连续循环和无穷无尽的。而且纤维的制取工艺简单、易于操作、能耗低,即使是对于木头而言,更新再生的时间也远远低于使用玻璃纤维生产需要的化石能源。用天然纤维替代资源日益短缺的石化合成纤维是最好的选择。

(2)材料来源。天然纤维几乎可以从所有的天然植物资源中提取,如,种子或种壳纤维可从棉花和木丝棉、椰子或椰壳中提取;韧皮纤维可以从植物外皮或内皮制取,如亚麻、黄麻、洋麻、工业用大麻纤维、苎麻以及香蕉纤维，这些纤维通常都具有较高的拉伸强度；茎秆纤维可以从小麦、水稻、大麦的麦秆，以及树、竹子和草的茎秆部分制取；叶素纤维，例如剑麻、凤梨、龙舌兰、香蕉，这些资源大多可再生。

(3)环境影响。天然纤维可以实现绿色制造，生产可以节约能源并减少污染。还可以在自然界中完全降解，最终变成 CO_2 和 H_2O，重新回到大自然的循环中。

(4)地域经济影响。许多植物是生长在发展中国家的，需要采用的是农业化方法而非工业化手段。发展植物纤维作为发展中国家一项新工业，可以促进当地资源和劳动力的开发。

近年来，天然纤维的开发和应用在全球范围内得到快速发展，特别是在欧美的许多新型工业部门，由天然纤维制造的绿色复合材料，产品和市场不断开发，形成了一种高附加值和有市场竞争力的新兴产业，在汽车、建筑、电子、机械及日常生活中应用越来越广泛。随着现代工业的转型，生产方式必须建立在可持续发展上，因此必须不断寻求新的高性能和可持续发展的产品和技术，天然纤维展示出它们广阔的发展空间。

如前所述，天然纤维也存在一些缺点，除力学性能较低之外，还有吸水性强、吸湿率高。对高温和紫外光线的敏感性限制了其在室外暴露和(或)高温环境中的使用。

另外，由于植物纤维的天然来源不同，生长区域、批次、年份以及季节的不同，因而在性能和质量上存在多样性和差异性。

这些性能上的不足或多或少地影响了天然纤维的应用。而从可持续发展的要求来考虑，天然纤维今后的发展将面临一个新问题，即在天然纤维的制取和生产中，不仅要满足绿色和可再生的要求，而且还要避免与粮食作物和经济作物的竞争，这种竞争将带来经济发展新的不平衡。因此，绿色、环保、可循环再生已经不是天然纤维最终的要求，而必须将与食品或经济作物的竞争考虑在内。

因此，新一代天然纤维的发展路线应着重考虑的问题包括：

1)提高和改善性能

由于性能的局限，目前天然纤维基本用于通用型的复合材料的增强体，还未进入到航空航天等高端应用领域。因此，今后发展的目标是提升纤维的综合性能，发展轻质高强，能满足航空航天等高端领域应用的高技术纤维，形成与现在大量使用的高性能纤维如玻璃纤维、芳纶、碳纤维竞争局面。例如由美国 NexiaBiotechnology 公司最近研制的一种新制成的生物纤维“生物钢”(BioSteel)，“生物钢”具有很高的强度、韧性和抗断裂功能，其质量比芳纶小 25%，但具有高出芳纶很多的断裂能。这种超强坚韧的纤维材料，是阻挡枪弹射击的理想防弹材料，也可以用来制造坦克、飞机与装甲车复合材料部件，在军事上的用途十分广泛；而且还可以生物降解，不会带来环境污染，是芳纶和超高分子量聚乙烯纤维的竞争材料，在需要高强和高韧性的应用中有很好的发展前景。

2)开发低成本和高效环保的制取方法

绿色化和低成本化是复合材料重要的发展趋势，其中纤维的制取和加工在复合材料成本中占有很大比例，天然纤维的发展应遵循两个原则：第一是保证产品质量的一致性，清洁性、环保性;第二是提高聚合物基体的相容性,提高界面结合力,简化成型工艺,制备出高性能和高质量的复合材料。例如,提取的纤维不需要用热水、氨水、NaOH溶液等进行清洗,直接与基体复合;改性的自由度大,可与多种聚合物或其他生物材料进行物理和化学改性,提高性能或产生某种特殊功能。

3)提高资源的利用率,减少环境负荷

包括使用从未使用过的和低价值的废弃物,以及使用与食品或现存的经济作物不存在竞争的培育植物或野生植物。如稻米壳、小麦壳、大麦壳、高粱秸秆、椰壳纤维、甘蔗渣等。

如用回收旧报纸和城市废弃物制备生物复合材料中的增强纤维。拉伸强度的范围为26~28 MPa,模量范围为2.1~2.4 GPa。

纳米纤维素是开发新型增强体的一个重要方面。现在已研究出了一种创新的制备方法。从树木、柳树灌木、橘子渣以及苹果酒生产后的果渣等这些天然材料当中提取出了纤维素纳米晶体,用作绿色复合材料的增强体。研究表明,在生物塑料中加入1%~5%的纳米晶体,复合材料的强度可以提高3~5倍。

总之,天然纤维今后发展的主要目标是提高性能、降低成本、扩大应用、提高资源利用率和保证经济和生态学方面的优势平衡。

参考文献

[1] 唐见茂.碳纤维树脂基复合材料发展现状及前景展望[J].航天器环境工程,2010,27(3):269-280.

[2] 王晓霞,侯斌,王正德,等.天然纤维的特性与应用[J].轻纺工业与技术,2013,(10):105-107.

[3] BLEDZKI A K, GASSAN J. Composites reinforced with cellulose based fibers[J]. Progress in Polymer Science,1999, 24(2):221-274.

[4] 李岩,罗业.天然纤维增强复合材料力学性能及其应用[J].固体力学学报,2010,36(6):613-630.

[5] KALIA S, DUFRESNE A, CHERIAN B M, et al. Cellulose-Based Bio-and Nanocomposites: A Review[J]. International Journal of Polymer Science,2011,2011:837-875.

[6] 范雅君.天然植物纤维绿色复合材料的开发及性能改良[J].印染,2010,(5):49-53.

[7] 洪钧.天然纤维增强复合材料的制备及性能研究[D].安徽工程大学硕士学位论文,2016.

[8] 杨莹.天然纤维复合材料的最新研究趋势[J].玻璃钢,2011,(4):34-38.

[9] 李凌.天然纤维复合材料的性能及应用[J/OL].复材在线,2011-02-14,http://www.frponline.com.cn/news/detail_34790_4.html

[10] NISHION T, HIRAO K, KOTERA M. Kenaf reinforced biodegradable composite[J]. Composites Science Technology,2003,(63):1281-1287.

[11] 兰红艳,靳向煜.天然纤维非织造物增强复合材料概述[J].中国麻业科学,2007,29(1):45-48.

[12] Li Y,Mai Y W, Ye L. Sisal fiber and its composites: A review of recent developments[J]. Composites Science and Technology,2000,(60):2017-2055.

[13] 刘丽妍,王瑞.麻纤维复合材料及其应用[J].产业用纺织品,2004,22(2):37-40.

[14] 程伟,孙利明,姚晨光,等.麻纤维/热塑性树脂复合材料的研究进展[J].2014,42(1):13-16.

[15] 曹勇,吴义强,合田公一.麻纤维增强复合材料的研究进展[J].材料研究学报,2008,22(1):10-17.
[16] 朱挺,赵磊.麻纤维的改性及其增强复合材料的研究现状[J].纺织科技进展,2011(4):18-20.
[17] 王春红,王瑞,姜兆辉,等.麻纤维增强完全可降解复合材料的制备及性能研究[J].2008,37(2):46-50.
[18] 张卓,任忠海,叶湖水.麻纤维在汽车工业中的开发应用与展望[J].广东农业科学,2010,(10):250-252.
[19] 彭丹,孙义明,杨力行.苎麻纤维复合材料及其应用[J].化工新型材料,2011,39(2):26-29.
[20] 张长安,张一甫,曾竟成.苎麻落麻纤维增强聚丙烯复合材料研究[J].玻璃钢/复合材料,2001,(11):16-19.
[21] 王俊勃,赵川,高晓丁.苎麻纤维增强酚醛复合材料的研究[J].纤维复合材料,2001,(1):13-15.
[22] 胡新煜,王琼,秦辉.苎麻增强不饱和聚酯复合材料的力学性能[J].西安工程大学学报,2011,25(5):608-612.
[23] 刘丽妍.亚麻增强树脂基复合材料的开发与研究[D].天津工业大学博士学位论文,2005.
[24] 刘丽妍,黄故.亚麻增强热塑性树脂基复合材料的开发[J].天津工业大学学报,2005,124(4):4-7.
[25] 张文娜,李亚滨.亚麻纤维增强聚乳酸复合材料的制备与性能表征[J].纺织学报,2009,30(6):49-54.
[26] 宗明明.亚麻极短纤维复合材料成型工艺与造型研究[D].东北林业大学博士学位论文,2007.
[27] 曾竟成,肖加余,梁重云,等.黄麻纤维增强聚合物复合材料工艺与性能研究.[J]玻璃钢/复合材料,2001,(3):30-33.
[28] 张安定,马胜,丁辛,等.黄麻纤维增强聚丙烯的力学性能[J].玻璃钢/复合材料,2004,(2):3-6.
[29] 赵磊,俞建勇,刘丽芳.黄麻纤维毡增强复合材料的力学性能研究[J].山东纺织科技,2008,(5):8-11.
[30] 武恒,范尚武,袁晓雯,等.黄麻纤维基炭纤维的制备[J].新型炭材料,2013,28(6):448-453.
[31] RASHDI A A A, SALIT M S, ABDAN K, et al. Review of kenaf fiber reinforced polymer composites[J]. Industrial Chemistry Research iInstitute,2009,54(2):775-788.
[32] 曹勇,吴义强,合田公一.洋麻增强复合材料的开发和应用[J].高分子材料科学与工程,2008,24(7):11-15.
[33] 李津,王春红,贺文婷,等.洋麻纤维的表面改性及其在聚丙烯基复合材料中的应用[J].工程塑料应用,2014,42(2):6-10.
[34] 韩海山,孙占英,沈春银,等.剑麻纤维增强聚丙烯复合材料的制备及性能研究[J].工程塑料应用,2009,37(5):21-25.
[35] 房昆.剑麻纤维及其复合材料研究进展[J].工程塑料应用,2012,40(4):100-103.
[36] 汤芬.剑麻连续长纤维增强聚丙烯复合材料的研究[D].武汉纺织大学硕士论文,2011.
[37] 卢甸,章明秋,容敏智,等.剑麻纤维增强聚合物基复合材料[J].复合材料学报,2002.19(5):1-6.
[38] TAKAGI H,OKUBO K, GODA K, et al. Biodegradability of hemp fiber reinforced"green"composites[R]. In Proc eedings of second international workshop on Green Composites, Yamagnchi, Japan.
[39] SHIBATA M,OZAWA K,BSOMIYA R, et al. Biodegradable Polyester composites rein forced with short abaca fiber[J]. Journal of Applay Polymer Science,2002,129(85):129-138.
[40] SHIBATA M, OZAWA K, TAKELSHI H, et al. Biocomposites made from short abaca fiber And biodegradable Polyester[J]. Macromolecule Materials,2003,288(35):35-43.
[41] 黄知清,杨春波.竹及其纤维的研究开发状况和发展前景[J].广西化纤通讯,2003(2):32-37.
[42] 周衡书,钟文燕.竹纤维的开发与应用[J].纺织科学研究,2003,(4):30-36.

[43] 杨凌云,杨宝,喻云水. 竹纤维分离方法探讨及其产品开发[J]. 中国人造板,2006(4):16-18.

[44] 王越平,高绪珊,耿丽,等. 天然竹纤维与几种纤维素纤维的性能测试与比较[J]. 针织工业,2005,(11):58-61.

[45] 蒋建新,杨中开,朱莉伟. 竹纤维结构及其性能研究[J]. 北京林业大学学报,2008,30(1):128-132.

[46] 程隆棣,徐小丽,劳继红. 竹纤维的结构形态及性能分析[J]. 纺织导报,2003,(5):101-104.

[47] 唐见茂. 高性能纤维复合材料[M]. 北京:化学工业出版社,2013.

[48] 张庐陵. 竹纤维复合材料的组织设计、制备与性能研究[D]. 南京林业大学博士学会论文,2009,6.

[49] 汤栋,赵玉萍,于海,等. 竹纤维热固性树脂基复合材料力学性能的研究[J]. 材料导报,2011,25(17):408-410.

[50] 谢薇. 高性能天然纤维[J]. 玻璃钢,2008(2):42-44.

[51] CHATTOPADHYAY S K, KHANDAL R K, UPPALURI R, et al. Bamboo fiber reinforced polypropylene composites and their mechanical, thermal, and morphological properties[J]. Journal of Applied Polymer Science,2011,119(3):1619-1626.

[52] ABDUL KHALIL H P S, BAHTA I U H, JAWAID M, et al. Bamboo fiber reinforced bio-composites: A review[J]. Materials Design,2012,42(1):353-368.

[53] 梁春群,莫攸. 竹纤维增强环氧树脂复合材料的力学性能研究[J]. 化工技术与开发,2010,39(8):23-26.

[54] MOHANTY A K, DRZAL L T, MISRA M. Novel hybrid coupling agent as an adhesion Promoter in natural fiber reinforced powder polypropylene composites[J]. Journal of Materials Science Letters,2002,21(23):1855-1888.

[55] 汤颖,沈钰程,吴亚刚. 竹塑复合材料研究现状及展望[J]. 林业机械与木工设备,2013,41(8):7-9.

[56] 沈叶兴. 竹纤维增强热塑性复合材料制备与性能研究[D]. 华东理工大学博士学位论文,2012:10-16.

[57] LEE S H, WANG S. Biodegradable polymers: bamboo fiber biocomposite with bio-based coupling agent[J]. Composites Part A: Applied Science and Manufacturing,2006,(37):80-91.

[58] 吴义强,卿彦,李新功,等. 竹纤维增强可生物降解复合材料研究进展[J]. 高分子通报,2012,(1):71-75.

[59] 黄媛媛,徐有明,熊汉国. 竹纤维/PCL复合材料工艺优化及性能研究[J]. 现代塑料加工应用,2009,21(3):40-43.

[60] 刘辉,王厉冰. 新型再生纤维素纤维的结构与性能[J]. 山东纺织科技,2005(1):8-50.

[61] 杨明霞,沈兰萍. 新型再生纤维素纤维的现状及发展趋势[J]. 纺织科技进展,2011(2):16-21.

[62] 郭宝华,陈静,周宁,等. 高性能木纤维增强聚丙烯复合材料的制备[J]. 工程塑料应用,2002,30(7):13-16.

[63] 叶代勇. 纳米纤维素的制备[J]. 化学进展,2007,19(10):1568-1575.

[64] 袁晔,范子千,沈青. 纳米纤维素研究及应用进展[J]. 高分子通报,2010,(2):76-81.

[65] 唐丽荣,黄彪,李玉华,等. 纳米纤维素超微结构的表征与分析[J]. 生物质化学工程 2010,44(2):1-5.

[66] 甄文娟,单志华. 纳米纤维素在绿色复合材料中的应用研究[J]. 现代化工 2008,6:85-88.

[67] 周素坤,毛健贞,许凤. 微纤化纤维素的制备及应用[J]. 化学进展,2014,26(10):1752-1762.

[68] 杨长龙,杨栋磊,杨强. 天然纤维用于生物基复合材料界面改性研究进展[J]. 塑料科技,2014,42(3):84-88.

[69] CAI J, ZHU Y D, QIN Y L, et al. Progress in pereabil ity of natural fiber for liquid composites moulding[J]. Fiber Reinforced Plastics/Composites,2014,(4):94-99.

[70] Van Hau Nguyen, mylène Lagaradère, Chung Hae Park, et al. Permeability of natural fiber reinforcement for liquid composite molding processes[J]. Journal of Materials Science,2014,49(18):6449－6458.

[71] 刘兴静,孙赟,林亚玲,等.天然纤维表面化学处理性能研究[J].化工新型材料,2012,40(5):51－54.

[72] FRANCUCCI G, RODRIGUEZ E S, VÁZQUEZ A. Study of saturated and unsaturated permeability in natural fiber fabrics[J]. Composites Part A: Applied Science and Manufacturing,2010,41(1):16－21.

[73] 孙占英,韩海山,戴干策.天然植物纤维的改性及在复合材料中的增强效应[J].高分子材料科学与工程,2010,26(8):39－43.

[74] 刘兴静,孙赟,林亚玲.天然纤维预处理技术进展[J].高分子通报,2011,(11):54－57.

[75] 李莹.天然绿色纤维未来发展趋势[N/OL]. 2011-06-02. http://www. frponline. com. cn/news/detail_37222_3. html

[76] 范子千,袁晔,沈青.纳米纤维素研究及应用进展[J].高分子通报,2010,(11):40－60.

第5章 绿色复合材料基体——热固性树脂

5.1 热固性树脂基体概述[1—6]

基体是复合材料主要的组分材料。复合材料按基体材料属性可分为**金属基**、**陶瓷基**和**树脂基**三大类。其中树脂基复合材料是开发最早、应用最多、技术最成熟，而且也是目前最具发展前景的一种复合材料。

树脂基体是一种合成高分子化合物材料，一般而言，能用作工程材料的塑料都可用作复合材料基体，所以纤维增强的树脂基复合材料也称**增强塑料**(fiber reinforced plastic，FRP)。塑料的门类和品种很多，为树脂基体的选择提供了很大的空间。

树脂基体是制备复合材料的基础材料，与增强体复合就得到**结构复合材料**，与功能体复合，就得到**功能复合材料**。作为一种高分子固体材料，树脂基体本身的强度和耐热性都不及金属材料和无机非金属材料，如陶瓷、玻璃等，但用作复合材料的基体材料，却表现出多方面的优势：

(1)树脂基体种类很多，来源广泛，价格低廉，为复合材料提供了广阔的选择范围。

(2)树脂基体易于成型加工，适合于多种成型工艺，成型工艺的选择性强；成型温度一般不超过300～350 ℃，能耗低，工艺质量易于控制。

(3)树脂基体的抗腐蚀性能好，使复合材料具有良好的环境适应性。

(4)也许是树脂基体最具吸引力的一点，树脂基体改性容易，针对复合材料的不同要求，有多种改性的途径，通过改性，能开发出许多性能优异和功能特殊的新品种。

在复合材料中，通常用作增强体的纤维材料多是商品化的产品，性能和规格都基本定型，一经选用，余下的问题就是以何种形态和方式进入复合材料，也就是增强方式的选择，目前主要有短切纤维、长纤维和连续纤维以不同的形态与树脂基体复合，如连续纤维单向平行排列、纤维毡、二维织物以及三维的编织预制件等。当然，还可以采用两种或两种以上的纤维进行混杂增强，得到的就是所谓的**混杂复合材料**(hybrid composites)。

而树脂基体涉及的问题较多，第一是树脂基体必须有相当高的胶接强度，与纤维有良好的相容性，能得到高的界面结合强度；第二是物理化学性能必须满足复合材料的使用性能要求，其中主要是耐热性能，这对于航空航天高性能复合材料尤其重要，此外还有电性能、尺寸稳定性、抗腐蚀、耐环境老化等；第三是具有良好的工艺性能，易于复合材料制件的制造成型，工艺过程容易操作，质量容易控制，能适合高效低成本的制造新技术；第四是有可以接受的价格；最后，对绿色复合材料而言也是最重要的一点，就是能完全或易于回收，开发再利用。

具体来说，树脂基体的选择主要依据以下几方面的考虑：

1）力学性能

树脂基体的力学性能主要包括拉伸强度和模量、断裂伸长率、弯曲强度与模量、冲击强度与表面硬度等，这些性能从材料本身而言与材料化学成分和分子结构有关，从成型技术而言，与固化工艺条件与成型质量有关。树脂基体还有另一个重要的力学行为特征，即**黏弹性**，即树脂基体对外加载荷的响应呈弹性固体和黏性流体的双重特性，而且会随着使用过程中温度和时间发生改变，对复合材料而言，树脂黏弹性也必须考虑，它涉及复合材料的使用过程中的蠕变和应力松弛。如表5－1所示为几种主要高性能树脂基体的力学性能。

表5－1　几种主要高性能树脂基体的力学性能

树脂基体	拉伸强度/MPa	弯曲强度/GPa	弯曲模量/GPa
环氧(EP)	85	50	3.3
双马来酰亚胺(BMI)	84	45	3.3
聚醚醚酮(PEEK)	99	145	3.8
聚醚酰亚胺(PEI)	107	148	3.4
聚酰亚胺(PI)	75	40	3.5

除上述性能外，对于高性能的结构基复合材料而言，还有一个值得关注的性能就是树脂的韧性，增韧的树脂可改善复合材料的疲劳性能、断裂韧性和抗冲击性能，在一定损伤下保持有较高剩余强度，提高结构的使用安全性。

2）热性能

耐热性是树脂基体必须考虑的另一个重要性能指标，它直接决定了复合材料的最高使用温度，一般用作高性能结构的复合材料，除轻质高强外，还有耐热性的要求，特别是在航空航天领域，飞行器的飞行速度越快，对材料的耐热要求也就越高。对复合材料而言，这主要取决于所选用的树脂基体。

影响耐热性的主要因素是树脂本身的化学成分和分子结构，这两者是紧密联系的。目前提高耐热性的主要途径，一是提高分子的交联密度，如对环氧体系，开发多官能团环氧树脂，除三官能团环氧、四官能团环氧，新开发出八官能团环氧；二是在树脂分子结构中引入萘环、芳香环、杂环等耐热骨架；三是混合其他耐热树脂，例如，在环氧中混入聚酰亚胺树脂或双马来酰亚胺树脂，或加入热塑性耐高温树脂（如PEEK，等）；四是提高热塑性树脂的结晶度。最后是从固化工艺着手，如选择性能更好的固化剂或进行后固化处理，提高固化度，达到完全固化。

代表热固性树脂耐热性的主要参数是玻璃化转变温度和热分解温度，玻璃化转变温度是树脂从玻璃态转变成弹性态的温度，在这一温度下，树脂开始变成弹性态，从而降低或甚至失去了对纤维的约束力，承载能力迅速下降。热分解温度是指树脂的分子结构开始发生裂解的温度，此时，复合材料开始破坏，并伴有裂解的低分子段放出。

热塑性树脂中包含两种大分子聚集结构，一是无定形结构，决定玻璃化转变温度；二是结晶结构，决定熔融温度，熔融温度要高于玻璃化转变温度，也最后决定热塑性树脂的使用温度。

表征树脂耐热性主要用热分析方法，包括差热分析(DTA)、差示扫描量热法(DSC)、热重分析法(TGA)。对有些高固化交联度的树脂基体，用DTA或DSC有时很难测出玻璃化转变温度，则可用动态机械分析法(DMA)，DMA还可测试复合材料的黏弹行为。

3)电性能

树脂的电性能主要包括介电性能和电击穿强度。介电性能是树脂在电场作用下表现出来的对静电能的储蓄和损耗的性质，通常用介电常数和介质损耗来表示。电击穿强度是指材料承受高频电压作用的能力，它们都代表材料的电绝缘性能。

电绝缘性能是复合材料用于电气、电子领域时必须考虑的问题，从材料本身讲，影响电性能的因素主要是化学成分和分子结构，如分子极性、极性基团位置、交联、取向、结晶、支化等。

4)耐环境性

树脂的耐环境性主要是指吸水性、抗老化、抗氧化、抗电磁辐射等，其中吸水性的影响最大。各种树脂都有不同程度的吸水性，水气进入基体后，会产生一种增塑作用，使固化交联的分子链段出现松弛，导致强度和刚度下降。研究表明，某些环氧树脂固化后最高吸水率可达1%～3%，强度下降可达10%～15%。特别是在较高温度下，吸入的水分或湿气对复合材料的性能影响更大，因此，复合材料的湿热性能研究也是一个重要课题。

吸水性与树脂的成分和分子结构有关，也与固化程度有关，有的环氧树脂在高的交联密度下吸水率反而高。

5)工艺性能

树脂的工艺性能是复合材料可制造性设计、复合材料成型工艺选择、最佳的成型工艺方案制定以及复合材料工艺质量控制的基础，工艺性能的影响因素包括树脂黏度、流动性、与增强体的相容性、凝胶温度、固化温度和时间等。树脂的工艺性能与其大分子聚集结构有关，不同的树脂因不同的分子聚集结构，所表现出来的工艺性能也不相同，因此工艺性能是复合材料设计选材必须考虑的问题。

以上几点在复合材料结构设计选择材料时必须考虑到。对于高性能的结构复合材料，一般商品化树脂都存在一些性能上的不足，因此，专门研发高性能树脂基体或对现有树脂进行有针对性的改性一直是复合材料重点研究的内容。高性能树脂一般批量小，性能要求高，导致成本提高，这也是高性能复合材料成本长期居高不下的原因之一。

树脂基体分热固性和热塑性两大类。热固性基体目前仍是主导，属于通用型的主要有环氧、聚酯、酚醛等，而新开发的高性能的树脂基体包括新型环氧树脂、双马来酰亚胺(BMI)、聚酰亚胺(PI)、异氰酸酯(CE)等。目前作为轻质高强结构材料应用的高性能热固性树脂基体主要有三大类，即150 ℃以下长期使用的环氧树脂体系、150～220 ℃长期使用的双马来酰亚胺树脂体系和250 ℃以上使用的聚酰亚胺树脂体系。

树脂基复合材料的发展从热固性树脂开始，如美国20世纪50年代初用玻璃纤维增强的聚酯树脂制造飞机雷达罩，后来又用于飞机部件的制造，到20世纪60年代，碳纤维增强的环氧树脂基复合材料在飞机结构件上成功使用,开始了复合材料发展的全盛时期,直到现在,作为结构材料使用,碳纤维热固性树脂基复合材料仍是主流,由于其优异的综合性能目前还处于无法替代的地位,在航空航天高端应用领域,目前还处于快速发展时期。

热固性树脂是门类品种多、适用性强、应用广泛的一种高分子聚合物材料,具有优良的综合性能,包括高强度、耐热性好、电性能优良、抗腐蚀、耐老化、尺寸稳定性好等,在所有的高技术领域和各工业部门,包括电子/电气、能源、化工、机械、汽车和轨道交通、建筑等领域得到大量应用,热固性树脂的品种有塑料、胶黏剂、密封和灌封剂、涂料等,而最重要的是用作高性能复合材料的基体材料。

热固性树脂基体不是单一的聚合物,而是在热固性树脂中加入固化剂、引发剂、促进剂等助剂组成的树脂体系。单纯的热固性树脂的大分子结构是二维的线性链状结构,宏观上表现为黏性的流体,树脂在这种形态下很少有实用性。因此,热固性树脂只有通过加入第二种组分,称之为**固化剂**或**交联剂**,在一定温度条件下通过固化剂的作用引发树脂分子间交联反应,使原来二维的线性链状分子转变成三维的立体网状分子,宏观上由黏性的流体变成坚实的固体,才能取得不同的应用效果。这种分子聚集结构转变的过程称之为**固化**。热固性树脂的固化是一项涉及内容非常广泛的高分子材料技术,同时也为树脂基复合材料增添了极具吸引力和极具挑战性的研究内容。

5.2　环氧树脂

5.2.1　环氧树脂的结构及性能特点[7—10]

5.2.1.1　化学结构

环氧树脂是指含有两个或两个以上环氧基团,

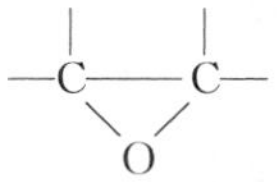

$$-\overset{|}{C}\underset{\diagdown\ O\ \diagup}{-\!-\!-}\overset{|}{C}-$$

以脂肪族、脂环族或芳香族等有机化合物为骨架,并通过环氧基和羟基两种活性基团能与多种固化剂交联固化反应,形成网状结构的热固性产物的高分子低聚体。环氧基团可以位于分子链的末端、中间或成环状结构,是对环氧树脂性能起主要作用的官能基因之一。其中最具代表性的是双酚- A 型环氧树脂,是开发最早、应用非常广泛的一种环氧树脂,其分子结构如下:

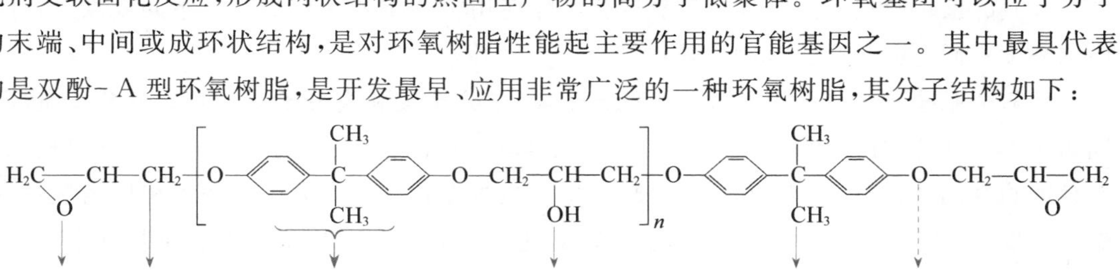

$$\underset{\diagdown O \diagup}{H_2C-CH}-CH_2-\left[O-C_6H_4-\underset{CH_3}{\overset{CH_3}{\underset{|}{\overset{|}{C}}}}-C_6H_4-O-CH_2-\underset{OH}{\underset{|}{CH}}-CH_2\right]_n-O-C_6H_4-\underset{CH_3}{\overset{CH_3}{\underset{|}{\overset{|}{C}}}}-C_6H_4-O-CH_2-\underset{\diagdown O \diagup}{CH-CH_2}$$

反应性　柔顺性　刚性、耐热性　粘接、反应性　韧性　抗化学腐蚀性

从上述化学结构中可以看出,双酚 A 型环氧树脂的大分子结构具有以下特征:

(1)大分子的两端是反应能力很强的环氧基。

(2)分子主链上有许多醚键,可以看成是一种线型聚醚结构。

(3)n 值较大的树脂分子链上有规律地、相距较远地出现许多羟基,可以看成是一种长链多元醇。

(4)主链上还有大量苯环、次甲基和异丙基。

环氧树脂固化体系具有优良的物理机械性能、耐腐蚀性能、黏接性能等,这是由环氧树脂本身的分子结构特征所决定的。环氧树脂结构中存在稳定的苯环和便于分子旋转的醚键,使得环氧树脂固化产物具有较好的硬度与柔韧性。环氧树脂结构中存在的环氧端基、羟基及醚键等极性基团能增加环氧树脂固化产物对基材的浸润性和黏附性,因此对极性基材具有较好的附着力。环氧树脂中仅含有羟基和醚键,不含酯基,因而具有优良的耐碱性。环氧树脂固化后生成三维网状结构,使固化产物具有良好的耐化学性能。且环氧树脂固化后的体积收缩率低(仅为 2%)不会因内应力的产生而降低附着力。

表征环氧树脂的主要性能参数有:

(1)**环氧当量**(或**环氧值**):环氧当量是环氧树脂最重要的特性指标,表征树脂分子中环氧基的含量。环氧当量是指含有 1 mol 环氧基的环氧树脂的质量克数,以 EEW 表示。而环氧值是指 100 g 环氧树脂中环氧基的摩尔数。

$$环氧当量=\frac{100}{环氧值}$$

(2)**羟值**(**羟基当量**):羟值是指 100 g 环氧树脂中所含的羟基的摩尔数。而羟基当量是指含 1 mol 羟基的环氧树脂的质量克数。

$$羟基当量=\frac{100}{羟值}$$

(3)**氯含量**:氯含量是指环氧树脂中所含氯的摩尔数,包括有机氯和无机氯。无机氯主要是指树脂中的氯离子,无机氯的存在会影响固化树脂的电性能。树脂中的有机氯含量标志着分子中未起闭环反应的那部分氯醇基团的含量,该含量应尽可能地降低,否则也会影响树脂的固化及固化物的性能。

(4)**挥发分**:挥发分是指树脂制备过程中残留的低分子溶剂和挥发物,其含量影响到固化物的气孔和空隙率含量。

(5)**黏度**:环氧树脂的黏度是环氧树脂实际使用中的重要指标之一。不同温度下,环氧树脂的黏度不同,其流动性能也就不同。

环氧树脂按分子量的不同可分为**低分子量**、**中分子量**和**高分子量**三种。低分子量环氧树脂为黏稠状液体,分子量为 340~400,其特点是软化点低、环氧值高。中分子量环氧树脂是青铜色的脆性固体,分子量为 500~1 500,其特点是熔点较高。高分子量环氧树脂为脆性固体,熔化温度达 145~155 ℃,分子量可达 3 800 以上。一般胶黏剂均采取低分子量和中分子量环氧树脂混用,高分子量环氧树脂用做黏结剂的较少。

同其他热固性树脂一样,环氧树脂固化前是一种具有二维线性链状分子结构的黏流态聚合物，一般不具备单独使用的条件，只有通过固化形成不溶不熔的坚实固体后，其优异的综合性能才能充分体现。

环氧树脂、酚醛树脂及不饱和聚酯树脂被称为三大通用型热固性树脂。其中环氧树脂的种类和牌号最多，性能各异、应用最广。另外，环氧树脂固化剂的种类很多，再加上与各种促进剂、改性剂、添加剂等进行多种多样的组合和组配，从而能获得各种各样性能优异、各具特色的环氧固化体系和固化物，几乎能适应和满足各种不同使用性能和工艺性能的要求。

5.2.1.2 环氧树脂的性能特点

(1)优异的力学性能。环氧树脂具有很强的内聚力，分子结构致密，固化物具有较高的强度和模量，并有较大的伸长率。所以它的力学性能优于酚醛树脂和不饱和聚酯等通用型热固性树脂。

(2)黏接强度高。环氧树脂中活性极大的环氧基、羟基以及醚键、胺键、酯键等极性基团赋予环氧固化物以极高的黏接强度。再加上很高的内聚强度等力学性能，因此它的黏接性能优异，除用作结构胶黏剂外，还大量被用作复合材料的基体。

(3)固化收缩率小。固化反应是直接加成反应或环氧基的开环聚合反应，没有水或其他挥发性副产物放出，因此，其固化收缩率很低，一般为1%～2%。是热固性树脂中固化收缩率最小的品种之一(酚醛树脂为8%～10%，不饱和聚酯树脂为4%～6%，有机硅树脂为4%～8%)。线胀系数也很小，一般为6×10^{-5}℃$^{-1}$。所以其制品表面光洁、尺寸稳定，内应力小，不易开裂。

(4)工艺性好。环氧树脂、固化剂和改性剂品种繁多，这为树脂体系的配方设计提供了很大的灵活性。可设计出适合各种成型工艺要求的配方。环氧树脂固化时很少产生低分子挥发物，可低压成型或接触压成型。另外，可以通过加入溶剂或稀释剂调节树脂体系的浓度或流动性，以满足复合材料不同成型工艺要求或大型制件的成型工艺要求。

(5)电性能好。固化物具有很好的电绝缘性，被大量用于电子电气的浇铸件、密封件。

(6)化学稳定性好。环氧固化物具有优良的化学稳定性。其耐碱、酸、盐等多种介质腐蚀的性能优于不饱和聚酯树脂、酚醛树脂等热固性树脂。

(7)耐热性好。按固化物的耐热性可分为低温型，使用温度为室温至80 ℃；中温型80～120 ℃；高温型120～150 ℃甚至更高。耐热性是复合材料树脂基体的重要性能指标之一，不同的使用条件和环境对耐热性有不同的要求。一般而言，环氧的耐热性涉及固化温度，耐热性高的树脂要求在高温下固化，但现在已在开发低温固化而得到高温性能的树脂体系。

环氧树脂的主要缺点是固化物脆性大，吸水性强。

5.2.2 环氧树脂的合成与分类

环氧树脂的种类很多，而且新品种还在不断开发。环氧树脂的分类方法也很多。通常按环氧树脂的合成路线，可分为**缩水甘油类环氧树脂**和**非缩水甘油类环氧树脂**两大类。这种基于树脂的化学成分和分子结构的分类方法有利于了解环氧树脂的固化行为特征和固化物的性能。

5.2.2.1 缩水甘油类环氧树脂

缩水甘油类环氧树脂是由多元酚、多元醇、多元酸或多元胺等含活泼氢原子的化合物与环氧氯丙烷等含环氧基的化合物经缩聚而得。主要有缩水甘油醚类、缩水甘油酯类和缩水甘油胺类 3 种。

1. 缩水甘油醚类环氧

缩水甘油醚类环氧由带有羟基的多元酚和多元醇在酸或碱的作用下与环氧氯丙烷缩聚得到：

$$\text{多元酚、多元醇}\ -OH + \underset{\text{环氧氯丙烷}}{\overbrace{CH_2-CH}^{O}\cdot CH_2Cl} \xrightarrow[-HCl]{\text{缩聚}} \underset{\text{缩水甘油醚}}{\overbrace{CH_2-CH}^{O}-CH_2-O-C-R}$$

其中双酚 A 型环氧树脂是由二酚基丙烷（双酚 A）和环氧氯丙烷在碱性催化剂（通常用 NaOH）作用下缩聚而成。此类环氧树脂的原材料来源广泛易得、成本最低、产量最大、用途最广，被称为**通用型环氧树脂**。如前所述，这类环氧中因带有极性的羟基、醚基而具有很高的胶接强度。

2. 缩水甘油酯类环氧

缩水甘油酯类环氧是由带有羧基的多元酸在酸或碱的作用下与环氧氯丙烷缩聚得到：

$$\text{多元酸}\ -COOH + \underset{\text{环氧氯丙烷}}{\overbrace{CH_2-CH}^{O}\cdot CH_2Cl} \xrightarrow[-HCl]{\text{缩聚}} \underset{\text{缩水甘油酯}}{\overbrace{CH_2-CH}^{O}-CH_2-O-\underset{\underset{O}{\|}}{C}-R}$$

缩水甘油酯类环氧的分子结构中带有 2 个或 2 个以上缩水甘油酯基，相对于缩水甘油醚类环氧，具有黏度低，工艺性好；反应活性高；黏合力高，固化物力学性能好，电绝缘性好，耐气候性好，并且具有良好的耐超低温性，在超低温条件下，仍具有比其他类型环氧树脂高的黏结强度。有较好的表面光泽度，透光性、耐气候性好。

3. 缩水甘油胺类环氧

缩水甘油胺类环氧树脂是用伯胺或仲胺与环氧氯丙烷合成的含有 2 个或 2 个以上缩水甘油胺基的化合物：

$$\text{伯胺、仲胺} + \underset{\text{环氧氯丙烷}}{\overbrace{CH_2-CH}^{O}\cdot CH_2Cl} \xrightarrow[-HCl]{\text{缩聚}} \underset{\text{缩水甘油胺}}{\overbrace{CH_2-CH}^{O}-CH_2-\underset{\underset{R'}{|}}{N}-R}$$

这类环氧树脂的特点是多官能度，黏度低，活性高，环氧当量小，交联密度大，耐热性高，黏接力强，力学性能和耐腐蚀性好，可与其他类型环氧树脂混用。其缺点是有一定脆性，分子结构中有环氧基又有氨基，因此有自固化性，贮存期短。

5.2.2.2 非缩水甘油类环氧树脂

1. 线型脂肪族类环氧树脂

线型脂肪族类环氧树脂是以脂肪族烯烃的双键通过氧化物环氧化而制得的环氧树脂。在其分子结构中没有苯环、脂环和杂环，有代表性的是环氧化聚丁二烯树脂，它是由平均相对分子质量较低的液体聚丁二烯树脂分子中的双键经环氧化而得，分子结构中有环氧基、双键、羟基和酯基侧链。分子结构式为：

$$-CH_2-\underset{\diagdown O \diagup}{CH-CH}-CH_2-CH_2-\underset{|}{CH}-CH_2-\underset{|}{CH}-CH_2-\underset{|}{CH}-$$

其性能特点如下：

(1)为线型大分子。同时具有聚丁二烯橡胶结构和环氧树脂结构，因此具有良好的冲击韧性和黏结性能。

(2)和脂环族环氧树脂相似，易与酸酐类固化剂发生反应，而与亲核性固化剂(胺类)的反应活性较低。常用的固化剂为酸酐-多元醇体系。如顺酐-丙三醇，其中丙三醇使酸酐开环与环氧基反应，并赋予柔顺性。

(3)树脂分子中还含有双键和羟基。双键能与多种乙烯类单体(如苯乙烯)在引发剂作用下进行共聚反应，羟基和环氧基能与多种官能团进行反应，因此环氧化聚丁二烯树脂能与许多化合物互为改性剂。

(4)当采用酸酐-多元醇为固化剂，并同时添加苯乙烯及过氧化物引发剂，则可进一步增加交联密度，从而提高耐热性及力学性能。

(5)与固化剂混溶后黏度小，操作方便，工艺性好。

(6)固化物有良好的耐热性，热变形温度可达 200 ℃以上，在高温下有非常突出的强度保持率。黏结性、耐候性及电性能均优异，在 200 ℃时电性能很稳定。

(7)主要缺点是固化收缩率大。

该树脂主要用于玻璃纤维增强塑料、高强度结构胶黏剂、耐腐蚀涂料、浇注料、电器密封及树脂改性剂。

2. 脂环族类环氧树脂

脂环族环氧树脂(环氧化脂环烯烃化合物)是含有两个脂环环氧基的低分子化合物。本身并不是聚合物，但是与固化剂作用后能生成性能优异的三维体型结构的聚合物。它的合成原理与缩水甘油型环氧树脂不同，分子中的环氧基是利用不饱和脂环化合物的双键环氧化形成的，工业上通常是由含有两个双键的脂环烯烃化合物经过过氧化物(如过氧化乙酸)的氧化作用形成环氧化脂环烯烃化合物，环氧基连接到脂环化合物上。典型的分子结构如下：

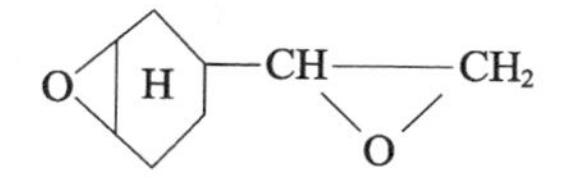

脂环族环氧树脂在化学结构及性能上与缩水甘油醚的双酚 A 型环氧树脂的差异如下：

(1)分子结构。脂环族环氧树脂的分子结构中没有苯环和羟基，而含有脂环。环氧基直接连在脂环上，而不是像双酚 A 型环氧树脂那样通过醚键连在苯环上。

(2)反应活性。由于上述不同的化学结构导致脂环族环氧树脂的反应活性比双酚型环氧树脂小。

(3)树脂及固化物的性能特点。脂环族环氧树脂是低分子化合物，黏度小、工艺性好，可作为活性稀释剂用，环氧当量小，交联密度大，另外含有热稳定性好的刚性脂环，因此耐热性高，但较脆，韧性差。固化收缩小，拉伸强度高。由于合成过程中不含 Cl、Na 等离子，所以电性能好，尤其是高温电性能及耐弧性好。不含苯环，因此耐紫外线及耐候性好。

其主要应用包括：

(1)活性稀释剂。许多种脂环族环氧化合物都可作为活性稀释剂。与环氧树脂混合后不仅环氧体系的黏度显著下降，而且固化后的热变形温度几乎不变，力学性能也不降低，这是它作为环氧稀释剂的独具优势。

(2)绝缘材料、灌封材料及浇注材料。脂肪族环氧树脂耐候性好，可制成户外高压绝缘子以取代陶瓷制品。它具有质轻、体积小、抗冲击性好、制作简便等特点。由于其优良的电气性能和颜色稳定性，可用作发光二极管的封装材料。

用多元醇增塑后在变压器、高压线圈及各种小型电子元件的灌封方面应用广泛。这类产品可以同时满足热冲击电阻良好、热变形温度高、临界电气特性优良的要求。由于脂环族环氧树脂的耐热性高、固化收缩小、尺寸稳定性好，故可制作环氧浇注模胎(塑料模具)。具有比金属模具易于加工、价格便宜、质量轻、利于模塑操作等优点。特别适用于成型尺寸较大、型面较复杂、精度要求高、产量不多的复合材料制件。该类材料在飞机和汽车制造中已普遍使用。

(3)复合材料。脂环族环氧树脂的耐热性、力学性能及耐候性好，尤其是黏度小，适用期长，特别适用于湿法层压成型和缠绕成型制造高强度耐热复合材料。已在深水潜艇和导弹中得到应用。

(4)胶黏剂。除强度高、耐热性好以外，还因它能与不洁表面甚至于油质金属表面形成高强度键而在黏结应用中独具特色。

(5)防护涂料。脂环族环氧树脂涂料的特点除了耐高温以外，脂环结构能赋予电气涂料表面电阻和漏电痕阻，及涂膜的保色性和耐久性。能制得性能优良的罩面漆、紫外线固化涂料等。

综上所述，环氧树脂按其化学结构和环氧基的结合方式大体上分为五大类：

(1)缩水甘油醚类　　CH_2—CH—CH_2—O—R（CH_2与CH间以O桥连成环氧基）

(2)缩水甘油酯类　　CH_2—CH—CH_2—O—C(=O)—R（CH_2与CH间以O桥连成环氧基）

(3)缩水甘油胺类　　CH_2—CH—CH_2—N(—R′)—R（CH_2与CH间以O桥连成环氧基）

(4)线性脂肪族环氧化合物　　R—CH—CH—R′—CH—CH—R（两组CH—CH间各以O桥连成环氧基）

(5)脂环族环氧化合物　　O⟨H⟩—C(=O)—O—CH_2—⟨H⟩O

5.2.3　环氧树脂固化

环氧树脂固化是使二维的链状分子结构转变成三维立体网状结构的过程，是环氧树脂应用的一个最重要的环节。环氧树脂固化涉及的内容非常广泛，包括固化机理、固化剂的选择及改性、固化剂的用量及与其他助剂，如促进剂、增韧剂等的配合等，另外还有固化工艺参数的优化、固化过程的监控、固化工艺质量的控制及固化行为的表征和固化物性能的评价等。

总之，环氧的固化关系到复合材料设计选材、成型工艺方案的优化、制件的性能和质量保证，为满足复合材料快速发展的需要，这方面的研究还在继续。

5.2.3.1　环氧树脂的固化剂与固化反应[11,12]

环氧树脂的固化是一个树脂与固化剂进行分子间化学反应的过程，由固化剂中的反应基团与活性很强的环氧基相互作用形成大分子的网状交联结构。固化反应分两大类，一类是加成反应，一类是催化反应。加成反应是指固化剂的某些成分进入环氧分子结构中聚合形成大分子交联结构，典型的有多胺型加成反应和酸酐型加成反应。催化反应是指固化剂成分不进入环氧树脂中，只引发树脂中的环氧基按阳离子或阴离子聚合的历程进行固化反应。

1. 胺类固化剂[13—16]

包括多元胺类固化剂、叔胺和咪唑类固化剂、硼胺及其硼胺配合物固化剂。胺类固化剂的用量与固化剂的相对分子质量、分子中活泼氢原子数以及环氧树脂的环氧值有关。

$$\text{胺类固化剂的用量}\% = \frac{\text{胺的相对分子质量}}{\text{胺分子中活泼氢原子数}} \times \text{环氧值} \times 100$$

胺类固化剂的固化机理是氨分子中的活泼氢原子与环氧树脂的环氧基作用，使环氧基开环并与其中的氧原子化合生成羟基，生成的羟基再与环氧基起醚化反应，最后生成网状或体型聚合物，其反应过程大致如下：

第一步，多胺固化剂中伯胺($R \cdot NH_2$)的活泼氢原子与环氧基反应，开环生成羟基和仲胺($R \cdot NH$)，并与开环的碳原子形成共价键结合。

$$R_1—NH_2 + \underset{\diagdown\,O\,\diagup}{CH_2—CH}—R_2 \longrightarrow R_1NH—CH_2—\underset{\displaystyle |\atop OH}{CH}—R_2$$

第二步，仲胺再与环氧基作用生成一对羟基和叔胺($R \cdot N$)，伯胺中两个氢原子与两个开环的碳原子结合，形成分子网络。

$$R_1NH—CH_2—\underset{\displaystyle |\atop OH}{CH}—R_2 + \underset{\diagdown\,O\,\diagup}{CH_2—CH}—R_2 \longrightarrow R—N\begin{matrix}\diagup CH_2—\overset{OH\atop |}{CH}—R_2 \\ \diagdown CH_2—\underset{|\atop OH}{CH}—R_2\end{matrix}$$

叔胺属于路易斯碱，其分子中没有活泼氢原子，不与环氧基反应，但氮原子上仍有一对孤对电子，可对环氧基进行亲核进攻，催化环氧树脂自身开环固化形成网络分子。

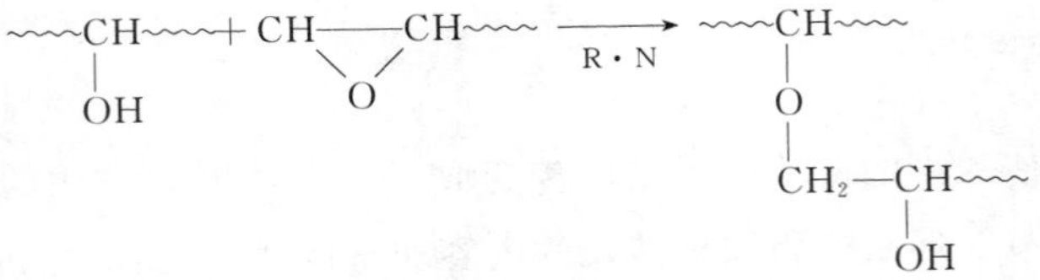

$$\sim\underset{\underset{OH}{|}}{CH}\sim + \underset{\diagdown O \diagup}{CH—CH}\sim \xrightarrow{R \cdot N} \sim\underset{\underset{\underset{CH_2—\underset{\underset{OH}{|}}{CH}\sim}{|}}{\underset{O}{|}}}{CH}\sim$$

由于含有结合力强的 C—N 键，胺类固化物的黏接性以及耐碱、耐水性均优。

胺类固化剂使用比较普遍，其固化速度快，且黏度低，使用方便，但产品耐热性不高，介电性能差，并且固化剂本身的毒性较大，易挥发。

需要指出的是，环氧树脂的固化反应是放热反应，这是因为在固化过程中，形成大量的共价键结合，伴随有大量的键能释出，生成反应热，而反应热能加速固化进程，因此，在实际应用时必须合理地控制反应速率，反应速率过快，形成大量瞬时反应热聚集，有可能烧坏固化物。

2. 酸酐类固化剂[17,18]

酸酐是指一种酸脱去一个或多个水分子的氧化物。一般无机酸是一分子的酸，直接脱去一分子的水就形成该酸的酸酐，如一个硫酸分子脱水后生成硫酸酐：$H_2SO_4 \rightarrow SO_3$。而有机酸酐是两分子该酸或多分子该酸通过分子间的脱水反应而形成的，如两个乙酸分子脱去一个水分子后生成乙酸酐，也称醋酸酐：$2(CH_3COOH) \rightarrow (CH_3CO)_2O$。由此可知，只有含氧酸才有酸酐，一般用作环氧树脂固化剂的多为有机酸酐，典型的有机酸酐的分子结构式如下：

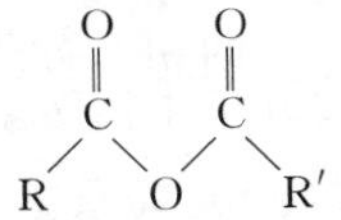

$$R—\overset{\overset{O}{\|}}{C}—O—\overset{\overset{O}{\|}}{C}—R'$$

可以看出，酸酐的结构是存在酐基，两个羰基（C ═O）共同连接到一个氧原子上，羰基中由于电负性差异，使得碳原子上带有部分正电荷，氧原子带有部分负电荷。因此，羰基的碳原子易受亲核试剂进攻，一定条件下能够发生亲核加成反应。这就是酸酐类固化剂的基本原理。

酸酐固化环氧树脂有两种方式，一种是无促进剂存在，另一种是有促进剂存在。

在无促进剂存在时，首先环氧树脂中的羟基对酸酐反应，打开酸酐，然后进行加成聚合反应，其顺序如下：

(1)羟基对酸酐反应，生成酯键和羧酸。

(2)羧酸对环氧基加成，生成羟基。

(3)生成的羟基与其他酐基继续反应。这个反应过程反复进行，生成体型聚合物。

固化反应速度与环氧树脂中的羟基有关，羟基浓度很低的环氧树脂固化反应速度很慢，羟基浓度高的则固化反应速度快。酸酐类固化剂用量一般为环氧基的摩尔数的 0.85 倍。

在促进剂存在的条件下，酸酐固化反应用路易斯碱促进。促进剂（一般采用叔胺）对酸酐的进攻引发反应开始，其主要反应有：

(1)促进剂进攻酸酐，生成羧酸盐阴离子。

(2)羧酸盐阴离子和环氧基反应，生成氧阴离子。

(3)氧阴离子与别的酸酐进行反应，再次生成羧酸盐阴离子。这样，酸酐与环氧基交互反应，逐步进行加成聚合。

酸酐类固化剂的优点是对皮肤刺激性小，常温下与环氧树脂混合后使用期长，便于大型复合材料制件成型操作。固化后树脂的性能(如力学强度、耐磨性、耐热性及电性能等)均较好。但由于固化后含有酯键，容易受碱的侵蚀并且有吸水性，另外除少数在室温下是液体外，绝大多数是易升华的固体，而且一般要加热固化，固化温度较高，一般都要超过80 ℃。所以比其他固化剂成型周期长，并且改性类型也有限，常常被制成共熔混合物使用。这是酸酐类固化剂主要的缺点。

酸酐类固化剂一般按化学结构分类，分为芳香族酸酐、脂环族酸酐、长链脂肪族酸酐、卤代酸酐及酸酐加成物等。

由于具有良好的电性能，酸酐类环氧固化物在电子电气工业中初步大量用于灌封件，从小型的电子元件、精密仪表、军工通信产品到大型变压器，从电机线圈到高压电器中电流互感器、电缆接线盒和电缆终端。浇注制品在电气工业中得到广泛应用。

此外，也被大量用于纤维复合材料的制造，如复合材料层压件、拉挤件、缠绕件，在航空航天、新能源、汽车、船舶、机械等领域得到广泛应用。

3. 咪唑类固化剂[19—21]

咪唑(imidazole)是具有两个氮原子的五元杂环化合物，分子结构中存在着1位氮原子构成仲胺，3位氮原子构成叔胺，其结构式如下：

HC(4)——N(3)
‖　　　　‖
HC(5)　　(2)CH
　＼　　／
　NH(1)

咪唑既能利用仲胺基的活性氢对环氧树脂进行加成反应，又能借助叔氮原子像叔胺那样，作为阴离子聚合型固化剂固化环氧树脂。因此可以单独用作环氧树脂固化剂，也可作为其他固化剂如双氰胺、酸酐、酚醛树脂等的固化促进剂。

它对环氧树脂进行固化反应时，一般认为是咪唑环3位上的氮原子首先使环氧树脂中的环氧基开环；而当1位氮原子上存在氢原子时，发生氢原子转移，然后1位的氮原子再与环氧树脂反应，形成1∶2加成产物；而当1位氮原子上存在取代基时，1位氮原子不与环氧脂反应，仅3位氮原子使环氧树脂中的环氧基开环形成1∶1加成产物。在上述两种情况下，最后环氧基开环产生的氧负离子继续催化环氧树脂开环聚合。

常用的咪唑类环氧树脂固化剂包括咪唑，2-甲基咪唑、2-乙基-4-甲基咪唑、2-苯基咪唑等，与一般的环氧树脂固化剂相比，它具有以下几个方面的优点：

(1)用量少(一般为树脂用量的0.5%～10%)，挥发性低，毒性小。

(2)固化活性较高，中温条件下短时间即可固化。

(3)固化物热变形温度高，有优异的耐化学介质性能、电绝缘性能和力学性能。

(4)除用做主固化剂外，还可作为助固化剂和固化促进剂，能够明显改善环氧树脂固化体系的性能。

咪唑类环氧树脂固化剂还存在一些缺点和问题：

(1)咪唑类化合物多为高熔点结晶固体粉末，与液态环氧树脂混合困难，工艺性能较差。

(2)咪唑类固化剂在高温下有一定的挥发性和吸湿性。

(3)品种较少，不能满足特殊的施工工艺以及对固化物的某些特定要求。

(4)常用咪唑类固化剂由于固化活性较高，因此与环氧树脂混合后适用期较短，不能作为单组分体系较长时间贮存。

为了克服常用咪唑类环氧树脂固化剂的缺点和不足，将简单咪唑化合物进行改性合成新型咪唑衍生物是解决上述问题的有效途径。具体方法是利用咪唑化合物咪唑环上 1 位氮原子和 3 位氮原子的反应活性与其他化合物反应，对咪唑分子上的活性位点(仲胺基、叔胺基)通过形成空间位阻进行封闭，从而降低其反应活性，并改善其与环氧树脂的相容性，同时赋予其环氧树脂固化物特殊的性能。常用的改性化合物有卤代物、不饱和双键化合物、醇、环氧化物、醛或酮、羧酸、羧酸酯、金属盐等。

4. 其他类型固化剂[22]

凡是分子结构中有—NH—、—CH_2OH、—SH、—COOH、—OH 等基团的低分子线形聚合物同样可以作为环氧树脂的固化剂。一般而言，它们还可以起到改善环氧树脂的机械性能、耐化学药品性能、介电性能等。这类固化剂主要有线性酚醛树脂、聚酯树脂、聚硫橡胶、聚氨酯树脂等。

(1)线性酚醛树脂固化剂。

由于制造工艺的区别，酚醛树脂分为热固性和热塑性两种。目前应用较广的是线性热塑性酚醛树脂固化剂，结构式如下：

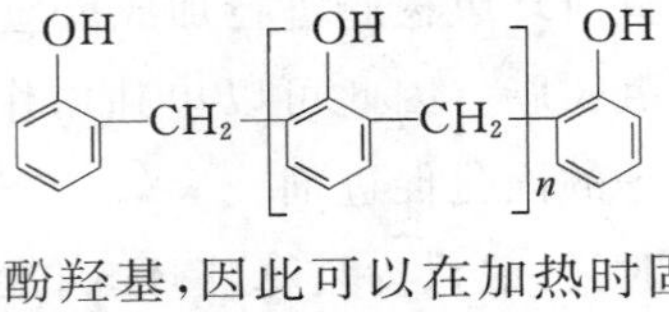

OH OH OH
CH₂ CH₂ n

由于分子结构中含有大量的酚羟基，因此可以在加热时固化环氧树脂，形成高度交联的三维网状结构，这种固化体系既保持了环氧树脂良好的黏附性，又保持了酚醛树脂的耐热性，使得酚醛/环氧树脂可以在较高的温度下(>250 ℃)长期使用。

目前，酚醛树脂的改性也是一大主流。其中用硼改性的酚醛树脂去取代普通的酚醛树脂固化环氧树脂，不仅能够提高环氧树脂固化物的耐热性，而且同时具有自熄性和防中子辐射等优良性能。

例如，用邻甲硼酚醛树脂(BoPFR)固化 E－51 环氧树脂，制备了含硼酚醛的高性能环氧玻璃钢复合材料。结果表明，当 BoPFR 含量为 60%时，复合材料的 Tg 值从 198.4 ℃下降到 134.5 ℃，材料韧性提高，固化物显示出较好的耐热性能。当 BoPFR 提高到 80%时，复合材料在 900 ℃时的残留率为 25.83%，动力学显示为一级反应，复合材料的拉伸强度提高了一倍，而电性能几乎不变。

(2)聚酯树脂固化剂。

聚酯树脂是由饱和的二元胺和二元酸,或者不饱和的二元胺二元酸缩合反应的产物,可以根据原料配比的不同,制备端基含羟基或羧基的产物,当端基为羧基时,称为酸性聚酯,可以固化环氧树脂,这和有机酸酐固化环氧树脂的机理基本相同。一般与固态的环氧树脂配合使用,用于粉末涂料领域。

(3)硫醇固化剂。

硫醇类固化剂和有机多胺中的室温固化剂有点相同,主要应用于胶黏剂和涂料方面,然而固化物的交联密度低,性能也较差,因此改性这类固化剂是目前研究的热点。

以三聚氰胺-甲醛为包裹材料,合成出了微胶囊化的硫醇固化剂,具有自我修复功能。研究表明,微胶囊修补剂稳定并且坚固耐用,这有望拓宽自修复复合材料制造工艺。

5.2.3.2 环氧树脂固化剂研究进展

固化是环氧树脂进入实际应用必不可少的过程,固化剂的结构与品质直接影响环氧树脂的应用效果,固化剂在环氧树脂的应用中在某种程度上起着决定性的作用。

作为绿色复合材料的一种重要树脂基体,环氧树脂向着系列化、专用化、功能化、配套化、环保化的方向发展,其中环氧树脂用固化剂必须适应树脂的发展要求,目前有关环氧树脂固化剂的研究主要包括两方面内容:一是在现有固化剂的基础上改性;二是研发具有功能的新型固化剂品种。

1. 环氧固化剂的改性研究[20,23,24]

环氧固化剂门类品种很多,而且新产品还在不断开发,目前广泛应用的三大类固化剂包括胺类固化剂、酸酐类固化剂和咪唑固化剂,由于本身分子结构和品质的原因,在应用中都还存在这样或那样的不足,在性能改进上有很大的空间。

环氧树脂固化剂的改性研究是针对改善环氧树脂固化物的脆性、耐温性、耐候性、固化速率等方面的缺陷,提高环氧树脂的性能。

固化剂改性的主要方法是通过有机化学反应在原有的固化剂结构上引入新的官能团和特殊结构,或者合成新的固化剂品种,从而达到环氧树脂高性能化的目的。

(1)胺类固化剂改性。

在环氧树脂固化剂中,胺类固化剂种类多,用量大,用途广,但是一般胺类(如乙二胺,二乙烯三胺等)固化剂在常温下挥发性大、毒性大、固化偏快、配比太严,甚至吸收二氧化碳降低效果。因此改性对提高环氧树脂固化物的综合性能很有必要。

胺的改性路线很多,如:脂肪胺改性;4-环氧树脂香胺改性(尤其是间苯二胺、间苯二甲胺改性);酸酐改性及液态化;双氰胺改性及液态化;咪唑改性及液态化,以及改性低分子量聚酰胺等。其中常用的改性方法有酚醛改性与聚酰胺改性。

最早的酚醛改性采用苯酚、甲醛对乙二胺进行曼尼希缩合反应合成曼尼希碱,也称为**曼尼希碱型固化剂**。**曼尼希反应**(mannich reaction)又称**胺甲基化反应**(aminomethylation),其合成机理为利用酚类酚羟基邻对位的反应活性，加入甲醛用亚甲基键与胺类活泼氢相连接，并缩合生成 H_2O，实际生产得到的产物为已发生部分三元缩聚反应的低聚物。

例如，双酚 F 型环氧树脂中加入含酚羟基的有机烷氧基硅烷改性剂后，两者相容性较好，固化物具有较高的力学性能，改性后拉伸强度和弯曲强度均有了较大提高。杨氏弯曲模量与玻璃态线性热膨胀系数同时降低，内应力指数下降，抗开裂指数提高。

现在从酚醛改性胺研究的品种上看，已逐步从引入低级脂肪胺发展到引入芳香胺、脂环胺(TAC、TAB、TrA、IDC)等各种胺类。同时，所使用的醛类材料也不只局限于甲醛，有的厂家开始使用乙醛、水杨醛等其他醛类材料，酚类也过渡到对苯二酚、间苯二酚、甲酚、双酚-A 等含羟基材料。总的来说，酚醛改性胺的研究是向着原材料的多样性、产物的高性能化方向发展。

(2)酸酐类固化剂改性。

酸酐固化剂的固化机理比较单一，起固化作用的是两个羰基共同连接到一个氧原子上的结构单元，其中羰基的碳原子易受亲核试剂进攻，一定条件下能够发生亲核加成反应。这样的分子结构使酸酐固化剂需要较高的固化温度和较长的固化时间，而且改性的途径也比较单一，主要是利用各种促进剂与酸酐熔融共混，制成共熔混合物使用。

① 亲核促进剂对酸酐的催化。亲核促进剂大多是用叔胺制成路易斯碱，该类促进剂能同时对环氧树脂和酸酐起双重的催化作用。环氧中的羟基对酸酐反应，生成酯键和羧酸；羧酸对环氧基加成，生成羟基；生成的羟基再与其他酐基继续反应。这样反复进行，生成体型聚合物。路易斯碱性愈强，取代基空间位阻愈小，催化活性就愈高，反应速率就更快。

② 亲电型促进剂。亲电型促进剂主要有路易斯酸(BF_3、PF_3、SnCl 等)及其配合物，要说明的是，有机酸、醇、酚类对环氧/酸酐固化反应的催化作用是先经过配合态，再生成固化交联结构，故 BF_3 及其配合物适用期短，所以有的研究提出与路易斯碱形成配合物，这样可以降低反应活性，延长树脂体系的适用期。

③ 金属羧酸盐促进剂。金属羧酸盐的金属离子在反应前期有空轨道，能与环氧基形成配合物进行催化聚合反应，后期因固化反应体系放热增加，金属羧酸盐离解，由羧酸与阴离子对环氧进行催化聚合，由于两重催化，使交联的固化物中既有酯键又有醚键结构。常用的有锰、钴、锌、钙等的羧酸盐促进剂，已得到实际应用。

(3)咪唑类固化剂改性。

改性咪唑类固化剂可以具有以下特点：

① 防止咪唑及其衍生物在高温固化过程中的挥发。在高温烘烤固化时，咪唑及其衍生物因易挥发而污染烘烤现场，经改性后熔点提高，不易挥发，提高与环氧树脂的相容性。如 2-甲基咪唑，由于极性较大，固化环氧树脂易引起失光，经与单官能度环氧活性稀释剂反应后，这种现象消除。

② 可以调节咪唑及其衍生物的催化活性。咪唑环上的取代基能影响其碱性的强弱：释电子基，如甲基会增大碱性；吸电子基，如苯基、硝基、卤基则降低碱性。咪唑及其衍生物的催化活性随其碱性的增强而增强。改性时有目的地引进某些基团可以调节其催化活性。

③ 以让咪唑类固化剂在环氧树脂中具有一定的潜伏性，提供更为优良的施工性能。

④ 可以有目的地引进某些基团，满足特殊的工艺以及对固化产物的某些特定要求。

改性方法主要是利用咪唑环上1位氮原子改性和3位氮原子的反应活性与其他化合物反应。

例如，利用咪唑环上1位氮原子改性，主要用单官能度环氧活性稀释剂进行加成反应改性，通常用咪唑与丁基缩水甘油醚、苯基缩水甘油醚、异辛基缩水甘油醚反应。另外可与含双键化合物亲核加成反应改性。这类固化剂通过咪唑与至少含有一个被相邻吸电子基团活化的双键的化合物反应来制备。适合的吸电子基团有醛、酮、酯、酰胺、腈等。常用的化合物为丙烯腈和环氧乙烯基酯树脂。

利用咪唑环上3位氮原子进行改性，包括与有机酸中和成盐，常用的酸为三聚氰酸、偏苯三酸、异辛酸、乳酸等。根据对固化剂适用期长短的不同需要，酸的用量可以是咪唑量的50%～200%不等，酸用量越多，生成的盐越稳定，固化剂的适用期也就越长。

另外，3位氮原子可与许多金属离子形成配位络合物。咪唑可与Ni^{2+}、Cu^{2+}、Zn^{2+}、Cd^{2+}、Co^{2+}等离子形成配位络合物，可以改进咪唑固化剂的固化性能。

2. 新型固化剂开发

随着复合材料向高性能化、低成本化、高功能或多功能化、绿色化快速发展，对高性能环氧树脂基体的需求也在快速增长，一方面是环氧树脂改性及新型树脂的开发在不断进行，另一方面是开发具有特殊功能或优异固化性能的新型固化剂。

对复合材料而言，固化剂的研究主要有以下几方面：

(1)功能性固化剂是未来研究开发的热点。由于开发性能优异的全新结构的环氧树脂难度较大，因而采用功能固化剂来改性树脂成为研发重点，一剂多能的固化剂将越来越多。目前，快速、低温和低吸水性的固化剂迅速发展，特殊功能的固化剂(如弹性固化剂)也有了很大发展，为适应环氧树脂的高电性能、高力学性能要求的固化剂也得到快速发展。具有阻燃、增韧、促进、低温固化而得到高温性能等功能的多功能性固化剂正成为研究开发的热点。

(2)固化剂低毒、无毒化趋势。产品生产、使用中的毒性与环境污染以及废弃物的毒性与环境污染问题得到普遍关注。许多国家，初级的有毒芳香胺、多烯多胺等已全部被低毒或无毒的改性胺所代替。

(3)特殊环境下使用的固化剂(如户外、潮湿、水下等)在陆续开发。

(4)非加热型固化，如光固化、电子束固化、微波固化的固化剂将引起极大重视。

从改进固化工艺和制造技术看，体现四大趋势：一是固化剂改性技术倍受青睐、应用日益广泛，如脂肪胺改性、芳香胺改性(尤其是间苯二胺、间苯二甲胺改性)、酸改性及液态化、双氰胺改性及液态化、咪唑改性及液态化，以及改性低分子量聚酯胺，可大大改善工艺性能，提高可制造性；二是复配增效和集装化技术，受无毒性、环保法规和成本、效能等因素制约，全新结构的固化剂开发愈加困难，通过复配集装而提高效能成为开发新型固化剂的有效途径；三是固态固化剂液态化技术很有发展前途，如常温下呈固态的酸酐、双氰胺等通过改性使其在常温下呈液态，不仅能提高其操作和使用性能，又能节省能源；四是生产操作和包装精细化。

5.2.3.3 环氧树脂固化特性研究与表征

环氧树脂固化行为的特性研究是复合材料新型基体材料开发、改性、复合材料成型工艺方案制定及制件工艺质量控制的基础，它基于树脂基体的固化是放热反应，主要采用热分析技术进行表征和研究，内容包括固化温度、固化时间、固化度、凝胶行为、固化反应动力学、固化过程监控、固化物的热性能等，由于这些内容相当广泛，因此将作为本书第9章的部分内容进行系统介绍。

5.2.4 环氧树脂改性

环氧树脂具有优良的综合性能，包括黏接强度高、固化收缩率小、尺寸稳定性好以及具有优异的电绝缘性能，是一种较理想的复合材料基体，但是，由于环氧树脂本身的结构特点，如固化物的三维立体结构，分子链间结合牢固，不易滑动；C—C键、C—H键键能较小，具有较高的表面能；还带有一些羟基、醚基等极性基团，使得固化物内应力较大，性脆，抗剥离、抗开裂、抗冲击等能力差，易吸进水分等。这些对高性能复合材料而言都是非常不利的因素，环氧树脂是复合材料用得最多的树脂基体，对环氧树脂的改性一直是复合材料技术重点关注和研究的内容。出于可持续发展的要求，环氧树脂的改性主要围绕复合材料高性能化、高功能或多功能化、低成本化和绿色环保化等方面进行。具体而言，对结构复合材料，主要是提高复合材料的韧性、抗冲击性、耐热性、耐湿热老化性。对功能复合材料，主要是增加一些特殊功能，如阻燃、热防护、透波，电磁屏蔽、隐身等。另外出于绿色化要求，可回收、再生以及适合无污染或少污染的制造工艺的改性也势在必行。

5.2.4.1 环氧树脂的增韧改性[25—31]

增韧改性的目的是在不牺牲强度、模量的前提下提高复合材料的抗冲击性和断裂韧性，从而提高复合材料的使用安全性和可靠性。纤维增强复合材料，特别是航空航天结构应用的高性能纤维复合材料，大多是以层压结构的形式提供，层压复合材料最引人关注的是层间的结合问题，它直接关系到复合材料的强度和刚度。另外层间结合的界面始终是复合材料的薄弱环节，复合材料的破坏多数由层间破坏开始，而层间破坏的一个重要原因是外界的冲击引起的损伤，如飞机遇到地面滑行的小石子、检修时的工具坠落等低能冲击，都有可能引起内部的微损伤，这种微损伤在表面是目视不能检测的，但在后续服役中会扩展和加剧，如不及时检测出并维修，可能引发严重后果。环氧树脂的脆性非常不利于这种微损伤或微裂纹的控制，因此，树脂基体的增韧改性、开发高强度和高韧性树脂基体一直是复合材料的重要研究内容。

环氧树脂的增韧早期采用橡胶弹性体，如端羧基丁腈橡胶、聚硫橡胶等，可有效改善树脂固化物的韧性，但却降低了树脂耐热性和模量。近年来，一些新的改性技术得到发展，包括热致液晶聚合物增韧、热塑性树脂互穿网络增韧以及纳米粒子增韧等。

1. 橡胶弹性体增韧

增韧原理可用经典的海岛结构理论解释。根据弹性体海岛结构在树脂分散相的形成先后不同，可分为添加法与原位生成法。使得橡胶弹性体成为一种主要的增韧改性剂。包括：液体端羧基丁腈橡胶（CTBN）、液体端羟基丁腈橡胶（HTBN）、聚硫橡胶、含氟弹性体、氯丁橡胶、聚氨酯液体橡胶、液体端羟基硅橡胶等。

用得最多的是端羧基丁腈橡胶（CTBN），研究表明橡胶弹性体增韧效果取决于：①橡胶分子在未固化的树脂体系中有无好的相容性；②能否在凝胶固化过程中析出，并均匀分散于基体树脂中。研究表明通过CTBN增韧环氧树脂固化过程中形成了"海岛"结构（即微观分离状态），正是这种"海岛模型"式两相结构起到了显著的增韧效果。

制备丁腈橡胶增韧环氧树脂的方法有添加法与预反应法。添加法中，CTBN用作环氧树脂的酸固化剂。研究发现，丙烯腈含量、CTBN分子量、CTBN添加量、固化剂、固化温度、环氧树脂的平均链长及其官能团数等对增韧有影响，但最关键的是CTBN的溶解度参数，当其溶解度参数值与环氧树脂的溶解度参数值太接近时，固化时二者相溶不能实现微观的相分离；若两者相差太远，则固化后得到的是宏观的相分离固化物。研究表明，CTBN的丙烯腈含量为0%～26%时，溶解度参数为8.4～9.4，数均分子量为3 400～4 000，平均官能度为1.8～2.3，能得到较好的增韧效果。

预反应法是效果较好的方法，即先将丁腈橡胶在催化剂作用下与环氧树脂加成反应，然后用更多的环氧树脂稀释以获得所需浓度、储存稳定的改性环氧树脂。通常，这种预聚物中环氧树脂与CTBN摩尔比为8～10，CTBN先与催化剂（三苯基磷及季磷盐与位阻胺）反应形成羧酸盐，然后快速与环氧树脂反应，形成橡胶含量约55%的预聚体，然后以同种或不同种环氧树脂稀释至所需橡胶含量，最终产物的性质可通过变化橡胶相与环氧树脂而改变。CTBN的选择取决于相容性与官能度，CTBN与双酚A环氧树脂相容性随丙烯腈含量增加而增加，不同含量CTBN对增韧结果的影响如表5-2所示，可以看出，随着CTBN增加，树脂的断裂延伸率和冲击强度都有提高，但强度和模量以及耐热性都随之下降。CTBN含量在10%～15%时能有较好增韧。除了端羧基丁腈橡胶外，端羟基、端胺基、端乙烯基丁腈橡胶增韧近年也有报道。这些增韧环氧树脂除用于结构胶粘剂外，在环氧树脂涂料、密封胶、复合材料等方面也得到了应用。

表5-2　CTBN组分对增韧结果的影响

双酚A环氧树脂（份）	CTBN（份）	拉伸强度/MPa	拉伸弹性模量/GPa	延伸率/%	冲击强度/J	热变形温度/℃	断裂能/(kJ·m^{-2})
100	0	65.9	2.8	4.8	5.7	80	0.175
100	5	62.8	2.5	4.6	7.9	76	2.63
100	10	58.4	2.3	6.2	7.7	74	3.33
100	15	51.4	2.1	8.9	7.7	71	4.73
100	20	47.2	2.2	12.0	24.6	69	3.33

聚氨酯增韧环氧树脂的主要方式有：端胺基液体橡胶作环氧树脂增韧剂、端羟基聚氨酯预聚体改性环氧树脂、封闭异氰酸酯改性环氧树脂以及聚氨酯、环氧树脂接枝共聚改性环氧树脂

等。目前研究较多的是以聚氨酯和环氧树脂形成半互穿网络(SIPN)和互穿网络(IPN)聚合物,SIPN与IPN结构可取“强迫互容”与“协同作用”使聚氨酯的高弹性、环氧树脂的良好耐热性与黏接性有机地结合在一起,起到良好的增韧效果。

有机硅弹性体增韧改性环氧树脂的最大困难是二者相容性差。硅烷溶解度参数为7.4~7.8,而环氧树脂为10.9,相差很大,难以互溶,固化前就易分离,解决相容性是增韧的关键。采取的办法是利用增容剂增进体系的相容性,通过与硅氧烷接枝引入与环氧树脂相容性好的链段,如采用硅氧烷与甲基丙烯酸甲酯的接枝共聚物作为相容剂,降低硅氧烷分散相与环氧树脂基体间的界面张力,使体系的稳定性提高。此外,以羟基封端的聚硅氧烷低聚物作为改性剂,以甲苯二异氰酸酯作扩链剂合成具有IPN结构的有机硅-环氧树脂复合体系,可使有机硅弹性体与环氧树脂完全相容,使体系的断裂韧性显著提高。

近年来,一种新型的橡胶弹性体增韧改性技术——核—壳乳液胶粒增溶技术研究进展较快。**核壳体**又称**核壳结构聚合物**(CSLP),它是由两种或两种以上的单体通过乳液聚合获得的一类聚合物复合粒子。这类粒子内、外部分别富集不同成分,显示出多层结构,所以其核体和壳体可以分别体现不同功能。增韧环氧树脂时可以通过控制粒子大小及其组成来调节增韧效果。与传统橡胶增韧相比,不溶性的CSLP与环氧树脂共混但不互溶,这主要是由于壳体具有较好的絮凝性,从而保证了固化后能够形成“海岛”结构;核体部分则担负了增韧作用。所以核壳体增韧环氧固化物的玻璃化温度(T_g)基本保持不变,而抗冲击性、剥离强度较高。

2. 热塑性树脂增韧

热塑性树脂增韧是应用得较多的一种方法。常用的热塑性树脂有聚醚醚酮(PEEK)、聚砜(PES)、聚碳酸酯(PC)等耐热性较好、机械性能高的树脂。热塑性树脂增韧机理可用桥联和裂纹钉锚模型来描述。

(1)桥联约速效应。热塑性树脂往往具有与环氧树脂相当的弹性模量和远大于环氧树脂的断裂伸长率,这使得桥联在已开裂的脆性环氧基体表面的延性塑性颗粒对裂纹扩展起约束闭合作用。

(2)裂纹钉锚效应。颗粒桥联不仅对裂纹前缘的整体推进起约束作用,分布的桥联力还对桥联点处的裂纹起钉锚作用,从而使裂纹前缘呈波浪形的拱出。

热塑性树脂的增韧效果虽然比橡胶增韧效果差,但如果选择合适的树脂,则可在改善韧性的同时,对环氧的模量和玻璃化温度影响较小。

热塑性树脂还可与环氧树脂形成半互穿网络结构,这两种组分相互贯穿,相互溶合,从而改善环氧树脂固化产物的韧性。如热塑性的聚氨酯(PU)与环氧树脂(EP)混合固化,脆性的环氧树脂网络与弹性的PU分子链互穿,缠结在一起,这样形成的弹性互穿网络起到了分散应力与应变的作用,阻止了环氧受力后裂纹的扩展,提高了拉伸强度和断裂伸长率。

3. 热致性液晶聚合物增韧

高分子液晶(LCP)是指具有液体的流动性和晶体各向异性的液晶介态的高分子化合物。按照液晶形成的条件,可分为溶致性液晶(LLCP)和热致性液晶(TLCP)。其中溶致性液晶高分子不能熔融加工，只能溶解在强极性溶剂中，所以一般不用来增韧环氧树脂，而热致性液晶高分子被用来增韧环氧树脂。

热致性液晶是在一定温度区间，即在 T_c（由晶态转入液晶态的温度）和 T_i（由液晶态转入无序液体的温度）之间的温度范围内形成液晶态。热致性液晶高分子属于特殊的高性能聚合物，在结构上含有介晶刚性单元和一部分柔性链段，这种结构特点决定了它的优异性能。它比一般聚合物具有更高的物理力学性能和耐热性。其拉伸强度可达 200 MPa 以上，比 PET、PC 高 3 倍，比 PE 高 6 倍，其模量达 20 GPa 以上，比 PE 高 20 倍，比 PC、PEK 高 8.5 倍。LCP 还有另一个重要特点，在加工过程中受到剪切力作用，形成纤维状分子结构，因而能产生高度自增强作用。因此，热致性液晶聚合物（TLCP）和环氧树脂进行共混改性，在提高韧性的同时，弯曲模量保持不变，T_g 还略有升高。

热致型液晶增韧环氧树脂的主要途径可以归纳为两类：一类是热致性液晶环氧树脂（LCEP）增韧改性，另一类是热致性液晶聚合物（TLCP）和环氧树脂体系共混增韧改性。

（1）液晶环氧树脂增韧。

该法是制成热致性液晶环氧树脂，在液晶温度范围内低温固化，使环氧固化物的韧性提高，或利用液晶环氧树脂对普通环氧树脂进行改性，实现环氧树脂高韧。

液晶环氧树脂是一种高度分子有序聚合物，可由含液晶基元的低分子化合物，主要包括酯类、联苯类、亚甲胺、甲基苯乙烯和环氧树脂聚合制得。这种液晶环氧树脂在一定温度区间内显示液晶性，通过选用适宜的固化剂，使液晶环氧树脂在液晶温度范围的低限固化，最终固化物的韧性提高。固化剂有一定的限制条件：首先固化剂的熔点和固化温度要低于液晶环氧介晶相的熔点；液晶环氧树脂的凝胶时间要大于介晶单元的取向时间，以便有充裕时间让介晶单元取向、介晶域形成和固定。

液晶环氧树脂固化物融合了液晶有序与网络交联的优点，力学性能出众，特别是在取向方向上性能大幅度提高。液晶环氧树脂具有多相结构。取向的液晶有序区域被各向同性的无序区所包围，此结构类似于纤维增强的复合材料。在外力作用下，银纹首先产生于各向同性区域并沿外力方向直线传播，液晶有序区内的分子取向可以阻碍银纹的发展，从而提高了材料的断裂强度。正是由于材料本身的多相性和其中液晶结构的各向异性，使液晶环氧树脂的断裂强度大幅提高。此外，液晶环氧树脂的黏度较低，浸渍性能好，便于制造高性能复合材料。由于固化前或固化初体系分子就已经取向，因而固化过程体积收缩小，避免了材料内应力。有利于提高其力学性能。

（2）液晶聚合物共混增韧。

该法是合成出液晶高分子增韧改性剂，与环氧树脂基体均匀共混，所得共混物固化后，液晶有序结构被固定在交联网络中，环氧树脂的韧性得到提高。目前用于增韧环氧树脂的热致型液晶化合物主要是酯类和联苯类的主链液晶或支链液晶。

液晶聚合物共混目前用得较多的方法是原位聚合法，即先将液晶低分子溶于环氧树脂中进行原位聚合，再添加固化剂固化。目前已经研究出一些能直接与环氧树脂基体熔融共混并在其中保持微纤状的液晶聚合物，使原位聚合法的工艺进一步改进。

液晶聚合物共混增韧机理主要包括：

① 裂纹钉锚作用机理。对热致型液晶/环氧树脂固化体系断裂面进行SEM观察发现，取向的液晶有序区被各向同性的无序区域所包围，此结构类似于纤维增强的复合材料，并且结晶域对裂纹具有约束闭合作用，它横架在断裂面上，从而阻止了裂纹的进一步扩展，并将裂纹的两端连接起来，对连接处的裂纹起钉锚作用。

② 银纹剪切带屈服机理。热致型液晶与固化剂的固化反应速度不同于固化剂与环氧树脂反应速度，所以在固化过程中发生相分离，热致型液晶的介晶单元聚集到一起，形成各向异性的介晶域，在介晶域内介晶单元取向有序，介晶域与环氧树脂界面结合力高，非介晶域内则是普通环氧的交联。由于介晶域与环氧树脂基体的强度、刚度等性质不同，当材料受力时，介晶域与基体的界面产生应力集中，使固化网络发生局部屈服形变作用，从而引发剪切带和裂纹。同时介晶域又可有效地终止银纹的发展，避免了破坏性裂纹的产生。

③ 微纤增韧机理。固化后的复合体系由于环氧树脂的交联结构而形成网络结构，刚性棒状热致型液晶以微小分子状态水平均匀分散于树脂基体中，并在固化过程中取向形成微纤，这种有序度被固定在均相复合体系的网络中。当材料受到冲击载荷后，这些微纤能像宏观增强基体一样，承受应力并起应力分散的作用，阻碍裂纹的扩展，使材料的冲击强度大幅度提高，而不降低材料的耐热性。

利用热致型液晶化合物对环氧树脂进行增韧改性，固化体系既融合了液晶的有序性又保留了环氧树脂网络交联的特点，其韧性、冲击强度大幅度提高，而不降低耐热性，这是环氧树脂的传统增韧方法所无法比拟的，是实现环氧树脂高性能化的重要途径之一，特别适合于多官能的环氧树脂改性以及对环氧树脂的韧性要求较高的航空航天、电子封装等领域。但合成热致型液晶化合物的原料来源和合成条件困难，成本很高；且热致型液晶转变温度一般难与通用型基体聚合物固化温度匹配，造成加工成型困难；此外热致型液晶在基体内均匀分布也并不容易。因此，合成合适的液晶化合物及其固化剂，改善与环氧树脂的相容性，降低成本等成为今后研究的主要方向。

5.2.4.2 纳米改性

纳米材料是指在三维空间中至少有一维处于纳米尺度范围(1～100 nm)的低维材料，因具有量子效应、表面效应、小尺寸效应及宏观量子隧道效应等独特性质，表现出一般材料所不具备的特殊性能或功能。在复合材料技术中，用纳米材料增韧复合材料基体已成为新的研究热点。其高比表面积和高活性表面使纳米材料在界面上与环氧基团形成远大于范德华力的作用力，构成非常理想的界面，从而达到增韧的效果。

用作复合材料而改性的纳米材料主要有零维的无机纳米粒子和二维的碳纳米管。无机纳米粒子对环氧树脂的增强增韧作用可归结为3个方面：

(1)无机纳米粒子在变形中产生应力集中，引发粒子周围的树脂基体屈服，从而吸收大量变形能，阻碍和钝化银纹在树脂中的扩展，起到防止破坏性开裂的作用；

(2)刚性无机纳米粒子在拉应力作用下的伸长变形很小,导致基体和无机粒子的界面部分脱黏而产生空穴,进而使裂纹钝化,阻碍裂纹扩展成破坏性裂缝而产生增韧作用;

(3)无机纳米粒子表面存在大量的不饱和残键及活性基团,表面活性高,能够与树脂基体的高分子链发生很强的物理或化学交联,而且经有机改性的无机纳米粒子的化学交联作用更为显著,因此导致材料在冲击作用下产生更多微裂纹,吸收更多冲击能。

无机纳米粒子增韧环氧树脂的机理较复杂,目前较认同的理论主要有"银纹—钉锚机理""银纹—剪切带机理"等。

(1)"银纹-钉锚"机理。当扩展中的裂纹遇到分散于环氧树脂基体中的固体颗粒时,由于外来固体颗粒的弹性模量接近基体树脂,对裂纹产生钉锚作用,裂纹尖端会在固体颗粒间发生偏转绕道而产生新的二级裂纹。新的断裂表面的形成吸收了大量的变形功,消耗了裂纹扩展的驱动力,从而限制了微裂纹的进一步扩大或延伸,阻止宏观断裂的形成。

(2)"银纹—剪切带"机理。改性环氧树脂在固化冷却过程中,分散于其中的外来固体颗粒会受到两种力的作用,一是流体静拉力的作用,二是负荷状态下裂纹前端的三向应力的作用。这两种作用力的叠加使外来固体颗粒内部或颗粒与基体树脂间的界面发生破裂而产生孔洞。以缓解裂纹尖端累积的三向应力。同时,孔洞的形成引起颗粒的应力集中,进而引发颗粒间环氧树脂基体的局部剪切屈服,裂纹尖端得以钝化。这种钝化作用有效减少了基体环氧树脂的应力集中,阻止断裂破坏的发生。

纳米材料是前沿性的新材料技术,基础理论研究和应用研究还在继续深入进行,对于复合材料的树脂基体,纳米改性对环氧树脂的力学、热学和电学性能都有显著提高,但是,还有一些问题需要继续研究,如纳米增韧的机理,纳米改性的分子设计,纳米材料的选择与树脂相容性、改性工艺方案的研究,新树脂体系制备方法及其功能化等。

另一方面,纳米材料维度和分布均匀度要求高、生产周期长、能耗大、生产和应用过程对环境和人体健康都有影响,这些问题对于发展绿色复合材料都必须高度重视。

5.2.5　环氧树脂基绿色复合材料[32—38]

环氧树脂基绿色复合材料目前仍是航空结构中用得最多的一种复合材料。主要是玻璃纤维增强的环氧树脂复合材料和碳纤维增强的环氧树脂复合材料。

玻璃纤维/环氧树脂复合材料是开发得最早,目前还在广泛应用的一种复合材料,具有质量轻、强度高、模量大、耐腐蚀性好、电性能优异、原料来源广泛、工艺性好、加工成型简便、成本低等特点。除在航空领域用于飞机雷达罩、预警机雷达罩、直升机机翼外,还可用于防弹头盔、防弹服、高压容器、体育器材以及机械、化工、建筑、海洋工程。

碳纤维/环氧复合材料具有较高的比强度、比模量、耐疲劳强度以及耐烧蚀性能好等一系列优点。它还具有密度小、热膨胀系数小、耐腐蚀和抗蠕变性能优异及整体性好等特点,是最先被开发用于飞机结构制造的先进复合材料。与铝合金结构件相比,碳纤维复合材料减重效果可达20%～40%。目前军机上复合材料用量已达结构重量的30%～60%左右,占到机体表面积的80%。航天工业中除烧蚀复合材料外，高性能环氧复合材料应用也很广泛。如三叉戟导弹仪器舱锥体采用碳纤维/环氧复合材料后减重25%～30%，节省工时50%左右。美国卫星和飞行器上的天线、天线支架、太阳能电池框架和微波滤波器等均采用碳纤维/环氧复合材料定型生产，国际通信卫星上采用碳纤维/环氧复合材料制作天线支撑结构和大型空间结构。

在民用飞机上，碳纤维/环氧复合材料也得到快速发展，波音和空客在复合材料应用方面展开了竞争局面，如波音推出的B-787“梦想飞机”，复合材料占全部结构重量的50%；而空客的巨无霸A-380飞机，复合材料用量达25%，在计划中的A350飞机上将复合材料的用量提高到了52%，以形成与波音787飞机的竞争。A350飞机将在中央翼盒、外翼盒、垂尾、平尾、机身壁板、机身后承压隔框、龙骨梁等结构上大量采用碳纤维环氧复合材料。

当前纤维增强环氧树脂基复合材料的总体发展趋势是高性能化、结构和功能一体化、智能化以及低成本化。

用天然植物纤维增强环氧树脂制备绿色复合材料，目前研究处于前期阶段，用于制备天然植物纤维环氧树脂复合材料的基体树脂及固化剂必须选择黏度小、固化温度低、适用期长等特性的环氧树脂固化剂体系。因为低黏度树脂有利于与增强体纤维的浸润；低温固化是因为天然植物纤维的特性所限制，当温度超过160℃时，天然植物纤维会发生分子裂解，导致纤维降解；适用期长是因为生产工艺要求，这对于较大尺寸制件的成型非常重要。应用于天然植物纤维增强环氧树脂复合材料的基体环氧树脂主要有3类：商业化通用型环氧树脂、经改性的通用型环氧树脂及通用型环氧树脂的复配树脂和新开发的新型环氧树脂。研究使用较多的基体环氧树脂为通用双酚A缩水甘油醚型树脂（如E-51、E-44树脂）。复配型环氧树脂一般以通用型环氧树脂与聚酯等树脂复合成共混体系。

为了制备环境友好型复合材料，植物纤维不仅被作为增强体成分来研究，有研究者直接将木粉液化产物合成环氧树脂，并将天然植物纤维与之复合，这样从增强体到基体树脂都来自天然植物，从而得到新型绿色环境友好复合材料。淀粉、木质素、壳聚糖等天然高分子也可用于天然纤维复合材料基体树脂。

双酚A缩水甘油醚型树脂/胺类固化剂体系是目前研究较多的天然植物纤维环氧树脂复合材料基体，酸酐类固化剂很少见到报道。随着能源的短缺和环保要求的提高，可降解树脂基体材料的研究逐渐成为热点。

天然植物纤维作为增强体，其形式主要有纤维粉体、短切纤维、短切纤维毡和织造布等。国内外曾被用于增强环氧树脂复合材料的增强体植物纤维有α-纤维素纤维（α-cellulose）、微原纤化纤维素纤维（microfibrillated cellulose，MFC）、亚麻（flax）、黄麻（jute）、大麻（hemp）、苎麻（ramie）、剑麻（sisal）、新西兰麻叶（phorm ium leafe）、佛焰苞纤维（spathe fiber）、茭白纤维（water bamboo fiber）、棕榈叶纤维（palm leafe fiber）及香蕉纤维（banana fiber）等，其中研究较多的是麻类纤维、纤维素纤维和棕榈纤维。

近年来以改性纳米纤维素纤维增强高分子基复合材料已成为新的研究热点，并具有广阔的应用前景。纽约州立大学开发出一种木质纤维素增强的轻质复合塑料，将纤维素纳米晶须添加到塑料中，可显著提高塑料的强度。

天然植物纤维的主要成分为纤维素。因纤维素分子链中每个葡萄糖基环上含有3个羟基：1个伯羟基和2个仲羟基，使得纤维素大分子链之间及其内部具有很强的氢键作用；另外，木质素化学结构中也含有大量的羟基等活性基团，从而使得植物纤维表现出较强的极性和亲水性。从化学结构角度分析，天然植物纤维增强环氧树脂复合材料中增强体（天然植物纤维）与基体（环氧树脂）之间存在着一层组成及结构与增强体及基体均不相同的界面层。界面层对复合材料的性能起着决定性的作用。天然植物纤维具有较强的极性与吸湿性，与非极性环氧树脂基体缺乏良好的界面润湿性、相容性差，使得天然纤维与基体树脂间界面层的界面张力增加，从而出现复合材料中纤维剥落、材料多孔和易降解等现象，导致复合材料的性能劣化。润湿性主要取决于环氧树脂的黏度和两种材料的界面张力。环氧树脂的界面张力要尽量低，至少要低于纤维的界面张力。几种改善纤维和环氧树脂表面张力的方法可以使纤维的表面张力最小值降到对环氧树脂（EP）为 43×10^{-3} N/m。通过物理或化学方法对天然植物纤维改性，可有效改善植物纤维与环氧树脂基体的界面相容性，提高复合材料的综合性能。

天然植物纤维增强环氧树脂复合材料主要有3种成型工艺，手糊成型法仍然是过去及现在使用的主要成型方法。预浸料热压成型和树脂传递模塑成型等高效的成型工艺和设备仍需研究和开发。

阻燃改性苎麻增强EP复合材料的力学性能和极限氧指数（limited oxygen index，LOI）如表5-3所示。未改性苎麻织物增强环氧的弯曲强度和弯曲弹性模量分别为96.31 MPa和3.45 GPa，与纯环氧相比分别增加13.4%和18.6%，冲击强度为5.307 kJ/m²，比纯环氧提高了82.7%，纤维增强复合材料的优势明显体现出来。改性后的麻织物后复合材料的拉伸强度提高，其中阻燃改性苎麻增强环氧的拉伸强度可以提高到46.40 MPa。

表5-3　苎麻纤维增强环氧前后的性能对比

材　料	GMA接枝率/%	拉伸强度/MPa	弯曲强度/MPa	弯曲弹性模量/MPa	冲击强度/(kJ·m⁻²)	LOI/%
纯EP	—	40.86	84.94	2.91	2.905	21.2
未改性苎麻增强EP	—	42.02	96.31	3.45	5.307	20.7
阻燃改性苎麻增强EP	14	42.80	96.77	3.84	5.475	21.8
	32	44.42	99.35	4.13	5.598	23.5
	38	45.52	101.46	4.37	5.732	24.4
	45	46.40	104.78	4.47	5.857	25.6

竹纤维也可用来增强环氧树脂，如图5-1、图5-2和图5-3所示为竹纤维增强环氧与热固性聚酯的力学性能比较。图中A0、A1、A2、A3、A4代表纯聚酯树脂基体，和分别用8层、12层和16层竹纤织物增强的复合材料；同样，B0、B1、B2、B3、B4代表环氧树脂及复合材料。由图可以看出，相同层数下，环氧树脂复合材料的性能要优于聚酯复合材料，特别是拉伸和冲击

强度，甚至高出一倍左右，这符合环氧树脂性能优于不饱和聚酯的特点。

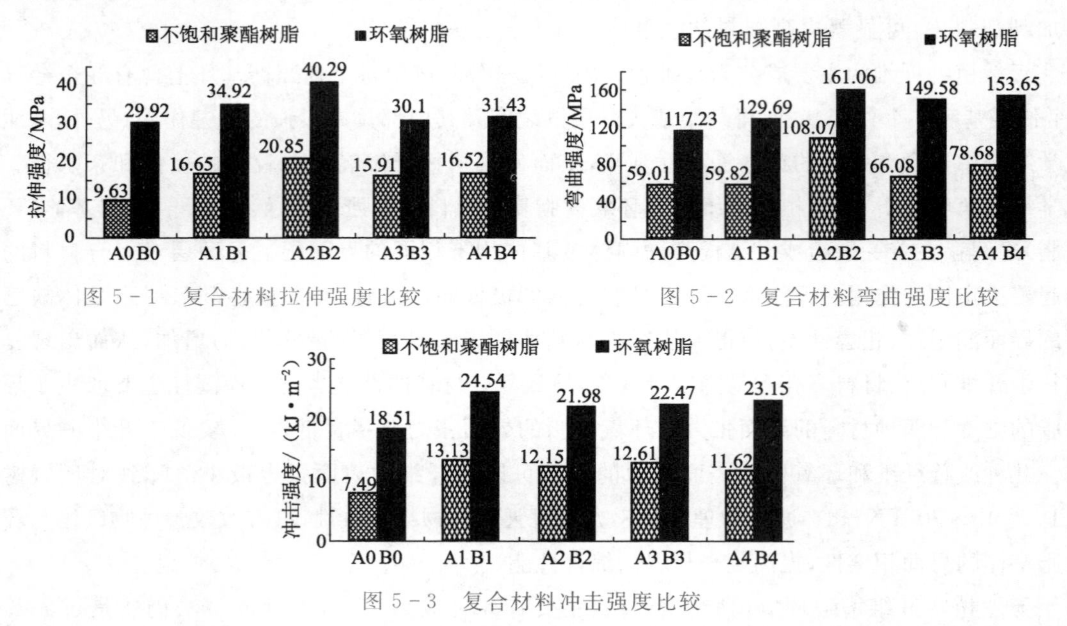

图 5-1　复合材料拉伸强度比较

图 5-2　复合材料弯曲强度比较

图 5-3　复合材料冲击强度比较

5.3 酚醛树脂

5.3.1 酚醛树脂概述[39—42]

酚醛树脂是指带有酚基的酚类聚合物与带有醛基的醛类聚合物在酸性或碱性催化剂作用下缩聚而成的聚合物的总称。大多是从苯酚或其同系物（如甲酚、二甲酚等）与甲醛缩合得到的树脂。影响酚醛树脂合成及产品性能的因素有原料的种类和配比、催化剂种类及用量、反应温度、反应时间等。最后得到的酚醛树脂可分为热塑性和热固性两大类。

(1) **热固性酚醛树脂**，又称**可溶性酚醛树脂**、**Resole 型酚醛树脂**、**一阶酚醛树脂或甲阶树脂**，是在合成时通过提高醛的用量得到合理的与酚的摩尔比而得到的高度网状聚合物，由于含有可进一步反应的羟甲基活性基团，在加热或在酸性条件下即可交联固化。如果合成反应不加控制，则会使缩聚反应一直进行，生成不溶不熔的三维网状结构的固化树脂。

(2) **热塑性酚醛树脂**又称**线性酚醛树脂**、**Novolac 树脂**，**二阶酚醛树脂或乙阶酚醛树脂**。它是以二官能或三官能酚为原料与醛混合，在酸性催化剂溶液中控制酚的摩尔用量大于醛的摩尔用量时生成的。该树脂中只有在加入固化剂（如六次甲基四胺）后才能反应生成具有三维网状分子结构的固化物。

酚醛树脂原料易得、价格低廉、生产工艺简单、综合性能优良、强度高、耐热性好、硬度大，制品收缩性小、绝缘、隔热、防潮、耐腐蚀，应用非常广泛。可与其他多聚物共混，实现高性能化而广泛应用于航空航天、汽车、电子、机械、交通运输等国民经济各个领域。

酚醛树脂最显著的性能优势是具有良好的阻燃性，它不必添加阻燃剂就可达到阻燃要求，且具有低烟释放率、低烟毒性等特征，用酚醛树脂制成的各种产品，包括模塑料、纤维增强层压板、涂料、泡沫型材等对于建筑和家居、石油化工、交通运输等领域都有极高的利用价值。

近年来科研人员对酚醛树脂本身的脆性和力学性能进行改进，在下游产品应用新工艺，使酚醛树脂基复合材料有了更大的发展。现代酚醛泡沫反应机理和生产工艺的不断创新，用酚醛制成蜂窝材料在航空、造船工业中用于绝热、隔音构件；用碳纤维、玻璃纤维增强的酚醛层压复合材料具有优异的力学性能和阻燃性能，可用作导弹的热防护层、宇宙飞船的外壳和抗热罩、火箭喷嘴等；利用酚醛树脂中的大量反应性基团可制成离子交换树脂，与丁腈橡胶、聚乙烯醇缩醛制成的复合胶黏剂强度高、耐热好，是优良的航空结构胶，适于超音速飞机、导弹、卫星和飞船等的结构部件的胶接。

在绿色复合材料中，酚醛树脂用木质纤维、竹纤维、麻纤维增强，可以制成品种繁多的生物可降解复合材料，具有良好的物理机械性能和阻燃性，且具有逐渐发展取代其他复合材料的趋势，在电子电气、机械、海洋工程、建筑和家装中得到大量应用，既可满足高端应用领域，也适用于通用性的工业产品的需要，是一种适用性非常广泛的复合材料。

5.3.2 酚醛树脂的合成与性能特点

5.3.2.1 酚醛树脂合成原理

酚醛树脂是由酚类（苯酚、甲酚、二甲酚等）和醛类（甲醛、乙醛、糠醛等）在酸或碱催化剂作用下合成的缩聚物。在树脂合成过程中，原材料的化学结构、单体官能度的数目、单体之间的摩尔比、催化剂的类型对合成树脂的性能有很大影响。

酚醛树脂的合成和固化过程完全遵循体型缩聚反应的规律。控制不同的合成条件（如酚和醛的比例，所用催化剂的类型等），可以得到如前所述的两类不同的酚醛树脂。

一般认为，苯酚与甲醛的反应合成酚醛树脂分两步进行，首先是苯酚与甲醛的加成反应，生成羟甲基酚预聚物，随后是在此基础上的缩合及缩聚反应，即加成反应和缩合或缩聚反应。

1. 加成反应

苯酚是苯环上的一个氢原子被羟基取代所形成的官能基团，结构式为 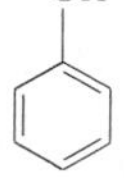 。由于苯酚结构中的羟基（—OH）具有很强的极性，使苯环本身受到影响，在羟基邻位和对位上的氢原子被活化，形成三个反应活化点，或三个反应官能度，其上的氢原子更容易被其他官能基团取代，形成新的反应物。

甲醛是含有不饱和双键（羰基，C═O）的化合物，结构式为 $\mathrm{H-\overset{\overset{\large O}{\|}}{C}-H}$ 。羰基中由于电负

性差异，使得碳原子上带有部分正电荷，氧原子带有部分负电荷。因此，羰基中的碳原子易受亲核试剂进攻，一定条件下能够发生亲核加成反应，这就是酚醛树脂合成的原理。甲醛与苯酚混合时，羰基上氧原子受苯酚羟基邻位或对位上的两个活泼氢原子攻击，结合生成水分子脱出，其余部分连接起来生成高分子化合物预聚物，即一元羟甲基苯酚，如下式：

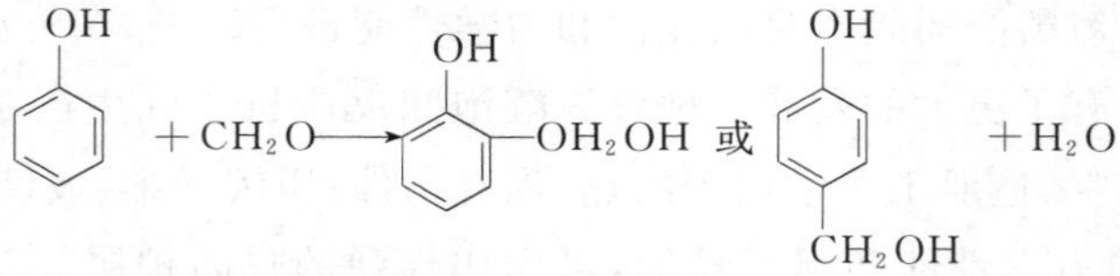

一元羟甲基苯酚继续与苯酚反应生成二元羟甲基苯酚和三元羟甲基苯酚：

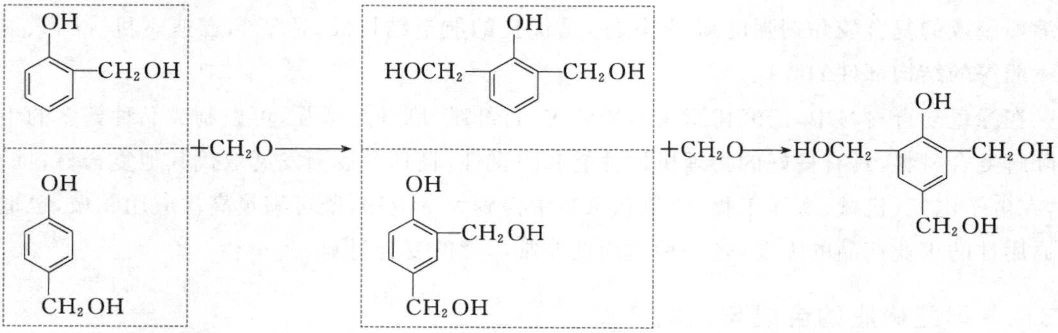

加成反应的产物是一羟甲基酚和多羟甲基酚的混合物，在酸或碱催化剂作用下，这些羟甲基酚与苯酚反应或它们相互之间发生缩合和缩聚反应，如前所述，根据不同的反应条件（如酚和醛的摩尔比，催化剂的种类和用量等）可分别生成线型的或体型的酚醛大分子高聚物。

2. 缩合及缩聚反应

在不同的反应条件下，缩合及缩聚反应可分两种情况，一是在强酸作用下，控制甲醛和苯酚的用量比小于1（如0.75～0.85），羟甲基酚与苯酚分子之间发生缩合及缩聚反应，得到二元线性酚醛树脂：

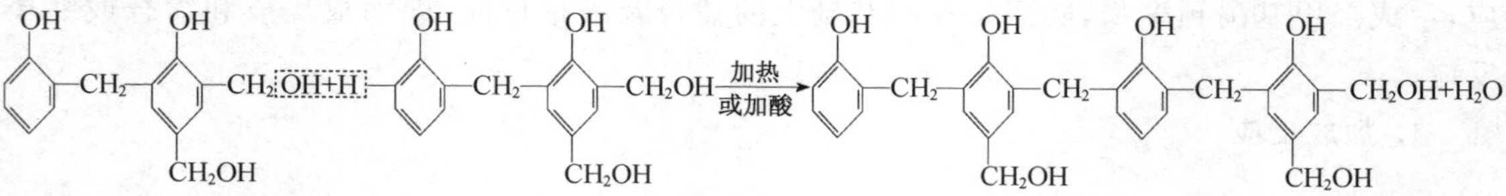

线性酚醛因控制了甲醛的摩尔比，反应过程中没有更多的甲醛分子，苯酚的三个反应活化点并没有充分起作用，故而不能形成交联网状结构的酚醛树脂。线性酚醛常温下是液体，继续加热也不能固化，只有在加入固化剂（如六次甲基四胺）后才能反应生成具有三维网状分子结构的固化物。

另一种聚合反应是通过调节苯酚对甲醛的摩尔比（如1∶1.3），通过强碱的催化作用，足够的甲醛分子陆续与苯酚或羟甲基预聚物发生缩合反应，得到具有网状分子结构的热固性酚醛树脂：

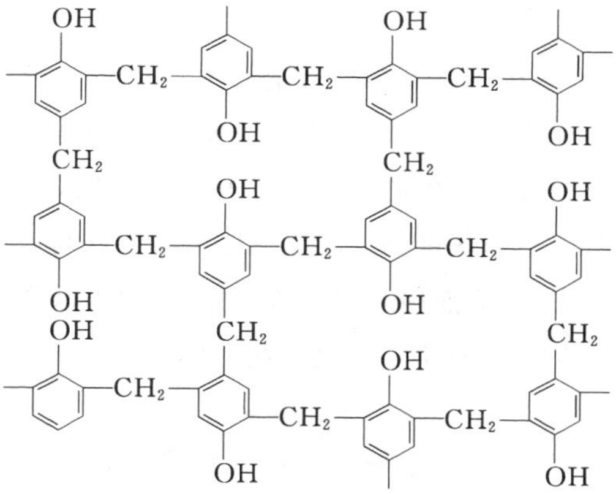

综上所述，酚醛树脂的合成从一开始就要考虑原料的化学成分、单体之间的摩尔比、催化剂的类型以及反应温度和时间等因素，以得到不同性质的最后产品。

缩合反应不断进行的结果是将缩聚形成一定分子量的酚醛树脂，由于缩聚反应具有逐步的特点，多年来研究认为，影响酚醛树脂的合成、结构及特性的主要因素有如下 4 点：

(1)原料的化学结构。

根据高分子化合物合成的基本原理，只有原料的反应官能度为 2 时才能形成线型大分子，而若要形成支链以及体型(网状)结构高分子，原料的官能团必须大于 2。酚醛树脂的合成原料是酚与醛。由于醛类的反应官能度为 2，所以酚的官能度就起了决定性作用。苯酚的官能度是苯环所连羟基邻位和对位的氢原子，共有 3 个氢原子，所以苯酚的反应官能度是 3。这样，苯酚和甲醛的反应就可能得到二维的线性聚合物和三维的体型聚合物，也就是热塑性和热固性酚醛树脂。

(2)苯酚与甲醛的摩尔比。

苯酚与甲醛的摩尔比对酚醛树脂的分子结构和性能都有影响。线型酚醛和体型酚醛的合成主要通过摩尔的配比来控制。在酸性催化作用下，反应时甲醛的羰基先质子化，然后在苯酚的邻、对位进行芳核亲电取代，形成邻、对位羟甲基酚。若甲醛的摩尔数比苯酚的摩尔数小时，反应中不能形成足够的羟甲基，使缩合反应进行到一定程度便停止，在碱性催化反应中，当甲醛摩尔数小于苯酚时，又有部分苯酚以游离状态存在于树脂中，反应不完全。

苯酚与甲醛的摩尔比不同，树脂平均相对分子质量也不相同，摩尔比越大，树脂平均相对分子质量越大。从酚醛树脂较理想的结构考虑，作为热固性树脂苯酚的摩尔数应略小于甲醛的摩尔数。

(3)催化剂的影响。

催化剂的种类、性质、所用的量均会影响到酚醛反应速率，固化速率和产物的性质。酸、碱的作用都是催化，其中碱的催化能力大，第一步加成反应时可在苯酚上形成多个羟甲基，缩聚后呈网状，得到体型酚醛树脂；酸的催化能力较小，第一步一般加上一个羟甲基，缩聚后呈线状，得到的是线型酚醛树脂。

(4)反应温度和反应时间。

反应温度和反应时间对酚醛树脂的制备同样有很大的影响。当苯酚与甲醛混合时,反应随即开始,开始时,温度较低,在较低温度下,苯酚溶解度很低,反应速率很慢,因而此时可以使两者更好地混合,且催化剂也可以很好地溶解在溶液中。较高温度时,反应速率加快,因为该反应为放热反应,苯酚与甲醛反应时放出的热量可以使反应体系温度升高,若升温过快,会使反应剧烈,缩聚不完全,甲醛也会挥发出去,使溶液中苯酚的含量相对较高,这样酚醛树脂的质量会下降。

酚醛树脂是人类最早合成的一种高分子化合物,所以酚醛树脂具有高分子化合物的基本特点:

(1)分子量(相对分子质量)大。分子量有几百到几千甚至上万不等,根据树脂的类型有所分别,分子量的分布呈多分散性。

(2)分子结构有多样性。在不同条件下可分别制成线型、支链型、网状结构。

(3)酚醛树脂处于线型、支链型结构状态,具有可溶、可熔、可流动的可加工性,当转变为体型(三向网状)结构状态,就固化为坚实紧密的固体状态,不能再加热返回到流体状态。

(4)酚醛树脂如同所有高分子化合物一样不能被加热汽化,过高温度只能使其分子裂解,甚至炭化。

综上可知,即使同一类型酚醛树脂产品,其性能也可能存在差异。从实际应用考虑,没有固化形成网状结构之前的酚醛树脂,其性能是不稳定的,不能作为制品来使用,它对于酚醛树脂生产企业虽然是产品,但实际却是制造各种各样有用材料或制品的中间品。因而酚醛树脂产品的性能,必然要与其下游材料或制品的生产相适应。

5.3.2.2 酚醛树脂的性能特点

1. 热性能

酚醛树脂固化后依靠其芳香环结构和高交联密度的特点而具有优良的耐热性,即使在非常高的温度下,也能保持其结构的整体性和尺寸的稳定性。酚醛树脂在 200 ℃以下基本是稳定的,一般可在不超过 180 ℃条件下长期使用,因此酚醛树脂被应用于一些高温领域,例如耐火材料、摩擦材料、黏结剂和铸造行业。

2. 黏结性能

酚醛树脂具有较高的黏结强度,可用作结构胶黏剂。酚醛树脂优异的黏附性归因于其大分子结构上的大量极性基团,极性强是促成其对材料浸润、黏附的有利因素。当酚醛树脂复合型材料加工成型为最终制品后,其中酚醛树脂已经转变为交联网状结构并固化,得以保证黏结界面的稳定和持久。酚醛树脂是一种多功能的、与各种各样的有机和无机填料都能相容的物质。设计正确的酚醛树脂,润湿速度特别快。并且在交联后可以为磨具、耐火材料、摩擦材料以及电木粉提供所需要的机械强度、耐热性能和电性能。水溶性酚醛树脂或醇溶性酚醛树脂被用来浸渍纸、棉布、玻璃、石棉和其他类似的物质,为它们提供机械强度、电性能等。典型的例子包括电绝缘和机械层压制造,离合器片和汽车滤清器用滤纸。

酚醛树脂是普通电器行业中的首选材料。它可以经受短路，但仍能继续工作；它可能受电击炭化，但从不燃烧；甚至还能经受电弧的打击。

3. 高残炭率

在温度大约为 1 000 ℃的惰性气体条件下，酚醛树脂会产生很高的残炭，独特的抗烧蚀性使酚醛树脂交联网状结构有高达 80%左右的理论含炭率，在无氧气氛下的高温热解残炭率通常为 55%～75%。酚醛树脂在更高温度下热降解时吸收大量的热能，同时形成具有隔热作用的较高强度的炭化层，当用于航天飞行器的外部结构时，在其返回地面穿过大气之际，酚醛树脂的热降解高残炭特性就起到了独特的抗烧蚀性作用从而保护航天飞行器。

4. 低烟毒释放

与其他树脂系统相比，酚醛树脂系统具有低烟低毒的优势。在燃烧的情况下，用科学配方生产出的酚醛树脂系统，将会缓慢分解产生氢气、碳氢化合物、水蒸气和碳氧化合物。分解过程中所产生的烟相对少，毒性也相对低。这些特点使酚醛树脂适用于制造阻燃性的复合材料，用于交通运输工具的内装件和安全要求非常严格的领域，如矿山、船舶、公共设施和建筑业等。

5. 良好的阻燃性

酚醛树脂有良好的阻燃性，对于建筑材料、石油化工设备和管道保温材料、交通运输工具的结构和内装饰材料都极其重要。酚醛树脂制成的泡沫塑料以及酚醛树脂基复合材料在这些领域都极具优势。大多数高分子材料都是易燃的，需要加入阻燃剂才能达到阻燃效果。但酚醛树脂是例外，不必添加阻燃剂就有较好的阻燃效果，且具有低烟释放、低烟毒性等特征，其燃烧发烟起始温度在 500 ℃以上，而且表征发烟程度的最大消光系数为 0.02。

6. 抗化学性

交联后的酚醛树脂可以较好地抵抗各种化学物质的腐蚀，如酸、碱、汽油、石油、醇类和各种碳氢化合物。

7. 高弹性模量

酚醛树脂在普通塑料中具有最高的弹性模量，具有良好的电绝缘性质。它可与任何增强材料复合，可以用纸增强、布增强、玻璃纤维增强，甚至用芳香尼龙增强。用石棉、金属粉增强的酚醛复合材料用于汽车的刹车片和离合器片。酚醛树脂在机械行业中有广泛的应用，可制成任何形式的标准件，如棒、板、带、片、齿轮、凸轮等。酚醛树脂具有极高的压缩强度，高达 215 MPa。可以制成各种塑料制品和复合材料，满足各种使用要求。

8. 良好的工艺性能

酚醛树脂适用多种制造成型工艺，如浇铸、模压、层压、拉挤等，在复合材料制备过程中，酚醛树脂的一大优点是可制成 B -阶段树脂。B -阶段树脂是部分固化但尚未完全固化的树脂，分子链仍为线形。这使得酚醛树脂可以对纤维增强体进行预浸，再进行成型加工，这为制造大型和复杂的层压复合材料制件提供了极大的方便。

5.3.3 酚醛树脂固化

酚醛树脂只有在形成交联网状(或称体型)结构之后才具有优良的使用性能,包括力学性能、电绝缘性能、化学稳定性、热稳定性等。

酚醛树脂的固化就是使其转变为网状结构的过程表现出凝胶化和完全固化的两个阶段,这一转变不仅是物理过程,更是一个化学过程,是高分子化学概念上的由线(支)型分子交联(cross-linking)成网状分子的化学反应过程。

固化反应过程分三个阶段。20 世纪初,酚醛树脂创始人美国科学家巴克兰,把碱性催化剂制得的热固性酚醛树脂,根据反应过程中缩聚程度的不同,将反应过程划分为巴克兰 A、B、C 三个阶段。这三个阶段产生的树脂特点各有不同,分别称作"可熔性酚醛树脂""半熔性酚醛树脂""不溶性酚醛树脂"。这一科学论断及称谓一直沿用至今。

由于缩聚反应推进程度的不同,所以各阶树脂的性能也不同,按照巴克兰的理论,将热固性酚醛树脂分为不溶不熔状态演变的三个阶段。这种整个固化过程的三个阶段为:**甲阶树脂**、**乙阶树脂**和**丙阶树脂**。

(1)甲阶树脂。酚和醛经缩聚、干燥脱水后得到的树脂,可呈液体、半固体或固体。受热时可以熔化,但随着加热的进行由于树脂分子中含有羟基和活泼的氢原子,可以较快地转变为不熔固体状。甲阶树脂能溶解于乙醇、丙酮及碱的水溶液中,它具有热塑性,又称为**可熔性树脂**。

(2)乙阶树脂。甲阶树脂继续加热,分子上的羟甲基($—CH_2OH$)在分子间不断相互反应而交联。它的分子结构比可熔酚醛树脂要复杂得多,分子链产生支链,酚已经开始充分发挥其潜在的三官能作用。它不溶解在碱溶液中,可以部分或全部地溶解在酒精、丙酮中,加热后能转变为不溶不熔的产物。热塑性能较可熔性树脂差,又称为**半熔性树脂**。

(3)丙阶树脂。乙阶树脂进一步受热,交联反应继续深入,分子量增加得很大,具有复杂的网状结构,并完全硬化,去其热塑性及可熔性,为不溶不熔的固体物质,又称为**不熔性树脂**。

热固型酚醛树脂固化机理相当复杂,至今仍不完全清楚,比较一致的观点是,反应过程主要由羟甲基酚之间的交联反应导致树脂先实现凝胶化,进而交联固化。主要有以下几种固化方式:

(1)热固化。甲阶酚醛树脂含有较多量的羟甲基,加热时由于羟甲基与酚环上邻位或对位活泼氢缩合以及羟甲基本身的醚化而固化。也就是说热固化时羟甲基键和醚键同时生成并放出低分子水,在 150~160 ℃加热时整个固化过程约为 30 min。

(2)碱固化。用一种或几种较弱或较强的碱性催化剂,如 NaOH、$Ba(OH)_2$、$Mg(OH)_2$、氨水等,可使酚醛树脂固化。碱性酚醛树脂固化属二级反应,与羟甲基的浓度有关,游离甲醛能促进固化。

(3)酸固化。酚醛树脂中加入适当的酸性固化剂,如盐酸、磷酸、硫酸、对甲苯磺酸、石油磺酸、对氯苯磺酸等,可在较低的温度下固化。

酚醛树脂的固化反应须在高温(150~180 ℃)下进行,工业上一般控制在 170 ℃左右。由于固化反应过程有低分子物放出,必须施加 0.3~1.5 MPa 的压力。加压的目的是克服固化过程产生的挥发分(如水分、溶剂、甲醛)在胶层中导致气孔产生。

5.3.4　酚醛树脂改性[43—49]

酚醛树脂已成为目前应用最广泛的品种之一。具有原料易得、价格低廉，生产工艺和设备简单的优势，产品综合性能优良，包括力学性能、热性能、电性能、尺寸稳定性、耐腐蚀性、阻燃性及低烟雾性等，在复合材料和其他工业部门得到广泛应用。随着新的应用不断开发，对树脂的性能提出了新的要求，因此对酚醛树脂改性已成为酚醛树脂研究和发展的重要方向。

从结构复合材料树脂基体考虑，酚醛树脂的改性主要从提高韧性和耐热性两个方面进行。提高对纤维增强材料的黏结性能并改善复合材料的成型工艺条件等。对于绿色复合材料，主要是研究酚醛树脂的绿色化，包括推进合成原材料、制造工艺及产品回收再利用的绿色化发展。

同环氧树脂一样，酚醛树脂的改性主要是针对其结构和性能上一些薄弱环节来进行，例如，两个苯酚之间由亚甲基连接：OH OH OH —CH_2— —CH_2—。这种结构导致酚醛树脂的刚性基团(苯环)密度较大、链节旋转自由度降低和空间位阻增大等，故酚醛树脂的耐冲击性能较差(即韧性不足)。提高酚醛树脂韧性的主要途径：一是添加外增韧剂，如加入热塑性树脂、橡胶类弹性体、液晶聚合物等；二是引入内增韧剂，通过接枝、嵌段共聚等方法，使酚羟基醚化，或在酚核之间引入长亚甲基酚羟基链及其他柔性基团等。

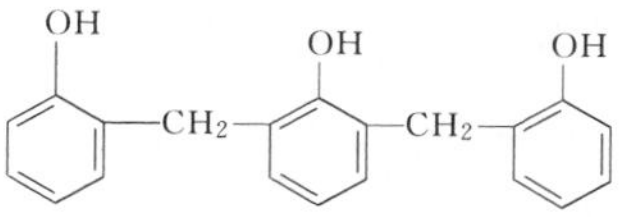

5.3.4.1　酚醛树脂增韧改性

增韧改性主要是在树脂合成时加入能增韧的其他高分子化合物，包括橡胶弹性体或热塑性树脂等达到增韧目的。

1. 橡胶弹性体改性

橡胶是改性酚醛树脂最常用的材料，国内外早有研究。常用的橡胶有丁腈、丁苯、天然橡胶、端羧基丁腈橡胶及其他含有活性基团的橡胶。橡胶增韧酚醛树脂的机理是：橡胶物理掺混入酚醛树脂，在树脂固化过程中从树脂基体中析出形成第二相。橡胶粒子作为分散相能够在树脂中引起应力集中而引发基体树脂银纹，从而消耗能量，同时能够控制银纹的生长而不至于过早断裂；橡胶粒子可提高树脂基体的屈服变形的能力，从而能够更多地吸收外界施加的能量；另外，橡胶粒子本身的变形也能消耗一部分能量，但只占到材料破坏时吸收能量的10%；此外，橡胶空穴化增韧理论认为，空洞化本身不能构成材料脆韧转变，它只是导致材料从平面应变向平面应力的转化，从而引发剪切屈服，阻止银纹进一步扩展，消耗大量能量，使材料的韧性得以提高。所以正确地控制橡胶与酚醛树脂的相分离过程是增韧能否成功的关键。

虽然橡胶增韧酚醛树脂属于外增韧，但在掺混过程中，橡胶弹性体通常带有活性端基(如羧基、羟基、氨基等)，与酚醛树脂上的羟甲基会发生不同程度的接枝或嵌段共聚反应。这种少量化学反应的发生有利于增强橡胶和树脂的黏结性，提高增韧效果。

例如，未加丁腈橡胶时，纯酚醛树脂的冲击强度为 5.43 kJ/m^2，加入 1%的丁腈橡胶后，其冲击强度达到了 8.60 kJ/m^2，提高了约 58.4%；加入 2%的丁腈橡胶时，酚醛树脂的冲击强度达到 11.49 kJ/m^2，提高了约 116%。随丁腈橡胶用量继续增加，酚醛树脂的冲击强度进一步提高，但提高幅度趋于平缓。

除了丁腈橡胶外，含有活性基团的橡胶如环氧基液体丁二烯橡胶、羧基丙烯酸橡胶和环氧羧基丁腈的加成物也可以增韧酚醛树脂，且增韧效果明显，耐热性得到提高。特别是在液体橡胶增韧体系中，由于液体橡胶容易形成海岛结构，这种形态结构既保证了材料的冲击强度提高，硬度下降，且对材料的耐热性影响不大，是一种理想的增韧体系。

2. 热塑性树脂改性

橡胶在增韧酚醛树脂的同时，降低了其阻燃性、耐热性等，而一些高性能热塑性塑料如聚酯、聚砜、聚醚酰亚胺、聚苯醚、聚醚砜、聚醚酮、聚乙烯醇和聚乙烯醇缩醛等不仅具有很高的韧性，与酚醛树脂的相容性好，而且耐热性和模量高，加入酚醛树脂中能够提高基体树脂的韧性而不会降低其他性能，所以人们也常用高性能热塑性塑料来增韧酚醛树脂。

热塑性塑料增韧酚醛树脂的机理主要是裂纹钉锚作用机理和通过与热塑性塑料形成半互穿网络聚合物的增韧机理。裂纹钉锚机理是以强韧的热塑性树脂作为第二相，其刚性与基体接近，而且本身又有一定的韧性和较高的断裂伸长率，当第二相的体积分数适当时，就可以发生裂纹钉锚机制作用；而半互穿网络结构的增韧机理是在体系中热塑性树脂使用量比较大时，其连续贯穿于热固性树脂网络中，起着"强迫包容"和"协同效应"的作用。由于这种半互穿网络结构中既存在热塑性树脂，又存在热固性树脂网络，所以这种交联网络中既保持了良好的韧性、低吸水率，同时又保持了良好的化学稳定性和尺寸稳定性等。

热塑性塑料增韧酚醛树脂的机理还有类似于橡胶增韧的孔洞剪切屈服理论或颗粒撕裂吸收能量理论以及类似于刚性粒子增韧聚合物的冷拉机理。

工业上应用得最多的是用聚乙烯醇缩醛改性酚醛树脂，它可提高树脂对玻璃纤维的黏结力，改善酚醛树脂的脆性，增加复合材料的力学强度，降低固化速率从而有利于降低成型压力。用作改性的酚醛树脂通常是用氨水或氧化镁作催化剂合成的苯酚甲醛树脂。用作改性的聚乙烯醇缩醛是一个含有不同比例的羟基、缩醛基及乙酰基侧链的高聚物，其性质取决于：①聚乙烯醇缩醛的分子量；②聚乙烯醇缩醛分子链中羟基、乙酰基和缩醛基的相对含量；③所用醛的化学结构。由于聚乙烯醇缩醛的加入，使树脂混合物中酚醛树脂的浓度相应降低，减慢了树脂的固化速率，使低压成型成为可能，但制品的耐热性有所降低。

3. 聚酰胺改性酚醛树脂

经聚酰胺改性的酚醛树脂提高了酚醛树脂的冲击韧性和黏结性，并改善了树脂的流动性，仍保持酚醛树脂的优点。用作改性的聚酰胺是一类羟甲基聚酰胺，利用羟甲基或活泼氢在合成树脂过程中或在树脂固化过程中发生反应形成化学键而达到改性的目的。

4. 环氧改性酚醛树脂

用 40%的一阶热固性酚醛树脂和 60%的二酚基丙烷型环氧树脂混合物制成的复合材料

可以兼具两种树脂的优点，改善它们各自的缺点，从而达到改性的目的。这种混合物具有环氧树脂优良的黏结性，改进了酚醛树脂的脆性，同时具有酚醛树脂优良的耐热性，改进了环氧树脂耐热性较差的缺点。这种改性是通过酚醛树脂中的羟甲基与环氧树脂中的羟基及环氧基进行化学反应，以及酚醛树脂中的酚羟基与环氧树脂中的环氧基进行化学反应，最后交联成复杂的体型结构来达到的。

5. 聚砜改性酚醛树脂

聚砜因具有优异的耐热性、突出的抗蠕变性和尺寸稳定性、优良的电绝缘性等特点而成为综合性能很好的工程塑料，在塑料品种中占有重要地位。聚砜改性酚醛树脂时，聚砜以接枝和共混的方式同时存在。其改性酚醛树脂的玻纤增强模塑料的韧性得到了提高，冲击强度从200 kJ/m^2 提高到283 kJ/m^2，拉伸强度达到960 MPa，介电强度达到20 kV/mm，马丁耐热温度≥310 ℃。这种聚砜改性的酚醛树脂的玻纤增强模塑料已成功地应用在宇航制件上。

6. 马来酰亚胺系聚合物改性酚醛树脂

为了同时提高酚醛树脂的韧性和耐热性，采用马来酰亚胺系聚合物作为改性剂，改性后的树脂兼具高韧性和耐热性，改性效果明显。

含有马来酰亚胺基团的线型酚醛树脂(PMF)是由苯酚和N-4羟基苯酚聚酰亚胺的混合物与甲醛在酸催化下反应而得到的，其固化主要通过马来酰亚胺基团的加成聚合反应。这种体系使酚醛树脂的耐热性有很大提高，提高了其在更高温度区域内树脂的热稳定性，但韧性并没有得到显著提高。

经过多年的研究，酚醛树脂的增韧改性技术研究已趋成熟，有的已进入试用或使用阶段。

5.3.4.2 酚醛树脂耐热改性

1. 有机硅改性酚醛树脂

有机硅树脂具有优良的耐热性和耐潮性。可以通过使用有机硅单体线性酚醛树脂中的酚羟基或羟甲基发生反应来改进酚醛树脂的耐热性和耐水性。采用不同的有机硅单体或其混合单体与酚醛树脂改性，可得不同性能的改性酚醛树脂，具有广泛的选择性。用有机硅改性酚醛树脂制备的复合材料可在200～260 ℃下工作应用相当长的时间，并可作为瞬时耐高温材料，用作火箭、导弹等的烧蚀材料。

2. 硼改性酚醛树脂

由于在酚醛树脂的分子结构中引入了无机的硼元素，硼酚醛树脂比酚醛树脂的耐热性、瞬时耐高温性能和力学性能更为优良。硼改性酚醛树脂的耐热性、瞬时耐高温性、耐烧蚀性比普通酚醛树脂好得多。它们多用于火箭、导弹和空间飞行器等空间技术领域作为优良的耐烧蚀材料。

3. 新型固化剂改性酚醛树脂

酚醛树脂的固化剂除了六亚甲基四胺外，工业上应用最广的是三羟甲基苯酚、多羟甲基三聚氰胺、多羟甲基双氰胺和环氧树脂等。近年来对新型固化剂的研究取得了一定进展。如采用恶唑啉类化合物固化酚醛树脂适合高性能复合材料的应用。

用恶唑啉类化合物固化的树脂具有如下特点：固化时无挥发物放出；长期的热氧稳定性(177 ℃，10 000 h)；低的固化收缩率(小于1%)；优异的韧性，断裂韧性是环氧的5倍多；树脂和预浸料都有更长的使用寿命；低的熔融温度和黏度；阻燃性和低烟率满足航空飞行器的使用要求；耐热性好，T_g 为 175～295 ℃，最高使用温度达 275 ℃。

5.3.4.3 新型改性技术

1. 热致性液晶增韧改性

用热致性液晶增韧热固性树脂的方法能在保持树脂耐热性和刚度的同时提高其韧性。液晶大分子中含有大量的刚性介晶单元和一定量的柔性间隔段，其结构特点决定了它具有优异的性能。少量的热致性液晶聚合物原纤的存在可以阻止裂缝，提高脆性基体的韧性，而不降低材料的耐热性和刚度。与热塑性塑料相比，用量仅为热塑性塑料的25%～30%就可以得到同样的增韧效果。

2. 控制交联状态增韧改性

通过原位聚合的方法，热固性树脂可以在固化后形成分子量呈双峰分布的交联网状结构。具有这种结构的树脂的韧性是常规树脂韧性的2～10倍。其增韧机理可能是由于树脂在固化后变成了不均一的交联网状结构，从而形成了微观上的非均匀连续结构。这种结构有利于材料产生塑性变形，所以具有较好的韧性。这种树脂固化后的破坏方式已经从脆性破坏转变成塑性破坏。

3. 纳米材料增韧改性

纳米粒子由于尺寸小、表面积大、表面非配对原子多、因而与聚合物结合能力强，并可对聚合物基体的物化性质产生特殊作用。将纳米粒子加入高聚物中，可克服常规刚性粒子不能同时增强增韧的缺点，可提高高聚物材料的韧性、强度、耐热等性能。纳米粒子增韧聚合物的方法主要有两种：一是纳米粒子与聚合物共混；二是采用纳米材料插层法，例如用插层聚合方法制得的线性酚醛树脂/有机改性蒙脱土纳米复合材料。其构成的纳米复合材料比纯线性酚醛树脂具有更好的耐热性能。另外用蒙脱土与酚醛树脂进行插层聚合，制得的热固性树脂耐热性明显增强。利用碳纳米管改性酚醛树脂，也能起到显著的插层作用，明显提高了酚醛树脂的耐热性。纳米改性是一种前沿性新技术，近年来得到大量研究。用纳米增韧的酚醛树脂比常规增韧酚醛树脂有更好的韧性和热稳定性。

纳米材料增韧酚醛树脂的机理较复杂。目前的研究包括物理化学作用增强增韧机理、微裂纹化增强增韧机理、裂缝与银纹相互转化增强增韧机理、临界基体层厚度增韧机理、物理交联点增强增韧机理等。但一般认为，纳米粒子增韧聚合物的机理是在聚合物中作为应力集中体引发基体产生银纹，吸收能量，并且能够使银纹裂尖钝化阻止其形成破坏性的裂纹，同时粒子之间的基体也产生屈服和塑性变形，吸收能量，从而达到增韧效果。此外，由于纳米粒子的尺寸比大分子链低一个数量级甚至更低，所以纳米粒子能够很好地进入材料空隙内部，使裂缝两壁的高分子链连接，阻止裂缝的扩展。在纳米材料增韧过程中，纳米材料用量和分散程度是非常重要的两个因素。

5.3.5　酚醛树脂基绿色复合材料[50—52]

酚醛树脂因其具有较高的力学强度，耐热性好，阻燃、低毒、低发烟，与碳纤维、玻璃纤维制备各种复合材料广泛应用于航空航天、汽车、电子、机械、交通运输等国民经济各个领域。

用天然植物纤维增强聚合物基体制备绿色复合材料，目前研究和开发主要集中于热塑性树脂，如聚乙烯、聚丙烯、聚氯乙烯、聚酰胺等，其中聚丙烯由于力学性能、耐热性、工艺性能等具有相对优势，被大量用来制造植物纤维增强的复合材料，并已实现规模化产业，在汽车、建筑、机械城市园林等领域得到广泛应用。

相对于热塑性树脂基体，热固性树脂，主要是环氧树脂、酚醛树脂，在研究开发植物纤维绿色复合材料方面相对较少，主要原因是价格相对较高，成型制造必须采用固化工艺，成型周期长，工艺条件控制的因素较多，不如热塑性树脂成型工艺简单。特别是对于酚醛树脂，成型温度要求较高，一般都在 150～180 ℃范围，而大多植物纤维耐热性较低，这就给复合材料的成型制造带来了更多的困难，但从可持续发展的观点来看，热固性树脂基复合材料的绿色化发展也是一种重要的趋势。

用天然植物纤维作为增强体制备酚醛树脂基复合材料，其主要品种有竹纤维、麻纤维以及再生纤维素纤维，增强体形式包括原生纤维、纤维粉体、短切纤维、短切纤维毡和织造布等，其中麻纤维用得较多，如苎麻和剑麻纤维，其强度和模量都接近玻璃纤维，已有较多的研究报道。

用酚醛树脂作基体制备植物纤维增强复合材料的研究主要包括树脂基体改性、增强纤维的表面处理和改性、阻燃改性、新型酚醛树脂的开发与应用。

5.3.5.1　树脂基体改性

酚醛树脂的反应活性低。固化反应放出缩合水，使得固化必须在高温高压条件下进行。长期以来一般只能先浸渍增强材料制作预浸料(布)，然后用于模压工艺或缠绕工艺，严重限制了其在复合材料领域的应用。

长期以来，人们对酚醛树脂改性进行了大量研究，一系列新型酚醛树脂得到开发。前一节介绍的改性方法，不仅能提高酚醛树脂的韧性、力学性能和耐热性能，而且也能改善酚醛树脂的成型工艺性能。使酚醛树脂基复合材料的成型技术迅速扩展，由传统的手糊成型、模压成型工艺发展各种高效、低成本绿色化的成型新技术，如树脂传递模塑(RTM)、拉挤成型，挤出/注射成型、自动铺丝/自动铺带技术以及微波加热固化等。

从成型工艺考虑，酚醛树脂改性着重在降低树脂黏性，改善流动性，提高对纤维的浸渍能力。如烯丙酯改性酚醛、氰酸酯改性酚醛、氨酚醛、高碳酚醛等品种，能用于 RTM 工艺，制作导弹鼻锥、汽车用部件及军工产品。

对于拉挤成型，目前采用酸催化的酚醛树脂，使固化温度降为 30～80 ℃，大大降低了原来酚醛树脂的固化温度（130～180 ℃）从而避免水蒸气的产生，使制件内气泡含量降低。

对于连续层压成型、纤维缠绕成型、预浸渍模压、低压模压成型、手糊成型工艺、喷涂成型工艺等，通常采用酸固化型酚醛树脂，其催化剂用量为 5%～8%，黏度为 600～700 MPa・S。加入催化剂，通常能降低树脂的黏度，固化时间为 10～30 min。

手糊工艺是国外最常用的酚醛玻璃钢生产工艺之一。手糊成型法生产的酚醛玻璃钢制件，尺寸可以很大，这要求酚醛树脂具有较低的黏度、较长凝胶时间和良好的流动性和浸润性。

5.3.5.2 增强纤维的表面处理和改性

界面是复合材料一种特有的现象，凡是将两种不同性质和形态的材料复合时，都存在界面的结合问题，界面的结合影响到复合材料最终性能，诸如强度、模量、韧性、耐热性、耐环境性等，因此界面问题是复合材料技术研究的重要内容。

界面结合与所用组分材料的化学组成和性能有关，为了改善界面结合，一般都需要对组分材料进行改性的研究，对于用植物纤维增强的绿色复合材料而言，除对树脂基体进行改性外，大量的研究是针对植物纤维的改性。

植物纤维主要成分为纤维素。因纤维素分子链中每个葡萄糖基环上含有 3 个羟基：1 个伯羟基和 2 个仲羟基，使得纤维素大分子链之间及其内部具有很强的氢键作用；另外，木质素化学结构中也含有大量的羟基等活性基团，从而使得植物纤维表现出较强的极性和亲水性。这与极性聚合物树脂基体或生物树脂基体的疏水性有关，缺乏良好的界面相容性，影响相互之间的界面结合，导致复合材料的性能降低。这种情况对酚醛树脂作基体的复合材料也同样存在，一般都要对植物纤维增强体进行处理或改性，可提高界面结合强度。

用于植物纤维增强体的表面改性的方法很多，分物理方法和化学方法，这在前面第 4 章中已有详细介绍，可供参考。

5.3.5.3 阻燃改性

酚醛树脂本身具有良好的耐热性和阻燃性，因此对植物纤维增强体进行阻燃改性制备阻燃复合材料是酚醛树脂应用的一大特点。

阻燃改性一般是用阻燃剂对纤维进行预处理，再与基体复合，阻燃剂种类很多，具代表性的阻燃剂是氯系、溴系、磷系及氢氧化铝、氢氧化镁等。如磷酸酯类阻燃剂的特点是具有阻燃与增塑双重功能。因其热稳定性好、不挥发、不产生腐蚀性气体、效果持久、毒性低等优点而获得广泛的应用。

图 5－4 所示为用磷酸酯阻燃处理前后苎麻/酚醛层压板的热降解的热重分析试验结果，试验在氮气保护下进行。可以看出，相比未阻燃处理的层压板，阻燃层压板的热分解温度由 311℃下降到 227 ℃，最大分解速率温度由 362 ℃下降到 257 ℃。由于磷酸酯阻燃剂的初始分解温度很低（155 ℃），在层压板持续升温的过程中，阻燃剂优先分解，产生的磷酸以及氨气，对复合材料层压板的热分解起到保护作用。

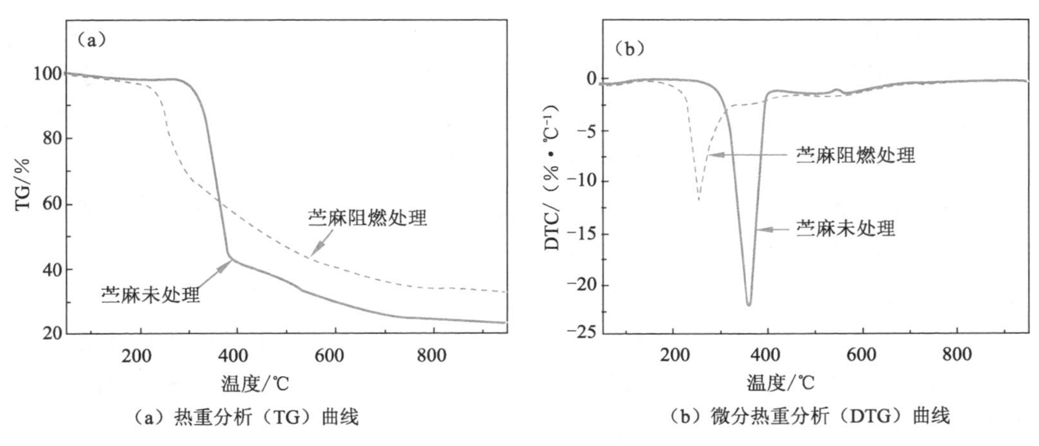

（a）热重分析（TG）曲线　　（b）微分热重分析（DTG）曲线

图 5-4　苎麻/酚醛层压板阻燃料处理前后的热重分析曲线

5.3.5.4　新型酚醛树脂的开发与应用

新型酚醛树脂的开发和研究主要围绕着增强、阻燃、低烟、成型适用性方面开展，向功能化、精细化、绿色化发展。

新型酚醛树脂减少或不用甲醛合成。如用淀粉代替甲醛合成酚醛树脂，淀粉完全水解后生成 D-葡萄糖，其具有醛的特性，且还存在大量的羟基，所以淀粉在酸性条件下可以和苯酚进行缩聚反应，生成的苯酚淀粉树脂与传统的酚醛树脂相比耐热性能更优，成本低、生物降解性好，而且在该树脂的生产和使用过程中不存在甲醛的污染问题，因此具有良好的环境效益。

另一途径是降低甲醛用量。例如，合理选择苯酚与含甲醛的量比以降低生产过程及产物中甲醛的含量。实验结果表明，苯酚与甲醛的量比为 1∶1.2～1∶1.5，控制反应温度为 90 ℃，并加入 PVA(1 799)改性剂(质量分数为 0.2%)等，酚醛水溶液综合性能较好且毒性低。用硫代硫酸钠滴定分析方法测定游离醛含量在标准含量 2.5% 以内，力学性能能满足不同使用要求。

还可以采用清洁工艺生产复合材料。如采用微波加热固化酚醛树脂，与传统加热方法相比，利用微波加热，可急剧提高分子运动的速率，大大加快反应速度，缩短反应时间，提高单体转化率。因此，该方法不仅可以节约能源、提高生产效率，而且能降低合成过程中酚及醛的挥发量，减少对环境的污染。

5.4　不饱和聚酯树脂[53]

聚酯是指大分子主链上含有酯基 $-\overset{\displaystyle O}{\overset{\|}{C}}-O-$ 的一类聚合物的通称。由二元醇或多元醇与二元酸或多元酸缩聚而成。也可以从同一分子内含有羟基和羧基的原料制取。聚酯树脂目前共有两大类：一类是饱和聚酯树脂，其分子结构中没有非芳香族的不饱和键，是一种二维线性

分子结构的聚合物，例如已工业化生产的聚对苯二甲酸乙二醇酯，可通过喷丝头抽丝制成“涤纶”纤维，也可制成“涤纶”薄膜。另一类是不饱和聚酯树脂，其分子结构中含有非芳香族的不饱和键，其分子结构中除含酯基外，还带有不饱和双键[—CH═CH—]，可以用引发剂引发分子交联反应得到三维体型分子结构的热固性聚合物。

不饱和聚酯树脂从20世纪40年代成功开发以来，在品种、产量及应用等方面都取得了快速发展，现在同环氧树脂和酚醛树脂一样，成为三大热固性树脂之一。

不饱和聚酯树脂由于优良的综合性能，如工艺性能良好，可适合多种成型工艺，室温下可固化；固化物强度高、冲击韧性好、相对密度小、热及电绝缘性能好，还有良好的透光、耐候、耐酸和隔音等特性；且原料来源广泛，价格低廉，因此广泛用于各个领域。三种热固性树脂的性能比较见表5-4。

表5-4 三种热固性树脂性能比较

性能	不饱和聚酯树脂	缩水甘油醚环氧树脂	酚醛树脂
拉伸强度/MPa	250～800	300～1 000	20～65
压缩强度/MPa	600～1 600	600～1 900	450～1 150
拉伸模量/GPa	25～35	25～60	20～65
断裂伸长/%	1.3～10.0	1.1～7.5	1.5～3.5
弯曲强度/MPa	700～1 400	600～1 800	450～950
弯曲模量/GPa	25～35	18～33	25～65
泊松比	0.35	0.16～0.25	—
相对密度	1.11～1.15	1.15～1.25	1.31
体积电阻率/(Ω·cm)	$1\times(10^{12}\sim10^{14})$	$1\times(10^{10}\sim10^{18})$	$1\times(10^{9}\sim10^{14})$

由表5-3可知，不饱和聚酯树脂力学性能优于酚醛树脂，低于环氧树脂，但断裂伸长率均高于二者，说明其具有较好的韧性。

不饱和聚酯树脂最重要的应用就是用作纤维复合材料的基体，20世纪50年代美国首先用玻璃纤维增强聚酯制成飞机雷达罩，从此开始了高性能复合材料的全盛发展时期，现在玻璃纤维复合材料还占有相当重要的地位，除大量用来制造各种雷达天线罩以外，还在新能源的风电叶片、海洋船舶工程、石化设备和管道、汽车车身部件、卫生盥洗器皿、透明瓦楞板等建筑材料等得到大量应用。

5.4.1 不饱和聚酯树脂的合成、分类及应用[54—56]

不饱和聚酯是主链上含有酯键[$—\overset{\overset{\Large O}{\|}}{C}—O—$]和不饱和双键[—CH═CH—]的高分子化合物的总称，由二元醇或多元醇与饱和、不饱和二元酸或多元酸缩合而成，

不饱和聚酯分子结构中的不饱和双键具有高的化学活性，在高温下，会发生双键打开、相互交联而自聚；也可与其他烯类单体通过双键的加成反应，发生共聚，生成聚酯树脂的预聚物。

典型的不饱和聚酯具有如下结构：

$$\mathrm{H\!\left[O-R_1-O-\overset{\overset{O}{\|}}{C}-R_2-\overset{\overset{O}{\|}}{C}\right]_m\!\left[O-R_1-O-\overset{\overset{O}{\|}}{C}-R_3-\overset{\overset{O}{\|}}{C}\right]_n O-R_1-OH}$$

上式中的 R_1、R_2、R_3 分别代表二元醇及不饱和与饱和二元酸基团，是合成不饱和聚酯的原料；m、n 为聚合度。改变 R_1、R_2、R_3 以及 m、n 值，可以得到一系列不同结构的不饱和聚酯分子链，产生不饱和聚酯族中极其多样的品种规格。

同其他高分子聚合物一样，影响聚酯树脂性能的主要因素是原料的结构和性能，以及树脂合成制备的方法和工艺条件。

5.4.1.1　不饱和聚酯树脂合成原料

工业上生产聚酯的原、辅材料包括不饱和二元酸（或酸酐）和饱和二元酸（或酸酐）、二元醇或多元醇等。除了上述几种主要原料外，还有各种添加剂和阻聚剂、催化剂或引发剂、促进剂、填料、染料及润滑剂等。最通用的不饱和聚酯是由顺丁烯二酸酐、邻苯二甲酸酐及丙二醇合成。下面将从合成聚酯树脂的性能要求出发，介绍一些主要合成原料的结构和性能。

1. 二元酸

合成不饱和聚酸，可选用多种二元酸。使用酸组分优先考虑两个目的：第一是提供不饱和键；第二是使不饱和键间有一定间隔。不饱和二元酸满足第一个要求；饱和酸满足第二个要求。因此实际生产中，大多数的不饱和聚酯均采用不饱和二元酸和饱和二元酸的混合酸组分。饱和酸用来降低聚酯的结晶性，增加与交联单体的混溶性和提高固化后制品的刚性。选用二元酸的种类以及不饱和双键的类型直接影响到最终固化产品的性能。

(1)不饱和二元酸。

不饱和二元酸提供不饱和聚酯树脂中的双键，树脂中的不饱和酸越多，则双键比例越大，树脂的反应活性越高，得到交联度越高的固化物，因此力学性能和耐热性都有提高，但韧性有所降低，断裂延伸率较低。为改进树脂的反应性和固化物性能，一般把不饱和二元酸和饱和二元酸混合使用。

不饱和二元酸分子中存在着两类官能团，一类是羧基，在缩聚反应时和二元醇中的羟基起反应生成高分子的线型缩聚产物；另一类是不饱和双键，使线型缩聚产物能和乙烯类单体（如苯乙烯）起共聚合反应生成三向交联的不溶不熔的高聚物，达到完全固化的目的。

常用的不饱和二元酸或酸酐有顺丁烯二酸酐、反丁烯二酸和四氢化邻苯二甲酸酐等。

顺丁烯二酸酐(MAH)简称**顺酐**，是顺丁烯二酸（马来酸）的脱水产物，溶于水后生成顺丁烯二酸，结构式如下。

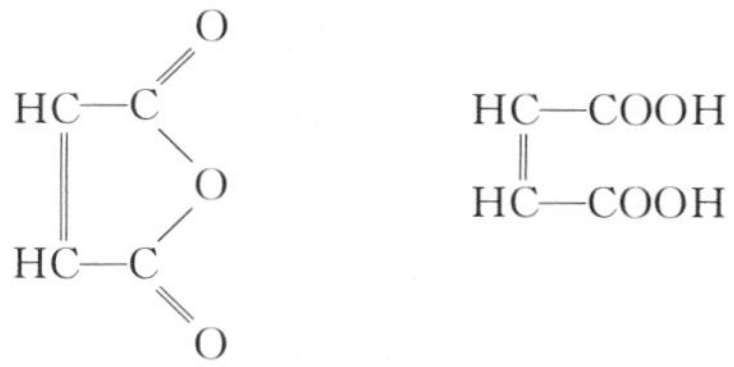

```
           O
          //
HC—C
‖      \
‖       O          HC—COOH
‖      /           ‖
HC—C               HC—COOH
          \\
           O
```

因为它熔点低、含水少、反应速度快,实际生产中经常使用。其结构式上带有两个羧基都很容易发生酯化反应,4 个碳原子中有两个碳原子以双键连接,这种低键能的共价键在聚合反应中能打开,与其他化合物进行加成反应,形成高分子聚合物。

反丁烯二酸又称**富马酸**,为反式 4 碳不饱和二元酸。其中两个羧基易酯化。它比顺式更稳定、熔点高,故参加酯化反应比顺式难。但由它合成的聚酯更具有线性特征,软化点高、结晶性强、耐腐蚀性强,结构式如下:

HOOC—CH
‖
CH—COOH

单体结构的不同会导致聚酯性能上的差异,化学活性高的聚酯,其力学性能优良,耐化学腐蚀性也较好,反丁烯二酸具有较高的化学活性,与交联剂苯乙烯上的双键共聚能力强(反式双键比顺式双键活泼),所以用其合成的不饱和聚酯性能好。

除上述两种原料外,其他不饱和二元酸还有氯代顺丁烯二酸、亚甲基丁二酸等,但实际用得不多。

(2)饱和二元酸。

饱和二元酸的共缩聚可以调节双键的密度,使树脂的柔性加强,并改善聚酯在烯类单体中的溶解性,降低生产成本。

在工业树脂中最常用的饱和酸是具有苯环结构的邻苯二甲酸酐和间苯二甲酸。

邻苯二甲酸酐(PA)简称**苯酐**,结构式上的两个羧基直接连在苯环邻位上,都可以酯化,结构式如下:

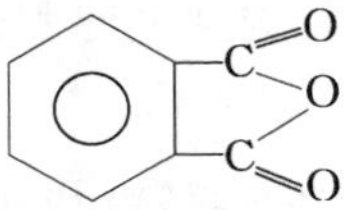

苯酐用于典型的刚性树脂中,可降低聚酯的结晶倾向,并使最终的制品具有一定的韧性。所得的树脂与苯乙烯的相溶性好,有较好的透明性和良好的综合性能。此外,苯酐原料易得,价格低廉,因此是应用最广的饱和二元酸。

间苯二甲酸(IPA)的两个羧酸连接到苯环的间位碳原子上,结构式为:

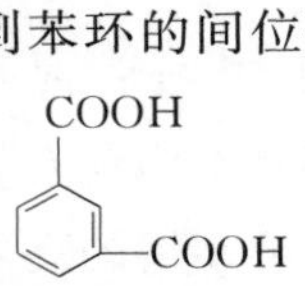

COOH
COOH

与邻苯二甲酸酐相比,间苯二甲酸较难酯化,这是因为邻苯二甲酸酐中两个酯基相互紧靠引起的相互排斥作用而变得更活跃,而间苯二甲酸的结构改变克服了这种缺点,能提高聚酯树脂的耐蚀性和耐热性,此外还提高了树脂的韧性。

对苯二甲酸(PTA)的两个羧酸连接到苯环的对位碳原子上,结构式为:

COOH
COOH

对苯二甲酸可使聚酯提高热变形温度和降低固化收缩率,化学稳定性也得到改进,常用于抗化学腐蚀的树脂中。其缺点是反应速率较低,用于聚酯的两阶段合成。

不饱和聚酯是由顺丁烯二酸酐、苯二甲酸酐和丙二醇缩聚而成的,其中典型的聚酯体系是用等摩尔比的顺酐和苯酐与过量10%的丙二醇制成的。若投料时的顺酐-苯酐的摩尔比增加,则最终树脂的凝胶时间、折光率和黏度下降,而固化树脂的软化点提高,硬度增大,体积收缩率也相应变高,同时耐一般溶剂及耐化学药品性较好。若顺酐-苯酐的摩尔比降低,将会发生树脂因双键密度变小、交联不够而最终固化不良,导致制品的机械强度下降。

因此不同的不饱和二元酸或酸酐、饱和二元酸或酸酐以及不饱和酸与饱和酸的摩尔比变化,都将对其制备的不饱和聚酯性能,特别是对用其生产的玻璃钢制品性能产生很大影响。

2. 二元醇和多元醇

合成不饱和聚酯主要用二元醇,一元醇作分子链长控制剂,而多元醇的使用是为了得到体型网状的固体聚酯,此时聚酯的相对分子质量往往增加很快且难于控制。

工业生产上不饱和聚酯树脂最常用的二元醇是1,2-丙二醇,乙二醇和分子链上含有醚键的二元醇,如一缩乙二醇及一缩丙二醇等。

(1)丙二醇(PG)。

丙二醇有1,3-丙二醇和1,2-丙二醇两种异构体。聚酯合成中多用后者,为黏性液体,可与水或醇以任何比例混溶。结构式如下:

$$CH_3—\overset{\displaystyle OH}{\overset{|}{C}}H—CH_2—OH$$

丙二醇之所以广泛用于工业生产不饱和聚酯是因其能提供优异的物理和化学性能,常用来制备刚性要求高的聚酯。特别是1,2-丙二醇分子链中含有不对称的甲基,合成的聚酯结晶倾向较少,与苯乙烯交联剂有良好的相容性,固化树脂有较好的硬度。

(2)乙二醇(EG)。

乙二醇是对称结构的二元醇,结构式为:$HO—CH_2—CH_2—OH$。因此制备的聚酯有强烈的结晶倾向,与苯乙烯的相溶性也差,久置会分层。但是,经过酰化反应可以封闭聚酯链的端羟基,破坏其对称性,降低结晶倾向,从而可以改善它与苯乙烯的相溶性和固化物的耐火性及电性能。

如在乙二醇中混有丙二醇,亦能破坏其对称性,降低结晶倾向,所制得的聚酯和苯乙烯混溶性良好,而且固化后的树脂在硬度和热变形温度方面也比单纯用乙二醇制得的树脂要好。据报道,用18%的丙二醇代替乙二醇,制得的聚酯与苯乙烯有良好的相溶性与稳定性,并使最终固化树脂的压缩强度优于单独使用丙二醇制备的聚酯。

(3)多元醇。

一缩二乙二醇是一种多元醇:$HO—CH_2—CH_2—O—CH_2—CH_2—OH$。其两个羟基相距较远,活性大,易于酯化,用它制备的聚酯结晶度低,柔性好,但由于分子中醚氧桥的存在,易于吸水,电性能受到影响。

使用多元醇,如甘油(丙三醇)可以增加支链,因此可在二元醇中加入少量的多元醇,达到提高固化树脂的耐热性和硬度的目的。但是在使用多元醇时，操作时务必谨慎以防黏度增长过快和树脂的过早凝胶现象。

综上所述，不同的二元醇(包括多元醇)对树脂的性能影响不同，一般来讲，二元醇的链愈长，意味着含有亚甲基愈多，则聚酯分子链愈柔顺，但随着二元醇中亚甲基的增加，聚酯的熔点将降低，耐热性变差。

3. 其他助剂

(1)交联剂。

不饱和聚酯的交联剂是指能和不饱和聚酯进行交联共聚的烯类单体。交联剂对聚酯的结构和性能都很重要，实际选用量应考虑到与聚酯的混溶性、常温下的挥发性、固化的难易及原料价格等。

苯乙烯(styrene)是不饱和聚酯常用的交联剂。价格便宜，与树脂混溶性好，固化时与聚酯链中的双键能很好地共聚，且固化速度快，树脂的黏度也较低，便于操作，固化后得到的产物具有良好的性能。

苯乙烯的含量对固化树脂的物理性能有较大影响，为获得最佳物理性能，苯乙烯的含量应在合理范围，应根据所用原料醇和酸制得的聚酯结构的类型及不饱和酸的含量，以及聚酯链的相对分子质量进行选择。例如，柔性聚酯其不饱和酸成分较低，通常需要用较多的苯乙烯加以稀释，从而获得最好的拉伸强度。由较高不饱和酸组成的聚酯，通常需要较低的苯乙烯含量(20%～40%)来获得适宜的性能。苯乙烯含量超过一定限度之后，固化物的脆性增加、热变形温度也变低。

邻苯二甲酸二丙烯酯(DAP)是另一种常用交联剂，比用苯乙烯作交联剂所得的制品电性能和耐热性都较高，尺寸稳定性好。但它的反应活性比烯类单体及丙烯酸类单体要低，需加热固化。由于它的挥发性及固化时放热峰温度都较低，故广泛用于制备预浸渍材料及块状模压料(BMC)。用它生产的模压制品开裂及出现空洞的现象较少，并有较好的刚度。

用三聚氰酸三丙烯酯作交联单体可以改进聚酯的热稳定性，得到的固化制品有较高的热变形温度。在160 ℃下可长期使用，甚至在260 ℃下仍有良好的机械强度保留率。

(2)引发剂和促进剂。

不饱和聚酯与单体的交联是加聚反应，需要引发剂引发，使反应进行并完成。引发剂品种较多，主要是有机过氧化物或偶氮化合物，这些引发剂本身不稳定，一般需配成稳定的溶液，或加入一种增塑剂形成糊状使用，或以粉末状与一种惰性的填料混合使用，用量一般为1%～4%(质量分数)。

单独使用引发剂，使树脂的固化过程不易控制，引发剂用量过多，固化速率太快，产品性能差，太少则固化速率太慢，如靠加热来加速固化，就必须加压，不然制品可能产生气泡或开裂，所以通过加入促进剂可解决这一问题。

促进剂是一种活化剂，可以促进引发剂活化，加速分解，引发交联反应，常用的促进剂有辛酸钴和环烷酸钴。其作用是通过氧化还原反应使稳定的引发剂活化，在常温下引发交联反应。

(3)阻聚剂。

阻聚剂的作用是在一定时间范围内,延缓或减慢聚合的速度。理想的阻聚剂应具备的条件:一是与聚酯或交联单体混溶性好;二是高温或常温下能有效地阻止聚合反应的发生,使不饱和聚酯树脂有较长的贮存期;三是不会使固化后的树脂着色;最后是低毒或无毒性,价廉且性能稳定。

常用的阻聚剂有对苯二酚、特丁基邻苯二酚和环烷酸铜溶液等。除单独使用外,也可混合使用。阻聚剂通常在缩聚反应结束后加入,既可避免在较高温度下树脂与苯乙烯单体混溶时发生凝胶,也可延长树脂溶液产品的贮存期。

5.4.1.2 不饱和聚酯树脂的合成

同其他合成高分子化合物一样,不饱和聚酯树脂的合成方法有两种:加成聚合和缩合聚合。目前大多采用缩聚反应的合成方法。

不饱和聚酯树脂的合成包括两个反应阶段,首先是二元醇与二元酸在酸或碱的催化作用下的酯化反应,生成不饱和的线型链状高分子聚酯。然后是这种不饱和线性聚酯的不饱和双键与活性的交联剂(如苯乙烯)中的双键发生交联反应,形成网状的体型结构的高分子聚合物。

不饱和聚酯的性能与不饱和聚酯的分子结构有关,而分子结构又与合成单体的结构和性能有关,因此,在合成过程中可以通过选择合理的二元酸和二元醇及加入合理的促进剂或阻聚剂来控制不饱和聚酯分子的分子量等方式,从而得到理想的不饱和聚酯分子结构和性能。

目前用作复合材料基体的不饱和聚酯多由顺丁烯二酸酐、邻苯二甲酸酐及丙二醇合成得到的热固性聚酯树脂。

1. 不饱和聚酯的合成原理

不饱和聚酯是由不饱和二元酸、饱和二元酸与二元醇经缩聚反应合成的产物。因为二元醇、二元酸的平均官能度为2,所以不饱和聚酯的合成反应是一种线型缩聚反应。

这种二元酸与二元醇之间的缩聚反应的原理是生成酯基的酯化反应,基本反应式为:

$$\underset{\text{酸}}{R-\overset{\overset{O}{\|}}{C}-OH}+\underset{\text{醇}}{H-O-R'}\ \underset{\text{水解}}{\overset{\text{酯化}}{\rightleftharpoons}}\ \underset{\text{酯}}{R-\overset{\overset{O}{\|}}{C}-O-R'}+H_2O$$

就是一个羧基(—COOH)和一个羟基(—OH)在酸或碱的催化作用下发生酯化反应形成酯基,而羧基去掉羟基(OH)和醇去掉氢原子(H)形成水分子脱出,所以酸和醇的酯化反应的逆反应是水解反应,而且这种水解反应是可逆的,因此在聚酯树脂聚合过程要有水的排除。

其中R和R′可以是多种化合物单体,因此由酯化反应生成的聚酯品种繁多,酯化反应研究的内容也非常广泛。

通常酯化反应分为三个阶段:链的开始、链的增长和链的终止。两个活性单体相遇而生成二聚体即为链的开始。二聚体进一步与原料单体反应或者聚合物之间的末端官能团发生反应，实现链的增长。链增长过程中不断生成低分子产物水，将水不断地排除掉以生成分子量较大的聚合物。理论上，聚合反应直到反应体系中全部的活性官能团消耗完，生成为一个巨大的分子链才会终止。

目前常见的酯化反应有酯交换反应、直接酯化反应、开环聚合酯化反应等。

(1)酯交换反应。

酯交换反应是指含酯基的基团 R″被含醇基的基团 R′取代的过程。这种反应通常在酸或碱催化剂作用下进行：

$$R'OH + R''O{-}C({=}O){-}R \longrightarrow R''OH + R'O{-}C({=}O){-}R$$

由上式可以看出，通过这种取代得到新的醇和新的酯，即：醇＋酯→变化的醇＋变化的酯。而新得到的酯基单体被赋予一些新的性能特征，最后缩聚成满足不同性能要求的聚酯高分子化合物。

例如，将对苯二甲酸二甲酯(DMT)与乙二醇(EG)在锌、锰、锑等有机金属盐或氧化物催化作用下进行酯交换，生成聚酯单体-聚对苯二甲酸乙二醇酯(BHET)和甲醇，通过蒸馏去除甲醇，使得反应能够完全进行：

$$\text{DMT} + 2\text{EG} \longrightarrow \text{BHET} + 2\text{MA(甲醇)}$$

这种方法制备的聚酯树脂可用来生产纤维、薄膜及电子电气产品的灌封件。酯交换反应在生产过程中有副产物甲醇产生，需增加回收设备，生产成本高于直接酯化法，且甲醇不安全，自从高纯度的对苯二甲酸(PTA)可以大量地低价获得之后，聚酯的合成基本采用 PTA 直接酯化反应。

(2)直接酯化反应。

直接酯化反应是一种典型的缩聚反应，其反应原理是：在催化剂作用下，二元醇分子上的氢原子和二元酸分子上的羟基结合生成水分子脱出。而其余的部分以离子键结合，生成一端为羟基，一端为羧基的聚酯单体，其中含有一个酯键[—(OCO)—]：

$$HOR_1OH + HOOCR_2COOH \rightleftharpoons HOR_1OCOR_2COOH + H_2O$$

生成的产物可以进一步和二元酸或二元醇起酯化反应，使酯键数增加 1，生成两端仍为羧基或羟基的酯分子：

$$HOR_1OCOR_2COOH + HOR_1OH \rightleftharpoons HOR_1OCOR_2COOR_1OH + H_2O$$

$$HOR_1OCOR_2COOH + HOOCR_2COOH \rightleftharpoons HOOCR_2COOR_1OCOR_2COOH + H_2O$$

这两种产物又可以和二元酸或二元醇反应，或两者之间互相反应，使分子链再增长，生成含更多酯键的更大的分子。酯化反应继续进行，生成线型不饱和聚酯大分子。

这种缩聚反应是可逆反应，醇和酸反应生成酯和水，生成的酯又易于水解成为酸与醇，要使反应继续进行，必须排出副产物水，使反应陆续向聚酯分子链扩展的正方向进行。

直接酯化反应的主要优点有：原料消耗费用低；没有副产物甲醇生成，可以省去甲醇回收设备;酯化反应可以不用催化剂,聚合物的热稳定性好等。

不饱和聚酯的缩聚反应是熔融缩聚反应,即反应物、生成物均混溶在一个系统中,这种反应往往需要长时间和高温条件(反应温度为190～200 ℃,时间10 h),使反应过程变得复杂。除了上述酯化反应和水解反应外,实际上还存在着一定的长链裂解、链交换以及官能团分解、支链形成等反应。由此影响到最终产品的性能,实际生产中应进行有效的产品质量控制。

(3)开环聚合反应。

开环聚合是环状化合物单体经过开环加成转变为线型聚合物的反应,由于引进刚性的环状分子结构,使线性聚合物的大分子骨架刚性提高,最后生成的聚合物的强度、刚度和耐热性都有所改善。

开环聚合所用的环状化合物有多种形式,目前研究得较多的是用环氧丙烷(PO)和顺丁烯二酸酐,即马来酸酐(MAH)的开环酯化加成聚合。环氧丙烷分子中存在化学活性较高的环氧基,为环氧丙烷制造广泛应用的下游产品提供了结构基础。由环氧丙烷生产丙二醇,可进一步制造不饱和聚酯。

已有报道的各种环氧化合物开环酯化聚合机理可分为三类:阴离子聚合、阳离子聚合与配位聚合。其中用含有活泼氢(水、醇、酸、胺)的物质反应与马来酸酐进行阴离子的开环聚合研究得最多。

下面将讨论马来酸酐和环氧丙烷在乙醇作为引发剂的条件下进行酯化反应生成聚酯聚合物的过程。

链引发:由乙醇引发马来酸酐的直接酯化反应生成两端带有羟基和羧基的聚酯单体。

$$\text{(马来酸酐: O=C—O—C=O 五元环, HC=CH)} + CH_3CH_2OH \longrightarrow CH_3CH_2-O-\overset{\overset{O}{\|}}{C}-CH=CH-\overset{\overset{O}{\|}}{C}-OH$$

链增长:生成的聚酯单体与环氧丙烷反应生成带有羟基的反应物,分子链增长。

$$CH_3CH_2-O-\overset{\overset{O}{\|}}{C}-\underset{\underset{H}{|}}{C}=\underset{\underset{H}{|}}{C}-\overset{\overset{O}{\|}}{C}-OH + \underset{O}{\triangle}-CH_3 \longrightarrow CH_3CH_2-O-\overset{\overset{O}{\|}}{C}-\underset{\underset{H}{|}}{C}=\underset{\underset{H}{|}}{C}-\overset{\overset{O}{\|}}{C}-O-CH_2-\overset{\overset{OH}{|}}{CH}-CH_3$$

上述反应连续交替进行,因为反应物和原料中都带有羟基,可与酸酐和环氧化合物连续交替反应,使分子链不断增长,最终形成高分子聚酯。

用加成聚合反应制备聚酯,反应过程中无水生成,开环反应是放热反应,可减少聚酯合成的热量。但是由于氧化物的运输和使用比较危险,所以这种方法没有得到推广。

2. 影响不饱和聚酯性能的因素

同其他聚合物材料一样,影响聚酯树脂的结构和性能主要有两方面的因素,一是合成原料的结构与性能,二是合成的工艺路线和工艺条件,而且这两者之间是有内在联系的,不同的合成原料对合成工艺的要求会有所不同。因此在进行聚酯树脂产品的配方设计时,也要考虑这两方面的问题。

前文中已对一些合成原料的结构和性能作了介绍，现归纳在表 5-5 中。

表 5-5 合成原料对聚酯树脂性能的影响

原料类型	原料组分	性能
饱和二元酸	邻苯二甲酸酐	调节聚酯分子的不饱和性，使树脂有更好的韧性，改善聚酯与苯乙烯的相容性
	间苯二甲酸	相对于邻苯二甲酸酐，酯化速率较低。但合成树脂具有较高的热变形温度、优良的机械强度、较好的耐水性
	对苯二甲酸	相对于邻苯二甲酸或间苯二甲酸，酯化速率较低，聚酯结晶度高，耐热性、耐腐蚀性和部分机械性能优于间苯树脂。与苯乙烯混性差
	己二酸	长链型饱和二元酸，可赋予树脂柔韧性，常用于制造柔性树脂，固化后树脂膜柔顺饱满
	四氢邻苯二甲酸酐	作为饱和二元酸参加酯化反应，能提高聚酯树脂的耐热性、气干性、光洁度和耐磨性等
不饱和二元酸	顺丁烯二酸酐	常用的不饱和二元酸，为聚酯分子提供足够的不饱和度
	反丁烯二酸	为聚酯分子提供足够的不饱和度，合成的聚酯更具有线型特征，软化点高，结晶性强，固化反应活性高，耐腐蚀性强
二元醇	乙二醇	对称型二元醇，与苯酐、顺酐合成的聚酯结晶性强，与苯乙烯混溶性不好，极易分层。树脂固化反应活性高，树脂固化后刚性强
	一缩乙二醇	合成树脂柔韧性好，结晶性较低，与苯乙烯相溶性好。树脂的固化反应活性低。由于分子结构中醚键使树脂的耐水和耐腐蚀性降低
	丙二醇	常用的为 1,2-丙二醇，分子结构有不对称性，合成聚酯与苯乙烯混溶性好，固化反应活性低于乙二醇，制备玻璃钢的综合性能优良
	新戊二醇	结构对称型二元醇，合成聚酯结晶度高，与间苯二甲酸配合使用能提高聚酯的机械性能，玻璃钢耐腐蚀性优异
交联单体	苯乙烯	不饱和聚酯树脂缩聚常用的交联剂，价格低廉，与聚酯共聚合性好，固化速度快，色浅且耐老化
	甲基苯乙烯	一般不单独使用，可作为阻聚剂与苯乙烯配合使用，能有效降低树脂固化放热和固化收缩率，生产的制品韧性好，表面光洁度高
	邻苯二甲酸二烯丙酯	作为不饱和聚酯树脂的交联剂，与苯乙烯相比，树脂电性能和耐热性都有所提高，尺寸稳定性好。但这类交联剂与聚酯混合后，固化较困难，须加热固化或光固化
	甲基丙烯酸甲酯	具有较低的光折射率，作为交联单体，可有效地调节聚酯树脂的折射率，广泛用于透明玻璃钢的制造，提高制品的光洁度与柔韧性

除合成原料对聚酯的性能有影响外，合成工艺对不饱和聚酯性能也有重要的影响。在合成不饱和聚酯树脂过程中，不同的合成工艺条件会改变聚酯分子的分子量大小、分子量分布、分子结构的排布顺序等，从而影响最终产品的性能。不同的合成工艺条件包括投料顺序、反应步骤、升温速度、反应温度、催化剂、惰性气体等。一些性能优异的树脂往往可以通过调节合成工艺来获得，例如，可使树脂在配方不变也就是原料成本不变的前提下，通过采用不同的合成工艺，达到改变分子结构，提高树脂最终性能的目的。

(1)投料方法对聚酯性能的影响。

投料分为一步法和两步法两种。一步法是根据配方将不饱和酸或酸酐、饱和酸或酸酐和二元醇一次投入反应釜内进行反应。两步法是根据配方先将饱和二元酸或酸酐和二元醇投入反应釜中进行反应，当反应进行到一定程度时，再投入不饱和二元酸或酸酐，此法更适合反应活性差别较大的单体，最后合成的树脂，分子链中各结构单元分布均匀性较好，相应机械性能、电性能、耐热性、耐腐蚀性能也较好。

(2)反应温度对聚酯性能的影响。

反应温度对聚酯合成非常重要，不达到一定温度，酯化反应速率很小，只有达到一定温度，二元醇才能与二元酸缩合成酯。升高温度增加了分子的运动速度，可促使酯化反应迅速达到平衡，有利于聚合物分子量的增大。但并不是温度越高越好，若温度高于250 ℃，聚酯分子链中不饱和双键打开，发生聚酯胶凝或固化形成不溶不熔固体；或者发生羧酸脱羧作用，聚酯分子发生热裂解反应，造成产品质量变坏等。因此，生产中必须合理控制反应温度，通常为160～220 ℃。而且升温方式最好用逐步升温法。

(3)反应时间对聚酯性能的影响。

在聚酯的合成过程中，一般是通过测定反应体系的酸值或黏度来控制反应进程，判断反应终点，所谓酸值是1 g反应混合物所消耗的KOH的毫克数。随着反应的进行，羧基不断和羟基进行酯化反应，使体系中羧基浓度不断下降，酸值不断降低，反应程度不断加深，聚酯的分子量不断提高，因此必须通过酯值的测定来控制反应时间，最后得到满足要求的产品。

(4)交联固化剂对聚酯性能的影响。

苯乙烯与不饱和聚酯共聚后，其共聚产物可反映出聚苯乙烯的某些性能，如电绝缘性、耐水、耐化学性优良；邻苯二甲酸二烯丙酯在作聚酯交联剂使用时，固化速度慢，产品柔性大，特别是可以使聚酯的交联固化反应停留在凝胶阶段，因而有其特殊用途；邻苯二甲酸二烯丙酯预聚体可克服固化速度慢的缺点，同时耐热性可以得到进一步提高；三聚氰酸三烯丙酯作交联剂可制得耐热树脂，有较高的使用温度，可保留室温下的许多物理性能，而且可以长期使用。

5.4.1.3　不饱和聚酯树脂的分类

不饱和聚酯树脂的品种牌号甚多。从合成原料的结构和性能来分，用作复合材料基体的，基本上是邻苯二甲酸型(简称邻苯型)、间苯二甲酸型(简称间苯型)、双酚A型和乙烯基酯型、卤代不饱和聚酯树脂等。

1. 邻苯型不饱和聚酯和间苯型不饱和聚酯

邻苯二甲酸和间苯二甲酸互为异构体，由它们合成的不饱和聚酯分子链分别为邻苯型和间苯型，虽然它们的分子链化学结构相似，但间苯型不饱和聚酯和邻苯型不饱和聚酯相比，具有下述一些特性：①用间苯型二甲酸可以制得较高分子量的间苯二甲酸不饱和聚酯，使固化制品有较好的力学性能、坚韧性、耐热性和耐腐蚀性能；②间苯二甲酸聚酯的纯度高，树脂中无残留间苯二甲酸和低分子量间苯二甲酸酯杂质；③间苯二甲酸聚酯分子链上的酯键受到间苯二甲酸立体位阻效应的保护，邻苯二甲酸聚酯分子链上的酯键更易受到水和其他各种腐蚀介质的侵袭，用间苯二甲酸聚酯树脂制得的玻璃纤维增强塑料在 71 ℃饱和氯化钠溶液中浸泡一年后仍具有相当高的性能。

2. 双酚 A 型不饱和聚酯

双酚 A 型不饱和聚酯与邻苯型不饱和聚酸及间苯型不饱和聚酯大分子链的化学结构相比，分子链中易被水解遭受破坏的酯键间的间距增大，从而降低了酯键密度；双酚 A 不饱和聚酯与苯乙烯等交联剂共聚固化后的空间效应大，对酯基起屏蔽保护作用，阻碍了酯键的水解；而在分子结构中的新戊基，连接着两个苯环，保持了化学键的稳定性，所以这类树脂有较好的耐酸、耐碱及耐水解性能。

3. 乙烯基树脂

乙烯基树脂又称为**环氧丙烯酸树脂**，是一类新型树脂，其特点是聚合物中具有端基不饱和双键。乙烯基树脂具有较好的综合性能：①由于不饱和双键位于聚合物分子链的端部，双键非常活泼，固化时不受空间障碍的影响，可在有机过氧化物引发下，通过相邻分子链间进行交联固化，也可与单体苯乙烯共聚固化；②树脂链中的 R 基团可以屏蔽酯键，提高酯键的耐化学性能和耐水解稳定性；③乙烯基树脂中，每单位相对分子质量中的酯键比普通不饱和聚酯中少 35％～50％左右，这样就提高了该树脂在酸、碱溶液中的水解稳定性；④树脂链上的仲羟基与玻璃纤维或其他纤维的浸润性和黏结性提高复合材料的强度；⑤环氧丙烯酸树脂主链可以赋予乙烯基树脂韧性，分子主链中的醚键可使树脂具有优异的耐酸性和化学稳定性。

乙烯基树脂的品种和性能很多，随着所用原料的不同而有广泛的变化，可按复合材料对树脂性能的要求进行分子结构设计。

4. 卤代不饱和聚酯

卤代不饱和聚酯是指由氯桥酸酐(HET 酸酐)作为饱和二元酸(酐)合成得到的一种氯代不饱和聚酯。氯代不饱和聚酯树脂一直被当作具有优良自熄性能的树脂来使用。但 20 世纪 90 年代以来研究表明氯代不饱和聚酯树脂亦具有相当好的耐腐蚀性能，它在某些介质中的耐腐蚀性能与双酚 A 不饱和聚酯树脂和乙烯基树脂基本相当，而在某些例如湿氯中的耐腐蚀性能则优于乙烯基树脂和双酚 A 不饱和聚酯树脂。

5.4.2 不饱和聚酯树脂的改性[57—60]

作为热固性树脂的主要品种之一，不饱和聚酯树脂因具有较好的生产工艺性、力学性能、电性能及价格低等优点，用作复合材料的基体，在交通、建筑、汽车、电子电器及国防工业等方面得到了广泛的应用。但不饱和聚酯也存在固化物韧性低、抗冲击性差、阻燃性差及固化收缩率较大等缺点，为了满足一些特殊领域的要求，对不饱和聚酯树脂的改性研究一直在进行，并且取得了较好的成果。

改性方法主要有两种：一是物理法，通过加入其他组分使不饱和聚酯的性能得到改善。二是化学法，是通过接枝、嵌段共聚或互穿网络等方法在不饱和聚酯的分子链中引入一些新的反应基团结构，达到改性目的。

作为复合材料的基体，不饱和聚酯的改性主要围绕几个方面进行，一是增韧改性，一是增热改性、阻燃改性、低收缩性改性等，另外是实现可回收和再利用的绿色化改性。

5.4.2.1 增韧改性

不饱和聚酯的增韧基本沿袭环氧树脂等其他热固性树脂增韧的方法，最常用也最简便的方法是采用构造第二相弹性体（如共混液体橡胶）的方法来增韧，但增韧的效果不如环氧树脂。如用某些液体橡胶对环氧树脂增韧后，其表面断裂能可以提高 50 倍左右，而用来增韧不饱和聚酯，据文献报道最高的也只有 4～5 倍。对高交联度不饱和聚酯和 BMC 复合材料来说，效果就更不明显。其原因一方面可能是不饱和聚酯本身结构因素所致，另一方面是不饱和聚酯与一般的液体橡胶相容性都不够好。

1. 基于第二组分的共混增韧改性

这是目前最常用的一种物理改性方法，通过外加第二组分进行共混会产生两种微观结构：一种是形成两相结构，一种是形成单相结构或称半互穿网络结构。

（1）橡胶弹性体增韧。

液体无规端羧基丁腈橡胶（CTBN）是一种常用的增韧剂，对改善环氧树脂脆性效果显著。用来改性不饱和聚酯的增韧效果与橡胶添加量有关，低含量（3%～5%）橡胶能提高不饱和聚酯韧性，高含量（>10%）橡胶可显著降低树脂收缩率，橡胶增韧效果取决于分散相橡胶尺寸、分布密度和均匀性以及与树脂的界面混溶性。乙烯基封端的丁腈橡胶也可改善不饱和酯树脂的韧性。

对于橡胶弹性体增韧，早期多采用小块状的天然橡胶、丁苯橡胶、丁腈橡胶来增韧，但存在橡胶与不饱和聚酯间相容性差和加工困难等问题。后来较多采用橡胶低聚物来增韧不饱和聚酯，即先与未固化的不饱和聚酯（溶于苯乙烯中）混合分散，然后加入引发剂引发不饱和聚酯交联固化，在固化过程中聚酯分子量逐渐增大，橡胶相便从基体中析出，最终形成微相分离的分子结构来达到增韧目的。

（2）热塑性弹性体增韧。

聚氨酯作为一种可调解性非常好的弹性体广泛用于不饱和聚酯增韧。例如用含有不饱和端基的聚氨酯的液体弹性体与不饱和聚酯共混固化，聚氨酯两端的不饱和键可通过自由基反应参与不饱和聚酯的固化，达到较好的增韧效果，实现与基体树脂的化学连接，提高了冲击强度。

环氧弹性体也可增韧不饱和聚酯树脂。用胺固化的双酚 A 型环氧弹性体来改性不饱和聚酯树脂，研究发现用胺（T－509）固化的环氧弹性体改性后体系的综合韧性最优，体系的弯曲强度增加幅度为 65%，但改性后所有体系的弯曲模量降低。

（3）无机纳米粒子增韧。

将纳米级的无机粒子分散在聚合物中是提高复合材料力学性能、耐热性的一个新方法。聚合物与无机材料在纳米尺度的复合可充分地结合聚合物与无机纳米材料的优异性能。将

TiO_2 纳米粉加入到不饱和聚酯中进行增韧改性，复合材料有明显的脆韧转变现象，在脆韧转变点 TiO_2 含量为 6%（质量分数），纳米 TiO_2/不饱和聚酯的弯曲强度和冲击强度分别提高了 55%和 46%，表明其从脆性断裂到韧性断裂的特征。

(4)互穿聚合物网络增韧。

互穿聚合物网络是两种或以上聚合物的复合物，两种或多种聚合物在互相存在的情况下各自交联反应。最后两种大分子形成互穿和缠结的网络，这种体系的特点在于能起到"强迫相容"作用，由于两种聚合物网络之间相互贯穿，相界面较大，因此，它不同于一般的共混物。用互穿网络来增韧热固性树脂的优越性很多，在互穿网络形成过程中易通过改变反应参数，如温度、压力、催化剂、交联剂来控制分子结构形态，起到增韧效果。

2. 分子结构改性

(1)接枝。指在不饱和聚酯合成时，接枝引入一些带有反应活性端基的柔性大分子链段或接上韧性链段，如二元醇、活性聚酯、聚醚、甚至某些氟类化合物，这有助于提高不饱和聚酯树脂的韧性和低温性能。例如把未固化的不饱和聚酯一端接上聚乙二醇的单甲基醚形成共聚物，直接作为韧性树脂使用或作为不饱和聚酯的增韧改性剂。

(2)嵌段共聚。通过合成嵌段共聚物的办法引进弹性体组分。用羟端基橡胶或羧端基橡胶或聚乙二醇代替部分二元醇或二元酸通过缩聚反应而合成主链带有"软段"的不饱和聚酯树脂，称为化学反应共混，以赋予聚合物优良的力学特性。研究表明，嵌段共聚物的形成对增韧效果具有十分重要的作用，这种嵌段物固化交联后仍然是海岛结构的两相体系，类似于液体橡胶与不饱和聚酯共混体系结构，但力学性能要优于后者。

5.4.2.2 其他改性

其他改性包括阻燃改性、耐热改性、耐介质改性和低收缩率改性等。

1. 阻燃改性

不饱和聚酯复合材料被大量用于建筑结构和交通运输工具内装件，而且碳、氢元素含量高，易燃烧，因此不饱和聚酯的阻燃改性一直倍受关注。阻燃改性一般是采用加入阻燃剂的方法，常用的阻燃剂可分为添加型阻燃剂和反应型阻燃剂，包括以下几类。

(1)有机阻燃剂。

主要是卤系阻燃剂，卤系阻燃剂又分为氯系和溴系两大类。溴系阻燃性高，热稳定性好，添加量少，是卤系阻燃剂中最常用的一类。目前，国内外研制的含溴阻燃剂已达 80 余种，其中，芳香族溴化物，如四溴双酚 A、十溴联苯醚等具有优良的耐热性能，在高分子材料阻燃领域应用广泛。而脂肪族阻燃剂如二溴新戊二醇及其衍生物因具有极高的光稳定性和抗紫外线性能，近年来也倍受关注。

然而，尽管卤系阻燃剂仍是最重要的阻燃剂品种之一，由于卤系阻燃剂在燃烧时产生的有毒卤化氢气体将会导致二次危害，对环境污染大，如多溴二苯醚(PBDE)和多溴联苯(PBB)等阻燃剂已被欧盟 ROHS 指令等规定禁止在电子电器产品中使用。

(2)无机阻燃剂。

主要包括金属氢氧化物、硼酸盐、有机硅氧化物,重要品种有氢氧化铝、氢氧化镁、红磷、氧化锑、氧化锡、氧化钼、钼酸铵、硼酸铵、氧化锆、氢氧化锆等。而这其中用量最大的品种是氢氧化铝和氢氧化镁,其消耗量占添加型阻燃剂的60%左右。

氢氧化铝和氢氧化镁具有热稳定性好、不挥发、不产生有毒气体、不腐蚀加工设备、价格便宜等优点,其阻燃机理为氢氧化铝或氢氧化镁的填充,使可燃性高聚物的浓度下降;在300~350 ℃脱水吸热,抑制聚合物的升温;脱水放出的水汽稀释可燃性气体和氧气的浓度,可阻止燃烧;脱水后在可燃物表面生成氧化物,阻止继续燃烧,是一种有发展前途、环境友好的无卤无机阻燃剂。

另一方面,在现实工业生产中,氢氧化铝和氢氧化镁阻燃剂阻燃效能低,单独使用时添加量需要在60%以上时才具有较好的阻燃效果,但这样影响了塑料的加工性能和力学性能。目前主要的改进方法是实现粒度微细化、表面改性、同时添加能促进树脂炭化的增效剂,但这样提高了其成本。

磷是非常有效的阻燃元素,无论是有机磷还是无机磷,特别是含卤素的磷酸酯能有效提高聚酯的阻燃性能。

磷系阻燃剂的特点是具有阻燃和增塑双重功能,燃烧后的残余物、产生的有毒气体和腐蚀性气体也比卤系阻燃剂少。此外,它与树脂相容性好,可保持树脂透明性。磷系阻燃剂已向高功能化、高附加值化发展。

(3)层状黏土纳米复合材料阻燃技术

聚合物/层状黏土复合材料是近年来研究的热点。由于聚合物/层状黏土复合材料具有常规聚合物复合材料所没有的结构、形态以及较常规材料更加优越的力学性能、阻燃性能、气液体的阻隔性能等,所以具有广泛的应用前景。

例如用原位聚合法制备了不饱和聚酯树脂/高岭土纳米复合材料,试验发现,高岭土的层状结构可能在不饱和聚酯树脂聚合过程中被剥离,使不饱和聚酯树脂的热分解速度变缓,失重率降低,添加了少量阻燃剂的复合材料在10 s内不能点燃,燃烧时无滴落,无浓烟,火焰扩展长度达到5 mm。阻燃的机理是材料在燃烧过程中高岭土片层迁移到材料的表面,在燃烧形成的炭层中自动排列而形成含高岭土片层的坚硬致密的焦炭保护层,从而起到良好的绝缘和传质屏障作用,改进了体系阻燃性。

2. 低收缩率的改性

一般未经改性的不饱和聚酯树脂的固化收缩率约为6%~10%,如此大的收缩率使制品在成型固化过程中受内应力的影响,容易出现制品表面不平整、尺寸不稳定等现象,要成型出结构复杂、对尺寸公差要求比较严格的制品非常困难,因此低收缩率成为改性的重要内容之一。不饱和聚酯树脂的低收缩率改性的主要方法是在不饱和聚酯树脂中引入低收缩添加剂(LSA)/低波纹剂(LPA)。收缩率控制机理是:引发剂在高温下热分解产生自由基,引发不饱和聚酯分子与乙烯基单体发生交联反应,使低收缩剂与不饱和聚酯树脂发生相分离,形成富树脂相和富低收缩剂相，随着交联反应的进行，继续发生相分离，同时反应时放出热量，使体系温度升高，聚酯相和低收缩剂相开始收缩，由于低收缩剂相的玻璃化转变温度低于聚酯相的固化定型温度，导致低收缩相收缩滞后于树脂的固化定型，在两相界面周围形成微空隙，使整个树脂相不能连续收缩，降低不饱和聚酯树脂的固化收缩率。

3. 耐热改性

提高不饱和聚酯树脂耐热性能的方法主要是将第二相聚合物与不饱和聚酯树脂形成互穿网络结构，或将含有热稳定性好的结构单元引入不饱和聚酯树脂。例如由不饱和聚酯树脂、聚醚多元醇和甲苯二异氰酸酯通过自催化反应制成了具有互穿网络结构的不饱和聚酯树脂/聚氨脂体系，能显著提高耐热性能。当聚氨脂含量为5%时，其热分解温度可提高近20 ℃。

5.4.3 不饱和聚酯树脂的应用分类[61,62]

不饱和聚酯树脂最重要的应用是用作复合材料的基体材料，主要用玻璃纤维增强，广泛用于新能源的复合材料，如风机叶片、复合材料船艇、各种雷达天线罩、石化管道、贮罐、各种建筑材料等。随着绿色复合材料的发展，不饱和聚酯树脂也被用来与天然纤维复合，例如，与麻纤维复合制成不同的复合材料制品，用于不同的场合，但这种研究尚处于开始阶段，规模的产业化尚未形成。

根据不同复合材料品种的使用要求，不饱和聚酯可分为：

(1)通用型聚酯。通用型树脂主要是邻苯型不饱和聚酯树脂，亦包括部分间苯型不饱和聚酯树脂，它们大多用于手糊玻璃纤维增强塑料制品。

(2)耐热型聚酯。要求不饱和聚酯树脂在高温下应用，耐热型树脂的热变形温度应不小于110 ℃，在较高温度下具有高的强度保留率。

(3)耐化学型聚酯。这类树脂具有优异的耐腐蚀性能和耐水性能，商品树脂主要有双酚A型不饱和聚酯树脂、乙烯基树脂、间苯型不饱和聚酯树脂和卤代聚酯树脂等。

(4)阻燃型聚酯。阻燃型树脂是在合成时使用一种能产生阻燃(自熄)的成分，例如使用四溴苯酐、氯茵酸酐(HET酸酐)取代苯酐合成树脂。能有效降低燃烧速率，减少烟、毒排放量。

(5)耐气候型聚酯。这类树脂使用新戊二醇及甲基丙烯酸酐类交联单体，并添加紫外光吸收剂，提高了树脂的耐气候性和光稳定性。树脂透明性好，树脂浇铸体的折射率可与玻璃纤维的折射率相近或一致，被广泛用于玻璃钢建筑结构。

(6)高强高韧型聚酯。这类树脂具有高的强度和坚韧性，主要用于纤维缠绕工艺制备的复合材料。

参考文献

[1] ZAIKOV G E,BAZYAK L I, ANELI J N. Polymers for Advanced Technologie: Processing Characterization and Applications[M]. TORONTO: Apple Academic Press,2013.

[2] 唐见茂.高性能纤维复合材料[M].北京:化学工业出版社,2013.

[3] 刘锋,周恒,赵彤.高性能树脂基体的最新研究进展[J].宇航材料工艺,2012,(4):1-6.

[4] STENZENBERGER H D. Recent developments of thermosetting polymers for advanced composites[J]. Composite Structures,1993,24(3):219-231.

[5] 刘琳,戴光宇,李文峰.航空航天用高性能热固性树脂基体应用及研究进展[J].中国塑料,2008,(4):9-12.

[6] 周其凤,范星河,谢晓峰.耐高温聚合物及其复合材料——合成、应用与进展[M].北京:化学工业出版社,2004.

[7] 孙曼灵,吴良义.环氧树脂应用原理与技术[M].北京:机械工业出版社,2002.

[8] 贫福.高性能复合材料的基体-环氧树脂[J].化工新型材料,1984,(11):10-20.

[9] Sloan J. Greenresins: Growingup[J/OL]. CompositesTechnology, 2011-10-1http://www. compositesworld. com/articles/green-resins-growng-up.

[10] 苏航,郑水蓉,孙曼灵,等.纤维增强环氧树脂基复合材料的研究进展[J].热固性树脂,2011,26(4):54-57.

[11] 卢放.新型环氧树脂固化剂的合成及性能研究[D].大连:大连理工大学,2013.

[12] 刘廷株,王洪昌,许鑫平.环氧树脂的固化机理[J].热固性树脂,1989,(2):38-48.

[13] 姚燕,孟祥玲.环氧树脂用固化剂的研究进展[J].现代涂料与涂装,2007,10(4):37-40.

[14] 王伟.环氧树脂固化技术及其固化剂研究进展[J].热固性树脂,2001,16(3):29-34.

[15] 谭家顶,程珏,郭晶.几种胺类固化剂对环氧树脂固化行为及固化物性能的影响[J].化工学报,2011(6):249-255.

[16] 廖国胜.芳香胺类固化剂与环氧树脂的固化行为研究[J].塑料工业,2010,38(10):67-71.

[17] 丁建良,俞亚君.酸酐类环氧固化剂的开发和应用[J].热固性树脂,1998,(3):32-38.

[18] 苏祖君,曾金芳,王华强.酸酐固化环氧树脂用促进剂评述[J].热固性树脂,2004,(9):35-39.

[19] 刘全文.咪唑类环氧树脂固化剂的合成及性能研究[D].武汉:武汉理工大学 2007.

[20] 刘全文,陈连喜,田华.咪唑类环氧树脂固化剂研究进展[J].国外建材科技,2006,27(3):4-7.

[21] 张宝华,翁燕青,陈斌.改性咪唑环氧树脂中温固化剂的制备与性能[J].高分子材料科学与工程,2011,27(12):123-126.

[22] LIU L,LI M. Curing mechanisms and kinetic analysi s of DGEBA cured with a novel imidazole derivative curing agent using DSC techniques[J]. Journal of Appllied Polym er Science,2010,117(6):3220-3227.

[23] 谭家顶,程珏.几种胺类固化剂对环氧树脂固化行为及固化物性能的影响[J].化工学报,2011,62(6):1723-1729.

[24] 苏祖君,曾金芳,王华强.酸酐固化环氧树脂用促进剂评述[J].热固性树脂,2004,19(5):35-41.

[25] 沈登雄,宋涛,刘金刚,等.高韧性环氧基体树脂的制备与性能[J].宇航材料工艺,2012,(2):69-72.

[26] 宣兆龙,易建政,杜仕国.环氧树脂增韧改性研究进展[J].材料导报,2006,(52):443-447.

[27] 高宗永,余英丰,李善君.先进复合材料基体树脂的增韧研究[J].热固性树脂,2006,21(6):6-10.

[28] 吴传芬,陈文静,林长红.橡胶弹性体增韧环氧树脂的结构与性能研究[J].热固性树脂 2014,29(3):40-44.

[29] 徐亚娟,刘少兵.热塑性树脂增韧环氧树脂研究进展[J].热固性树脂,2010,25(6):47-51.

[30] 宫大军,魏伯荣.热致型液晶增韧环氧树脂的研究进展[J].化学与粘合,2010,32(6):50-54.

[31] 袁露.不同形状纳米粒子增韧环氧树脂复合材料的研究[D].武汉:武汉理工大学,2008.

[32] 陈健,孔振武,吴国民. 天然植物纤维增强环氧树脂复合材料研究进展[J]. 生物质化学工程,2010,44(5):53-59.

[33] LOW I M, MCGRATH M, LAWRENCE D. Mechanical and fracture properties of cellulose-fiber reinforced epoxy laminates[J]. Composites A,2007,38:963-974.

[34] LU J,ASKELAND P,DRZAL L T. Surface modification of microfibrillated cellu lose for epoxy composite applications[J]. Polymer,2008,(49):1285-1296.

[35] JOCHEN G,ANDRZE J K, BLEDZK I. Possibilities for improving the mechanical properties of jute epoxy composites by alkali treatment of fibers[J]. Composites Science and Technology,1999,(59):1303-1309.

[36] 王新波,黄龙男. 降解型环氧树脂[J]. 化学进展,2009,21(12):2704-2811.

[37] BO L. Degradable epoxy resin for sustainable carbon fibre composites[J]. JEC Composites Magazine,2013,(83):78.

[38] FOMBUENA V, BERNARDIB L, FENOLLAR O, et al. Characterization of green composites from bio-based epoxy matrices and bio-fillers derived from seashell wastes[J]. Materials & Design,2014,(57):168-174.

[39] 邓雷. 高性能酚醛树脂的制备与表征[D]. 武汉:武汉理工大学,2009.

[40] 李晓林,罗朝霞,张立群. 热固性酚醛树脂的合成与性能研究[J]. 热固性树脂,2007,22(2):27-31.

[41] 薛斌,张兴林. 酚醛树脂的现代应用及发展趋势[J]. 热固性树脂,2007,(4):50-53.

[42] 冯卓星,党江敏,王宏斌. 常温呈固体的热固性酚醛树脂的合成及表征[J]. 热固性树脂,2012,27(2):15-19.

[43] 李春华,齐暑华,张剑. 酚醛树脂的增韧改性研究进展[J]. 2006,24(2):35-39.

[44] 熊佑明. 酚醛树脂耐热改性研究[D]. 南京:东南大学,2005.

[45] 韩建祥,胡孝勇. 酚醛树脂基复合材料增韧改性研究进展[J]. 中国胶粘剂,2013,22(1):42-46.

[46] 赵小玲,齐暑华,杨辉等. 高性能化改性酚醛树脂的研究进展[J]. 工程塑料应用,2003,31(11):63-66.

[47] BINDU R L,NAIR C P, NINAN K N. Phenolic resins bearing maleimide groups: synthesis and characterization[J]. Journal of Applied Polymer Science Part A Polymer Chemistry,2000,38(2):641-652.

[48] REGHUNADHAN N C P. Advances in addition cure phenolic resins[J]. Progress in Polymer Science,2004,29(5):401-498.

[49] 龚艳丽,邓朝晖,伍俏平. 高性能改性酚醛树脂的研究进展[J]. 材料导报 A:综述篇,2013,27(6):83-88.

[50] 胡平,张锦霞、张鸿雁等. 酚醛树脂及其复合材料成型工艺的研究进展[J]. 热固性树脂,2006,21(1):36-41.

[51] 杨亚洲,佟金,马云海等. 改性黄麻纤维和酚醛树脂复合材料的力学性能[J]. 吉林农业大学学报,2009,31(6):788-792.

[52] 鲁小城,闫红强,王华清等. 阻燃苎麻/酚醛树脂复合材料的制备及性能[J]. 复合材料学报,2011,(3):7-11.

[53] 沈开猷. 不饱和聚酯树脂及其应用[M]. 北京:化学工业出版社,2007.

[54] 韩秀萍. 新型不饱和聚酯树脂的合成研究[D]. 海口:华南热带农业大学,2005.

[55] 孟金环. 自交联不饱和聚酯的制备及其固化性能的研究[D]. 青岛:中国海洋大学,2013.

[56] 许胜,陈建,何阳. 耐高温不饱和聚酯树脂的制备与固化[J]. 石油化工,2013,42(7):802-806.

[57] 王庆,王庭慰,魏无际. 不饱和聚酯树脂固化特性的研究[J]. 化学反应工程与工艺,2005,21(6):492-496.

[58] 祝晚华,刘琦焕,范春娟.不饱和聚酯树脂改性研究新进展[J].绝缘材料,2011,44(2):34-38.
[59] 宫大军,魏伯荣,柳丛辉.不饱和聚酯树脂增韧改性的研究进展[J].绝缘材料 2009,42(6):36-40.
[60] 任蒿.不饱和聚酯树脂阻燃改性研究[D].太原:中北大学学士论文,2011.
[61] 赵建宇.不饱和聚酯树脂及其复合材料国内外开发现状[J].热固性树脂,2013,28(1):61-65.
[62] 杜杰,郑玉斌,李冬梅.生物降解性脂肪族聚酯改性的研究进展[J].合成树脂及塑料,2006,23(1):70-74.

第6章 绿色复合材料基体——热塑性树脂

6.1 热塑性树脂基体概述[1—7]

树脂基复合材料的树脂基体分为两类，一类是热固性树脂，一类是热塑性树脂。这种分类是基于它们的大分子聚集形态不同，以及在材料上表现出的对热或温度的响应行为特征不同。

热固性树脂基体固化后大分子聚集态由二维线型链状结构变成三维体型网状结构，大分子间形成很强的约束力，树脂由流体变成不溶不熔的坚实固体，这种变化是不可逆的，固化的树脂不能通过加热或熔融回到以前的流体状态，因此热固性树脂复合材料的废弃料及退役制件不能回收再加工和再利用，带来环境负荷。

热塑性树脂的大分子聚集态是由单体聚合而成的二维线型链状分子结构，这种链状的大分子有的带有支链，有的不带支链。这种结构决定了它对热的响应行为是可逆的，也就是在常温呈固体状态，称为**玻璃态**；而温度升高时，其线性分子链因为没有三维交联分子的约束，产生链段松弛，材料变软，并具有弹性，这种状态称为**高弹态**；当温度升到某一温度后，分子间的约束变得很少，可以相互流动，材料变成熔融的**黏流态**。而且这种可逆的热反应是可以多次重复的，也就是通过加温使材料从玻璃态变成粘流态，降温冷却又可回到玻璃态。这种可逆的热反应是热塑性复合材料成型工艺的基础，由于加热和冷却过程中分子之间不发生任何化学反应。因此材料的性能不会因此而受影响。

综上所述，热塑料树脂有三种大分子聚集形态，即玻璃态、高弹态和黏流态，其中玻璃态显示出固体材料的力学特征，具有一定的强度和刚度，对纤维增强体起到很强的固结作用，形成两相的复合材料体系。当温度升到某一个温度后，产生分子链段松弛，对纤维的约束减弱，复合材料的强度和模量都会降低。这个温度称为**玻璃化转变温度**（T_g），它是固体聚合物材料很重要的一个性能指标，通常用它表征固体聚合物材料以及复合材料的最高使用温度。

大多数塑料以及热塑性复合材料就是基于这种可逆的热反应特征来进行产品的加工和制造，如压塑、模塑、浇铸、拉挤、复合材料层压件的固结等。

热塑性树脂门类品种繁多，典型代表性热塑性树脂如聚烯烃、氟树脂、聚酰胺、聚酯、聚碳酸酯(PC)、聚甲醛(POM)、丙烯腈-丁二烯-苯乙烯(ABS 树脂)、聚对苯二甲酸丁二醇酯(PBT)、聚对苯二甲酸乙二醇酯(PET)、聚苯乙烯-丙烯腈(SAN 或 AS 树脂)等。其中聚烯烃类应用广泛，包括聚乙烯(PE)、聚丙烯(PP)、聚氯乙烯(PVC)、聚苯乙烯(PS)、聚酰胺(PA)

等。其中聚丙烯具有强度高、耐热性好、易加工、无环境污染等优点，目前用得最多。

热塑性树脂的这种可逆的热反应，使对它们的回收再加工和再利用成为可能，对于热塑性复合材料而言，退役的制件可以回收，通过热加工使树脂流出，而纤维可以保留，以备再用。这显然是热塑性相对于热固性复合材料最大的优点。尽管热塑性复合材料目前在性能上还不能跟高性能的热固性复合材料相比，但从资源利用和环保等可持续发展的要求出发。热塑性复合材料展现出广阔的发展前景。

此外，相对于热固性复合材料，热塑性复合材料还具有其他优点：

(1)轻质、高强。热塑性复合材料的密度为 1.1～1.6 g/cm^3，仅为钢材的 1/5～1/7，比热固性复合材料低 1/2～1/4。能够以较小的单位质量获得更高的力学性能，作为承载结构件，能充分发挥材料的效率。轻质高强的优点在热塑性复合材料上更能得到充分体现。

此外，由于线型的链状分子结构使热塑性树脂具有较高韧性，能提高复合材料的抗冲击性和断裂韧性。

(2)性能设计的自由度大。由于热塑性基体材料种类比热固性基体多，因此，其选材设计的自由度也就更大。

(3)成型加工中纯粹是物理过程，无化学反应，因此加工成型过程简单，容易控制，可直接在温度和压力下快速成型，大大提高工效，降低制造成本，且成品质量容易保证。

(4)可回收再加工，大幅减少环境负荷；另外维修方便，可以多次重复加工及修补。边角余料和废弃物可回收。

(5)热塑性树脂性能稳定。存放期内不发生化学反应，因此其预浸料无贮存期限制，存放也无特殊要求。

(6)热塑性树脂的主要缺点是强度普遍比热固性树脂低，尺寸稳定性较差，膨胀系数较大，耐热性不如热固性树脂。这主要归因于它们的线性链状分子结构，在长期的载荷和温度条件下，分子链段会出现不同程度的松弛，对增强纤维的约束力有所降低，宏观上表现出材料性能上的退化，特别是对于大型结构件的尺寸稳定性会有所影响。

从热塑性树脂基复合材料的发展历程来看，早期所用的树脂基体主要是烯烃类聚合物，如聚乙烯、聚丙烯、聚苯乙烯，以及聚酰胺和热塑性线性聚酯等。这类热塑性树脂基复合材料的优点是韧性好，成型工艺简单，制造周期短，材料来源广泛，而且可回收再利用。缺点是耐热性差、强度和刚度低，多用于性能要求不高的一般行业，如建筑、交通、船舶、机械等。

为满足航空航天等部门对高性能复合材料的使用要求，20 世纪 80 年代聚芳醚系列高性能树脂基体得到开发，主要集中在欧、美、日等发达国家和地区。1965 年，美国 UCC 公司成功开发聚砜(PSF)产品，其玻璃化温度为 195 ℃，可以在 180 ℃下长期使用；1972 年英国 ICI 公司成功开发聚醚砜(PES)，玻璃化温度为 225 ℃，可在 200 ℃下长期使用；1982 年，英国 ICI 公司又推出聚醚醚酮(PEEK)，玻璃化温度为 143 ℃，熔点 335 ℃，可在 240 ℃下长期使用，近年来，高性能热塑性树脂基复合材料发展很快，在航空航天等高技术领域得到越来越多的应用，其中空客和波音公司已成功用于飞机的非承力件和次承力件，经过 20 多年的应用和验证，现已向飞机主承力件方向发展，也在运载火箭、空间飞行器的结构件上得到应用。

聚芳醚系列树脂基体的主要缺点是树脂的溶解性能差，常温下只溶于浓硫酸，致使其合成条件苛刻；另外熔融温度高，一般都在 300 ℃以上，提高了复合材料预浸料制备的树脂浸渍和制件成型加工的技术难度，也提高了制造成本。后来又陆续开发了耐热性能更高的聚芳醚新品种（如 PEK，PEKK，PEEKK 等），但均未解决难溶解、难加工、成本高的问题。

尽管如此，高性能热塑性树脂基复合材料的发展仍倍受关注，21 世纪复合材料进入新的发展时期，在新能源、航空航天、海洋工程、新能源汽车等领域将会越来越多地使用复合材料，复合材料的大量使用，给环保带来很大压力，特别是热固性树脂难降解、难回收的缺点，给热塑性复合材料带来更多的发展机遇。

用植物纤维，如麻纤维、竹纤维等再生纤维素纤维增强的热塑性复合材料是一种绿色复合材料，近年来发展很快，其优势体现在轻质、高强、成型工艺简单、可回收再利用等，在汽车、建材、家居、包装、及日常生活用具等方面已有大量应用，而且发展前景广阔，对复合材料新产品开发和利用及环境保护方面很有意义。

6.2 常用的热塑性树脂基体

通用型热塑性复合材料树脂基体主要有聚烯烃类、聚酰胺类及热塑性聚酯类。一般而言，凡是热塑性树脂都可用作复合材料的基体材料，但基体的结构与性能对复合材料的性能至关重要，因此在复合材料设计选材时，应根据复合材料性能设计的要求，选择合适的树脂基体。下面将介绍最常用的热塑性树脂。

6.2.1 聚丙烯[8—11]

6.2.1.1 聚丙烯分子结构

聚丙烯（polypropylene，PP）是以丙烯（$CH_3—CH═CH_2$）为单体，通过加聚反应得到的高分子聚合物，是目前通用型复合材料用得最多的一种基体材料。其分子结构是配位聚合得到头尾相连的线性聚合结构。在大分子主链上，每隔一个碳原子有一个甲基侧基存在，按照甲基侧基的配位不同，在整个分子的空间结构上，产生三种同分异构体，即：

全同立构，甲基在同侧。

$$\begin{array}{ccccccccc} & & CH_3 & & CH_3 & & CH_3 & & CH_3 \\ & & | & & | & & | & & | \\ —CH_2— & & C & —CH_2— & C & —CH_2— & C & —CH_2— & C— \\ & & | & & | & & | & & | \\ & & H & & H & & H & & H \end{array}$$

间同立构，甲基交替地向主链的两个方向排列。

$$\begin{array}{ccccccccc} & & CH_3 & & H & & CH_3 & & H \\ & & | & & | & & | & & | \\ —CH_2— & & C & —CH_2— & C & —CH_2— & C & —CH_2— & C— \\ & & | & & | & & | & & | \\ & & H & & CH_3 & & H & & CH_3 \end{array}$$

无规立构，甲基任意无序排列。

$$-CH_2-\underset{H}{\overset{CH_3}{\underset{|}{\overset{|}{C}}}}-CH_2-\underset{H}{\overset{CH_3}{\underset{|}{\overset{|}{C}}}}-CH_2-\underset{CH_3}{\overset{H}{\underset{|}{\overset{|}{C}}}}-CH_2-\underset{H}{\overset{CH_3}{\underset{|}{\overset{|}{C}}}}-$$

前两种称为**立体规整聚合物**，配位聚合得到的聚合物主要是全同立构的聚丙烯。三种聚丙烯在性质上有不少差异，如表6-1所示。

表6-1　三种聚丙烯性能对照

种　类	全同PP	间同PP	无规PP
等规度/%	95	5	5
密度/(g·cm^{-3})	0.92	0.91	0.85
结晶度/%	60	50～70	无定形
熔点/℃	176	148～150	75
在正庚烷中溶解情况	不溶	微溶	溶解

以上是指聚丙烯的均聚物，聚丙烯聚合物中还有共聚物，如以丙烯为主要单体，以少量乙烯为第二单体(或称共聚单体)进行共聚而成的聚合物，共聚物按其立体结构的规整性又可分为**无规共聚物**和**嵌段共聚物**，制取共聚物的目的是为了改善均聚物的某些性能(如耐寒、耐温、抗冲击性能等)以满足特殊用途的需要。

6.2.1.2　聚丙烯性能

(1)密度。聚丙烯是所有合成树脂中密度最小的，仅为0.90～0.91 g/cm^3，是PVC密度的60%左右。这意味着用同样重量的原料可以生产出数量更多的同体积产品。

(2)力学性能。聚丙烯的拉伸强度和刚性都比较好，拉伸屈服强度为30～38 MPa，是通用合成树脂中最高的品种之一。但冲击强度较差，特别是低温时耐冲击性差。但是可以通过共聚或共混改性来改善它的耐低温冲击性能。或者，通过对制品进行回火热处理，以消除成型过程中形成的取向和应力，使制品的抗冲击性能提高。如在100 ℃下对注塑制品处理60 min，抗冲击强度可提高4～5倍。

(3)耐热性。聚丙烯大分子具有高度的空间规整性，如全同立构的大分子链，显示出高度结晶性(结晶度达70%～80%)，等规指数在85%～95%范围内，使聚丙烯具有较好的耐热性，结晶聚丙烯熔点高达170～175 ℃，聚合物立体规整性越高，熔点也越高。

(4)电性能。聚丙烯属于非极性聚合物，具有良好的电绝缘性，且吸水性极低，电绝缘性不会受到湿度的影响。聚丙烯的介电常数、介质损耗因数都很小，不受频率及温度的影响。聚丙烯的介电强度很高，且随温度上升而增大。这些对电气绝缘材料在湿、热环境下都非常有利。

(5)工艺性能。聚丙烯具有良好的工艺性能。它属于结晶型聚合物，具有较高的熔点，不到一定温度其颗粒不会熔融，不像聚乙烯或聚氯乙烯那样在加热过程中随着温度提高而软化。一旦达到某一温度，聚丙烯颗粒迅速融化，在几度范围内即可全部转化为熔融状态，而且熔体黏度比较低，具有良好的成型工艺流动性，特别是当熔体流动速率较高时熔体黏度更小，适合于大型薄壁的复合材料制品热塑成型。

6.2.1.3 聚丙烯改性

在用作复合材料的基体时，聚丙烯的改性主要围绕如何提高力学性能和热性能来进行。其中力学性能改性的一个重要方面是提高聚丙烯的抗冲击性能。

聚丙烯的改性可以在由小分子化合物聚合成大分子化合物时实现，如嵌段共聚(PPB)或无规共聚(PPR)，但更多的是在聚合物已经形成之后，通过物理的、机械的、化学的方法，有针对性地进行改性，如共混、交联、接枝等。

1. 共聚

共聚是化学改性的重要手段。除前面丙烯与乙烯单体共聚外，丙烯还可以与氯乙烯、丙烯酸等单体共聚，还可以在聚丙烯主链上接枝化学结构与主链完全不同的聚合物链段，称为**接枝共聚**。

如果接枝的聚合物带有极性基团，可以改善聚丙烯的黏结特性，以至于在熔融后能牢固地与聚酰胺(尼龙)、金属、玻璃、木材、纸等材料黏合在一起。日本石油化学公司的 QF305 就是可用于 PA/PP 复合膜(管)的黏合性树脂，QF500 和 QF551 则可用于 EVOH(乙烯-乙烯醇共聚物，阻隔性极好)/聚丙烯复合膜(板)的黏合[6]。

2. 氯化或酯化

如果在聚丙烯主链上通过化学反应接枝氯(Cl)或其他极性基团，同样可以改变 PP 的极性。近年来马来酸酐、丙烯酸等接枝聚丙烯已商品化，获得很多应用。

氯化聚丙烯(PPC)是将聚丙烯溶于有机溶剂中，加入少量引发剂(如偶联二异丁腈)，在常压和 60℃条件下通氯气使之氯化，也可采用悬浮法或悬浮溶剂法氯化。

PPC 的氯含量可达 20%～40%，有较高的硬度、较好的耐磨性、耐化学腐蚀性，耐热、耐光、耐老化，还使 PP 具有了一定的难燃性。PPC 开发的主要目的是作为油墨的载体使用，这种油墨可直接用于 PP 薄膜或其他制品的印刷[7]。

用马来酸酐或丙烯酸在 PP 熔融状态下接枝大大改变了 PP 的极性，所得产物可用做增韧改性剂、相容剂使用。

3. 共混

采用机械的办法，在已经生成的聚合物中加入其他聚合物，使其性能发生变化称为**共混改性**。如提高抗低温冲击性的改性，可与乙丙橡胶、EPDM、POE、EVA、SBS 等共混。在共混改性中必须注意不同聚合物之间的相容性。

共混改性中需注意的是只有形成不完全相容的多相体系，同时又能使两种聚合物达到相互均匀分散时，才能达到预期的改性效果。

6.2.2　聚乙烯[12—14]

6.2.2.1　聚乙烯的分子结构

聚乙烯(polyethylene,PE)的化学组成为碳和氢,结构式为 $CH_2=CH_2+CH_2=CH_2+\cdots \rightarrow -CH_2-CH_2-CH_2-CH_2\cdots$是主链为碳原子组成的线型高聚物。依据聚合方法的不同,其产物结构不同,得到不同的品种。

(1)低密度聚乙烯(LDPE)。高压法合成,相对分子质量为 25 000～50 000,结晶度为 50%～60%,密度为 0.91～0.93,熔融温度为 115 ℃。聚乙烯平均每 1 000 个碳原子中含 15～20 个支链,其中短支链为甲基,长支链为烷基(如正丁基等)。

(2)线性低密度聚乙烯(LLDPE)。中压法合成,相对分子质量为 45 000～50 000,结晶度为 85%以上。

(3)高密度聚乙烯(HDPE)。低压法合成,相对分子质量一般小于 350 000,中压法和低压法合成的聚乙烯基本上无支链。

(4)超高分子质量聚乙烯(UHMWPE)。相对分子质量超过 1 000 000,结晶度 80%以上,密度为 0.92～0.97,熔融高于 127 ℃。这是一种新开发的产品,主要用作高性能的纤维材料。

超高分子量聚乙烯纤维具有众多的优异特性,最大的特点是具有非常高的拉伸强度,比普通钢丝要高出十多倍,在现代化国防和航空、航天、海域防御装备等领域发挥着举足轻重的作用。由于超高的拉伸强度,普遍用于负力绳索、重载绳索、救捞绳、拖拽绳、帆船索和钓鱼线等等,同时用于超级油轮、海洋操作平台、灯塔等的固定锚绳。在国防军需装备方面,由于该纤维的耐冲击性能好,比能量吸收大,可以制成防护衣料、头盔、防弹材料,如直升机、坦克和舰船的装甲防护板、雷达的防护外壳罩、导弹罩、防弹衣、防刺衣、盾牌、降落伞等。

6.2.2.2　聚乙烯的性能

1. 物理性能

聚乙烯树脂为无毒、无味的白色粉末或颗粒,外观呈乳白色,有似蜡的手感,吸水率低,小于 0.01%。聚乙烯膜透明,并随结晶度的提高而降低。聚乙烯膜的透水率低但透气性较大,不适于保鲜包装而适于防潮包装。易燃,氧指数为 17.4,燃烧时低烟,有少量熔融落滴,火焰上黄下篮,有石蜡气味。聚乙烯的耐水性较好。制品表面无极性,难以黏合和印刷,经表面处理有所改善。支链多且耐光降解和耐氧化能力差。

2. 力学性能

聚乙烯的力学性能一般,拉伸强度较低,抗蠕变性不好,耐冲击性好。冲击强度(LDPE>LLDPE>HDPE),其他力学性能(LDPE<LLDPE<HDPE)。聚乙烯主要受密度、结晶度和相对分子质量的影响,随着这几项指标的提高,其力学性能增大。

聚乙烯的耐环境应力开裂性不好,但当相对分子质量增加时,有所改善。耐穿刺性好,其中 LLDPE 最好。

3. 热学性能

聚乙烯的耐热性不高，随相对分子质量和结晶度的提高有所改善。耐低温性能好，脆性温度一般可达－50 ℃以下；并随相对分子质量的增大，最低可达－140 ℃。聚乙烯的线膨胀系数大，最高可达$(20\sim24)\times10^{-5}\ K^{-1}$。热导率较高。

4. 电学性能

因聚乙烯无极性，所以具有介电损耗低、介电强度大的电学性能，既可以作调频绝缘材料、耐电晕性塑料，又可以作高压绝缘材料。

5. 环境性能

聚乙烯属于烷烃惰性聚合物，具有良好的化学稳定性。在常温下耐酸、碱、盐类水溶液的腐蚀，但不耐强氧化剂，如发烟硫酸、浓硝酸和铬酸等。聚乙烯在 60 ℃以下不溶于一般溶剂，但与脂肪烃、芳香烃、卤代烃等长期接触会溶胀或龟裂。温度超过 60 ℃后，可少量溶于甲苯、乙酸戊酯、三氯乙烯、松节油、矿物油及石蜡中；温度高于 100 ℃，可溶于四氢化萘。由于聚乙烯分子中含有少量双键和醚键，其耐候性不好，日晒、雨淋都会引起老化，需要加入抗氧剂和光稳定剂改善。

6. 工艺性能

聚乙烯熔体流动性好，加工温度低，黏度大小适中，分解温度低，是一种加工性能很好的塑料。聚乙烯的吸水率低，加工前不需要干燥处理。聚乙烯熔体属于非牛顿流体，黏度随温度的变化波动较小，为加工产品提供方便。聚乙烯制品在冷却过程中容易结晶，因此，在加工过程中应注意模温，以控制制品的结晶度，使之具有不同的性能。聚乙烯的成型收缩率大，在设计模具时一定要考虑。

聚乙烯是聚烯烃树脂中应用最广泛的一种树脂，聚乙烯的分子结构简单，其主要缺点是力学强度不高，热变形温度很低，故不能承受较高的载荷。一般而言，不太适合用作复合材料的树脂基体，用玻璃纤维增强聚乙烯可使力学性能和热性能有很大提高，通常用 20%～25%的玻璃纤维增强聚乙烯。

6.2.3 聚酰胺树脂[15—18]

聚酰胺(polyamide，PA)俗称尼龙，是分子主链上含有重复酰胺基团($-\overset{\overset{\displaystyle O}{\|}}{C}-NH-$)的热塑性树脂总称。聚酰胺的合成大致分为两种，一种是单一原料开环自聚合，如苯酚或环己烷开环聚合可制得聚酰胺(PA6)；一种是二元酸和二元胺缩聚，如用己二酸与己二胺在乙醇中以等摩尔比先制成 66 盐，在 280 ℃和加压条件下缩聚即得 PA66。同样的方法可以制得 PA46，PA1010 等。此外，用两种或两种以上聚酰胺共聚可得到共聚酰胺产品，如 PA6/66。

聚酰胺品种繁多，产品命名是以原料单分子(或大分子中重复单元)所含碳原子数目，如 PA6 的原料己内酰胺含 6 个碳原子，称为 PA6。PA66 是由己二酸和己二胺两种物质聚合而成，每种原料都含 6 个碳原子，称为 PA66。如两种酰胺共聚，则将主要成分放在前面，次要成份放在后面，如PA6/66。

聚酰胺以大分子链重复结构中所含有的特殊基团来分类，如含酰胺基团—CONH—的是脂肪族聚酰胺；含芳香基或酰胺键连接芳香基的是芳香族聚酰胺；共聚酰胺则是由两种或两种以上聚酰胺共聚生成的聚酰胺产品，如含杂环的共聚芳香族聚酰胺。

聚酰胺分子主链中重复出现的酰胺基团是一个带极性的基团，这个基团上的氢原子能与另一个酰胺基团上的羰基结合成牢固的氢键，使聚酰胺的结构发生结晶化，从而使其具有良好的力学性能、耐油性、耐溶剂性等。聚酰胺的吸水率比较大，酰胺键的比例越大，吸水率也越高。

聚酰胺的共同结构特征是在每一链节都有酰胺基团，酰胺基在碳链中所占的比例不同，对品种的性能起着很大的决定作用，尤其是对机械性能、电性能和尺寸稳定性的影响更大。

聚酰胺的共同性能特点是拉伸强度高、耐冲击、耐磨、耐化学腐蚀性，但不同品种的结构差异，性能也存在差别。如熔融温度、密度、吸水性及尺寸稳定性等就有较明显的不同。

几种主要聚酰胺的综合性能如表6-2所示。

表6-2 几种主要聚酰胺的综合性能

品种	密度/(g·cm^{-3})	吸水率/%	拉伸强度/MPa	伸长率/%	弯曲强度/MPa	压缩强度/MPa	熔点/℃	线膨胀系数/(×10^{-5} K^{-1})	燃烧性	介电常数 60 Hz	击穿强度/(kV·mm^{-1})
PA6	1.13～1.45	1.9	74～78	150	100	90	215	7.9～8.7	自熄	4.1	22
PA66	1.08～1.15	1.5	83	60	100～110	120	250～265	9.0～10	自熄	4.0	15～19
PA610	1.8	0.4～0.5	60	85	—	90	210～220	9～12	自熄	3.9	28.5
PA1010	1.04～1.06	0.39	52～55	100～250	89	79	—	10.5	自熄	2.5～3.6	>20
PA11	1.04	0.4～1.0	47～58	60～230	76	80～100	—	11.4～12.4	自熄	3.7	29.5
PA12	1.09	0.6～1.5	45～50	230～240	86～92	—	—	10.0	自熄/缓慢燃烧	—	16～19

（1）力学性能。

聚酰胺具有优良的力学性能，其拉伸强度、压缩强度、冲击强度、刚性及耐磨性都比较好。但是聚酰胺的力学性能会受到温度及湿度的影响。它的拉伸强度、弯曲强度和压缩强度随温度与湿度的增加而减小。

聚酰胺的冲击性能很好，而且温度及吸水率对聚酰胺的冲击强度有很大的影响。聚酰胺的冲击强度随温度与含水率的增加而上升。聚酰胺的硬度随含水率的增加而直线下降。

（2）电性能。

由于聚酰胺分子链中含有极性的酰胺基团，会影响到它的电绝缘性。聚酰胺在低温和干燥的条件下具有良好的电绝缘性，但在潮湿的条件下，体积电阻率和介电强度均会降低，介电常数和介质损耗也会明显增大。温度上升，电性能也会下降。

(3)热性能。

由于聚酰胺分子链之间会形成氢键,因此聚酰胺的熔融温度比较高,而且熔融温度范围比较窄,有明显的熔点。聚酰胺的热变形温度不高,一般为 80 ℃以下,但用玻璃纤维增强后,其热变形温度可达到 200 ℃。

聚酰胺的热导率很低,为 0.18~0.4 W/(m·K),相当于金属的几百分之一。因此在用聚酰胺做齿轮和轴承这一类的机械零件时,厚度应尽量减小。聚酰胺的线膨胀系数比较大,为金属的 5~7 倍,而且会随温度的升高而增加。

(4)耐化学药品性。

聚酰胺具有良好的化学稳定性,由于具有高的内聚能和结晶性,所以聚酰胺不溶于普通溶剂(如醇、酯、酮和烃类),能耐许多化学药品,它不受弱碱、弱酸、醇、酯、酮、润滑油、油脂、汽油及清洁剂等的影响,对盐水、细菌和霉菌都很稳定。

在常温下,聚酰胺溶解于强极性溶剂(如酚类、硫酸、甲酸)以及某些盐的溶液,如氯化钙饱和的甲醇溶液、硫氰酸钾等。

在高温下,聚酰胺溶解于乙二醇、冰醋酸、氯乙醇、丙二醇和氯化锌的甲醇溶液。

(5)耐候性能。

聚酰胺的耐候性能一般,如果长时间暴露在大气环境中会变脆,力学性能明显下降。如果在聚酰胺中加入稳定剂后,可以明显地改善其耐候性。常用的稳定剂还有无机碱金属的溴盐和碘盐、铜和铜化合物以及亚磷酸酯类。

6.2.4 PBT 树脂[19—21]

PBT 学名全称是聚对苯二甲酸丁二醇酯(polybutylene terephthalate,PBT),由聚对苯二甲酸与 1,4 -丁二醇聚合而成,是一种新型的饱和热塑性聚酯。其分子链主链是由具有刚性的苯环和柔性的脂肪醇联结起来的饱和线性分子组成,分子的高度几何规则性和刚性部分使聚合物具有较高的机械强度、突出的耐化学品、耐热性和良好的电性能。分子中没有侧链,结构对称,从而使 PBT 具有高度的结晶性和高熔点。这决定了 PBT 制品具有良好的综合性能,优于聚酰胺、聚甲醛、聚碳酸酯等工程塑料。

PBT 是乳白色结晶型固体或无色透明的无定形的固体,无毒、无味,密度为 1.31 g/cm^3。

PBT 具有良好的冲击韧性,玻璃纤维增强后,其各种机械性能成倍增加,在同等条件下比 POM、PC、PPO 的各种强度都好,但缺口冲击强度较差,玻璃纤维增强 PBT 的机械性能随温度升高而下降,但在较高的温度下仍保持较高的强度;在不同温度下,具有优良的耐蠕变性,并且几乎不随受力时间而变化。PBT 的耐疲劳性能比增强 PA、PC 好。

PBT 是结晶型聚合物,所以具有明显的熔点,一般为 225 ℃,加工温度超过 270 ℃后,物料开始分解、变色。PBT 的玻璃化温度较低,一般为 30 ℃,结晶较快;PBT 的热变形温度为 60 ℃,玻璃纤维增强后明显增加,加入 30%玻璃纤维增强的 PBT 的热变形温度是 200~210 ℃,可以在 140 ℃左右的条件下长期使用。

PBT具有十分优异的电性能、较高的电阻率和介电强度，使PBT在高温和恶劣的环境中安全工作，归因于它的分子结构规整，具有较高的结晶能力，尽管含有极性酯基，但由于酯基的运动受到苯环和结晶区限制，对材料电性能影响不大。

PBT的耐老化性能也相当突出，如长时间暴露于高温条件下，其各种机械性能变化不大，PBT的内应力小，耐应力开裂性优良。

PBT的耐湿热性较差，不耐热水和蒸汽，当PBT长时间浸泡在高温热水中，其大分子会发生水解，导致分子量下降，性能也随之下降；但在80 ℃以下的热水中，其性能不受影响。PBT可以在低于60 ℃的热水中长期连续使用。

PBT树脂近年来被开发用作复合材料树脂基体，用玻璃纤维增强制成复合材料，当纤维含量为30%时，拉伸强度和模量，弯曲强度都会提高2～3倍。

6.3 高性能热塑性树脂基体[22—30]

6.3.1 高性能热塑性树脂的性能优点

高性能热塑性树脂基体是针对热固性树脂的断裂韧性、损伤容限低；吸湿率高、环境适应性不佳，难以回收等缺点，以及通用型热塑性树脂普遍强度不高、耐热性不够等局限而专门开发的新型树脂产品系列。目前以聚芳醚产品系列为主。近20多年来，先进热塑性树脂基复合材料的研发取得了很大进展，在军用和民用飞机上均得到应用。据报道，美国波音787梦想飞机和空客A－350XWB宽体客机上都使用了热塑性树脂基复合材料。

这些高性能的热塑性树脂基体由于合成工艺复杂，造价昂贵，目前仅限于航空航天及电子通讯等高端应用，但从发展观点来看，今后将会很快地推广到其他领域的应用。而且它们本身也可以进行多次热加工，尽管加工温度较高，但还是可以通过热加工进行回收和再利用，这是相对于热固性树脂最主要的优势。

目前的高性能热塑性树脂主要有聚醚醚酮（PEEK）、聚醚酮（PEK）、聚醚酮酮（PEKK）、聚苯硫醚（PPS）、聚醚酰亚胺（PEI）、聚醚砜（PES）、聚酰胺酰亚胺（PAI）、热塑性聚酰亚胺（TPI）等，其中以聚醚酮类树脂用得最多。

聚醚酮和聚醚醚酮是半结晶态的热塑性芳香族聚合物，其分子结构中，有一些分子呈有序排列，称为**晶态**；另一些分子呈无规则排列，称为**无定形态**。这两种形态的分子互相缠结，使这些树脂表现出不同于热固性树脂的性能特征。首先表现在热性能上，在玻璃化温度（T_g）时，只有无定形部分产生链段松弛，降低部分强度，而其中的晶态部分将经历一个强度逐渐下降的过程，直到接近其熔点（T_m）。T_g以上保留强度的比例与晶态分子的含量有关。一般来说，晶态分子的熔点温度都较高，接近或超过300 ℃，这是通用型热塑性树脂无法比拟的，甚至超过了环氧等热固性树脂，这就使复合材料的耐热性大幅提高，但另一方面却使复合材料的树脂浸渍和成型制造变得复杂和困难。

其次是高韧性，纤维复合材料以层压的结构形式为主，对外来物的冲击非常敏感，冲击损伤引起的破坏是复合材料一种主要的失效形式，而解决方法之一就是提高树脂基体的韧性，这是目前热固性树脂研究的重要内容之一。而高性能热塑性复合材料的一个突出特点就是高韧性。因为热塑性树脂的分子链是线性的，大分子之间只有较弱的范德华键结合，在温度和载荷下分子链段可以有一定程度的松弛，而热固性树脂交联的网状结构使分子间的约束力增大，因此热塑性树脂普遍要高于热固性树脂。这表现在两种基体的延伸率相差悬殊，热塑性的延伸率可达30%以上，而环氧基体的只有1%～3%。两种树脂的性能比较见表6-3。

表6-3 高性能热塑性树脂与热固性树脂力学性能对比

树　脂	(T_g/T_m)/℃	拉伸强度/MPa	拉伸模量/GPa	断裂伸长率/%	弯曲强度/MPa	弯曲模量/GPa	断裂韧性/(kJ·m^{-2})
聚醚醚酮	144/340	103	3.8	40	110	3.8	2.0
聚醚酮酮	156/338	102	4.5	—	—	4.5	1.0
聚醚酰亚胺	217/—	104	3.0	30～60	145	3.0～3.3	2.5
聚醚砜	260/—	84	2.6	40～80	129	2.6	1.9
聚酰胺酰亚胺	288/—	136	3.3	25	—	—	3.4
K-聚合物	250/—	102	3.8	14～19	—	3.8	1.1～1.9
N-聚合物	350/—	110	4.1	6	117	4.2	2.5
聚苯硫醚	85/285	82	4.3	3.5	96	3.8	0.2
环氧	170	59	3.7	1.8	90	3.5	—
热固性双马来酰亚胺	295	83	3.3	2.9	145	3.4	0.2

表中数据表明，热塑性树脂具有较高耐热性，且韧性较热固性双马来酰亚胺树脂约高一个数量级，有利于提高复合材料断裂韧性和抗冲击性。但热塑性树脂复合材料的压缩性能几乎都低于双马来酰亚胺和环氧树脂复合材料，这需要进一步研究和改进。

概括起来，与热固性树脂比较，高性能热塑性树脂及其复合材料的优点主要表现在以下两方面：

(1)材料性能的优点：

① 优异的力学性能，相当高的拉伸强度和模量；

② 优异的韧性，提高复合材料抗冲击性和损伤容限；

③ 可回收和重复使用，资源利用率高；

④ 挥发分含量很低，降低乃至避免环境污染，人工操作安全；

⑤ 预浸料无限的贮存期，不需要冷冻贮存和运输；

对于半结晶型树脂(如PEEK、PPS等)还特别具有：

① 耐湿热性能好，湿热条件的性能保持率高；

② 化学性能稳定，突出的抗腐蚀和抗介质性能；

③ 突出的阻燃性能，低烟、低毒、低热释放速率；

④ 很低的吸水性，耐环境性能好。

(2)成形工艺的优点：

① 零件制造成本低，成形周期短，加热到熔点，直接冷却成形；

② 没有固化过程，无须后处理，没有固化放热问题，可以制造厚的零件，残余应力小；

③ 适合各种自动化成型技术，如自动铺丝/自动铺带、纤维缠绕、拉挤成型技术等，避免手工铺层、热压罐的消耗；

④ 零件一般不需要太多的后处理，可以得到净型件；

⑤ 可以再成形/再加工；

⑥ 制件维修简便容易。

高性能的热塑性复合材料作为一种相对较新的复合材料，其研究和应用正不断地发展和完善。目前其研究将主要集中在：①进一步研究开发新的低成本的浸渍制备技术和成型加工方法，特别是大型和复杂构件成型方法的开发；②开发新的增强材料和新的树脂基体，以提高复合材料及其制品的强度、刚度、耐热性和韧性等；③开发新的纤维表面处理技术，提高纤维和基体界面的结合强度；④加快热塑性复合材料制品再生利用的研究，减少环境污染等。

6.3.2 高性能热塑性复合材料的应用

由于成本和价格高，高性能热塑性树脂复合材料目前主要应用于航空航天，国内外许多飞机制造公司都采用热塑性树脂复合材料制造飞机部件，使用较多的热塑性树脂是PEEK、PEI和热塑性PI，热塑性树脂复合材料在飞机上的一些应用见表6-4。

表6-4　热塑性树脂复合材料在飞机上的应用

材　　料	成型方法	制　　件	特　　点
CF/PEEK	重新熔融成型	F/A18战机蒙皮	证实重新熔融成型方法的可行性
CF/PEEK	模压/热压灌成型	F-5F起落架	设计复杂，比铝蒙皮减重31%～33%
GF/PEEK	注射成型	内外蒙皮，观察台Boeing757发动机整流罩	抗恶劣条件，如高湿度、超声振动；比金属制品减重30%，价格降低90%
CF/PSU	热压灌	YC-14升降舵	服役期20年，无须后处理
KEVLAR/PEI	—	FOKKER-50起落架门蒙皮	在成型强度保持87%，无可见损伤
碳织物/PPS	—	波音飞机的检修门	7个热塑性零件由超声连接，韧性是环氧基复合材料的10倍

6.3.2.1 军用飞机应用

美国F-22战斗机上热塑性复合材料用量为10%，自1980年英国帝国化学公司(ICI)聚醚醚酮(PEEK)预浸料投放市场后成为航天航空最具实用价值的先进热塑性复合材料。据报道，碳纤维/聚醚醚酮(CF/PEEK)和碳纤维/改性双马树脂(CF/5250-3)两种复合材料曾应用在F-5E和T-38飞机上进行验证飞行试验，结果表明前者在缺陷数量和抗分层方面都远优于后者。PEEK预浸料已经应用在F-117A战斗机的全自动尾翼，C-130运输机身的腹部壁板，法国阵风机身蒙皮等处。

热塑性复合材料还具有很多特殊的功能。例如 PEEK、PEKK、PEK、PES 等作为透波材料树脂都具有比较好的雷达传输和电磁透射特性，当雷达波透射到这些树脂基复合材料时，不容易形成爬行的电磁波。聚醚砜（PES）对雷达射线透过率极佳，目前雷达天线罩已用其代替过去的环氧制件。热塑性复合材料还具有极好的吸波性能，能使频率为 0.1 MHz～50 GHz 的脉冲大幅度衰减，现在已用于先进战斗机（ATF）的机身和机翼，其型号为 APCHTX。另外由 CelionG40 和 T700 碳纤维与 PEEK 复丝混杂纱单向增强的复合材料，特别适宜制造直升机旋翼和导弹壳体，美国隐身直升机 LHX 已经采用此种复合材料。

6.3.2.2 民用飞机应用

在民用飞机方面，先进热塑性树脂复合材料同样具有重要的应用。并显示出广阔的发展前景。空客公司目前处于领先地位，如 A－380 飞机，各种热塑性复合材料构件用量占全机结构重量的 8%。如图 6－1 所示是空客 A340/A380 飞机机翼前缘应用碳纤维增强的聚苯硫醚（PPS）复合材料。首先将 PPS 薄膜和碳纤维织物层通过热压成型加工成一个具有弧度的曲面部件，再与成型好的翼肋用超声焊接成整体部件，然后固定在机翼前缘表面。

如图 6－2 所示是 A－380 碳纤维/PEEK 壁板，由纵梁和蒙皮通过熔融焊接的整体部件。如图 6－3 所示是碳纤维/热塑性复合材料的机器人自动铺带技术。

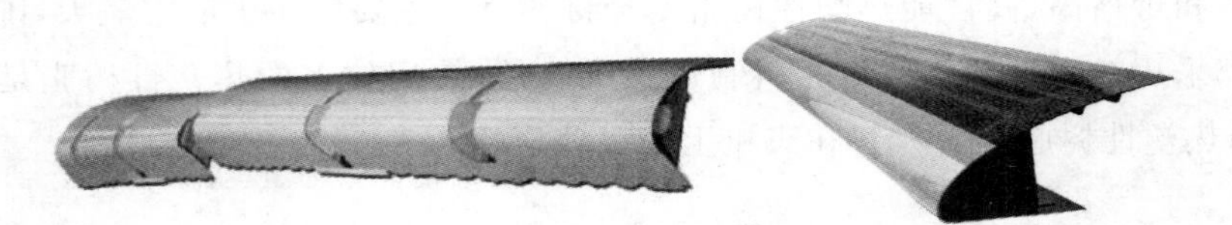

图 6－1 空客 A－380 碳纤维/PPS 复合材料机翼前缘

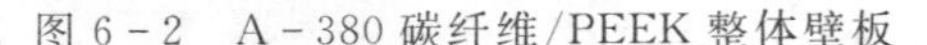

图 6－2 A－380 碳纤维/PEEK 整体壁板

图 6－3 碳纤维热塑性复合材料自动铺带

英国 ICI 公司利用 50% 长玻纤增强尼龙 66 制造飞机上的阀门，代替了原来使用的酚醛石棉复合材料，满足了飞机阀门在宽的温度范围内与燃料长期接触也能保持其性能和形状的要求。除了飞机外部零部件应用 PPS 外，飞机内部零件，包括座椅架，支架，横梁和进气管也应用 PPS 复合材料。目前热塑性复合材料在航空领域的应用已通过联邦航空规范条款 25.853 及客机技术标准条款 1000.001，用于飞机内部装饰件包括支架、门、窗等，以提高安全性。

随着热塑性复合材料的发展，其在飞机上的应用范围也日益扩展，各国正在研究大型热塑性飞机主结构的可行性。如前几年空客公司与荷兰工业研究院所已联手在热塑性材料领域进行合作，发起名为热塑性非昂贵型飞机主结构（TAPAS）的项目，为未来的飞机项目制造大型主结构。开发的材料、生产工艺、设计概念以及工具必须达到技术准备6级水平（TRL）。与实物大小相同的样品作为该开发项目的一部分。面临的技术挑战包括：合适材料的开发及判定、对接以及生产技术，例如，纤维焊接、模压成型和纤维铺放。

6.3.2.3　航天应用

在航天方面，热塑性复合材料的应用也在增长，包括卫星太阳能矩阵底板、天线反身面支架、空间站支持桁架、小型火箭壳体等。例如随着通讯遥感卫星的发展，要求增大光学口径以提高遥感器的分辨率。包括各种空间相机主光学系统的反射镜（球面和非球面的）和光机扫描型空间遥感器扫描镜，然而，用金属材料制成的反射镜均存在重量太大，设计方案无法实现的问题，而用热塑性复合材料可以得到有效解决。用AS4C碳纤维单向织物/PEEK预浸料压制成的反射镜基板，复合PEEK树脂制成反射镜，在2.0～3.5 μm红外光谱段可达到反射率的要求，在2 μm光谱段的反射率为96%以上，3.5 μm光谱段的反射率为96.89%。

6.4　热塑性树脂基绿色复合材料

绿色复合材料和复合材料绿色化是当今复合材料技术发展的两个重要方面，对于热塑性树脂基体而言，这两方面都具有很大发展空间。绿色复合材料定义是指至少有一种组分材料是生物可降解的，因此用石化热塑性树脂基体与植物纤维复合而成的一类复合材料应属于绿色复合材料。而复合材料绿色化是指在复合材料产品的整个生命周期内，对环境的影响最小，在这方面研究最多发展最快的是长纤维增强热塑性复合材料（long fiber reinforced thermoplastics，LFT）。

6.4.1　植物纤维增强热塑性复合材料[31—40]

6.4.1.1　树脂基体与增强体

用于这类复合材料的热塑性树脂大多为聚烯烃类聚合物，包括聚乙烯（PE）、聚丙烯（PP）、聚氯乙烯（PVC）、聚苯乙烯（PS）、聚酰胺（PA）等。其中聚丙烯具有强度高、耐热性好、易加工、无环境污染等优点，目前用得最多。如表6-5所示为几种热塑性树脂的主要性能。

表6-5　几种热塑性树脂的主要性能

材料名称	密度/(g·cm^{-3})	吸水率(24 h)/%	成型收缩率/%	热变形温度/℃	最高使用温度/℃
高密度聚乙烯(HDPE)	0.94～0.96	<0.01	1.5～3.0	123～130(维卡)	120
低密度聚乙烯(LDPE)	0.910～0.925	<0.01	1.5～3.5	79～94(维卡)	82～100
聚丙烯(PP)	0.900～0.910	<0.01～0.03	1.0～3.0	57～60	110

续表

材料名称	密度/(g·cm⁻³)	吸水率(24h)/%	成型收缩率/%	热变形温度/℃	最高使用温度/℃
聚苯乙烯(PS)	1.04	0.03～0.2	0.2～0.8	105	71～96
聚碳酸酯(PC)	1.19～1.22	0.15	0.5～0.7	127～142	121
聚甲醛(POM)	1.425	0.25	2.0～3.0	124	90
尼龙6(PA6)	1.14	1.7～1.8	0.6～1.6	68～71	65～130
尼龙66(PA66)	1.13～1.15	1.5	0.8～1.5	104	121～149
聚氯乙烯(PVC)	1.20～1.55	0.2～1.0	1.5～3.0	—	63～105
PBT	2.12～2.17	0.03	—	—	260
FET	2.14～2.17	0.01	2.0～5.0	—	204

纤维增强体有麻纤维、竹纤维、再生纤维素纤维等，具有质轻、价廉、易得、可生物降解、资源丰富、机械性能优良等诸多特点。其中麻纤维长度最长，强度高、耐摩擦、弹性模量高、资源丰富，是当前用得最多的植物纤维增强体，如大麻纤维的拉伸强度达 600～700 MPa，可以替代玻璃纤维。如表 6-6 所示为几种植物纤维的性能比较。

表 6-6　几种植物纤维性能比较

纤　维	密度/(g·cm⁻³)	拉伸强度/MPa	拉伸模量/GPa	断裂伸长/%
剑麻	1.46	460～640	9.4～22	3.9～7.0
亚麻	1.49	345～1 100	27.6	2.7～3.2
黄麻	1.30	394	55	1.2～1.5
苎麻	1.16	560	24.5	2.0～3.0
大麻	2.2	690	70	1.6
马尼拉麻	1.3	792	26.6	—
洋麻	1.04	448	24.6	—
剑麻	1.46	511～640	9.4～22	3.0～7.0
竹纤	0.8	465	18.0～55	1.0～2.0
玻纤	3.2	1 400～2 500	76	2.6～3.0

植物纤维增强体有不同的增强体形态。包括一维的短纤维或者纱线，短纤维复合材料的研究最为成熟；二维增强体有各种机织物、针织物、双轴向编织物、非织造织物等。三维立体织物分为三维机织物、三维针织物、三维编织物。

植物纤维/热塑性树脂制备的复合材料制品具有质轻、高强、成本低、加工性好、可回收再生及可生物降解等诸多优点，因而多年来一直得到广泛的研究和应用，如汽车工业中的内装饰件、车用零部件等；建筑中的防火隔音材料、装饰材料、家具生产；包装工业中的生态包装材料、缓冲包装、复合软包装，文化体育用品等。

由于植物纤维和热塑性树脂的品种繁多，性能各异，因此影响复合材料产品性能和质量的因素也较多，从技术层面上考虑，在产品开发和生产时，应着重研究以下几方面内容：

1. 纤维和树脂界面结合

植物纤维的主要成分是木质纤维素和半纤维素，具有植物纤维亲水性的特点，而热塑性树脂是疏水性的，由此而导致两者之间的相容性差，影响界面结合，最终影响到复合材料的性能和质量。

界面结合在复合材料技术中一直是重点研究课题。对于植物纤维/热塑性复合材料，大量研究的是对纤维进行表面改性，包括物理改性和化学改性，其中化学改性简便易行，效果较好，常用的有偶联剂法，如采用硅烷、异氰酸酯等偶联剂处理纤维，改善纤维素纤维与树脂的相容性；另一种是相容剂法，如用马来酸酐等接枝植物纤维或马来酸酐改性的聚烯烃树脂作相容剂，也可采用与共混两相或多相都能良好相容的共同相容剂等。

2. 纤维含量及增强形式

增强纤维是承载主体，其含量对复合材料性能影响很大，一般而言，提高纤维含量可提高复合材料的性能，但也不能过高。例如用黄麻增强聚丙烯，纤维含量不同导致拉伸强度28.0～30.5 MPa，模量1.2～3.5 GPa的变化；弯曲强度30.0～40.5 MPa，模量0.8～2.5 GPa的变化。一般而言，合理的纤维含量在40％～50％范围。另外，纤维长度也是一个重要的影响因素，相同的纤维含量但长度不同，例如从3 mm到10 mm，强度和模量的变化分别可达10％和100％。

增强体的形态不同也有较大影响，利用纤维编织和缝合技术制备剑麻预浸料，可显著提高复合材料的性能和降低加工成本。目前这方面的工作还在继续开展。

3. 成型工艺

成型工艺直接影响到复合材料的性能和成本，应根据产品的使用要求、形状和尺寸进行选择，常用的成型工艺有：

(1)模压成型。模压成型是用得较多的一种制造技术，原理是采用热塑性树脂预浸料在模具内加热加压成型复合材料的一种成型方法。这种方法需要高精度和长寿命的金属模具，可制备纤维含量高、尺寸精确和质量高的制品；另一种方法是将树脂制成纤维，与增强纤维混编成织物，再放入模具内加热加压成型。

(2)挤出成型。挤出成型是一种连续高效的制造技术，其原理是将树脂基体和短切植物纤维或粒料在单螺杆或双螺杆挤出机中加热混融成复合浆料，然后用螺杆挤出，通过一定形状的口模成为一定形状的连续型材。或将浆料挤出到成型模具的模腔中，最后冷却成型为产品，这种方法也称为**注射成型**，可逐个加工单一产品。

(3)隔膜成型。隔膜成型也称为**树脂膜渗透成型**，原理是将树脂制成膜，与纤维编织物预型件层叠式地放入模腔中，再进行加热固化成型。这种方法在制造具有双曲面大型热塑性树脂复合材料制品时，采用单边开模，在复合材料型坯上覆盖真空袋，成型过程中施加真空加压，对大型纺织结构复合材料的成型非常适合。抽真空可有效排除纺织结构中的空气，降低复合材料空隙率。另外气压均匀，可保证制品质量，单边模节约了设备投入成本。

(4)缠绕成型。缠绕成型是用预浸纤维或者预浸带进行缠绕成型。缠绕用的纤维材料可以是无捻纱，丝束或预浸带等。产品多用于各种传输管道及工业管道。自动化的铺丝技术用数字化控制的机器人完成，具有连续、高效和高精度的特点。

(5)拉挤成型。拉挤成型是一种连续制造固定截面的复合材料型材的工艺，可以生产出各种不同用途，不同截面形状的加工件。拉挤法使用的植物纤维有粗纱、非织造丝束和织物等。特点为容易加工高黏度聚合物，其产品特别适用于汽车市场。

(6)树脂传递模塑。树脂传递模塑(RTM)最早是针对溶液型热固性树脂基体复合材料的成型而开发，后来发展到热塑性复合材料的制造，其原理是将热塑性树脂粉末加热到注入温度，成为流体状，再加入引发剂粉末，用氮气给压力容器充压，将树脂注入预先放置有纤维层状物或预成型物的模腔中，充满模腔后将模具温度提高到聚合温度，树脂进一步聚合，聚合完成后降温、开模，即得到最终制品。

高强度片状模压料(XMC)也是为汽车行业专门开发的材料。XMC 的玻璃纤维定向分布，纤维含量达 70%～80%，不含填料，具有极好的流动性和成形表面，其制品强度约为 SMC 制品强度的 3 倍，用于制造汽车座椅骨架和保险杠骨架等高强度零件。

6.4.1.2 植物纤维增强热塑性复合材料的应用

植物纤维增强热塑性复合材料由于具有质轻、高强、易加工、低成本、可回收再生等特点，在建筑领域内作为建筑用膜材料、防水材料、道路施工材料以及水利工程材料、环保工程材料等得到广泛应用。如用特种专用纤维生产的高级油毡复合材料，其性能大大超过传统的沥青油毡，寿命长 5～10 倍。这类产品的发展潜力很大。在国外已经得到广泛应用，如巴黎火车站月台上的永久顶棚、沙特阿拉伯妇女运动场的永久遮阳棚、建筑物入口处的天棚等。

植物纤维增强热塑性复合材料作为过滤材料广泛用于环保、化工、医药、食品等行业的气体、液体过滤，可提高使用寿命，降低生产成本。还有超过滤、耐高温等特殊功能滤料。在电子电气领域，可用作电缆包覆材料、电池隔板、磁碟衬料以及一些特殊功能的填充料与元件，如防辐射、保温密封、耐高温、防紫外线等，已成为高科技新材料的组成部分。

各种天然纤维增强热塑性复合材料越来越多地用于汽车部件的制造领域。作为隔热、隔音和阻尼材料，在质量和成本方面有明显优势，由汽车内饰件发展到汽车外部部件的应用。

大麻、黄麻、兰麻、剑麻、亚麻、棉花、竹子纤维、椰壳纤维、香蕉纤维、芦苇等速生天然纤维具有较高的机械强度，因而在汽车上具有较好的应用前景，尽管天然纤维拉伸强度比玻璃纤维低，但其比模量可以和玻璃纤维相媲美。

天然纤维复合材料在汽车工业中主要用于车门内装饰板、司机用杂物箱、货车车厢地板、备胎盖、座位靠背，同时还可以用于仪表板、座椅扶手、仪表板杂件箱、后搁物架、车顶内村、遮阳板、座椅架、行李仓、装饰板、座椅头枕衬垫等。

高性能天然纤维复合材料汽车内饰件制备技术是以麻类纤维(黄麻、红麻、苎麻)为增强材料，以热塑性树脂(PP、PC、PE等)为黏结基体，通过一定的工艺复合成为板材，而后经过模压工艺成型为汽车内饰件的综合技术。此种热塑性复合材料与木质材料、塑料材料相比，兼顾了两者的优点，具有干湿强度均匀、强度高、尺寸稳定性好、压延性好、容易成型等特点，可以和多种面料(针织、无纺布、皮革等)复合成多种规格的汽车内饰部件，可广泛应用于客、货、轿车的顶棚、门内护板、行李架搁板、高架箱侧围等内饰产品。制成的产品具有质量轻、强度高、韧性好、表面光洁、不易变形、装配方便等优点。其主要技术指标均可满足汽车内饰产品的标准要求，是一种新型绿色环保汽车内饰装饰材料，应用前景十分广阔。

如图6-4所示为欧曼重型载货车中的复合材料部件，采用玻纤增强和碳纤增强的热塑性复合材料，成型工艺包括SMC模压、RTM模塑、真空热压成型等。

如图6-5所示雷诺越野车上的复合材料部件应用实例，包括车顶板和框架、后挡板、车身侧面板、车门、挡泥板、摇杆、进气道、仪表板等，分别采用聚丙烯、尼龙、热塑性聚酯作基体，用SMC工艺成型。

图6-4　欧曼ETX重型载车中汽车复合材料

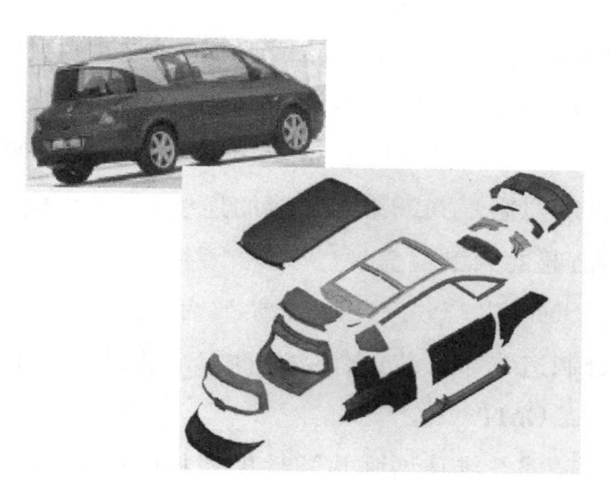

图6-5　雷诺汽车上的复合材料部件

6.4.2　长纤维增强热塑性塑料[41—55]

长纤维增强热塑性复合材料(long fiber reinforced thermoplastics，LFT)是纤维增强树脂基复合材料的一种新型高级轻量化材料。具有可设计性、低密度、高比强度、高比模量和抗冲击性强等特点，它的发展与应用是对铝合金、纤维增强热固性复合材料的一种挑战，逐步成为制作汽车零部件的主流材料。据报道，最近几年，用LFT制造的汽车产品的市场份额年增长率达15%左右，并保持强劲的上升趋势。

6.4.2.1　LFT主要类型

LFT是纤维连续纱增强或者短切纤维增强的热塑性复合材料，纤维材料可以是玻璃纤维、天然植物纤维、碳纤维、其他能够形成连续纱的纤维。其中，玻璃纤维来源广、强度好、性价比高，实际应用最为普遍，现在也发展大量采用植物纤维。LFT采用的塑料基体主要是PP(占80%以上),其他的还有聚酰胺(PA)、聚碳酸酯(PC)、聚对苯二甲酸丁二醇酯(PBT)、聚对苯二甲酸乙二醇酯(PET)、聚苯硫醚(PPS)、聚醚醚酮(PEEK)、热塑性聚氨酯(TPU)和改性热塑性树脂与塑料合金等多种品种。

纤维浸润剂的选择与应用也会对提高 LFT 的综合性能起到一定的协同作用。为了改善树脂与纤维界面强度,通常还需要加入界面改性剂,如偶联剂和相容剂等。LFT 材料具有高强度、高刚度、尺寸稳定、耐蠕变等特点,可以弥补常用的短纤维增强热塑性塑料的不足。目前,采用长纤维增强技术是实现通用塑料和工程塑料达到高性能化目标的重要改性技术之一,已在汽车行业得到广泛应用,其中聚烯烃 LFT 和尼龙 LFT 在汽车行业应用较多,主要用于性能要求较高的零件(如需承受高强度、高冲击的塑料功能件),如油门踏板、电器插接盒和塑料齿轮等。

LFT 应用的材料种类主要有 SMC、GMT、LFT - G 和 LFT - D;较为成熟的成型工艺有压塑成型和注塑成型,其中 SMC、GMT 材料为压塑成型,而 LFT - G 和 LFT - D 既可以压塑成型,也可以注塑成型,这需要根据制品的具体技术要求、成本、产量规模等因素进行选择。

1. SMC

片状模塑料(sheet molding compound,SMC)是开发最早应用较成熟的一种模塑料,是把低黏度树脂浸到纤维中形成的连续、片状预成型模塑复合材料,采用模压成型,能够制造带有筋、凸起的大型覆盖件。

SMC 生产效率相对较高,产品性能稳定,强度高,质地均匀,强度较高,能得到良好表面,适合制造汽车外装饰件(如商用车保险杠、翼子板等)。

2. GMT

玻璃纤维毡增强热塑性模塑料(glass mat reinforced thermoplastics,GMT)是用玻璃纤维针刺毡增强的热塑性塑料半成品片材。如果没有特殊要求,GMT 的基体树脂材料通常采用聚烯烃类塑料(如聚丙烯等),还可以采用尼龙、聚酯等其他树脂。具有密度低、价格低、加工性好、贮存期长和综合性能较高的特点,使用比较普遍。能够制造有较高强度、耐高温要求的汽车零部件。

GMT 采用模压成型,一般物理成型即可,工艺特点主要有:片材需要预热至 220 ℃以上,成型压力高(10 MPa 以上),成型温度低(40 ℃左右),成型周期短(1 min 以内),是 SMC 的 1/3～1/4。

GMT 产品具有很多优异的性能,如耐化学性好,强度/重量比大,在高、低温环境中的抗冲击性能优良、可回收利用等。因此 GMT 产品应用范围不断扩大,有代替金属和热固性复合材料的趋势。但是高玻璃纤维含量的聚烯烃基 GMT 有表面质量略低、表面处理较难的问题,一般应用于前端模块框架、汽车仪表板骨架、座椅骨架和保险杠骨架等高强度骨架类零件。

如图 6 - 6 所示为 RANGER 公司新开发的用 GMT 生产的 2005 蓝旗亚 Y - Epsilon 车门中间板骨架。

3. LFT－G

长纤维热塑性树脂粒料(long－fiber reinforce thermoplastic granules,LFT－G)是采用定长纤维混合挤出或连续纤维挤出包覆等工艺,按需求预成型片材或短切成一定长度的粒料。LFT－G 的造粒方法有包覆式和共混式两种,目前都有应用。LFT 粒料能注塑成型结构复杂的零件,生产效率高,工人劳动强度低。其粒料直径大约为 3 mm,用于注塑成型的粒料长度一般采用 8～15 mm,用于压塑成型的粒料长度一般采用 20～40 mm。由于玻璃纤维在注塑过程中受到剪切作用,其在制品中的长度只能达到 3～6 mm,但产品强度明显高于短纤维粒料的注塑成型产品。

LFT－G 制品生产的工艺与 GMT 相似,也需要两个成熟的工艺,即长颗粒的成型和制品的注塑成型或压塑成型。

LFT－G 预成型片材可以采用模压成型,但设计自由度略低,生产效率也比注塑成型略低。一般应用于强度较高的大型平板类零件和保险杠骨架等。如图 6－7 所示为 LFT－G 生产的 2004 起亚 Cerato 混合结构前端框架。

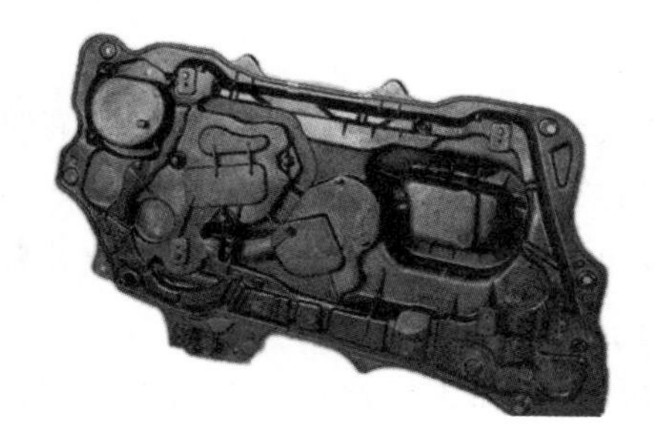

图 6－6　用 GMT 生产的汽车车门中间板骨架

图 6－7　LFT－G 生产的汽车混合结构前端框架

4. LFT－D

长纤维热塑性树脂直接加工模塑料(long－fiber reinforce thermoplastic direct process, LFT-D)是一种新型长纤维增强热塑性复合材料,采用长纤维增强热塑性复合材料在线直接生产制品的工艺技术。由于省去了半成品步骤,因此可以直接将纤维的含量和长度调整到最终部件的要求,基体聚合物的配方也可以按最终部件的要求进行调整。

LFT－D 为一步法生产,成本相对较低,生产效率高,还节省了中间的运输和储备过程,而且制品的综合性能优异。由于制品中的纤维长度比 LFT－G 成型后的纤维长很多,因此其强度和抗冲击性能都明显提高。目前,LFT－D 发展十分迅速,用于大批量生产骨架类零部件,如前端框架、座椅框架和保险杠内衬等高强度、结构复杂的功能类零件。

LFT－D 压制成型制品的抗冲击性能比 GMT 略低,但由于比 LFT－G 成型后的纤维长很多,因此其抗冲击性能明显高于 LFT－G。另外,LFT－D 注塑的生产率比标准的 LFT－G 粒料高,因为 LFT－D 低的塑化要求改善了纤维发生断纤的状况。对于成型周期超过 1 min 的部件用 LFT－D 注塑设备在 30 s 内就能完成。

LFT－D的优点主要体现在两方面：一是降低了成本。由于是一步法生产，LFT－D生产的大型结构件比二步法生产的GMT或LFT－G压制件的成本低20%～50%；二是制品综合性能优异。如图6－8所示为LFT－D生产的2003大众Golf V汽车前端框架。

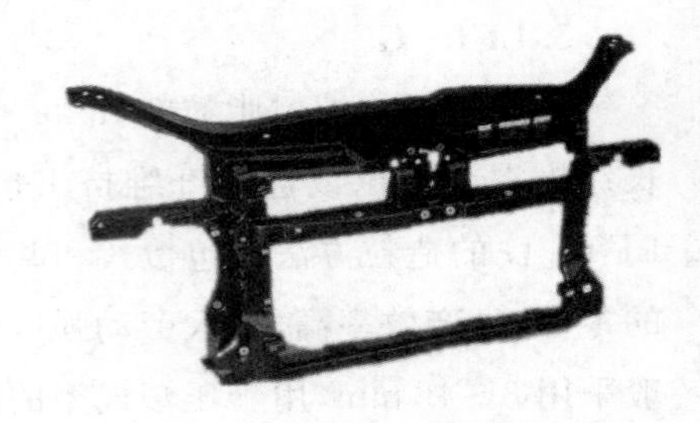

图6－8　LFT－D生产的汽车前端框架

LFT材料的机械特性与增强纤维的材性和所占比例有关。汽车用LFT增强纤维通常为玻璃纤维，理论上这种玻璃纤维在制品中的重量比例可以达到10%～80%，而实际上常用玻璃纤维的比例通常为20%～40%。此外，LFT的机械特性还与增强纤维的长度有着密切的关系。与相类似的短纤维（纤维长度约小于1 mm）增强注塑成型热塑性复合材料相比，LFT材料无论在强度、抗撞击性能、能量的吸收率等方面都得到了很大提高。因此，这些特性也为LFT在要求更为严格的汽车内外部的结构件和半结构件上的应用创造了条件，成为备受汽车行业关注的主要原因之一。

6.4.2.2　LFT的制备及特点

LFT制备方法基本分为两大类：即LFT粒料制备法和直接在线生产制备法。前者是先制成半成品——粒料，再将粒料注射或模压成型为制品；后者则是一步工艺法，即在生产线上配混玻璃纤维、塑料及添加剂后直接在线一步热模压或注射成型为所需制品，省去了制作粒料的中间环节，减少了生产的工艺步骤，降低了能耗，节约了生产成本。

LFT粒料法是较早开发的制备方法，包括电缆式包覆法、粉末浸渍法以及熔体浸渍法等多种制备方法。这种方法的关键是解决纤维均匀分散与充分熔融浸润的问题。

直接在线生产LFT制品是在生产线上直接配料后加热成型制品的制备方法。在欧美地区越来越多地用于汽车零配件生产，代表了未来先进的高性能纤维增强热塑性复合材料与制品的重要技术与工业发展方向。目前主要有3种形式：(1)在线配料和直接模压成型；(2)在线配料和直接注射成型；(3)在线配料和直接挤出成型（制造型材或板材）。

LFT具有热塑性塑料的基本特点，如轻质、高强、耐腐蚀、易加工等，还因为与长纤维复合，实现了性能提升，得到了更为优良的机械物理性能和力学性能。其特点如下：

(1)低密度。密度小、比强度高。LFT的密度为1.1～1.6 g/cm^3，仅为钢材的1/5～1/7，比SMC轻1/4～1/3，它能够以较小的单位质量获得较高的机械强度。可见采用LFT是实现汽车轻量化的有效途径。

(2)材料的可设计性。作为一种复合材料，LFT的物理、化学和力学性能都可以通过合理选择原材料的种类、配比、加工方法、纤维含量来进行设计。由于热塑性复合材料的基体材料种类比热固性复合材料多很多，因此，其选材设计的自由度也就更大。

(3)耐热性好。一般塑料的使用温度为50～100 ℃，用玻璃纤维增强后，可提高到100 ℃以上，一些特殊的LFT使用温度甚至可提高到200 ℃以上；线膨胀系数比未增强的塑料低1/4～

1/2;成型收缩率小,仅为0.2%,提高了制品的尺寸精度;导热系数为0.3～0.36 W(m^2·K),与热固性复合材料相近。

(4)耐腐蚀。该特性主要由基体材料的性能决定,热塑性树脂的种类很多,每种树脂都有自己的防腐特点。复合材料耐腐蚀性强,对酸、碱和盐等的抗腐蚀能力优于金属材料。因此,可以根据LFT的使用环境和介质条件,对基体树脂进行优选。

(5)抗冲击。热塑性树脂大多具有较好的韧性和抗冲击性,使LFT具有一定的吸收碰撞能量的功能,对一定速度的撞击有较大的缓冲作用,对车辆、行人和乘员有一定的保护作用。因此,LFT代替金属材料制作汽车外覆盖件可以减轻车身对外部物体和行人的冲击力;另外,复合材料还具有吸收振动和噪声并使之衰减的能力,能够提高乘坐的舒适性。

(6)低成本。LFT用热塑性树脂基体,材料成本低。采用注塑、模压或喷射等简单工艺成型,工序少,生产周期短,效率高,能降低制造成本。LFT可进行性能设计,实现复杂制件的整体化成型,能大幅降低工装投入以及人工和后续机加工的成本。

(7)可回收再生。热塑性树脂可以通过加热回收和再利用,废料能循环利用,废品和边角余料能循环利用,不会造成环境污染。

6.4.2.3 LFT发展

现代汽车工业向着以减轻车身自重为主的节能降耗方向发展。当前,国际上已把塑料的用量作为衡量一个国家汽车工业水平的重要标志之一。轻质高强的LFT材料运用也已从小批量的、少数的汽车零部件的生产扩展到大批量的、广泛的汽车零部件生产,逐步成为制作汽车零部件的主流材料,尤其是在那些机械强度要求高的领域,如前端框架、吸能防撞保险杠、座椅骨架、车身底护板等,如图6-9所示为汽车采用LFT的部件。

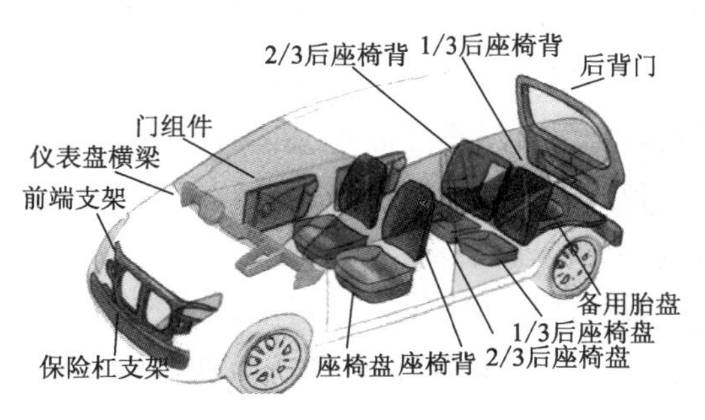

图6-9　LFT用于汽车部件实例

现在LFT在汽车上的应用技术已经比较成熟,尤其是采用LFT代替尼龙和聚酯等价格高、易吸湿的材料,可以无须材料预干燥工艺,不用担心水解问题,还能降重、降成本。如外饰镜采用LFT-PP-GF30代替20%短玻纤增强PA6,力学性能接近,成本降低;变速手柄采用LFT-PP-GF40代替30%短玻纤增强PA6,性能稳定,质量减轻;分电器盒采用LFT-PP-GF40注塑,主要是利用其低翘曲和高硬度的特性,减重和降成本都有效果,而且尺寸稳定。很多前端模块由GMT改为LFT,可以实现更加复杂的结构,并提高生产效率,尤其LFT-D的大量使用更进一步降低了成本。

从发展趋势看，LFT－D 具有很好的前景，其技术优势主要有：

(1)配方调整更灵活多样。只需对 LFT－D 生产线设备做相应调整，即可使用 PP、PA6、PET、ABS、PC 等不同聚合物粒料，并且对于不同产品的特殊要求可现场快速调整原料比例；

(2)玻璃纤维作为复合材料制品中保证机械性能的重要组分，连续可调的成型技术将大大优化制品的性能；

(3)最终制品保留了超过 20 mm 的玻纤长度，解决了大批量快速生产中玻纤长度过短带来的问题；

(4)高效的混料工艺可保证玻纤与塑料充分混合，即使在钢筋肋部也能够保证均匀的纤维分布；

(5)优越的流动性，极大改善了制品的表面质量；

(6)LFT-D 设备的高度自动化，保证了制品的质量稳定性。

LFT-D 的技术优势，为汽车零部件模块化生产提供了极大的可能。所谓汽车零部件模块化生产，是指以一个零件或部件为中心，将周边零件组合在一起，经一次成型加工而成，这样可以减少许多制造成本和检测费用。如图 6－10 所示是用 LFT-D 制备的复合材料车门集成模块，车门模块集成了门锁、车门玻璃升降器、扬声器、防盗装置等多种功能元件。这种用 LFT－PP 的车门模块，即使经受 100～120 ℃的高温和 －50 ℃的低温也不会产生明显的蠕变与翘曲变形，奔驰、宝马、保时捷、福特、马自达等车型车门模块已普遍采用 LFT-PP，并获得成功。

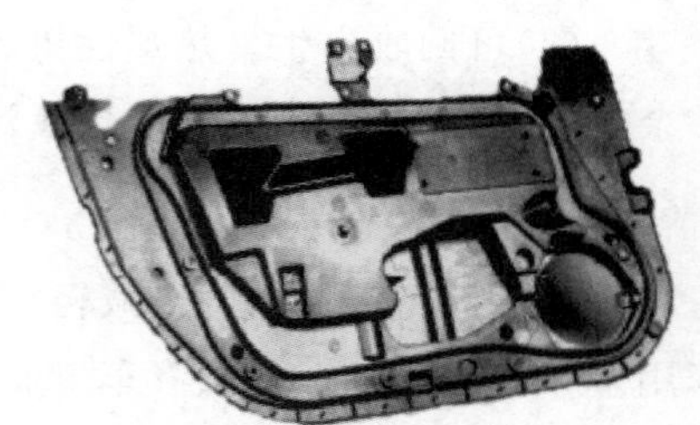

图 6－10　用 LFT－D 制备的复合材料车门集成模块

Ford 公司所做的研究表明，LFT 复合材料制品的整体成型可使零部件的数量减少到原来的 80％～90％，制造费用相对金属材料将降低 60％，黏结费用相对焊接则减少25％～40％。

BASF 公司正致力于一种新的构思，将汽车储油箱、永久性滤器和油泵集成于汽车底部用 35％玻纤增强 PA66 制成的一个模块内。

BMW 系列的汽车变速箱组件是用 Bayer 公司生产的 35％玻纤增强 PA66 制成，它集成了许多零部件于一体，不仅节约了发动机体内的宝贵空间，也减少了成型工艺。

美国伊利诺伊州的 TecAir 公司用高流动尼龙制造出重 5 磅(1 磅＝0.453 6 kg)、长 22 英寸(1 英寸＝25.4mm)的汽车发动机冷却扇组件，它将风机轮子和其他进气组件组合在一起，这种产品已经应用到 GM 公司某车型上。

德国梅赛德斯奔驰汽车公司在 Atego、Vario 和 Unimog 三种型号轻型载货汽车上，使用玻璃纤维增强热塑性塑料代替传统的铝制材料制造摇臂盖。这种摇臂盖使用 Du Pont 和 Automotive 公司含 35％玻璃纤维增强的尼龙树脂制成，实现油分离器和摇臂盖的一体化设计，显著降低了发动机的工作噪音。

作为复合材料界的一支新生力量，LFT-D 技术的可设计、高效率、低成本及材料选择广泛等优点，极大满足了汽车制造过程中的模块化生产需求，将成为汽车产业中具有非常广阔前景的新技术。

LFT-D技术正逐步向高性能、低成本、模块化、轻量化、标准化的方向发展，将在节能减排、环境友好型的汽车产业中发挥出更大的作用。

随着绿色复合材料技术的发展，LFT的开发和应用也取得了进展，如采用天然纤维作增强体制备复合材料成为一种重要的发展趋势，避免了玻璃纤维生产过程中对人体的伤害，熔融后容易黏结造成回收利用困难等缺点，现在有许多产品种类得到开发，其中在线生产的天然纤维产品的工艺类似于LFT，由于直接挤出注塑或模压成型，塑料只经历了一次加热过程，因此可以减少天然纤维这类热敏感材料发生热降解，提高复合材料的性能和质量。

参考文献

[1] BIRON M. Thermoplastics and thermoplastic composites[M]. Kindlington: William Andrew Publishing,2102,

[2] RED C. The outlook for thermoplastics in aerospace composites,2014-2023[J/OL]. High-Performance Composites,2014-09-01,http://www. compositesworld. com/articles/the-outlook-for-thermoplastics-in-aerospace-composites-2014-2023.

[3] GARDINER G. Thermoplastic composites: Inside story[J/OL]. High-Performance Composites,2009-02-23,http://www. compositesworld. com/articles/ Thermoplastic composites:Inside story.

[4] 吴靖. 国外热塑性树脂基复合材料现状及发展趋势[J]. 材料导报,1995,10(2):79－82.

[5] 陈平,于祺,孙明,等. 高性能热塑性树脂基复合材料的研究进展[J]. 纤维复合材料,2005,6(2):45－52.

[6] 肖德凯,张晓云,孙安垣. 热塑性复合材料研究进展[J]. 山东化工,2007,(36):15－21.

[7] 王丹,宋湛谦,商士斌. 热塑性树脂基纳米复合材料研究与应用[J]. 生物质化学工程,2008,(5):45－52.

[8] 张安定,马胜,丁辛. 黄麻纤维增强聚丙烯的力学性能[J]玻璃/钢/复合材料,2004,(2):3－7.

[9] 韩海山,孙占英,沈春银. 剑麻纤维增强聚丙烯复合材料的制备及性能研究[J]. 工程塑料应用,2009,37(5):21—25.

[10] 田永,何莉萍,王璐琳,等. 汽车制造用苎麻纤维增强聚丙烯的力学性能研究[J]. 材料工程,2008,(1):21－25.

[11] 张长安,张一甫,曾竟成. 苎麻落麻纤维增强聚丙烯复合材料研究[J]. 玻璃钢/复合材料,2001,(6):16－17.

[12] 李学锋,闫晗,胡波. 聚烯烃/天然纤维复合材料的研究[J]. 湖北农业科学,2011,(16):144－146.

[13] 胡波. 聚乙烯/天然纤维复合材料的性能与研究[D]. 武汉:湖北工业大学,2012.

[14] 庄兴民,张慧萍,晏雄. 大麻增强聚乙烯复合材料的制备和性能研究[J]. 玻璃钢/复合材料,2009,(6):46－47,60.

[15] 朱福海. 聚酰胺的结构性能和应用发展[J]. 合成材料老化与应用,1987,(2):40－48.

[16] 袁绍彦,刘奇祥,叶南飙. 耐高温聚酰胺的性能及应用[J]. 中国塑料,2009,(10):12－15.

[17] 李敏立,彭少贤,赵西坡. 植物纤维/聚酰胺复合材料研究进展[J]. 塑料工业,2010,(11):10－14,33.

[18] 陈礼辉,李正红,杨文斌等. 竹纤维增强聚酰胺树脂复合材料界面改性[J]. 福建林学院学报,2008,28,(4):299－303.

[19] 杨海洋,胡炳环,肖鹏. 玻纤增强阻燃PBT复合材料的制备[J]. 塑料工业,2006,(8):22－24.

[20] 刘则安,王平华,刘春华,等. PBT/碳纳米管复合材料结构与性能研究[J]. 塑料工业,2008,(12):58 - 6,83.
[21] 陈建野,卫晓明,王孝军,等. 高机械性能无卤阻燃 PBT 复合材料的制备[J]. 塑料工业,2010,(3):60 - 63.
[22] BELAND S. High performance thermoplastic resins and their composites[M]. William Andrew,1991.
[23] BIGG D M, HISCOCK D F, PRESTON J R, et al. High performance thermoplastic matrix composites[J]. High Performance Thermoplastic Matrix Composites,1988,1(2):146 - 160.
[24] 杨铨铨,梁基照. 连续纤维增强热塑性复合材料的制备与成型[J]. 塑料科技,2007,35(6):34 - 42.
[25] Harriëtte L Bosa, Jörg Müssig, Martien J A, et al. Mechanical properties of short - flax - fiber reinforced compounds[J]. Composites,2006,37A:1591 - 1604.
[26] 孙宝磊,陈平,李伟. 先进热塑性树脂基复合材料预浸料的制备及纤维缠绕成型技术[J]. 纤维复合材料,2009,(1):43 - 48.
[27] Gardiner G. Thermoplastic composites: Primary structure? [J/OL]. High-Performance Composites, 2011-05-02,http://www. compositesworld. com/articles/thermoplastic-composites-primary-structure.
[28] 董雨达,陈宏章. 高性能热塑性复合材料在航空航天工业中的应用[J]. 玻璃钢/复合材料,1993,(1):29 - 35.
[29] 王兴刚,于洋,李树茂. 先进热塑性树脂基复合材料在航天航空上的应用[J]. 纤维复合材料,2011,(2):44 - 47.
[30] Tang Jianmao. Current status and trend of functional composites in aerospace applications[J]. Spacecraft Environment Engineering,2012,29(2):123 - 128.
[31] ROWELL R M. Economic opportunities in natural fiber-thermoplastic composites[M]. New York: Plenum Press,1998:869 - 872.
[32] ZAMPALONI M, POURBOGHRAT F, YANKOVICH S A. Kenaf natural fiber reinforced polyproopylene composites: A discussion on manufacturing problems and solutions [J]. Composites Part A, 2007, 38: 1569 -1580.
[33] 王春红. 植物纤维增强热塑性树脂复合材料的开发[D]. 天津:天津工业大学,2006.
[34] 朱挺,赵磊. 麻纤维的改性及其增强复合材料的研究现状[J]. 纺织科技进展,2011,(4):18 - 21.
[35] 庄兴民,张慧萍,晏雄. 大麻增强聚乙烯复合材料的制备和性能研究[J]. 玻璃钢/复合材料,2009,(6):13 - 15.
[36] FUQUA M A, HUO S, UIVEN C A. Fuquaa. Natural Fiber Reinforced Composites[J]. Polymer Reviews,2012,52(3):259 - 320.
[37] 张安定,马胜,丁辛,等. 黄麻纤维增强聚丙烯的力学性能[J]. 玻璃钢/复合材料,2004,(2):3 - 6.
[38] 程伟,孙利明,姚晨,等. 麻纤维/热塑性树脂复合材料的研究进展[J]. 化工新型材料,2014,42(1):13 - 16.
[39] PANTHAPULAKKAL S, ZERESHKIAN A, SAIN M. Preparation and characterization of wheat straw fibers for reinforcing applicaion in injection molded thermoplastic composites [J]. Bioresource Technology,2006,97(2):265 - 272.
[40] 张伏,佟金. 植物纤维及其增强复合材料的研究进展[J]. 农业工程学报,2006,22(10):252 - 256.
[41] GIRONES J, LOPEZ J P, MUTJÉ P, et al. Natural fiber-reinforced thermoplastic starch composites obtained by melt processing[J]. Composites Science and Technology,2012,72(7):858 - 863.

[42] JIANG R. Development and application of long fiber reinforced thermoplastic composites[J]. Synthetic Technology & Application,2007,(1):28-32.

[43] WU H, SUN L. The Latest Progress of Automobile Polymer Composites[J]. Fiber Composites,2012,(1):8-13.

[44] 段召华,陈弦.长玻纤增强复合材料的浸渍技术的发展研究[J].塑料工业,2008,(S1):225-228.

[45] 姜润喜,周洪梅,韩克清,等.长玻璃纤维增强复合材料的研究[J].塑料工业,2005,(6):290-292.

[46] 田永,何莉萍,王璐琳,等.汽车制造用苎麻纤维增强聚丙烯的力学性能研究[J].材料工程,2008,(1)21-25.

[47] 朱熠,滕腾.长纤维增强复合材料在汽车上的应用[J].汽车工艺与材料,2014,(6):49-59.

[48] HARMIA T. Long fiber-reinforced thermoplastic composites in automotive applications: polymer composites[M]. New York, Springer Press,2005.

[49] 郭金明,谈述战,于水等.长纤维增强热塑性塑料制品技术及应用进展[J].塑料,2013,(6):35-38.

[50] 贾明印,薛平.长玻纤增强热塑性塑料的成型技术及应用进展[J].新材料产业,2011,(6):46-51.

[51] 吴宏博,孙立娜.汽车用聚合物基复合材料的新进展[J].纤维复合材料,2012,(1):7-12.

[52] 叶鼎铨.国外纤维增强热塑性塑料发展概况[J].国外塑料,2012,30(5):34-40.

[53] 骆锐,王艳,吴沁.汽车轻量化前沿制造技术的研究进展[J].制造技术与机床,2010,(10):149-152.

[54] 甘玮.LFT-D发展概况及应用实例[J].玻璃钢,2013,(3):34-40.

[55] 方鲲.长纤维增强热塑性复合材料在汽车零配件上的应用进展[J].中国塑料,2009,23(3):13-18.

第7章 绿色复合材料树脂基体——生物降解树脂

7.1 生物降解树脂[1—6]

7.1.1 生物降解高分子材料概述

绿色复合材料是一种新型的复合材料,也是未来复合材料发展方向之一,其中用生物降解天然植物纤维与生物降解树脂复合而成的复合材料称为100%的绿色复合材料,是复合材料大家族中一个充满生机的新成员。

发展绿色复合材料的重要意义主要体现在两个方面,一是控制或缓解越来越严重的"白色污染"。目前使用的石化合成高分子材料基本上不可降解,这也包括用树脂作基体的复合材料,特别是大量应用的热固性树脂,如环氧、酚醛、聚酯等,因为降解非常困难,目前对废弃物的处理基本是掩埋、焚烧,会带来很大的环境负荷。另一方面,它们大多以石油、天然气为原料合成,随着这类资源的大量消耗,资源短缺问题变得日趋紧迫。因此,天然高分子材料以及以可再生资源,如以天然动植物为原料合成可降解的高分子材料正在加紧开发投入使用。

生物降解树脂是一种生物降解高分子材料,有时也称为生物降解塑料,生物降解塑料至今还没有统一的国际标准化定义,但美国材料实验协会(ASTM)通过的有关塑料术语的标准 ASTM D883-92 对可降解塑料所下的定义是:在特定环境条件下,其化学结构发生明显变化,并用标准的测试方法能测定其物质性能变化的塑料。这个定义基本上和国际标准 ISO 472(塑料术语及定义)对降解和退化的定义相一致。

根据上述定义,生物高分子材料可理解为在水和营养成分存在的条件下,可以被微生物降解的高分子材料。理想的生物降解高分子材料是一种具有优良的使用性能,废弃后可被环境微生物完全分解,最终被无机化,成为自然界中C循环的一个组成部分的高分子材料,使环境负荷降到最低程度。

在评价可降解高分子材料的降解性能时,一般认为可降解高分子材料必须具备以下3个基本特征:

(1)在自然界受到阳光、氧、潮湿、微生物等条件的作用下,在较短的时间内,力学性能也会明显降低甚至完全丧失,其外观形态也发生明显的变化,如变黄、变脆、表面开裂、易扯断或撕裂等。

(2)由于阳光、水、微生物的作用,分子量大幅度下降。例如,由十几万或几十万裂解成很小的分子量,材料也分解为小片状,分散到自然界中。

(3)由于微生物和酶的作用,裂解的小分子物质化学结构发生重大的改变,产生大量的含氧化合物(如酮、醛、酸、酯、过酸酯、氢过氧化物)等。最后被微生物、菌类吞食,并放出 CO_2 和 H_2O,重新回到自然界的循环中。

根据降解机理和破坏形式可将生物降解高分子分为两类:

一类是完全生物降解高分子材料,是指在有水存在的环境下,能被酶或微生物水解降解引起高分子主链断裂,分子量逐渐变小,以致最终成为单体或代谢成 CO_2 和 H_2O 及低分子产物,重新回到自然界生物循环的一类生物材料。

另一类是生物破坏性(或称**崩解**)高分子材料,指在微生物的作用下高分子仅能被分解为散乱的碎片。这类材料主要是用淀粉填充型的合成塑料,如 PE、PP、PS、PVC 加入淀粉或其他生物质材料,通过挤塑、模压、注塑、发泡等方法制得各类产品。由于这些疏水性的高聚物与亲水性的淀粉没有相互作用的功能基团,因此它们之间相容性很差,加上淀粉难以铸造成型、产品机械性能差等特点,使得淀粉的用量受到限制。因此淀粉必须经过表面疏水化改性后才能作为材料使用,但是这种填充型高分子材料还是不能完全生物降解(仅裂成碎片),目前,这类材料的研究进展受限。

另外,根据促进化学结构发生降解变化的因素不同,降解高分子材料可分为**光降解高分子材料**和**生物降解高分子材料**两种。

光降解高分子材料是高分子链能用光化学方法使之破坏,材料失去其物理强度并脆化,经自然剥蚀细脆化后变为粉末,进入土壤,在微生物作用下重新进入生物循环。

但光降解高分子材料受紫外线强度、温度湿度、季节气候等因素的制约较大,降解的时间很长,且不容易完全降解,到目前其研究进展受到约束。

生物降解高分子材料指的是既可被环境中的微生物,如细菌、真菌和藻类所释放出的酶降解,又可在自然条件下发生天然降解反应,如天然水解、天然氧化反应等的塑料。生物降解塑料主要分为天然高分子材料、微生物合成高分子材料和人工合成高分子材料,现在生物降解型塑料成了研究的主要方向。

按制备的方法不同,生物降解高分子材料又可分为以下 3 种:

(1)天然高分子材料。

天然高分子材料是利用天然高分子物质,如淀粉、纤维素、半纤维素、木质素、果胶、甲壳素、蛋白质等直接制备的生物高分子材料,具有原料来源丰富、价格低廉,有良好的生物相容性,可完全降解,安全无毒等优点,天然高分子材料产品兼具天然再生资源的充分利用和环境治理的双重意义。

在天然高聚物中,淀粉是被研究得最多的一种材料,研究工作主要是通过共混改性来制备塑料。如利用 70%的变性淀粉与 30%的聚乙烯醇共混制备出降解塑料,尽量提高淀粉含量并保持优良的力学性能是其中的技术关键,即如何让塑料具备完全的分解性是其中存在着的一个尚待解决的问题。

纤维素及其衍生物同样也是重要的生物降解原料，它们在石油开采、造纸业、印刷业、农业、高吸水性材料以及黏结剂方面均有广泛的应用。用纤维素和从甲壳素制得的脱乙酰壳糖复合制备的塑料，具有与通用型石化合成塑料同样的强度，并可在两个月后完全降解。近几年，利用纤维素和淀粉制备发泡塑料也有较多的研究。

甲壳素及其衍生物——壳聚糖是另一类有发展前途的多糖。它们在自然界中的含量仅次于纤维素，可生物降解，也可在体内降解并有抗菌作用。基于甲壳素-壳聚糖的可生物降解的新型材料是近年来研究的热点之一。

天然高分子材料虽然具有价格低廉、完全降解等诸多优点，但是它的力学和热性能较差，不能满足工程高分子材料使用性能的要求，因此对天然高分子进行化学修饰、天然高分子之间的共混及天然高分子与合成高分子共混，以制得具有良好降解性和使用性能的生物降解高分子材料是目前研究的一个重要方向。

(2)合成高分子材料。

这类产品具有较高的生物降解性，也是目前生物降解高分子材料研究的重点。它可以根据高分子化学理论来设计高分子主链结构，来控制或优化高分子材料的物理化学性能，而且可以充分利用自然界中提取或合成的各种小分子单体进行高分子聚合物的合成。合成高分子主要有微生物合成、化学合成和最新研究的酶促合成高分子。目前，化学合成研究得最多，化学合成的生物降解塑料大多是在分子结构中引入能被水解或微生物降解的含酯基结构的脂肪族聚酯，刚由微生物通过各种碳源发酵制得微生物聚酯，开发的合成高分子产品主要有聚乳酸(PLA)、聚己内酯(PCL)、聚丁二醇丁二酸酯(PBS)等。

另外，聚羟基脂肪酸酯(PHA)也是一种常用的微生物合成的共聚聚酯降解高分子材料，商业化的 PHA 一般都是聚羟基丁酸酯 (PHB) 、聚羟基戊酸酯(PHV) 或者是这两者的共聚物(PHBV)。PHB 是一种具有良好生物降解性能的热塑性聚酯，它的许多物理性能和力学性能与聚丙烯接近，且具有生物降解性和相容性，在生物体内可完全降解成 β-羟基丁酸、CO_2 和 H_2O。PHBV 已经商业化，商品名为 Biopol，它是由一系列不同材料组成的，当其中的聚合单元羟基丁酸酯和羟基戊酸酯的含量比达到最佳值时，其强度和韧性也达到最佳状态。

微生物合成高分子材料有良好的降解性和热塑性，易加工成型，但在耐热和机械强度方面还需改进，而且成本较高，现在只在医药、电子等附加值较高的行业得到广泛应用。目前，各国正在研究使用各种新型原材料以降低成本。除了脂肪族聚酯外，多酚、聚苯胺、聚碳酸酯等也已相继开发成功。

(3)混合型高分子材料。

混合型高分子材料主要是指将两种或两种以上的高分子化合物共混或共聚，其中至少有一种组分是可生物降解的，如淀粉、纤维素、壳聚糖等天然高分子。以淀粉为例，它可分为**淀粉填充型**、**淀粉接枝共聚型**和**淀粉基质型**生物降解高分子材料三类。淀粉与聚乙烯、聚乙烯醇、聚苯乙烯混合属于淀粉填充型，淀粉接枝丙烯酸甲酯、丙烯酸丁酯苯乙烯等属淀粉接枝型，但是这两类高分子材料大部分不能完全彻底降解，属于不完全生物降解高分子材料，所以其前景不是很好。

淀粉基质型生物降解高分子材料是以淀粉为主体，加入适量可降解添加剂来制备。如美国 Warner-Lambert 公司的 Novon 的主要原料为玉米淀粉，添加可生物降解的聚乙烯醇，该产品具有良好的成型性，可完全生物降解，这是一类很有发展前途的产品。

生物高分子材料前景广阔，但在发展和应用过程中也面临严峻挑战，其中一个重要问题是原料的保障问题。目前用于生物高分子材料的可再生原材料，比如淀粉、植物油、甘蔗、松香等，涉及与民争粮问题，大规模产业发展受到制约。因此，从长远来看，寻找来源更丰富的可再生原材料成为关键。

目前，正在研究将纤维素和木质素作为可利用资源。纤维素和木质素是自然界最广泛、可再生能力最强的资源，其年产量均超过 1 000 亿 t，超过现在的石油储藏量，如何把纤维素和木质素经济有效地转化为葡萄糖等糖类化合物，然后通过化学和生物方法生产脂肪类化合物或高分子单体，是当前生物基高分子材料产业发展的一个热点。无论如何，发展生物基高分子材料必将成为替代石油基高分子材料的重要途径之一。

7.1.2　生物降解高分子材料的降解机理

目前，生物降解的机理尚在继续研究。一般认为，生物高分子材料的降解可分为生物降解、化学降解、物理化学降解等几种形式，大多数情况下，这几种降解可能同时进行，而且会产生相互促进的作用。对生物高分子材料而言，生物降解应是一种主要的降解形式，是在微生物的作用下聚合物的结构发生变化，起降解作用的是细菌、霉菌、真菌和放线菌等微生物，生物降解主要有 3 种形式：

(1)生物物理降解：当微生物攻击侵蚀高聚分子材料后，由于生物细胞的增长使聚合物组分水解、电离或质子化而分裂成低聚物碎片，聚合物分子结构不变，起到物理性的机械破坏作用，这是聚合物因生物物理作用而发生的降解过程。

(2)生物化学降解：由于微生物产生的某些物质对生物高分子材料起化学作用，产生新的化合物，使高分子聚合物分解或氧化降解成小分子，直至最终分解成为 CO_2 和 H_2O。

(3)酶的直接作用：微生物的酶的本质是蛋白质，而蛋白质是由 20 多种氨基酸组成的，氨基酸分子里除含有氨基和羧基外，有的还含有羟基或巯基等，这些基团既可作为电子供体，也可作为氢受体。它们能和塑料分子或氧分子发生吸附作用，这些带电质子构成了酶的催化活性中心，使被吸附的聚合物分子和氧分子的反应活化能降低，从而加速了高分子的生物降解反应，也最终分解成为 CO_2 和 H_2O。

高分子材料的生物降解机理可以解释为自然界中微生物的作用。首先，微生物向体外分泌水解酶，和材料表面结合，通过水解切断高分子链，生成小分子量的化合物（有机酸、糖等）；然后，降解的低分子生成物被微生物摄入体内，经过种种的代谢作用，合成为微生物体或转化为微生物活动的能量，最终都转化为 H_2O 和 CO_2。这种降解具有生物物理、生物化学效应，同时还伴有其他物化作用,如水解、氧化等,是一个非常复杂的过程,它主要取决于高分子的大小和结构,微生物的种类及温度、湿度等环境因素。高分子材料的化学结构直接影响着生物可降解能力的强弱。此外,分子量大、分子排列规整、疏水性大的高分子材料不利于微生物的侵蚀和生长,不利于生物降解。通过各种研究表明,降解产生的碎片长度与高分子材料单晶晶层厚度成正比,极性越小的共聚酯越易于被真菌降解。高分子材料的生物降解通常情况下需要满足以下几个条件:

(1)存在能降解高分子材料的微生物;

(2)有足够的氧气、潮气和矿物质养分;

(3)有一定的温度条件;

(4)pH 值在 5~8 之间。

生物降解过程主要分为 3 个阶段:

(1)高分子材料的表面被微生物黏附。微生物黏附表面的方式受高分子材料表面张力、表面结构、多孔性、温度和湿度等环境的影响。

(2)微生物在高分子材料表面所分泌的酶作用下,通过水解和氧化等反应将高分子断裂成低分子质量的碎片。

(3)微生物吸收或消耗低分子质量的碎片。一般相对分子质量低于 500 时,经过代谢可最终形成 CO_2、H_2O 及低分子物质。

上述过程是由不同微生物种类共同作用造成的,其中一些微生物首先将高分子材料降解为单体形式,一些微生物则利用该单体并产生一些简单副产物,而另一些微生物则能利用该产物并最终将其降解为 CO_2、H_2O、CH_4 及腐殖质等。

从分子结构的观点来解释,高分子材料的降解主要是大分子主链的断裂,这和材料的外力作用下发生的断裂或破坏有本质的不同,材料在外力作用下的破坏并没用改变其分子结构及聚集形态,而大分子主链的裂解意味着材料的整个分子结构聚集形态发生了根本性变化,材料裂解成小分子的碎片,最后在水和微生物的作用下变成 CO_2 和 H_2O 重新回到自然界中。

因此,有的观点认为,生物高分子的降解归根结底是酶分泌物作用下高分子主链的断裂分解,酶是由活细胞产生的有催化作用的有机物,在自然界大量的微生物中,存在各种各样的酶,其中对生物材料有催化裂解作用的酶称为**水解酶**或**裂解酶**。这些酶当与作用对象的分子结构的基质特性相配对时,就会对分子链的裂解起作用。因此酶的作用与材料的主链结构有关,一般可分为从主链末端开始作用型(exogeneous)和主链内部(endogeneous)开始作用型两种形式,一般认为,作用对象的相对分子量越大,末端基团越少,分解的效率越低。因为各种酶具有不同的特异性,作用对象的分子结构不同,使酶与高分子的相互作用变得非常复杂,有关的研究还在继续。

对不同种类的生物降解材料而言,降解机理的不同决定了它们具有不同的性质。天然降解高分子材料.其本身来源于生物体,降解周期一般较短。最终降解产物为多糖或氨基酸,容易被微生物吸收。

降解性是评价生物降解材料的重要性能指标，目前已有一些国际和国家标准用于生物降解材料，如表 7－1 所示。

表 7－1　生物降解性能试验标准

标准号	标准名称
ISO/TR 15462—2006	水质量——用于生物降解能力的试验选择
ISO 1459	水体系培养液中有机组分最终需氧生物降解能力的评价——通过分析密封容器中无机碳的方法（CO_2 顶部试验）
ISO 14851—1999	水系培养液中需氧条件下塑料材料生物降解能力的测定——通过测定密封容器中氧气消耗量的方法
ISO 114852—1999	水系培养液中需氧条件下塑料材料生物降解能力的测定——通过分析释放的二氧化碳的方法
ISO 14855—1—2012	可控堆肥条件下塑料最终需氧生物降解能力和崩裂的测定——分析释放的二氧化碳的方法
ISO 14853—2005	水培养液中的厌氧生物降解试验——在无氧环境中测定二氧化碳和甲烷的发生量
GB/T 17603—1998	光解性塑料户外暴露试验方法
GB/T 15596—2009	塑料暴露于玻璃下日光或自然气候或人工光后颜色和性能变化的测定

其中 ISO 14851—1999、ISO 14852—1999 和 ISO 14855—1—2012 属于需氧实验法；ISO 14853—2005属于厌氧实验法；GB/T 17603—1998、GB/T 15596—2009 属于光解实验法。

用生物降解树脂制备的复合材料最大的优点首先在于能把对环境的影响降到最低，废弃后可以自行分解；其次是原料来源广泛，而且可以再生，材料成本低廉，可以降低复合材料的成本；最后是具有足够良好的力学性能和物理性能，能满足不同的使用要求。

如前所述，目前用于复合材料的生物降解树脂有聚乳酸（PLA）、聚己内酯（PCL）、聚丁二醇丁二酸酯（PBS）、聚羟基脂肪酸酯（PHAs），包括聚羟基丁酸酯 （PHB）和聚羟基戊酸酯（PHV），以及这两者的共聚物（PHBV）等。

从目前发展现状看，生物降解树脂的价格普遍高于通用型的石油基塑料，例如工业级和医用级牌号的高密度聚乙烯（HDPE）、低密度聚乙烯（LDPE）、聚苯乙烯（PS）、聚丙烯（PP）、聚对苯二甲酸乙二醇酯（PET）的平均价位为 0.60～1.25 美元/磅。而生物可降解塑料聚乳酸（PLA）塑料价格会在 1.75～3.75 美元/磅的范围内，聚己内酯（PCL）为 2.75～3.50 美元/磅，聚羟基丁酸酯（PHB）会在每磅 4.75～7.50 美元之间。从整体的价格对比来看，生物可降解树脂比传统的石油基热塑性树脂价格高出 2.5～7.5 倍。如何降低成本，提高性能，是今后生物基复合材料发展的重要研究课题之一。

7.2　聚　乳　酸[7—18]

聚乳酸是研究开发得最早、技术最成熟、应用最多的一种全降解型生物高分子材料，具有优良的力学性能、生物相容性、生物降解性和资源可再生性。用聚乳酸树脂作基体，与天然纤维复合制作复合材料，是聚乳酸应用的一个重要方面，不仅能降低聚乳酸的使用成本，而且能通过复合材料性能可设计性的优点，制备出各种高性价比、全降解型的复合材料，近年来得到快速发展。

7.2.1 聚乳酸的结构与性能

聚乳酸（polylactic acid，PLA）的分子结构式如下：

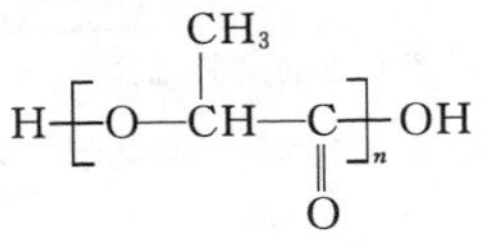

$$\mathrm{H}{\left[\mathrm{O}-\underset{\mathrm{CH_3}}{\overset{|}{\mathrm{CH}}}-\underset{\underset{\mathrm{O}}{\|}}{\mathrm{C}}\right]}_n\mathrm{OH}$$

聚乳酸不是一种天然生成的生物材料，而是一种人工合成的新型可生物降解高分子材料，它具有一些其他高分子材料尚不具备的优点。首先，它的合成原料来源于可再生作物，不依赖石化原料，树脂使用后的废弃物可完全降解成 H_2O 和 CO_2，不污染环境；其次，聚乳酸无毒、无刺激性，具有良好的生物相容性，广泛用于医用缝合线、药物缓释材料、生物医用工程中的介入性材料和组织修复材料等；第三，聚乳酸具有良好的力学性能、染色性和加工性，从而可广泛用于工业包装、纺织、汽车、建筑工业等领域。除此以外，与其他可降解聚酯材料相比，聚乳酸加工成型制品具有更好的耐热性能、力学性能和光学性能。由于这些突出的特点，聚乳酸是目前应用最广泛的生物高分子材料。

从分子结构来看，聚乳酸属于脂肪族聚酯，其构成单元乳酸单体为 2-羟基丙酸，有两个光旋异构体，*d*-旋（或 *l*-旋）光学异构体，称之为右旋（或左旋）光学异构体。旋光异构体所占比例不同，得到的聚乳酸的性能也不同。这样，就可以在聚合反应过程中通过控制旋光异构体的组分比例，制备性能各异的聚乳酸，以满足不同的性能要求。

根据不同的合成工艺，大致可得到聚乳酸的三种不同的同分异构体，即左旋异构体聚乳酸（*l*-PLA）、右旋异构体聚乳酸（*d*-PLA）、消旋异构体聚乳酸（*dl*-PLA）。其中，*l*-PLA 和 *d*-PLA 为热塑性结晶性聚合物，结晶度可高达 60%；*dl*-PLA 为非结晶型聚合物。

非结晶性聚乳酸的 T_g 为 50～60 ℃。低于该温度，非晶性聚乳酸的弹性模量约为 3 GPa，呈刚性和脆性，塑性变形能力很低。结晶型聚乳酸的 $T_g \approx 67$ ℃，$T_m \approx 180$ ℃，与非结晶性聚乳酸相比，具有更高的弹性模量，更小的变形性。

结晶形态既影响聚乳酸的力学性能，也影响其降解速度。由于晶区中聚乳酸分子链排列规整紧密，使聚乳酸结晶更完善，有利于改善其力学性能和延缓降解速度，同时还能提高透气性、耐热性、热稳定性等性能。半晶性的聚乳酸由于结晶速率很慢，通过注塑制得的产品常呈非晶态，大大降低了产品强度，限制了应用；另一方面，并非结晶度越高越好，高结晶度聚乳酸硬而脆，不利于后续加工，降解时间也会过长。因此，聚乳酸结晶行为及其影响因素，对控制聚乳酸的分子结构，改善材料的加工和使用性能都有决定性的作用。

实际应用得最多的是左旋聚乳酸（*l*-PLA）和聚消旋聚乳酸（*dl*-PLA），属于非结晶和半结晶型聚乳酸。分别由乳酸或丙交酯的消旋体、左旋体的聚合得到，其主要性能如表 7-2 所示。

表 7-2 聚乳酸的主要性能

性　能	*d*-PLA	*l*-PLA	*dl*-PLA
固体结构	结晶性	半结晶性	无定型
熔点/℃	180	170～180	—
玻璃化温度/℃	—	56	58
热分解温度/℃	215	215	185～200
拉伸率	24%～30%	24%～30%	—
断裂强度/($g \cdot d^{-1}$)	4.0～5.0	5.0～6.0	—
水解性(37 ℃生理盐水中强度减半的时间)	5～6个月	4～6个月	1～3个月

由表7-2可以看出，结晶型和非结晶型或半结晶型聚乳酸的性能差别主要表现在材料的韧性和降解性能，相对而言，结晶型的韧性和降解性都要低得多，这主要归因于结晶型的分子结构立规性高，易于结晶得到较高的结晶度，在材料宏观性能上表现出坚硬，脆性大，分子链的解聚裂解困难，降解速率放慢。

表7-3所列的几种常用塑料为通用型聚苯乙烯(GPPS)、饱和线性聚酯(PET)和聚丙烯(PP)，聚乳酸的基本性能与这几种常用的塑料接近，可作为替代材料使用。

表 7-3 聚乳酸与几种常用塑料性能的比较

性　能	PLA	GPPS	PET	PP
拉伸强度/MPa	53.1	45.5	58.6	35.9
断裂伸长/%	4.1	1.4	5.5	350
拉伸模量/GPa	3.45	3.03	3.45	1.31
艾唑冲击/($J \cdot m^{-1}$)	16	21.4	26.7	48.1
玻璃转变温度/℃	60	102	74	120
熔点/℃	130～170	—	270	165
密度/($g \cdot mL^{-1}$)	1.25	1.05	1.35	0.9

从分子结构考虑，聚乳酸的性能特点主要表现为：

(1)聚乳酸的分子结构中由于含有酯键，易水解成醇和酸，这使其具有良好的降解性能，聚乳酸制品废弃后在土壤或水中，首先降解为天然小分子碎片，然后在微生物的作用下最终分解成 CO_2 和 H_2O，重新回到大自然的循环中，不会对环境产生污染。

聚乳酸的降解性能与分子结构有关，非结晶型的降解性能最好，而结晶型的降解最慢，半结晶型的降解性能介于两者之间。

(2)聚乳酸的分子结构中存在对称性的结晶结构，使其具有良好的机械性能及物理性能，抗拉强度及耐热性都较高，可以满足不同产品的使用性能要求。但断裂延伸率随结晶度的提高而有所下降。

(3)聚乳酸的耐热性一般，受分子结构的结晶性影响，非结晶型和半结晶型聚乳酸的 T_g

为 50～60 ℃，超过这个温度，强度和模量都会下降。这在一定程度上限制了它的应用。

结晶型聚乳酸熔点可达 180 ℃，具有较好的耐热性，可提高制品的使用温度。

(4)聚乳酸的工艺性能良好，可适合吹塑、热塑、模压等各种加工方法，加工方便，可以广泛地用来制造各种应用产品。聚乳酸拥有良好的光泽性和透明度，可用于加工各种塑料制品、无纺布、工业用织物、保健织物、食品包装、卫生用品、运动器材、交通工具内装饰件等，市场前景十分好。

7.2.2 聚乳酸的合成

聚乳酸的合成分两步进行：第一步是通过化学合成或者通过可再生资源合成得到聚乳酸的单体。一般使用玉米、木薯提取出的淀粉，甘蔗和甜菜提取的糖和秸秆等提取的纤维素，经过发酵、脱水等处理获得乳酸单体。所获得的乳酸需要进行纯化，才能进行聚乳酸的生产，因为乳酸中含有的微量富马酸和醋酸都会造成聚合反应的终止。第二步在乳酸单体基础上，再进行聚乳酸的合成。聚乳酸的制备方法通常可以分为两大类：一类以乳酸、乳酸酯和其他乳酸衍生物等为原料进行直接聚合而得聚乳酸，包括在溶剂中进行的乳酸溶液聚合法和不需要溶剂进行的乳酸熔融聚合法，称为**直接缩聚法**或**一步法**；另一类是以丙交酯为原料进行开环聚合而得聚乳酸，首先通过乳酸的脱水和环化得到丙交酯，再将丙交酯在催化剂作用下缩聚成聚乳酸，所以这类方法一般称为丙交酯开环聚合法或二步法。

7.2.2.1 直接缩聚法

乳酸单体同时具有羟基(—OH)和羧基(—COOH)，通过它们的相互作用就可以将乳酸单体进行直接缩合，也称**一步聚合法**。在脱水剂的存在下，乳酸分子中的羟基和羧基受热脱水，直接缩聚合成低聚物。加入催化剂，继续升温，低相对分子质量的聚乳酸聚合成更高相对分子量的聚乳酸。

$$n\,CH_3-\underset{\displaystyle OH}{\overset{}{CH}}-\overset{\displaystyle O}{\overset{\|}{C}}-OH \xrightarrow[140\sim210\ ℃]{\text{脱水缩合}} H\!\left[O-\underset{\displaystyle CH_3}{CH}-\overset{\displaystyle O}{\overset{\|}{C}}\right]_n\!OH+(n-1)H_2O$$

直接缩聚法生产工艺简单，但在体系中存在着游离酸、水、聚酯及丙交酯的平衡，反应副产物在黏性熔融物中难以去除，很难保证聚合向正反应方向进行，而且聚合过程中也可能发生大分子的裂解，故一般不易得到高分子量的聚合物，产品性能差，易分解，限制了产品的使用。近年来研究出了以溶液聚合法来直接缩聚制成聚乳酸的新工艺，溶液聚合法使用的是高沸点憎水溶剂，与反应物进行高真空加热同流，使反应脱水时产生的水分子单独成相，再通过相分离去除；或用分子筛除水，使聚合持续向生成大分子的正反应方向进行。这种新的合成工艺可以得到相对分子质量高达几万至几十万的聚乳酸，从而提高了产品的各种性能。

直接聚合反应主要受 3 个因素的影响：

(1)动力学控制。主要受催化剂影响,如以锡化合物和质子酸作催化剂,反应温度在 130 ℃即得较高分子量,而以锌化合物和过量金属化合物作催化剂,反应温度在 160 ℃才可达到较高分子量。

(2)有效除水。本体聚合时,随着反应的进行,体系黏度增大,除水困难。现在多采用加入高沸点的溶剂作为除水剂,在较低的反应温度和高真空条件下,使溶剂与乳酸、丙交酯以及各种低聚乳酸共沸,以有效地除去反应过程中生成的水。

(3)抑制解聚反应。聚乳酸的聚合过程中,聚合和解聚是可逆的,因此必须有效地控制聚合过程中的解聚,使聚合向正反应方向进行,以得到更高分子量的聚合物,目前抑制解聚的主要措施是选用合适的催化剂和控制反应温度,一般反应温度在 160 ℃以下为宜,过高则会提高逆向反应解聚的可能性。

7.2.2.2　丙交酯开环聚合法

合成高分子质量的聚乳酸,需要化学纯度和光学纯度均很高的丙交酯。而丙交酯的合成是以乳酸为原料,经过两步反应得到:

第一步是先将乳酸加热浓缩除去游离的水,再在低温、催化剂作用下聚合得到乳酸低聚物,然后在高温、高真空度下使乳酸低聚物裂解,形成环状丙交酯 $C_6H_8O_4$。

第二步是先将乳酸脱水缩合得到的丙交酯分离出来,再在催化剂作用下开环聚合得到聚乳酸,分子量可以用催化剂浓度及聚合体系的真空度来控制,这种方法得到的产品分子量较高,整个反应历程如下:

$$n\mathrm{HO{-}\underset{\displaystyle |}{\overset{\displaystyle CH_3}{|}}\!\!\!\!CH{-}COOH} \xrightarrow{\text{脱水}} \text{低聚物}\ \mathrm{H{+}O{-}CH(CH_3){-}CO{+}_{n}OH} \xrightarrow{\text{降解环化}}$$

$$\text{丙交酯（环状：}\mathrm{O{=}C\langle O{-}CH(CH_3)\rangle\langle CH(CH_3){-}O\rangle C{=}O}\text{）} \longrightarrow \text{高聚物}\ \mathrm{H{+}O{-}CH(CH_3){-}CO{+}_{n}OH}$$

二步法(即丙交酯的开环聚合)可得到高分子量的聚乳酸,能有效提高聚合物材料的最终性能,但是在二步法制备中间体丙交酯的过程中,存在高温、高真空、高能耗等问题,而且丙交酯开环聚合反应对丙交酯的纯度要求很高。研究表明,丙交酯的纯度对产物聚乳酸相对分子质量影响十分显著。一般要求丙交酯中间体达到纯度 99.00%以上,水分少于 0.15%,羧酸和水分等含量少于 1.00%的标准,才能够制备出较高相对分子质量的聚乳酸。因此,高纯丙交酯的制备也是间接法制备聚乳酸的关键环节之一。

而高纯丙交酯的制备主要受两方面的因素影响,一是乳酸低聚物制备,影响乳酸低聚物分子质量的因素较多,有低聚反应的温度、压力、时间、催化剂等;二是乳酸低聚物的解聚环合。乳酸低聚物在较高的温度、较高的真空度以及催化剂存在的条件下,解聚生成丙交酯。影响丙交酯收率的因素较多，主要是乳酸低聚物的分子质量、解聚温度、解聚压力、解聚时间、催化剂的种类及浓度等。高纯度丙交酯的制备和生产工艺质量控制目前仍是聚丙酸合成的重要研究内容之一。

从聚乳酸合成反应机理来看，丙交酸的开环聚合主要分三种类型：

(1)阴离子开环聚合。以强碱金属化合物，如醇钠、醇钾、丁基锂等作为引发剂，其中的烷氧负离子进攻丙交酯的酰氧键，形成活性中心内酯负离子，该负离子进一步进攻丙交酯进行链增长，加快聚合，其特点是反应速度快，活性高，可进行溶液和本体聚合，但副反应不易消除，不易得到高分子量的聚合物。

(2)阳离子开环聚合，以 HCl、HBr、$AlCl_3$、路易斯酸等酸类作为引发剂，引发剂的阳离子先与单体中氧原子作用生成氧鎓离子，经单体开环(酰氧键断裂)产生酰基正离子，再与乳酸单体作用，引发单体聚合增长，形成大分子链。

(3)配位开环聚合，所用的催化剂为有机铝化合物、锡类化合物、稀土化合物等。金属铝可与不同配体形成配位化合物，催化丙交酯开环聚合得到大分子单体，进而可制备接枝、星型等结构的共聚物，其反应在一定程度上表现出活性聚合的特征。

以上是由乳酸单体聚合成聚乳酸，由于生产成本高，产物分子量低，具有疏水性、脆性等性能缺陷，因此，目前对聚乳酸的改性进行了大量的研究，主要有共聚、交联、表面修饰等化学改性方法和共混、增塑、纤维复合等物理改性方法。

7.2.3 聚乳酸的降解

聚乳酸是一种合成的脂肪族聚酯，其降解是一个复杂的过程，目前还在继续研究。一般认为，聚乳酸的降解可分为简单水解(酸碱催化)降解和酶催化水解降解。从物理角度看，有均相和非均相降解。非均相降解指降解反应发生在聚合物表面，而均相降解则是降解发生在聚合物内部。从化学角度看，主要有三种降解方式：①主链降解生成低聚体和单体；②侧链水解生成可溶性主链高分子；③交链点裂解生成可溶性线性高分子。本体侵蚀机理认为聚乳酸降解的主要方式为本体侵蚀，根本原因是聚乳酸分子链上酯键的水解。聚乳酸类聚合物的端羧基(由聚合引入及降解产生)对其水解起催化作用，随着降解的进行，端羧基量增加，降解速率加快，从而产生自催化现象。一般而言，聚乳酸制品的内部降解快于表面降解，这是由于具端羧基的降解产物滞留于样品内，产生自加速效应。

7.2.3.1 简单水解降解

简单水解降解的主要机理一般被认为是由于聚乳酸分子链中含有酯键，极易在氢离子作用下断裂为羧酸和醇，而降解中产生的酸可能会对降解有催化作用，形成自催化效应。其降解速率在很大程度上取决于 pH 值、聚合物的形态、相结构等因素。

水解大致可分为高聚物的吸水、酯键的水解断裂、可溶性低聚物的扩散溶解三个过程。具体地说，当聚乳酸材料降解时，首先是材料吸水，水在材料中的扩散速率会有所不同，很快就会在材料的外部和内部出现水吸收不一致的情况，但由于水的扩散比酯键的水解要快得多，因此，可以认为酯键的水解在开始阶段是均匀的，随着降解的继续，就会出现材料在内部的降解要比在表面的降解快的现象。这种内部和外部降解不一致的现象被认为是由两种原因造成的，一是酯键的断裂形成的可溶性低聚物在表面比在内部更容易扩散到外部媒介中，二是酯键发生断裂形成的中性的羧端基位于外部缓冲溶液的表面。这两个原因致使表层的酸性要比内部的酸性小，并使材料内外部的羧端基产生差异。而在聚乳酸的内部，由于羧端基的自催化作用，就会进一步加大内部的降解速率。随着时间的延长，就会形成表面没有完全降解而内部完全降解的孔洞结构。聚乳酸的这种内外部降解不均匀机理已经得到许多研究证实。

聚乳酸的这种不均降解速率主要受到其结构的影响，包括化学结构、物理结构、表面结构等。还会受到pH值、相对分子质量及质量分布温度以及酶等条件的影响。

7.2.3.2 生物及酶降解

聚乳酸的酶催化降解和纤维素等天然聚合物的降解不同。天然聚合物的降解一般是直接和酶反应；而聚乳酸酯不接受直接的酶攻击，在自然降解环境下首先发生水解使其相对分子质量有所降低，分子骨架有所破裂，形成较低相对分子质量的组分。水解到一定程度，方可进一步在酶的作用下新陈代谢，使降解过程得以完成。在这里，第一步的水解作用几乎是不可避免的。因此，聚乳酸酯的酶降解过程是间接的。

研究表明，唯一能使聚乳酸酯不经水解而直接发生作用的只有蛋白酶-K，但水的加入也起了重要的作用，它导致聚合物溶胀而容易被酶进攻。聚乳酸及其共聚物由于主链上含有酯键，可以被酯酶加速降解，其中对非结晶型和半结晶型聚乳酸的降解催化作用较强。例如，链霉蛋白酶、K-蛋白酶和菠萝蛋白酶，在*l*-PLA的降解中起着重要的作用。*dl*-PLA可以被K-蛋白酶催化加速降解。*l*-PLA的低聚物可以被大量脂肪酶型生化酶加速降解，尤其是根霉脂肪酶。这表明酶的催化降解作用对聚乳酸的结晶度具有很高的敏感性，研究表明聚乳酸中非结晶区域在21天后即可完全降解，而结晶区却只有30%降解。这是由于结晶区域分子结构排列紧密，酶分子很难进入到聚乳酸分子内部，因此降解速度缓慢。

7.2.4 聚乳酸的改性

采用一步法合成的聚乳酸的均聚物很难得到较高的分子量，且属于疏水性材料，降低了其生物相容性；在自然条件下其降解速率较慢。此外，其性脆、力学强度较低，在作为某些医用材料时往往不能满足组织工程和对亲水性药物的控释载体的要求。因此对聚乳酸的改性进行了大量的研究。

改性的方法主要有共聚、交联、表面修饰等化学方法和共混、增塑、纤维复合等物理方法。

7.2.4.1 共聚改性

共聚改性是通过调节乳酸和其他单体的比例改变聚合物的性能，或由第二单体提供聚乳酸以特殊性能。均聚的聚乳酸为疏水性物质，降解周期难以控制，通过与其他单体共聚可改善材料的疏水性、结晶性等,降解速率可根据共聚物的分子量、共聚单体种类及配比等加以控制。由于聚乳酸分子中含有端羟基和端羧基,所以在共聚物中比较多的是聚酯-聚酯共聚物、聚酯-聚醚共聚物,以及和有机酸、酸酐等反应生成的共聚物。常用的改性材料有亲水性好的聚乙二醇(PEG)、聚乙醇酸(PGA)及药物通透性好的聚 ε-己内酯(PCL)等。

聚酯-聚酯共聚物是目前聚乳酸共聚物中最多的一种,可以将多种酯类和丙交酯共聚制得不同用途的产物。例如用乙醇酸生成乙交酯再和乳酸开环聚合能使降解速率比均聚物提高 10 倍以上,并且可以通过改变组分的配比来调节共聚物的降解速度。

近年来,为了提高聚合物的相对分子量,利用扩链剂的活性基团和聚酯的端羧基或端羟基进行扩链反应,这种新方法克服了传统方法的缺陷,取得了满意的效果。例如采用甲苯二异氰酸酯和二苯基甲烷二异氰酸酯及三官能团异氰酸酯对聚乳酸进行扩链,合成聚乳酸分子量高达几十万。

聚酯-聚醚共聚多用来改善材料的亲水性和弹性,通常将聚乳酸作为硬段和乙二醇或丙三醇作为软段结合在一起。例如用氧化亚锡、烷基铝复合催化剂、大分子引发剂制得了聚乙二醇与己内酯或乳酸嵌段或多嵌段共聚物,并发现可以通过调节疏水和亲水链段的组成来控制降解速度、亲疏水性以及相对分子量等。

7.2.4.2 共混改性

共混改性是将两种或两种以上的聚合物进行混合,通过聚合物各组分性能的复合来达到改性的目的。共混物除具有各组分固有的优良性能外,还由于组分间某种协同效应呈现新的效应。共混改性工艺更为简单和经济,如与丙烯酸、淀粉、聚氧乙烯和聚己内酯等共混,可以改善聚乳酸的亲水性。

淀粉是一种可自然降解的亲水性材料,它与聚乳酸的共混物可完全生物降解。在淀粉与聚乳酸共混物中,聚乳酸作为连续的基体相,而淀粉则作为填充相。通过调节淀粉含量可以得到不同的共混体系。

壳聚糖也具有较好的亲水性,且水解产物呈弱碱性,可对聚乳酸的降解酸性产物起中和作用,在作为生物医用材料应用时,可减少聚乳酸降解后期出现的副作用。因而,将壳聚糖与聚乳酸共混,可改善聚乳酸的生物相容性和降解性能,还可根据壳聚糖的含量来调控复合材料的降解速度。

用纳米粒子复合可使材料产生纳米尺寸效应、大比表面积和强界面结合,不仅可以提高材料力学性能、热稳定性、阻燃性和气体阻隔性,甚至电学、光学性能也得到很好的改善。将这种技术应用到聚乳酸聚合物,制得的聚乳酸纳米复合材料不仅有很好的生物相容性、生物可降解性和环境友好性,与普通聚乳酸改性材料相比,还具有良好的韧性和弹性、较高的强度和模量、优良的力学和机械性能、特殊的电学和光学性能。这些优越的性能,使得聚乳酸纳米复合材料在医用和包装等行业得到广泛应用,如作为骨组织工程支架、药物载体、包装材料等,商业开发和应用前景非常广阔。

目前用得较多的纳米粒子有纳米蒙脱土、纳米二氧化硅、碳纳米管等，其制备方法包括溶胶-凝胶法、层间插入法、共混法、原位聚合法、分子自组装及组装法、辐射合成法。

7.2.4.3　交联改性

交联改性是指在交联剂或者辐射作用下，通过加入其他单体与聚乳酸发生交联反应，生成网状聚合物，改善其性能。聚乳酸强度还不够高，适度的交联可以提高聚乳酸强度，满足一些强度要求较高的应用，如用作组织修复的骨固定材料，交联剂通常是多官能团物质，针对不同的情况，交联方式和交联程度都会有所不同。例如以淀粉为接枝骨架，*dl*-丙交酯为接枝单体，在无水 LiCl 存在下，合成了淀粉/*dl*-丙交酯接枝共聚物。降解试验表明该接枝共聚物能够被酸碱及微生物完全降解，防水试验表明该接枝共聚物具有优良的防水性能。

7.2.4.4　纤维复合改性

纤维复合主要是为了制备纤维增强的复合材料，可以大大提高材料的力学性能。用酰化改性甲壳素纤维增强的聚乳酸复合板材，其耐水解性及耐强度衰减特性均明显优于未增强的聚乳酸。

用碳纤维织物增强的聚乳酸复合材料，具有轻质高强的特点，能有效促进材料与体内组织的相容性。活性很好的磷酸盐纤维也被用来增强聚乳酸，用其增强 *l*-PLA 后，材料的力学性能得到明显改善。

天然纤维也可用来增强聚乳酸，例如，洋麻纤维增强聚乳酸是一种具有优异的耐热性、刚性和成型加工性的高性能复合材料。洋麻纤维增强聚乳酸复合材料的热变形温度和刚度随着洋麻纤维用量的增加而增加。试验表明，最高用量可达到 40%，强度比目前汽车面板的聚丙烯/亚麻纤维还高 50%。

7.2.5　聚乳酸的应用

聚乳酸具有良好的降解性、生物相容性和优异的加工性能，因此，用聚乳酸代替通用型的石化塑料，在工农业、医疗行业、服装和生活领域得到广泛应用。

目前聚乳酸的应用研究主要体现在两方面：一是在生物医用材料和器件方面，主要用于药物缓/控释材料、介入性治疗和组织修复工程材料，表现出许多独具的优点；二是用天然纤维或纳米材料与聚乳酸复合可以制备出可降解的绿色复合材料，能有效改善和提高聚乳酸的理化性能和力学性能，降低成本，成为近年来研究的重要方向。

7.2.5.1　生物医用材料的应用

1. 药物释放材料

用生物降解性高分子作药物载体时，随着高分子在体内的降解，药物载体的结构逐渐变得疏松，使内含的药物从中溶解和扩散的阻力减少，药物释放速度加快。当药物释放速度的加快正好与含药量的减少所引起的释药速度变慢一致时，就实现了药物的长期恒量释放。此外，用生物降解高分子作为载体的长效药物植入体内，在药物释放完后，也不需要手术将其取出，可减少用药者的痛苦和麻烦。

聚乳酸及其共聚物可以作为药物释放用的载体，药物包裹或分散在聚合物内，通过聚合物降解，药物从聚合物中渗透出来，从而达到控制释放或连续释放的目的。对生物降解材料来说，药物的释放速度是通过给药量和聚合物的降解速度来控制的，药物释放的整个过程可以调节到十分平缓而又连续，达到最好的治疗效果。

根据药物的性质、释放要求及给药途径，可制成特定的药物剂型。例如采用溶液成型、热压成型等方法制备药物缓/控药剂，如胰岛素的PLGA双层缓释片、庆大霉素的PLA圆柱体、促生物激素释放激素的块状植入剂以及激素左诀诺酮的空心PLA纤维剂型等，此外还有薄膜、类孔剂等多种剂型，这些剂型都强烈地依赖其几何形状及药物包载量。

2. 组织工程材料

组织工程材料是指应用生命科学与工程原理及方法构建一个生物装置来维护、增进人体细胞和组织的生长，以恢复受损组织或器官的功能。其基本原理和方法是将体外培养的组织、细胞吸附于一种生物相容性良好并可被人体逐步降解吸收的生物材料上，形成细胞-生物材料复合物。然后将此细胞生物材料复合体植入机体组织病损部位，种植的细胞在逐步降解吸收过程中，继续增殖并分泌基质形成新的具有与自身功能和形态相应的组织和器官。这种具有生命力的活体组织能对病损组织进行形态、结构和功能的重建，并达到永久性替代。

聚乳酸及其一些共聚物在本体性质上符合组织材料要求，工艺上也能制成包覆纤维或多孔海绵体。例如，软骨细胞种植在LPLA基体内，生成了软骨组织；自生的海绵状骨和髓的微粒填充在LPLA的网状物中，在物体内有效地支持了骨的生长。

3. 骨损伤固定件

传统的骨损伤内固定材料一直采用不锈钢、钛合金等金属材料，但是金属材料强度远大于人体骨，而且力学性能不能随骨损伤愈合过程动态地变化，可能导致骨折部位的骨质疏松和自身骨退化。同传统的金属固件相比，聚乳酸类生物降解材料有两大优点，一是能降解吸收，避免了愈合后二次手术；二是随着自身骨损伤的逐步愈合，聚乳酸可降解固定件的强度不断减弱，克服了应力遮蔽，提高了自身骨修复效果。

羟基磷灰石是自然骨的结晶部分，约占人体骨总重量的70%～90%，人工合成的羟基磷灰石具有良好的生物相容性和骨传导性，能为新骨的形成提供生理支架作用，与骨组织形成直接的骨性结合，具有比其他骨植入材料优越的特点。但羟基磷灰石太脆，没有足够的强度和疲劳承受力，不能作为结构材料使用。将聚乳酸和羟基磷灰石复合，各取所长，可以解决聚乳酸缺乏骨结合能力以及羟基磷灰石没有一定的强度和硬度，不能作为承重的骨固定材料的问题。

研究表明，聚乳酸/羟基磷灰石复合材料用于骨损伤内固定件具有以下优点：①该复合材料的力学强度较聚乳酸有较大的提高，同时羟基磷灰石的加入降低了聚乳酸的降解速度，延长了材料的保持时间，有利于骨损伤的愈合；②该复合材料既有生物可吸收性，又有生物活性，随着聚乳酸的逐渐降解吸收，羟基磷灰石逐渐溶解释放出钙离子和磷酸根离子，参与新骨组织的形成；③该复合材料作为骨折内固定材料效果明显，试验中植入6周后动物骨折已基本愈合，无关节积液和窦道形成，未出现迟发性无菌性炎症，具有较强的骨结合能力。

7.2.5.2　聚乳酸基绿色复合材料

由于聚乳酸本身存在一些性能上的不足，如脆性大和强度不高等，再加上成本过高，其应用受到限制。因此用天然纤维作增强体与聚乳酸复合而成的全降解复合材料能有效提高材料综合性能，拓宽应用领域，是一种 100%的绿色复合材料。

常采用的天然植物纤维原材料主要有麻蕉、黄麻、大麻、亚麻、剑麻等麻类材料，以及木材、竹材、棉纤维、纸浆纤维、果壳纤维等。天然植物纤维原材料形态主要以纤维态或粉态为主，也可采用织物形态。

不同的植物纤维具有不同的特点，对复合材料的力学性能亦会产生不同的影响。另外植物纤维形态对复合材料性能也有影响。例如短切植物纤维呈接近粉末状时，如短麻纤维、竹纤维、木粉、果壳纤维等在聚乳酸基体中仅起到填充作用，且随着填充物含量的增加，其复合体系的力学性能一般呈逐渐下降趋势。当植物纤维的长径比达到一定程度时，与聚乳酸复合，能对复合材料的力学性能起到增强作用。由于麻纤维具有强度高、长径比可控的优点，故而用天然麻类纤维与聚乳酸复合制备生物质复合材料的研究较多，目前采用天然纤维增强聚乳酸复合材料已可用于汽车内饰及部件材料。

用纳米材料如蒙脱土、羟基磷灰石、二氧化硅粒子以及碳纳米管与聚乳酸复合制备纳米生物降解复合材料也得到广泛研究，利用纳米粒子的表面与界面效应、量子效应、小尺寸效应等特性制备具有各种特殊功能的复合材料，其力学及机械性能优良，韧性好，热稳定性好，阻隔性能比纯聚合物及一般共混物都有显著提高，在生物医用组织修复材料方面得到开发利用，应用前景极为广阔。

天然纤维/聚乳酸复合材料的成型工艺主要有模压、层压法及共混挤出复合法。其中层压热压是制备复合材料的常用方法，具有设备简单、操作方便、制件尺寸容易控制等特点，选用于长纤维与基体的复合。如采用模压法制备的洋麻纤维单向增强聚乳酸复合材料，纤维质量分数可达 70%，复合材料的拉伸强度高达 233 MPa，弯曲强度高达 254 MPa，比纯聚乳酸的拉伸和弯曲强度提高 4～6 倍。用聚乳酸树脂薄膜与黄麻纤维毡采用层压的方式制备了增强复合材料，层压温度为 200 ℃时，黄麻纤维质量分数为 40% ，复合材料的拉伸强度最佳，达到 100 MPa，比纯聚乳酸提高近 1 倍。

纳米/聚乳酸复合材料的制备方法包括溶胶—凝胶法、层间插入法、共混法、原位聚合法、分子自组装及组装法、辐射合成法等。

7.3　聚羟基脂肪酸酯[19—29]

7.3.1　PHA 概述

聚羟基脂肪酸酯（polyhydroxyalkanoates，PHA）是由微生物通过各种碳源发酵而合成的不同结构的脂肪族共聚聚酯，是 20 多年来迅速发展起来的品种多样化的一类生物高分子材料。其结构通式如下：

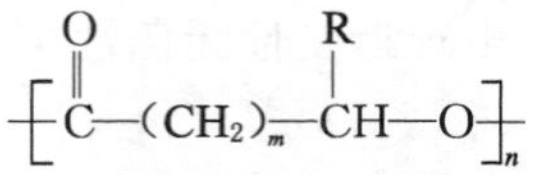

$$\left[\overset{\displaystyle O}{\overset{\|}{C}} - (CH_2)_m - \overset{\displaystyle R}{\overset{|}{C}H} - O \right]_n$$

式中，$m=1$、2 或 3，多数为 1；n 为单体链节数目，R 是一个可变基团，可为饱和或不饱和、直链或支链、脂肪族或芳香族的基团。R 为甲基时聚合物为聚 3-羟基丁酸酯(polyhydroxybutyrate，PHB)，R 为乙基时为聚 3-羟基戊酸酯(polyhydroxyvalerate，PHV)。这是两种研究最早和最多的聚酯产品。这两种聚合物都属于短链碳分子聚乳酸，分子结构属规整的立规结构，较易结晶得到较高的结晶度，因此材料宏观上表现出性脆、不易降解、工艺窗口窄等局限。因此通过 3-羟基丁酸酯(3HB)与 3-羟基戊酸酯(3HV)进行共混聚合改性得到聚 3-羟基丁酸/戊酸酯(PHBV)是目前研究得最多一种 PHA，其分子结构式为：

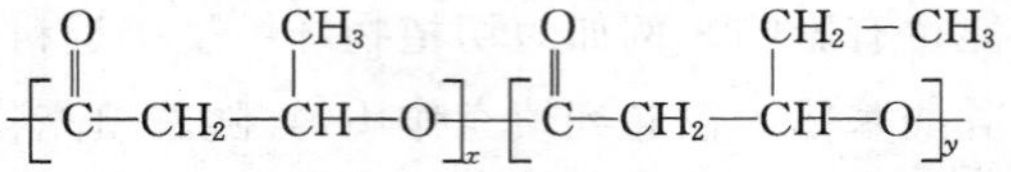

$$\left[\overset{\displaystyle O}{\overset{\|}{C}} - CH_2 - \overset{\displaystyle CH_3}{\overset{|}{C}H} - O \right]_x \left[\overset{\displaystyle O}{\overset{\|}{C}} - CH_2 - \overset{\displaystyle CH_2-CH_3}{\overset{|}{C}H} - O \right]_y$$

PHA 的大多数单体是链长 3～14 个碳原子的 β-羟基脂肪酸，根据单体的碳原子数可将 PHA 分为两类： 短链(short chain length，SCL) PHA，其单体由 3～5 个碳原子组成；中长链(medium chain length，MCL) PHA，其单体由 6～14 个碳原子组成。

PHA 与大多数生物聚酯相比，其特点是单体的聚合是在水的存在下完成的。β-羟基脂肪酸单体在 PHA 聚合酶的作用下，可以形成的分子量高达两千万以上。而其他生物聚酯(如 PLA、PBS 和 PTT 等)必须在接近无水的环境下才能聚合，而且分子量很难达到 PHA 那么高。

PHA 的结构变化几乎是无限的，通过改变菌种、给料、发酵过程可以很方便地改变 PHA 的组成，而组成结构多样性带来的性能多样化。不仅侧链的 R 基可以有许多变化，主链单体链长的 m 数目前已发现可以至少从 1～3 变化，这就可以形成不同链长的主链单体，扩大了 PHA 的品种范围。另一方面，不同的单体还可以形成不同的共聚物，包括二元共聚物，如 β-羟基丁酸(HB)和 β-羟基已酸(HHx)的共聚酯 PHBHHx；三元共聚物，如 β-羟基丁酸(PHB)，β-羟基戊酸(PHV)和 β-羟基已酸(HHx)的共聚酯 PHBVHHx。同时，单体在共聚物中比例的变化也带来共聚物性能的许多变化。目前已经报道了超过 150 种的 PHA 单体，更多具有新功能的 PHA 材料正在被开发出来。

PHA 同时具有良好的生物相容性能、生物可降解性和塑料的热加工性能。同时还具有非线性光学性、压电性、气体相隔性很多高附加值性能。由于它的组成多样性，使性能实现多样化，可以适用于不同的应用需要。

从绿色环保的角度考虑，PHA 的性能优势主要体现在三方面：

(1)原材料可再生。PHA 以可再生的糖、淀粉、纤维等农产品或农产品废弃物为原料，可替代石油、煤炭等不可再生的自然资源。

(2)绿色环保。PHA 无毒无味，生产过程和使用过程均对环境无污染。

(3)可回收利用。PHA 原料可再生，废品可回收利用，不可回收利用则可完全生物降解为

CO_2 和 H_2O,是真正的绿色循环产业。

另外,与传统化工塑料产品的生产过程相比较,PHA 的生产是一种低能耗和低 CO_2 排放的生产,因此从生产过程到产品使用对于环境保护都很有利。

7.3.2 PHBV 的研究

7.3.2.1 PHB 与 PHV 共混聚合

如前所述,PHBV 是聚 3-羟基丁酸酯(PHB)和聚 3-羟基戊酸酯(PHV)的共聚物,学名是聚 3-羟基丁酸/羟基戊酸酯(poly-3-hydroxy butyrate-co-3-hydroxy valerate,PHBV),它的开发主要是针对 PHB 的一些性能上的不足,进行改性的结果。

PHB 是聚 3-羟基丁酸酯,是 PHA 系列中一种主要的生物合成材料,其化学结构式为:

$$\left[\underset{\overset{|}{CH_3}}{HC} - CH_2 - \overset{\overset{O}{\|}}{C} - O \right]_n$$

PHB 不仅具有与化学合成高分子材料相似的性质,而且还有一般合成高分子没有的性质。PHB 具有良好的生物相容性和生物降解性,无毒,降解过程主要是水解。其力学性能与聚丙烯相似,此外还具有光学活性和很好的压电性、气密性等优点。

尽管 PHB 具有诸多优点,但也存在着一些缺点,制约其广泛应用。

(1)机械性能。由发酵法产生的 PHB 是一种全同立构高结晶性的聚酯,其结晶度高达 80%,而断裂伸长率不足 6%,在常温下及玻璃化温度下表现出极大脆性,不耐冲击。

(2)降解性能。处于自然状态的 PHB 是完全不含结晶成分的无定形状态的聚酯结构。当其经过分离、纯化后,即成为一种高结晶度聚酯。其结晶度的增加使 PHB 的降解速率大为降低,而不利于某些需要快速降解的场合。

(3)加工性能。PHB 在熔融状态下极不稳定,加工温度范围较窄。用传统加工方法,如挤出成型、注射成型等加工时,需精确控制温度。

(4)价格昂贵。鉴于菌种对碳源的选择性,现有 PHB 合成的菌种需采用高成本原料,因此在价格上无法与通用塑料抗衡。

为了克服这些缺点,对 PHB 进行改性的研究一直在进行,有多种方法可以用于 PHB 的改性,包括生物合成改性、物理共混合化学改性,其中物理共混改性是一种简便易行、较为经济的改性方法。物理共混是通过选择合适的共混组分,调节两组分之间的配比,改善组分间的相容性以及采用不同的材料成型加工方法等手段,来获得满足各类要求的新型材料。

在物理共混改性中,用可完全生物降解 PHB 与 PHV 共混聚合得到 PHBV 是一种重要的改性方法。PHBV 可以改善 PHB 结晶度高、较脆的弱点,提高其机械性、耐热性和耐水性,目前已经实现商品化,商品名为 BIOPOL。研究表明,PHBV 中的 PHV 含量应控制不超过 30%,当 PHB/PHV 为 89/11 时共聚物的强度和韧性达到最佳。这类共混材料在使用后可被完全降解为有机小分子,从根本上解决塑料材料污染问题。

下面将对 PHB 和 PHBV 的有关性能进行比较，PHB 的主要性能见表 7-4。

表 7-4 PHB 与聚丙烯的主要性能

性　质	PHB	PP
熔点/℃	171～182	171～186
玻璃态温度 T_g/℃	5～10	−15
结晶度/℃	65～80	65～70
密度/(g·cm^{-3})	1.23～1.25	0.905～0.94
分子量 Mw/(×10^5)	1～8	2.2～7
分子量分布	2.2～3	5～12
弯曲模量/GPa	3.5～4	1.7
抗张强度/MPa	40	39
断裂伸长率/%	6～8	400
透氧性/(cm^3·m^{-2}·MPa^{-1}·d^{-1})	444	16 778
抗紫外线照射	好	差
抗溶剂	差	好

由表 7-4 可以看出，PHB 的结晶度、耐热性、强度和模量都与聚丙烯接近，但断裂伸长率要低得多，说明 PHB 脆性大，断裂韧性差。

通过 PHB 与 PHV 共混改性，PHBV 的性能明显优于 PHB，见表 7-5。

表 7-5 PHBV 与 PHB 性能比较

PHA 种类	熔点/℃	玻璃化温度/℃	弯曲模量/GPa	抗张强度/MPa	断裂伸长率/%	冲击强度/(J·m^{-1})
P(3HB)	177	7	3.5	40	5	50
P(3HB-co-3HV)						
3%3HV(摩尔系数)	170	7	2.9	38		60
9%3HV(摩尔系数)	162	6	1.9	37	逐	95
14%3HV(摩尔系数)	150	4	1.5	35	渐	120
20%3HV(摩尔系数)	145	−6	1.2	32	增	200
25%3HV(摩尔系数)	137	−11	0.7	30	加	400

由表 7-5 可以看出，改性主要是提高了材料的韧性和抗冲击性，其中 HV 的比例起着重要作用。随着 HV 比例的增加，分子链段的柔性和韧性增加，抗冲击性能大幅提升。断裂伸长率也比均聚物 PHB 有了很大改善，如 PHBV 的断裂伸长率可达 250%～350%，近于聚丙烯的 400%，比 PHB 的 6%高得多，这意味着力学性能的改善。另外生物降解速度提高，HV 的加入使成核速度和晶体增长速度都下降，导致总的结晶速度明显下降。球晶增长最快的温度向低温侧移动，使球晶增长速度下降，同时球晶的维度也降低，这能有效提高 PHBV 的韧性和抗冲击性。

PHBV 保留 PHB 良好的生物降解性及生物相容性，同时韧性比 PHB 好，加工窗口也相应拓宽。但是 PHBV 的脆性仍然很大，原因在于它的纯度较高，由于 PHB 和 PHBV 的高纯度，室温下能够二次结晶，结晶度比较高，球晶尺寸较大。在外力作用下，以球晶中心向外扩展形成许多圆环状的开裂以及沿球晶生长方向形成许多劈裂，从而导致了 PHBV 呈脆性断裂。PHBV 的热稳定性及力学性能比较好，但结晶速度比较慢，给其加工带来困难。另外，它的亲水性比较弱，严重影响了细胞的吸附，生长和分化，延缓降解速率。

7.3.2.2　PHBV 的共混改性

针对性能上存在的一些问题，PHBV 的改性一直在进行，主要是围绕提高机械性能、耐热性、降解性能和工艺性能等方面开展了大量的研究。

PHBV 的改性也具有高分子材料改性的一般特点，分为物理改性和化学改性。物理改性也称**共混改性**，此方法简便易行，较为经济，通过分子设计和大分子组装，可得到价格低廉的、加工性能和力学性能得以改善的产品，是目前用得较多的一种改性方法。用 PHBV 作基体制备各种复合材料也可算是一种物理改性，通过复合取各组分材料之长，达到优势互补，形成一种综合性能优异的新材料体系，因此发展很快。化学改性即大分子单体反应和反应性共混改性。

PHBV 可与许多物质共混，包括高分子、低分子有机物（增塑）等物理改性。

1. PHBV 共混体系的分类

按共混组分降解性能的不同，可将 PHBV 共混体系分为两类：全生物降解共混物和可崩解共混物。

全生物降解共混物是指其共混组分也能降解的一类材料，主要是改性或未改性天然高分子材料，还有部分合成聚酯、聚醚等。这类共混材料在使用后可被完全降解为有机小分子并最终分解成 CO_2、H_2O，重新进入自然界的物质循环中去。这种全生物降解物的共混是 PHBV 改性的主要方法，是从根本上解决固体塑料环境污染问题的途径之一，代表了可降解材料的发展方向。常用的全生物降解共混体系包括 PHBV/PHB、PHBV/DBP（邻苯二甲酸二丁酯）、PHBV/PCL（聚己内酯）、PHBV/PLA（聚乳酸）、PHBV/PPG（聚丙二醇）等。这些共混物不仅具有生物降解性，有的还具有与 PHBV 的生物相容性，因此它们与 PHBV 的共混物是潜在的生物医用材料。在手术缝合线、药物控/缓释材料、组织修复材料中有着广阔的应用前景。

PHBV 的可崩解共混物的共混组分是非降解性聚合物材料。共混材料在 PHBV 发生降解后，第二组分仍以微小的固体颗粒形式存在，不能进入自然界的物质循环中去，会给环境带来污染。因此，这类共混材料只能部分解决环境污染问题，其研究和应用受到限制。

依据共混组分相容性的不同，PHBV 共混体系又可分为相容共混体系和非相容共混体系两类，如前述的 PHBV/PHB 和 PHBV/DBP（邻苯二甲酸二丁酯）共混体系是相容的；PHBV/PCL（聚己内酯）、PHBV/PLA（聚乳酸）、PHBV/PPG（聚丙二醇）是不相容的。在相容的共混体系中，共混物的组成、共混比例以及分子排列的规整度都对改性的结果有影响。如 PHBV/PHB 共混体系，随着共混比的不同，以及 PHBV、PHB 中 HV 含量的不同，共混物的结晶过程出现复杂的共晶及相分离现象。

对于不相容性 PHBV 共混体系，可以采用添加增容剂或采用反应性共混的方法来改善体系的相容性。如 PHBV/PCL 共混体系是不相容的，如在共混体系中添加质量分数为 0.5 的过氧化二钴基(DCPO)组成反应性共混体系，则该体系相容性有所改善，成为部分相容。

2. PHBV 共混体系的性能

在 PHBV 共混改性中，共混体系的相容性对材料的结构和性能至关重要，共混体系的相容性不同，其热行为、结晶行为、形态结构以及力学性能也会有所不同。

(1)热行为。

热行为的改性主要表现在玻璃化转变温度(T_g)和熔融温度(T_m)的改变，一般可用热分析技术(如 DSC)来表征，对于相容性共混体系，其 DSC 曲线上只显示出一个玻璃化温度，其值大小与组分含量之间的关系一般可描述为

$$\frac{1}{T_g}=\frac{W_1}{T_{g1}}+\frac{W_2}{T_{g2}}$$

式中：T_g、T_{g1}、T_{g2}——共混物以及组分 1、组分 2 的玻璃化温度；

W_1、W_2——共混物中组分 1、组分 2 的重量分数。

该公式表明共混物的 T_g 在两组分的 T_{g1} 和 T_{g2} 之间，且与共混比例呈线性关系。

对于 PHBV 非相容性共混体系，经熔融/淬冷后的共混物，其 DSC 曲线显示出两个相互独立、分别对应于两种组分的玻璃化转变温度，且其值基本不随共混比例的变化而变化。

PHBV 的相容性和非相容性共混体系的熔融行为也有差异。相容性共混体系中 PHBV 的平衡熔点或实测熔点随无定形第二组分的增加而降低，而非相容性共混体系中的 PHBV 以纯相形式存在，其熔点一般不随共混组成比例的变化而变化。

(2)结晶行为。

主要表现在结晶速率、结晶温度和结晶度的改变，最后导致材料宏观性能的改变。

① 结晶速率。主要受共混体系组分的结构、性能和共混比例的影响，如非相容性共混体系 PHBV/PCL 中，PHBV 的等温结晶速率常数随着其在共混体系中比例的减少而降低。在相容性共混体系中，由于稀释效应，PHBV 的结晶速率随其在共混物中比例的减少而明显降低。

② 结晶温度。PHBV 共混体系，无论其相容性如何，PHBV 的结晶温度随共混比例的变化不呈现一定的规律性。

③ 结晶度。在非相容性共混体系中，PHBV 的结晶度基本不随共混组成的变化而变化。而在相容性共混体系中，有部分共混体系由于无定形第二组分的掺入阻碍了 PHBV 的结晶，因而结晶度有所下降。

(3)力学性能。

PHBV 共混体系的力学性能，尤其是材料的韧性，因共混体系相容性的不同而有很大差别。在非相容性共混体系 PHBV/PPG 以及相容性共混体系 PHBV/NBR(聚丁二烯-co-丙烯腈)中，材料的弹性模量和拉伸强度均随第二组分的增加而下降，而后者的拉伸断裂伸长率明显提高，材料韧性得到明显改善。对于非相容性共混体系 PHBV/PCL，采用反应性共混技术，在提高体系相容性的同时，材料的韧性也得到明显改善。

7.3.3 PHBV基绿色复合材料

PHBV是由细菌发酵合成的热塑性脂肪族聚酯，主要以淀粉为原料，运用发酵工程技术制备的生物材料，具有优异的生物降解性和生物相容性、光学活性等优良特性。此外，食品厂的工业废物、废弃水果、蔬菜等植物残骸也可作为原料，用微生物方法合成PHBV。

PHBV具有诸多优异性能，并可作为石化塑料的替代产品，但其本身也存在一些缺点，如价格高、热稳定性差、加工窗口窄、加工时易降解、力学强度和模量低等，影响了其推广应用。

采用天然纤维与PHBV复合制备可降解的绿色复合材料可改善其力学性能，同时又能保持其优良的生物降解性。

大多数天然植物原纤维，如麻纤维、竹纤维、木质纤维以及再生纤维素纤维都可用作复合材料的增强体。其中研究较多的是麻纤维和竹纤维，并有实际推广应用价值。

研究表明，采用经化学和生物处理的大麻纤维，通过双螺杆挤出机挤出制备了聚羟基丁酸酯-羟基戊酸酯(PHBV)/大麻纤维完全生物降解复合材料，其中大麻纤维的含量最高可达42%，纤维含量为27%时，PHBV/大麻纤维复合材料的拉伸强度达30 MPa，模量达3.5 GPa，比纯PHBV分别提高1倍和4倍。又如采用大麻短纤维，通过熔融共混合注射成型制备的PHBV/大麻完全生物降解复合材料，研究了纤维长度、含量和纤维表面改性对复合材料力学性能的影响，在纤维长度为5 mm时，拉伸强度达最大值。大麻纤维增强的PH-BV复合材料的拉伸和弯曲强度与玻璃纤维增强的PHBV复合材料的相当。

天然原生竹纤维是另一种高性能的增强材料，用非织造布技术制作竹纤维/PHBV针刺毡，通过热压复合可制成一种无污染、低能耗、高性能的完全可降解复合材料。如采用模压技术，还可生产出符合特殊形状要求的复合材料产品，如汽车内饰件底板、箱包底板及家用装饰材料等。研究表明，经过碱表面处理的竹纤维，当体积分数为50%时，拉伸强度和模量分别达到50 MPa和68 GPa，这与竹纤维增强聚丙烯复合材料的性能相当。

用纳米粒子增强改性PHBV是当前研究的重要方向。如采用羟基磷灰石(HA)/PHBV复合材料，使用热压成形工艺，结果表明：复合材料中，HA重量含量为30%时，其杨氏模量、拉伸强度最大，分别为62 MPa和2.75 GPa，该值与人体中部分骨骼的拉伸强度和杨氏模量为同一数量级，该复合材料有可能应用于生物组织工程的人工骨类材料。

7.4 聚己内酯[30—39]

聚己内酯(polycaprolacton，PCL)是一种化学合成的半结晶态的新型生物降解高分子材料，结晶度约为45%。属于在分子结构中引入酯基结构的脂肪族聚酯。高分子量的聚己内酯几乎都是由ε-己内酯单体(ε-CL)在催化剂作用下开环聚合而成，其结构式为

$$\left[\overset{\displaystyle O}{\overset{\|}{C}} \left(CH_2 \right)_5 O \right]_n$$

聚己内酯的结构重复单元上有 5 个非极性亚甲基(—CH_2—)和一个极性酯基(—COO—),即$\text{-[}COO—CH_2CH_2CH_2CH_2CH_2\text{]}_n\text{-}$,分子链中的 C—C 键和 C—O 键可以自由旋转,这样的结构使得聚己内酯具有其他聚酯所不具备的一些性能特点:

(1)具有超低玻璃化温度(T_g = -62 ℃)和低熔点(T_m = 62 ℃),因此,在室温下呈弹性态,在用作生物医用材料时,比其他聚酯具有更好的药物通透性。

(2)具有好的生物降解性,在厌氧和需氧的环境中,都可以被微生物完全分解;与聚乳酸、聚乙交酯、聚丙交酯等相比,聚己内酯具有更好的疏水性,在体内降解也较慢,是植入材料的理想选择。用作药物缓释胶囊,却因其降解速度太慢而不容易在人体内吸收,应用受到了限制。因此常用多种生物相容性单体与 ε-己内酯共聚来改善甚至控制共聚产物降解速率。

(3)合成工艺简单、成本较低。它的分子链比较规整,具有很好的柔性和加工性,可用一般塑料加工方法制成多种产品。同时,聚己内酯和多种合成聚合物具有很好的相容性,如 PE、PP、PVA、ABS、橡胶、纤维素及淀粉等,通过共混,以及共聚可得到性能优良的材料。尤其是其与淀粉的共混或共聚,既可保持其生物降解性,又可降低成本,其价格与纸张相近。利用原位聚合方法,可将聚己内酯与淀粉接枝,得到性能优良的热塑性聚合物。另外聚己内酯具有形状记忆性,初始形状的制品,经固定变形后,通过加热等外部条件的处理,又可使其恢复初始形状,被广泛用于整形外科的骨科夹板、牙印模和放射治疗系统,以及骨折体内固定材料,如体内骨骼固定板、骨钉等,还可用于手术缝合线。

聚己内酯目前主要用于生物医用组织工程材料,在可降解绿色复合材料的应用中,尚需进一步研究开发。

从全球产业发展情况看,目前聚己内酯生产企业主要集中在英国、日本和美国,产能大,产业链技术成熟。国内聚己内酯的生产技术研究起步较晚,目前国内产能约为数千吨每年,需要大量进口,未来的需求将促进国内聚己内酯产业链的形成和发展。

7.4.1 ε-己内酯

ε-己内酯(ε-CL)是合成聚己内酯的主要原料,其结构式为

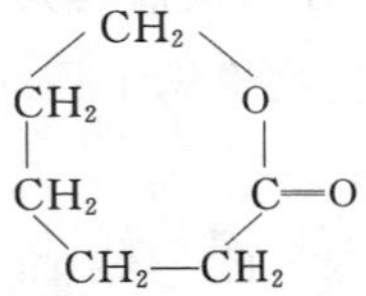

```
          CH2
       /       \
   CH2           O
    |            |
   CH2           C=O
      \        /
     CH2—CH2
```

ε-己内酯单体是一个很有用的化学中间体,在合成化合物中,它能给合成物提供许多优异的化学性能。主要用途之一是作为单体来制备高性能聚合物。由 ε-己内酯自聚或与其他单体共聚所得到的聚己内酯及其共聚物,如聚己内酯多元醇、聚己内酯型聚氨酯、己内酯-丙交酯共聚物是优良的可生物降解材料,具有其他可降解材料不具备的良好柔韧性和加工性,可用一般塑料的加工方法生产各种降解塑料产品。ε-己内酯还可以作为一种良溶剂,对一些高分子材料具有很好的溶解性。广泛应用于生物降解塑料、医用高分子材料、胶黏剂、涂料等。近

年来，随着ε-己内酯及下游产品用途及应用领域的不断扩大，ε-己内酯单体的市场需求量也迅速增加。

ε-己内酯的产品质量主要取决于其纯度、酸值和含水量。己内酯产品纯度越高，酸值和含水量越低，产品质量越好，聚己内酯的性能也就越好。

ε-己内酯的主要问题是原料质量要求高，合成技术较复杂，难度大，价格较高，而且用过氧化物作合成原料会有燃爆的可能，存在生产操作安全隐患。

7.4.1.1　内酯的命名

内酯是指酯基引入到环状的结构单元中而形成的酯类化合物，也可以说是带有酯基官能团的环状酯类化合物。同其他酯类化合物一样，内酯可以由两种分别带有羟基(—OH)和羧基(—COOH)的单体，或一种同时带有上述两种官能基团的单体通过酯化反应缩合而成。只不过是酯基已进入到环状结构单元中，所以称为**内酯**，如

R
OH　COOH　⇌　R　O　O　$+H_2O$
羟基　羧基　内酯基

是由4-羟基丁酸脱水酯化形成的γ-丁内酯(4-羟基丁酸形成的五元环内酯)。由于羟基可连在丁酸分子三个不同的C原子上，有三种异构体，当发生酯化反应时，可形成三种内酯，它们互为同分异构体。因此在内酯命名时，应标明羟基所连碳原子的位置。

内酯的命名有两种方式：第一是传统方法，按希腊字母α、β、γ、δ、ε、ζ、η、θ顺序来定位羟基酸中与羟基相连的碳原子，第一个碳原子定为α-，第二位β-，第三位γ-，第四位δ-，第五位ε-，环上的碳原子数用天干标记，即乙、丙、丁、戊、已等。其实这两者是相互关联的，环上的碳原子数多，同分异构体也就多，希腊字母的排序也就往后延。以下是一些产品名称：

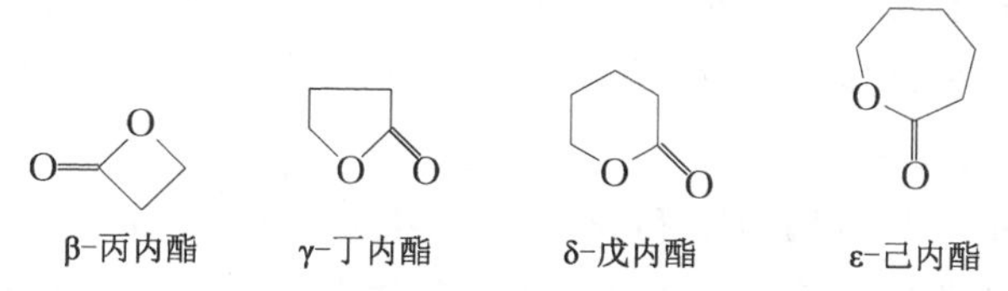

第二是国际纯粹与应用化学联合会(International Union of Pure and Applied Chemistry，IUPAC)的命名法，将希腊字母改为数字，即2、3、4、5、6、7、8。由于存在同分异构体，内酯的命名比较烦琐，但目前实际应用的品种不多，不会造成混乱。

7.4.1.2　ε-己内酯的合成和应用

1. 合成方法

ε-己内酯的合成方法很多，而氧化法用得最多，大致可分为以下几种。

(1)过氧酸氧化法。

过氧酸氧化法是根据Baeyer-Villiger反应理论，用过氧酸作氧化剂氧化环己酮合成ε-己内酯，是目前研究比较成熟，广泛使用的一种方法，其反应过程为：

$$\text{环己酮} + \text{H-O-O-C(=O)-R} \xrightleftharpoons{\text{加成}} \text{(OH)(O-O-C(=O)-R)环己烷} \xrightleftharpoons{H^+} \text{(OH)}O^+\text{环己烷} \xrightarrow[\text{重排}]{RCOO^-} \text{(OH)内酯} \xrightarrow{RCOO^-} \text{内酯} + \text{R-C(=O)-OH}$$

其反应机理是，首先是过氧酸向环己酮的羰基进行亲核进攻，打开羰基双键，过氧酸的氢原子与氧原子结合生成羟基，而使原羰基上的碳原子多出一个键，与过氧酸根负离子结合生成过渡中间产物；其次，中间产物的过氧键开裂在环上生成正氧离子和分离的羧酸根负离子；然后，烃基上的氢原子转移到羧酸根负离子上生成羧酸，而氧原子和环上碳原子结合成双键，再与环上的氧原子组成酯基，最后得到的是质子化的内酯和羧酸。由于环己酮羰基两边是对称结构，其原子重排得到的内酯是唯一的。

但是其合成前期过氧酸的浓缩以及后续纯化过程所产生的浓度过高、易爆的过氧化物是该工艺实际应用的障碍；另外，后期的产品分离和羧酸的回收再利用也存在一定的困难。

这一工艺可用的过氧酸主要有过氧甲酸、过氧乙酸、过氧丙酸、三氟过氧乙酸、过氧苯甲酸和间氯过氧苯甲酸。其中三氟过氧乙酸氧化性最强，反应也最快，但其毒性大、价格贵，所合成的 ε-己内酯稳定性也较差；过氧苯甲酸、间氯过氧苯甲酸比较稳定，反应条件也比较温和，但这两者沸点较高，反应生成的副产物较多，后续分离困难；过氧甲酸、过氧乙酸、过氧丙酸作为氧化剂成本低、后续分离容易，但若直接采用过氧甲酸、过氧乙酸或过氧丙酸作催化剂，也存在无法避免的操作安全问题。

(2)间接氧化法。

间接氧化法也叫环己酮过氧化氢氧化法。该法用 H_2O_2 将有机酸氧化成过氧酸，再用过氧酸氧化环己酮生成 ε-己内酯。在反应过程中可以及时除去反应生成的水，常用的脱水剂有干燥剂（如无水 $MgSO_4$）和共沸剂（如氯代烷烃类、环烃类和低级酯类）。为了缩短反应时间，常加入一定量的催化剂来促进反应进行，常用的催化剂有无机酸（如磷酸、硫酸、原硼酸和偏硼酸）、有机酸（甲基磺酸、对甲基苯磺酸、三氟乙酸等）和一些Ⅴ-Ⅲ族金属（如铂、钼、硒及其化合物等）以及钛硅沸石和磺化树脂等。

这种方法的优点在于其所用溶剂和脱水剂可以循环使用，所用氧化剂为 H_2O_2，比较清洁，它避免了过氧酸的浓缩，从而解决了过氧酸氧化法中无法解决的脱水问题。但是其反应过程中过渡态中间产物过氧酸在酸性和较高温度下，特别是有一些金属离子及其化合物存在下很不稳定。另外，ε-己内酯在酸性环境中易发生聚合、水解，反应时间长，收率低。

(3)分子氧氧化法。

氧气作为一种方便、易得、安全的氧化剂，很早以前就受到人们的关注。近年来，在环境友好型材料和绿色化学发展趋势的推动下，以氧气为氧化剂制备己内酯的研究受到重视。

分子氧作为环己酮氧化反应的氧化剂具有安全、廉价、副产物少及对环境污染小等优点，但由于分子氧的氧化能力较弱，直接利用分子氧氧化环己酮无法得到满意的结果，在反应过程中通常需加入醛类共氧化剂和适当的催化剂才能起到氧化环己酮的作用。因此目前的研究着重于高效催化剂的研制和反应过程的改进。

(4)生物氧化法。

这种方法是指采用生物酶或微生物发酵氧化环己酮合成ε-己内酯,其关键在于寻找合适的微生物或生物酶,如利用牛肉膏、蛋白胨、琼脂等物培养出以环己酮为碳源的菌株,即邻单胞菌属,结果显示有己内酯发酵产物生成。但此类方法目前研究得比较少。

2. ε-己内酯的应用

ε-己内酯是一种用途广泛的聚合物中间体,主要应用之一是作为新型聚酯单体合成不同用途的聚己内酯(PCL),热塑性聚己内酯具有良好的生物降解性、良好的渗透性、形状记忆特性、低温柔韧性、耐水解性等诸多优点,在生物医用材料组织工程得到广泛应用。

聚己内酯与很多聚合物具有优异的相容性。聚己内酯与聚乳酸共混,用于制备层压材料和包装材料。如生物降解农用薄膜、一次性餐具、生物降解塑料袋等。

ε-己内酯在多元醇的引发下可制备多个端羟基的低相对分子量聚合物。如聚己内酯多元醇,聚己内酯多元醇可以与二异氰酸酯反应来制备高性能的聚己内酯型聚氨酯,具有许多优异性能,如低温柔顺性、耐候性、光稳定性、高抗撕裂强度及耐水解性等,此外,用其制得的弹性体的高温适应性、机械性能和耐溶剂性能都优于其他普通聚氨酯。广泛应用于家电、汽车、胶黏剂、纺织和轮胎等行业。

ε-己内酯可以与丙交酯或乙交酯等进行共聚,来改善聚己内酯熔点低、降解时间长等缺点。ε-己内酯制成聚己内酯分散剂主要用于塑料填充体系中,由于无机填料如纳米碳酸钙与聚合物之间的极性差别很大,无机填料在聚合物中不能得到很好的分散,可增强两相的界面结合力,提高复合材料性能。

7.4.2 聚己内酯

目前所有的高分子聚己内酯几乎都是由ε-己内酯单体开环聚合而成,因此有时也称聚ε-己内酯(PCL)。PCL分子内酯基的存在,使它具有较好的生物降解性能和生理相容性,能支持真菌的生长,可作为微生物的碳源,在泥土中会缓慢降解,平均降解时间为12~18个月,属于优良生物降解类聚合物。

7.4.2.1 聚己内酯的合成

己内酯开环聚合一般需要在催化剂和引发剂的条件下进行,常用的催化体系有活性氢引发体系、阳离子催化体系、阴离子催化体系、金属化合物配位络合型催化体系。不同的催化剂引发的聚合机理也不同,合成出来的聚己内酯的分子量,分子量分布,末端官能团组成,化学结构也不一样。

1. 活性氢引发体系

有研究表明,胺、醇或羧酸等含有活泼氢的化合物均可引发ε-己内酯的开环聚合,由此得到的聚合物不含重金属离子,产物无毒安全,但是反应速率较慢,需要较高的温度(200~250℃),且得到的分子量较低。一般认为反应机理是:当受到活泼氢进攻时,通常是ε-己内酯羰基发生酰氧键的断裂开环而引发增长,并且产生的聚合物不易分解。

这样得到的聚合产物的分子末端含有羟基,分子量为 500～1 000,而且分布较宽,由于分子量较低,这种反应的产物不适合直接使用,只能作为合成其他高分子材料的原料或者是作为其他材料的改性剂来使用,例如,用这类反应得到的端基为羟基或氨基的双官能团聚合物,可用于聚氨酯的合成。

由于活泼氢类引发剂不仅是己内酯开环聚合的引发剂,而且在己内酯开环聚合过程中也会引起链转移,因此要合成高分子量的聚己内酯时一般不采用这种方法。当然也有的用带有活泼氢的官能团引发剂来引发己内酯的开环聚合,从而使得聚己内酯的分子链中带有各种的官能团,可以和其他物质共聚生成各种聚合物。

2. 阳离子催化体系

质子酸、路易斯酸、酰化试剂、烷基化试剂等阳离子引发剂均可引发 ε-己内酯的开环聚合,主要的催化剂有甲基氟磺酸、乙基氟磺酸、甲基硝基苯磺酸、甲基磺酸甲酯等,这种催化剂的活性顺序为:甲基氟磺酸＞乙基氟磺酸＞甲基硝基苯磺酸＞甲基磺酸甲酯。

在阳离子催化剂作用下,ε-己内酯通过烷氧键或酰氧键断裂进行开环聚合,分析认为,烷氧键断裂更有可能。这是由于不论选用何种阳离子型催化剂,阳离子只进攻单体的羰基氧,发生烷氧开环聚合。

由于阳离子聚合中存在不可避免的副反应,ε-己内酯的阳离子聚合呈现如下的特征:

(1)高活性引发剂同样有利于聚合中副反应,如解聚,因而不一定是最有效的催化剂。例如氟磺酸甲酯中的氟比三氟甲基磺酸甲酯的活性高,也更容易引起副反应,反而降低了引发剂的有效性。

(2)聚合和解聚作为一对可逆反应,在过高的反应温度下,解聚反应加速,从而得不到高产率的聚合物,所以应严格控制反应温度。

(3)由于聚合物解聚的影响,产物的平均聚合度不严格遵守活性聚合中的平均聚合度与反应摩尔值及转化率成正比的关系。

3. 阴离子催化体系

典型的阴离子型催化剂有碱金属及其有机化合物,例如,特丁基锂、特丁基氧锂等。阴离子催化内酯开环聚合的机理为:负离子进攻羧基碳,然后发生酰氧键的断裂开环进一步形成链增长反应。

阴离子型催化剂催化聚合的特点是:反应速率快,活性高;可进行溶液或本体聚合,副反应极为明显,易引起酯交换反应,不利于制备高相对分子质量聚合物,相对分子质量分布较宽,催化剂难以制备和保存。

4. 配位络合型催化体系

配位络合型催化剂主要是电负性较大的金属烷基、烷氧基化合物以及羧酸盐和无机盐。这些金属包括 Sn、Ti、Zn、Al、Zr、Mn、Sb 及稀土元素。目前催化效果较好的催化剂主要有锡盐、有机铝及稀土化合物。

(1)锡盐。锡盐配位型催化剂主要有 $Sn(Oct)_2$、$BuSnCl_3$、Bu_2SnCl_2、Bu_3SnCl、Bu_2SnO、Bu_3SnOMe、$Bu_2Sn(OMe)_2$、$SnCl_4$、$SnBr_4$、SnI_4 等。其中，$Sn(Oct)_2$ 活性高、用量少，已得到美国食品药物协会的认可，可制备相对分子质量高的聚合物，但多为本体聚合，且反应温度较高，转化率和产物相对分子质量难以同时得到提高，相对分子质量分布宽。

(2)有机铝化合物。有机铝化合物配位型催化剂主要有烷基铝、烷氧基铝、卟啉铝及其衍生物。其中，异丙氧基铝是最为有效的催化剂之一，具有活性聚合特征，可制备高相对分子质量聚合物，转化率高，反应条件温和，对它的机理和动力学研究表明，多以三聚体和四聚体形式存在。但由于有机铝化合物具有一定的毒性，限制了其在生物医学方面的应用。

(3)稀土化合物。稀土化合物配位型催化剂在用于开环聚合制备 PCL 时，反应条件温和，活性高，可在室温下进行溶液聚合。与其他催化剂相比，前者聚合速度快，聚合物相对分子质量高，催化剂用量少，在聚合物中残留量少，试样相对分子质量可控，相对分子质量分布窄。稀土化合物毒性小，聚合物可用作生物医用材料。

以稀土卤化物、烷氧基化合物、芳氧基化合物和环芳烃化合物为催化剂，对 ε-己内酯具有很好的催化效果。所制备的聚合物相对分子质量高，相对分子质量分布较窄；在室温下反应半小时甚至几分钟，转化率就可以达到 95%以上；聚合可以是本体聚合，也可以在甲苯、四氢呋喃等常用溶剂中进行；催化剂用量少，易于脱出。

7.4.2.2 聚己内酯的性能

1. 聚己内酯的降解性能

聚己内酯分子结构中引入了酯基结构(—COO—)，在自然界中酯基结构易被微生物或酶分解，最终产物为 CO_2 和 H_2O，降解过程如下。

第一阶段：水合作用。材料从周围环境中吸收水分，这一过程需要持续数天或数月，取决于材料的性能和表面积。

第二阶段：聚合物主链由于水解或酶解而使化学链断裂，导致分子量和力学性能下降。

第三阶段：在强度丧失之后，高聚物变成低聚物碎片，整体质量开始减少。

第四阶段：低聚物进一步水解变成尺寸更小的碎片，从而被吞噬细胞吸收，或进一步水解，生成 CO_2 和 H_2O。

据有关材料介绍，分子量为 30 000 的聚己内酯制品在土壤中一年后即消失，因此聚己内酯被推荐为“环境友好”的包装材料。

另外，聚己内酯分子内酯基的存在使它具有较好的生物降解性能和生理相容性，能支持真菌的生长，可作为微生物的碳源，在泥土中会缓慢降解，平均降解时间为 12～18 个月，属于优良生物降解类聚合物。

2. 聚己内酯的加工性能

聚己内酯是一种半结晶型的热塑性树脂，结晶度约为 45%。聚己内酯的力学性能与中密度聚烯烃相似，其断裂伸长率和弹性模量介于低密度聚乙烯(LDPE)与高密度聚乙烯(HDPE)

之间，其柔软程度、拉伸强度与聚酰胺接近。聚己内酯的外观特征呈乳白色，并具有蜡质感。聚己内酯的玻璃化温度为－60 ℃，熔点约为 63 ℃，分解温度约为 250 ℃。由于聚己内酯的熔点和热变形温度均较低，在 40 ℃左右就变软，在某些应用中必须改性。

聚己内酯的熔融黏度很低，具有很好的热塑性和加工性，易成型加工，可用传统的加工技术如挤出、注塑、拉丝及吹膜等成型，可制成薄膜和其他包装材料。

但是，由于聚己内酯的熔点低，价格又高，所以很少单独使用。聚己内酯常与其他降解塑料共混使用，用做改性材料，以降低其成本和改善性能，如淀粉与聚己内酯共混可以提高强度。聚己内酯与通用树脂如聚烯烃类有较好的相容性，可与之共混，以提高其耐热性。

如聚己内酯与羟基丁酸酯的共混品种 PCL-H7、P-HB02、P-HB05 等，耐热性、机械性能和加工性都得到改善，只是生物降解性稍差，具体见表 7－6。

表 7－6　几种改性聚己内酯性能

性　　能	PCL－H7	P－HB02	P－HB05
熔融指数/(g·10 min^{-1})	1.14	1.21	1.22
拉伸强度/MPa	59.8	50.0	41.2
断裂伸长率/%	730	570	510
拉伸模量/MPa	225	264	255
弯曲强度/MPa	13.7	25.5	27.4
弯曲模量/MPa	274	529	558
缺口悬臂梁冲击强度/(kJ·m^{-1})	—	0.49	0.38
热变形温度(高负荷)/℃	47	50	51
维卡软化点/℃	55	106	106
生物降解性(20 天)/%	75	70	45

7.4.3　聚己内酯的改性

聚己内酯是由 ε－己内酯开环聚合得到的热塑性结晶聚酯，具有优良的生物相容性、渗性及低毒性，在生物医学上有广泛的用途。同时，与其他塑料的相容性亦很好，与聚乙烯、聚丙烯、聚苯乙烯、聚氯乙烯等通用塑料均能相容。

但聚己内酯的结晶性太强，生物降解速率慢，熔点和热变形温度低，因而，对其改性进行了大量研究。聚己内酯的改性主要包括：一是增加聚己内酯的生物降解速度，或使改性后的聚己内酯具有可控的生物降解性能；二是在保证聚己内酯的生物降解性能不变的基础上提高其力学性能；其三则为通过改性来降低聚己内酯的成本。

聚己内酯的改性主要有与其他聚合物的共混或共聚；无机粒子或纳米粒子填充改性；表面改性及纤维增强改性等。

7.4.3.1　与天然高分子共混或共聚

天然高分子包括植物中多糖类的淀粉、木质素、纤维素，动物中的壳聚糖、动物胶等，均可以自然降解，且资源丰富，价格低廉。将廉价的天然高分子与成本较高的生物降解塑料共混或共聚，不仅可以降低生物降解塑料的成本，还可以改善塑料的性能。在天然高分子中使用最多的为淀粉，一般来讲，脂肪族聚酯与淀粉的共聚或共混物在淀粉配比增大时，综合性能将会得到提高。对于聚己内酯，淀粉的加入可以改善其熔点低且难以加水分解的缺点。未改性的淀粉以40%～85%的高配比与聚己内酯制成均一分散的完全生物降解塑料，其拉伸强度、弯曲强度等物性均高于聚己内酯均聚物。淀粉由于未经热处理，在水中溶出物少，而高配比加入大量淀粉能降低成本。

淀粉与聚己内酯两相之间黏结较差，相容性不好，不利于该体系力学、热学等性能的进一步提高。因此可在共混物中加入第三相物质，以增进改性效果。如聚乙二醇(PEG)、乙烯-丙烯酸共聚物(EAA)、乙烯-醋酸乙烯酯(EVA)、聚乳酸、蒙脱土等，可明显改善淀粉与聚己内酯的相容性或其他性能。例如，加入一定量的聚乙二醇(PEG)可以有效地使淀粉/聚己内酯共混物的界面稳定性增强，有效黏结共混物的两相。

共混过程中，不同的加工工艺对材料和共混物的结构和性能都有影响，如注塑工艺比吹塑工艺更能让淀粉颗粒以更小的尺寸分散在聚己内酯中。这样能提高共混物的拉伸强度、断裂伸长率以及弹性模量值。

7.4.3.2　与聚乳酸共混或共聚

以谷物类作为原料，通过一系列生物与化学过程制备而成的聚乳酸(PLA)是一种大有前景的生物质基聚合物。聚乳酸具有良好的生物相容性和生物降解性，被广泛应用于生物、医药等领域，而且分子链规整、结晶性强，综合力学性能较好。聚己内酯的力学性能较差，熔点低。因此，可以选择乳酸(LA)与己内酯(CL)单体共聚，以改善聚合物的力学性能，调节降解速率。聚乳酸能够弥补聚己内酯在性能上过于柔软的不足，如用Al/Zn双金属氧桥烷氧化物作催化剂，合成了聚己内酯与外消旋聚乳酸(*dl*-PLA)的嵌段共聚物，共聚物的降解性能和力学性能均有所提高。

7.4.3.3　与聚氨酯、聚酰胺共聚

聚己内酯同聚氨酯的共聚改性原理为共聚物分子链间可能产生的氢键作用或有可能带入的芳香环会造成聚合物链的刚性增大，由此来提升聚己内酯的熔点，但聚己内酯的生物降解性能也会有所下降。

将丙交酯与己内酯用二步法聚合，即先在辛酸亚锡的作用下开环聚合，再与氨基甲酸乙酯交联，可得到一种热塑性的聚酯型聚氨酯，其热性能和力学性能受到单体比的影响，玻璃化温度在42～53 ℃之间，当己内酯单体比例为10%时，共聚物最大应力区间为36～47 MPa，最大应变区间为4%～7%，当己内酯含量提高时，最大应力则有所下降，但最大应变可达100%。当己内酯为15%，共混物力学性能最佳。

很多聚酰胺都可与己内酯共聚形成聚酯型聚酰胺，这类共聚物熔点较高，拉伸强度较大。聚酯型的聚酰胺具有敏感的生物降解性能，可以在酶的作用下水解。己内酰胺与己内酯减压

开环反应得到一种分子链为 5 000～100 000 的聚酰胺聚酯，软化温度提高到 100～160 ℃之间，抗热性也比较好。

7.4.3.4 无机粒子填充改性

在聚合物中填充无机粒子，可以提高复合材料的强度、刚度、韧性、耐热性等。聚己内酯是优良的生物降解材料和形状记忆材料，但其冲击性差、熔点较低，与无机粒子共混可以改善 PCL 的力学性能和耐热性，其中纳米颗粒填充是一种新型改性技术。

例如，采用超细 $CaCO_3$ 制备了 PCL/超细 $CaCO_3$ 复合材料。复合材料的拉伸强度在 $CaCO_3$ 含量为 10%～30% 范围内基本保持不变，在 $CaCO_3$ 含量为 40% 时，拉伸强度下降，但断裂伸长率没有明显变化，甚至还略有上升。而且随着 $CaCO_3$ 含量的增加，弯曲强度和弯曲模量同步上升，呈现出较好的线性规律。

无机纳米颗粒改性是一种新技术，例如用蒙脱土纳米颗粒改性聚合物是研究较多的一种方法，蒙脱土纳米复合材料是通过插层复合制备的。插层复合是将单体或聚合物插入到经有机化处理的蒙脱土片层之间，破坏蒙脱土原有的有序的叠层结构，从而实现聚合物和蒙脱土在纳米尺度上的复合。

由于无机相以纳米尺度分散，且两相之间界面结合好，与常规的无机复合材料相比具有突出的优点，主要表现在以很低的无机相含量就可使材料的力学性能和热性能得到显著提高，有时还会兼具其他特殊的功能。另外聚合物纳米复合材料制备方法简单，材料来源广泛，适用的聚合物种类多，这些优点使这类纳米复合材料近年来很受关注，研究异常活跃。

7.4.3.5 表面改性

紫外光辐照是高分子材料表面化学改性中较常用的方法。以聚己内酯作为材料基质，用紫外光氧化化学接枝的方法将甲基丙烯酸、丙烯腈、丙烯酸、丙烯酞胺、甲基丙烯酸酯等接枝到聚己内酯表面，实现了聚己内酯表面的功能化，大大提高了材料表面的亲水性。将聚己内酯在超冷状态下用 γ 射线辐照交联，可以提高聚己内酯的稳定性和机械强度。将聚己内酯与芳香酯(盐)进行酯交换反应，在保持其良好的生物降解性能的同时，可改善它们的应用特性，同时降低生产成本。例如，将聚己内酯与对苯二甲酸二乙醇酯(PET)通过酯交换反应生成的聚酯/聚芳香族聚合物具有很好的机械性能。通过引入降解性的官能团并调整组分，可以提高聚合物的降解性，改善使用性能，降低生产成本。

7.4.3.6 纤维增强改性

将聚己内酯树脂基体与增强纤维复合制备成复合材料实际上也是改性的方法。聚合物/纤维复合材料能大幅提高材料的强度和模量以及断裂韧性，同时具有成型工艺的可选择性、易加工、性价比高等优势，被广泛应用于各种领域。在各种纤维产品中，用作复合材料增强体最多的是玻璃纤维和碳纤维，玻璃纤维在通用型复合材料用得最多，技术也最成熟，具有高强度、低密度、低成本、可回收等优点；碳纤维最大的优点是轻质高强，碳纤维复合材料是目前高性能复合材料的发展主流。因此，采用玻璃纤维或碳纤维能大大改善聚己内酯的力学性能。

有的研究通过辐射交联的方法制备出了聚己内酯/玻璃纤维布和聚己内酯/碳纤维布复合材料。结果表明γ射线辐射提高了复合材料的力学性能，这是由于聚己内酯基体因辐照交联产生网状分子的凝胶所致。在过冷态下通过γ射线照射的PCL/玻璃纤维布复合材料的弯曲强度是未辐照样品的1.5倍，弯曲模量是未辐照样品的1.35倍。通过酶降解和土埋法降解试验的研究可以观察到降解导致了样品的失重。在酶降解试验进行23 h后，未交联材料涂覆的聚己内酯完全降解掉，而交联样品中的聚己内酯只有54%的失重。同样，在土埋法降解试验中，交联和未交联样品在一定的土埋时间后，也产生了样品的失重。未交联样品的失重率大于交联样品，这是由于交联样品所含有的交联网络结构阻碍了它的降解。

7.4.4　聚己内酯的应用

聚己内酯由于熔点和热变形温度较低，大多用于与其他生物材料如聚乳酸等进行共混改性，在医疗材料、包装材料、涂覆材料、可降解绿色复合材料等方面得到较多应用。聚己内酯目前价格仍比普通塑料高出2～8倍，成为产品推广应用的主要制约，因此，当前仍以医用材料和高附加值包装材料为主要方向，同时积极研究其他有利于保护环境和可持续发展的新型材料。

7.4.4.1　医用材料

聚己内酯有较好的生物相容性、降解性和力学性能。与药物制成药物微球或药物胶囊，可制成恒速释放体系，充分发挥药效。由于可实现药物控制释放，可大大提高药效，避免抗药性发生，降低副作用。另外，聚己内酯板材用作骨折用固定夹板，由于其熔点较低，稍加热可软化，方便拆卸，有利于医务手续操作及减轻病人痛苦。

7.4.4.2　包装材料

聚己内酯加入滑石粉等无机物进行共混，不仅改进了刚性和耐冲击性，而且进一步降低了成本，用来生产食品包装容器、托盘、一次性餐具等，产品得到广泛应用。

近年来生物降解塑料聚己内酯作为天然材料为原料的包装制品如纸质、纸浆模塑、淀粉、纤维素餐饮具等的涂覆料和涂覆技术发展，不仅解决了天然材料餐饮具的防水防油问题，而且避免了蒸发残渣超标，确保卫生安全。

7.4.4.3　绿色复合材料

由于聚己内酯的低熔点和低热变形温度的缺点，在实际应用中可通过天然纤维增强的方式制备可降解的绿色复合材料，不仅可以提高材料的模量，降低成本，而且还能保持材料可完全生物降解的特点，近年来日益受到人们的关注。最常用的天然纤维包括麻原纤维、竹原纤维、木纤维和纤维素纤维等。

天然纤维具有可再生、低密度、可降解和低成本等诸多优点，但是大多数天然纤维亲水性强，不利于在疏水性聚合物基体中均匀分散，界面结合差，严重影响了复合材料的物理力学性能。为了改善纤维和基体之间的界面黏合，通常是采取对纤维进行表面改性或添加第三组分增容剂的方法。

天然植物纤维的表面接枝有机聚合物长链是提高纤维和聚合物间相容性最常用的方法之

一。例如,将木纤维(wood fiber, WF)经马来酸酐(MAH)酯化改性后,再以过氧化二苯甲酰(BPO)为引发剂,苯乙烯(St)与丙烯酸正丁酯(BA)为单体,在甲苯溶剂中对其进行接枝改性,然后使用密炼机将改性木纤维(MWF)与聚己内酯(PCL)复合制备复合材料。对木纤维的改性效果及其对木纤维/聚己内酯复合材料性能的影响进行了研究。结果表明,木纤维的接枝改性,能提高复合材料的力学性能,未改性的复合材料的拉伸强度为 8.17 MPa,断裂伸长率为 25.2%,而木纤维接枝改性后,在相同的纤维/树脂体积分数比例下(20/80),复合材料的拉伸强度和断裂伸长率分别增加了 22% 和 118%。

用竹纤维增强聚己内酯同样可以提高复合材料的拉伸强度和拉伸模量,降低材料的断裂伸长率。由于亲水性强的竹纤维和疏水性的聚己内酯在复合时存在相容性的问题,通常是用马来酸酐(MAH)作为相容剂与聚己内酯共混,可以改善复合材料的力学性质和耐水性。研究表明,在竹纤维与聚己内酯体系中加入第三组分——马来酸酐,对复合材料的拉伸性能有较大提高。随着马来酸酐用量的增加,所有的拉伸性能均有提高。当添加量为 5% ,复合材料的拉伸强度从 13 MPa 提高至 27 MPa,模量从 581 MPa 增加到 1 011 MPa,断裂伸长率从 40% 增至 70%。这表明由于酸酐基和竹纤维表面的羟基之间的酯化反应以及氢键作用,使相互之间的分子结合力得到强化,从而提高了复合材料的力学性能。

在生物组织工程应用方面,以聚己内酯为基体,以纳米羟基磷灰石(HA)为增强体,钛酸酯偶联剂为界面增容剂,用溶液浇铸法和熔融共混法制备 HA/PCL 生物复合材料,在骨组织修复方面得到广泛应用。羟基磷灰石(HA)是骨组织的主要无机成分,其生物相容性好,具有较高的生物活性,能够与骨组织形成化学键合,但存在脆性和不易加工的不足。聚己内酯(PCL)具有良好的生物相容性和物理机械性能,但缺乏生物活性。因此,从仿生角度出发,模拟人体骨的结构,将二者复合制备生物复合材料,可得到一种理想的骨修复材料。

7.5 聚丁二酸丁二醇酯[40—46]

聚丁二酸丁二醇酯(polybutylene succinate,PBS)类聚酯是 20 世纪 90 年代初开发的一类综合性能良好的生物型脂肪族聚酯,由丁二酸($HOOCCH_2CH_2COOH$)和丁二醇($HOCH_2CH_2CH_2CH_2OH$)高效缩聚反应而成。与其他生物降解塑料(PCL、PHB、PHA)相比, PBS 力学性能优异,接近聚丙烯(PP)和丙烯腈-丁二烯-苯乙烯共聚物(ABS)塑料;耐热性能好,热变形温度接近 100 ℃,改性后使用温度可超过 100 ℃,克服了其他生物降解塑料耐热温度低的缺点;加工性能好,可在现有塑料加工通用设备上进行各类成型加工,是目前降解塑料加工性能最好的;同时可通过生化工艺以玉米淀粉生产原料丁二酸,使 PBS 类聚酯更具价格竞争力;还可以共混大量碳酸钙、淀粉等填充物, 得到价格低廉的制品,在通用塑料领域得到更为广泛的应用。

7.5.1 PBS 结构与性能

PBS 是白色半结晶型聚合物, 其化学结构式为

$$-\!\!\left[\text{O}-(\text{CH}_2)_4-\text{O}-\overset{\overset{\text{O}}{\|}}{\text{C}}-(\text{CH}_2)_2-\overset{\overset{\text{O}}{\|}}{\text{C}}\right]_n$$

PBS 为白色结晶型聚合物，其密度为 1.27 g/cm^3，熔点为 115 ℃，根据不同的分子结构和分子量，结晶度范围为 30%～60%，结晶化温度为 75 ℃。

PBS 结构单元中含有易水解的酯基，易被自然界中的多种微生物或动、植物体内的酶分解、代谢，最终形成 CO_2 和 H_2O。另外，PBS 只有在堆肥等接触特定微生物条件下才发生降解，在正常储存和使用过程中性能非常稳定。

影响 PBS 降解的因素很多，主要包括分子的化学结构和分子量大小、PBS 的形态分布、熔点、结晶度等。

PBS 的分子量越高，越不容易降解。高分子量的 PBS 聚合物端基数目少，而由微生物参与的聚合物降解主要是由端基开始的，所以高分子量的聚酯降解速率相对较低。

聚酯形态分布决定它的比表面积，比表面积越大，单位面积上其分子链与酶作用的位点也就越多。一般而言 PBS 粉末的降解速率大于 PBS 小薄片和 PBS 颗粒。

结晶度对降解速率也有影响，例如脂肪族共聚酯 PBSA(聚丁二酸/己二酸一丁二醇酯)的结晶度和熔点比 PBS 都要低，熔点降低，分子间作用力变小，微生物容易攻击并切断分子链，所以降解性能提高；由于降解首先发生在非晶区，所以结晶度降低，降解速度加快。

芳香族共聚酯由于分子链中包含有稳定的刚性苯环结构，发生水解、生物降解反应困难，而降低了它的降解速率，所以，芳香族聚酯是聚酯家族中降解速度最慢的一类。

评价 PBS 降解的主要方法是堆肥法。堆肥中含有丰富的微生物源，能在一定程度上宏观反映塑料在自然环境中的生物降解性能。ISO 14855—1999 检测方法是在可控堆肥条件下塑料需氧生物降解性及崩解性测定—释放二氧化碳分析检测，是接近自然环境的加速方法。ISO 14855—1999 /GB/T 19277—2003 检测方法是将试样材料与堆肥接种物混合后放入堆肥化容器中，在一定的氧气、温度(58 ℃±2 ℃)、湿度(50%～55%)的条件下进行充分的堆肥化，测定材料降解 45 天后 CO_2 的最终释放量(可延长至 6 个月)，用实际的 CO_2 释放量与其理论最大放出量的比值来表示材料的生物降解率。检测参照物为粒径小于 20 μm 的纤维素，只有当参照物 45 天后降解率大于 70%时该试验的结果方为有效。据此方法，降解 45 天后，PBS 聚酯的生物降解率超过 60%，而纤维素的降解率为 76%。

PBS 的物理性能和力学性能见表 7-7，其中 Bionole 是一种 PBS 商业化的产品。

表 7-7　PBS 的物理性能

项　目	Bionole	PP	HDPE	LDPE
密度/(g·mL^{-1})	1.25	0.90	0.95	0.92
熔点/℃	115	170	135	110
玻璃化转变温度/℃	−30	15	−60	−60
热变形温度/℃	96	110	85	83

续表

项目	Bionole	PP	HDPE	LDPE
结晶度/%	35～40	55	75	50
拉伸强度/MPa	31	31	27	15
伸长率/%	680	500	650	800
弯曲强度/MPa	35	—	—	16
弯曲模量/MPa	630	1 370	1 070	600

从表 7－7 中可以看出，PBS 与低密度聚乙烯(LDPE)、高密度聚乙烯(HDPE)及聚丙烯(PP)的物理和力学性能相近，特别是在拉伸、弯曲、冲击特性等方面，具有作为结构材料应有的基本特性，可以用作基体材料与增强纤维复合制备复合材料。

7.5.2　PBS 的合成

PBS 类聚酯是以脂肪族二酸和二醇为原料，经缩聚反应合成的一类脂肪族聚酯，其代表 PBS 即以丁二酸和丁二醇为原料合成。20 世纪 90 年代，日本的昭和高分子公司首先采用异氰酸酯作为扩链剂，与二酸二醇经缩聚反应合成的低分子量聚酯反应，制备出高分子量的聚合物，PBS 类聚酯才开始作为新型生物降解塑料引起了广泛的关注。

PBS 一般采用缩合聚合法(缩聚)制备。PBS 聚酯的缩聚反应是可逆平衡反应，具有平衡常数小，易生成副产物等特点，传统方法得到的聚合物分子量低，无法单独作为塑料使用。在缩聚反应之后通过多种途径进行扩链反应或固相聚合以进一步提高其分子量。

7.5.2.1　直接酯化法

用丁二酸和丁二醇在较低的反应温度下脱水形成羟基封端的低聚物，然后在高温、高真空和催化剂存在下脱二元醇，即可得到较高分子量的 PBS。直接酯化缩聚法主要有 3 种：溶液缩聚法、熔融缩聚法和熔融溶液相结合法。

溶液聚合法是在一定的温度下，使丁二酸和丁二醇反应一段时间完成酯化，同时使用不同的溶剂带走一部分反应生成的水，然后采用更高的温度进行缩聚反应。这种方法工艺简单，适用性广，溶液聚合法可以获得分子量分布系数较窄的 PBS。

熔融缩聚法合成 PBS 通常分成酯化和缩聚两个阶段。先将丁二酸和丁二醇置于较低的温度下进行熔融酯化，然后在高真空、高温条件下完成缩聚反应。采用该法合成 PBS 时，催化剂的选择对最终 PBS 的分子量大小有重要影响。该法的特点是工艺简单，但反应温度高，一般在 200～300 ℃之间，比生成的聚合物的熔点高 10～20 ℃。反应时间长，一般都在几个小时以上，延长反应时间有利于提高缩聚物的分子量。为避免高温时缩聚产物的氧化降解，常需在惰性气体(N_2，CO_2)中进行。

溶液熔融相结合法结合了熔融缩聚法和溶液聚合法两者的优点，利用溶液法使用甲苯作溶剂 140 ℃反应 1 h 完成酯化，然后用熔融法 230 ℃高真空下反应 3 h 完成缩聚。溶液熔融相结合法可以在较短的时间内合成高相对分子质量的 PBS ，也能用于以二元酸、二元醇为原料的其他质量脂肪族聚酯合成。

7.5.2.2　酯交换反应法

以二元酸二甲酯或二乙酯与等当量的二元醇，在催化剂存在的条件下，经高温、高真空度脱甲醇或乙醇得到聚酯。由于酯交换法中未使用溶剂，而且参加反应的二元醇可通过水溶剂或加热等简单操作除去，最终得到的 PBS 杂质含量较低。

7.5.2.3　扩链反应法

由于缩聚反应的同时存在着逆方向的解聚反应，在反应过程中需不断排除小分子物质，以控制化学反应向正方向进行，从而获得高相对分子质量的聚酯。但在缩聚反应的过程中，特别是在反应的后期，温度往往超过 200 ℃，热降解、热氧化等副反应将会发生，这样就会影响相对分子质量的提高。扩链反应是进一步提高相对分子质量的有效途径。利用扩链剂的活性基团与聚酯的端羟基或端羧基反应来提高聚酯的相对分子质量，可以在短时间内大幅度提高聚合物的相对分子质量，具有便捷、高效、设备投资低等优点，因此近年来在国内外很受重视。根据聚酯端基的类型选择不同的扩链剂。端羟基聚酯的扩链常用二异氰酸酯类、二酸酐、二酰氯等做扩链剂；而咪唑啉、双环氧化合物则适用于端羧基预聚体。

7.5.3　PBS 的改性

PBS 具有良好的生物降解性能，但其加工温度较低，最终制得的 PBS 分子量低、黏度低，力学性能不能与通用塑料相比。另外，PBS 价格昂贵，使其应用受到了限制。为改善 PBS 聚酯的综合性能，通过不同单体的共聚合，能够从分子设计的角度合成出若干不同力学性能和降解性能的新材料；而通过对 PBS 聚酯的复合改性，可以在优化材料性能的同时大幅度降低成本，更有利于拓展其应用范围。

7.5.3.1　共混改性

将聚酯(如 PET、PBT)、淀粉、聚乳酸(PLA)等材料与 PBS 进行共混，可提高 PBS 的力学性能并降低其生产成本。

1. PBS/淀粉共混

淀粉的加入可提高 PBS 的弹性模量，且淀粉对环境友好，属于可生物降解材料。PBS/淀粉共混物综合性能好，但 PBS 的疏水性使其与淀粉的相容性较差。通过加入催化剂，如在共混物中加入马来酸酐(MAH)，可以提高体系的相容性。当 MAH 的含量为 PBS 的 1%时，共混物的冲击强度提高了 143%，拉伸强度提高了 94%。

通过调节淀粉与 PBS 的含量，还可控制共混物的降解速率。提高 PBS 含量能够明显降低材料的降解速率，从而为制备降解速度可控的环境友好高分子材料提供了新的途径。

2. PBS/PLA 共混

PLA 是一种具有优良生物降解性和生物相容性的聚合物，但其加工热稳定性差、结晶速度慢，将 PLA 与 PBS 进行共混，可综合二者的优点。调节 PLA 的含量可改变 PLA/PBS 共混物的熔融温度，提高其拉伸强度。PLA/PBS 共混物中，PLA 含量可影响共混物的结晶度。PLA/PBS 共混物的结晶度较纯 PBS 下降，因为 PLA 的加入严重破坏了 PBS 分子链的规整性，影响了链间的紧密、有序堆砌。该共混物制品的膜通透性以及产品由于结晶导致的变脆现象等均得到了改善，在材料应用领域具有很大的发展潜力。

7.5.3.2 共聚改性

PBS 均聚物的生物降解速率低、结晶度高、脆性大，导致其性能难以满足实际使用要求。采用共聚的方法，可以通过改变主链上的化学结构来实现对 PBS 的改性。若在主链上引入具有侧链的共聚单元，则可减少主链的对称性，从而改变均聚物的结晶性能，具有很高的应用价值。当前所采用的共聚单体多为乙二醇、对苯二甲酸（PTA）和己二酸，其主要思路是通过在主链上引入另一线型单体来实现共聚。

PBS 与己二酸的共聚物 PBSA 熔点为 95 ℃，结晶度降低，与 PBS 相比具有更好的韧性，而且降解速度更快。PBS 与对苯二甲酸的共聚物 PBST，随着对苯二甲酸的组分含量不同，熔点在 70～135 ℃之间变化，其力学性能也有明显的区别，而降解性能则随着对苯二甲酸含量的增加，降解速度减慢。由丁二醇、己二酸和对苯二甲酸经缩聚反应得到的共聚酯由于结晶性能不同，可加工成透明的薄膜。

除了共混改性、共聚改性外，放射性元素辐射交联法、纤维改性法、成核剂改性法等新型改性工艺在近年来也得到了较快发展。

7.5.4 PBS 基绿色复合材料

PBS 具有良好的生物降解性能，还具有与石化合成塑料相近的力学性能、物理性能，适合多种加工工艺，可用来制备各种各样的完全生物降解高分子制品，但 PBS 价格高，应用受到限制。用来源广泛的天然植物纤维（如麻纤维、竹纤维、木素纤维、再生纤维素纤维等）作为增强纤维与 PBS 复合可制备出全降解的绿色复合材料，是提高性能、降低成本、开发新应用的重要途径。

影响复合材料最终性能的因素较多，其中起重要作用的因素为增强纤维的类型和含量，研究表明，麻纤维和竹纤维是较理想的增强体，选择最佳纤维的含量，得到的复合材料性能最好；此外纤维与 PBS 基体的界面相容性，通常是针对增强纤维和树脂基体的特点进行改性达到改善界面结合的目的；最后不同的成型工艺方法和工艺条件都对复合材料的性能有重要影响，也是目前研究 PBS 绿色复合材料的重要内容。

7.6 生物树脂基复合材料研究进展[47—54]

复合化是现代材料技术发展的重要趋势，即将两种或两种以上的异形、异质、异构材料通过专门成型工艺和制造技术复合而成的一类新型的材料体系。通常将构成复合材料的原材料称为组分材料，复合的目的是为了实现组分材料的优势互补，使材料高性能化。复合材料既保留了组分材料原有的特性，又能开发出组分材料不具备的一些独特性能；同时又能通过材料设计，开发出能满足各种特殊性能要求的专门材料，这是复合材料最具吸引力和最具挑战性的特点。

绿色复合材料是复合材料大家族中的新成员，发展主流是由天然纤维（麻纤维、竹纤维和再生纤维素纤维）与生物树脂基体复合而成的可生物降解复合材料，有的文献也称之为100%绿色复合材料。绿色复合材料最大的优势是能完全降解，最后生成 CO_2 和 H_2O，重新回到大自然的循环中去，对环境的负荷降到最小。因此近年来得到越来越多的关注和研究，发展很快，有的品种已实现商业化的产业规模，得到推广应用。

7.6.1 生物树脂基复合材料发展现状

纵观纤维增强树脂基复合材料的发展历程，于20世纪50年代开始起步，用玻璃纤维增强酚醛树脂制造飞机雷达罩。60年代初用碳纤维增强环氧树脂的高性能复合材料（CFRP）问世，用于飞机结构件的制造，最早用于军用飞机，80年代开始在民用飞机应用，由于CFRP具有轻质高强等诸多性能上的优点，被命名为先进复合材料（advanced composite materials，ACM），以区别于早期的玻璃纤维复合材料。

用天然植物纤维增强石化合成高分子材料，制备木塑复合材料起步于20世纪80年代，主要用于汽车、建筑、机械、家居等方面，这种复合材料从20世纪90年代以来得到迅速发展，到21世纪初，产量已达数百万吨，平均年增长率达到15%～20%。

近十多年来，用天然资源制备的生物降解高分子材料替代的石化合成塑料作为基体材料与用植物纤维复合制备环境友好的生物质复合材料（bio-composites），也称绿色复合材料，成为复合材料研究和发展的新热点，被认为是21世纪最有发展前景的材料之一。

生物树脂基主要是指用天然资源合成制备的可降解的天然高分子材料，目前应用较多的是聚乳酸（PLA）、聚丁二酸丁二醇酯（PBS）、聚己内酯（PCL）、3-羟基丁酸酯和3-羟基戊酸酯的共聚物（PHBV）等。而天然植物纤维主要是木材、竹材、棉、麻等直接提取原生纤维或用农业剩余物通过熔融纺丝制备再生纤维素纤维。

生物树脂基复合材料的特点主要有：

（1）天然植物纤维原料来源广泛，可以再生，材料成本低廉，与生物树脂复合可以降低复合材料的成本。

（2）生物树脂基复合材料可完全降解，废弃后可以自行降解，不会造成环境污染，有利于保护环境。

（3）生物树脂是一种生物高分子材料，来源于可再生的天然资源，可替代石化合成高分子材料，有利于可持续发展。

（4）用纤维增强改性，改善了生物高分子材料的性能，扩大了材料的应用领域。

（5）在一定的温度、湿度及微生物条件下，可实现生物降解。而在正常使用条件下，这种生物质材料不会发生自然降解，具有足够长的使用周期。

现在，全球范围内的相关研究进展较快，主要集中于生物树脂和天然增强纤维的开发应用和改性、复合工艺及成型加工技术、复合机理、复合材料生物降解特性及界面改性等方面。有的复合材料产品已实现商业化规模生产，在汽车、建筑、医疗、电子电气、家居领域得到越来越多的应用。例如，欧洲汽车内饰件，经历了由天然植物纤维材料替代玻璃纤维增强复合材料的发展历程。近几年，随着汽车废弃回收利用问题的压力和人们环保意识的增强，汽车内饰行业已经把天然纤维增强可生物降解材料的应用作为目前汽车内饰部件用塑料复合材料发展的必然方向。

虽然目前用作基体的生物降解塑料成本远高于普通石化塑料，生物质复合材料还没有得到大规模的应用。但是随着可用石油资源的减少和人们环境保护意识的增强，可生物降解塑料的开发与应用将更加引起关注与重视。天然纤维材料与完全可生物降解塑料复合制备新型的环境友好的生物质复合材料将显示广阔的发展前景。

根据美国能源部“植物及粮食基可再生资源技术路线图”的规划，到2020年，化学建筑材料中，植物基可再生资源材料利用率要达到10%；2050年达到50%，预示着生物复合材料发展的巨大前景。日本已将生物降解塑料作为继金属材料、无机材料、高分子材料之后的第四类新材料。在我国新制定的《国家中长期科学和技术发展规划纲要(2006—2020年)》中，已经把“开发具有自主知识产权的生物基新材料装备”作为我国农业领域里“农林生物质综合利用”中的优先发展领域，而可降解生物质复合材料属完全生物基的新材料，符合国家的环保政策和国际复合材料发展趋势。

7.6.2 生物树脂基复合材料研究重点

同高端应用的先进复合材料一样，生物树脂基复合材料发展的主要目标是提高性能和降低成本，它基本涵盖了这种复合材料研发的所有问题，包括原材料(组分材料)的选材及改性、两相材料的界面结合、高效和低成本的成型和制造、新产品的开发和推广应用、材料的回收、降解或循环使用等，这些都是生物基复合材料当前研究的重点内容。

7.6.2.1 生物树脂基体的研究

生物树脂基体是由天然资源直接制取或化学合成的一类可降解的生物高分子材料，是复合材料的主要组分之一，对复合材料性能有重要影响，生物树脂基体的主要特点是有良好的降解性能，能在自然环境中通过微生物和酶的作用完全降解，表7-8给出了几种主要的生物树脂与通用性石化塑料的性能对比。

表7-8 生物树脂基体性能比较

树脂	密度/($g\cdot mL^{-1}$)	结晶度/%	玻璃化温度/℃	熔融温度/℃	拉伸强度/MPa	弯曲强度/MPa	断裂伸长率/%
PLA	1.25	15～45	55～70	130～150	45～70	90～120	5.5～7.2
PHBV	1.25	65～80	−11～7	177	40～45	3.5～4	6～8
PCL	1.05	45	−62	62	41～59	14～28	510～730
PBS	1.27	35～60	−30	115	31	35	680

续表

树　脂	密度/(g·mL^{-1})	结晶度/%	玻璃化温度/℃	熔融温度/℃	拉伸强度/MPa	弯曲强度/MPa	断裂伸长率/%
PP	0.9～0.94	65～70	15	171～186	31	17	500
PE	0.92	60～75	－60	110	15	16	800
PA6	1.1～1.5	40～50	50	215	74～78	100	150

由表 7-8 可以看出，这几种生物树脂的力学性能（如拉伸强度和弯曲强度）都接近通用型的石化塑料（如聚乙烯、聚丙烯、聚酰胺等），实际应用时可作替代材料，突出的缺点是耐热性差、韧性低、降解性能变化较大。另外，它们大多数是疏水性材料，影响到与亲水性的植物纤维的界面结合。最后，生物树脂目前价格普遍高于石化合成塑料，限制了它们作为塑料制品的使用。因此用天然纤维增强改性制备生物基复合材料是改进性能、降低成本、推广应用的有效途径。

用天然纤维增强增韧改性在前述内容中作了许多介绍，纤维改性的主要目的一是改善生物树脂基体的物理机械性能，如提高强度和韧性（提高抗冲击性），提高耐热性和尺寸稳定性，及赋予某些特殊物理机械性能，如气密性、导电性、阻燃性、阻尼性、抗静电性、生物相容性等；二是改善生物树脂的加工性能，如控制树脂基体的熔体流动性，控制结晶聚合物的结晶行为，改善成型工艺性能，以利于控制制品的性能和质量；三是降低成本，在保证材料使用性能的前提下，填充价格低的植物纤维来降低复合材料的成本。

7.6.2.2　天然植物纤维增强体的研究

作为增强体的植物纤维是生物树脂基复合材料的另一主要组分材料，其化学组成、性能及结构形态对复合材料的物理机械性能和加工性能都有很大影响。目前天然纤维增强体主要有麻、竹、木等原生纤维以及由天然植物资源制备的再生纤维素纤维。其中，麻纤维的强度和模量优于其他植物纤维，也是天然植物纤维中最长的纤维，与玻璃纤维相比，强度和模量都比较接近，作为增强材料，应用最为广泛。而且生产麻类复合材料所消耗的能量要远低于生产玻璃纤维增强复合材料的能量。

天然纤维当前的一个重要发展方向是使用从未使用过的和低价值的农作物废弃物，如稻米壳、小麦壳、大麦壳、高粱秸秆、椰壳纤维、甘蔗渣等；城市回收废弃物，如旧报纸、包装纸箱、废旧纺织物等，以及使用与粮食或经济作物不存在竞争的培育植物或野生植物制备纤维增强材料。

天然纤维可直接与树脂基体复合制备复合材料，但为了改善与树脂的相容性和界面结合，制备出性能优良的复合材料，需要对天然纤维进行改性处理。但由于天然植物纤维本身成分和结构的复杂性，给改性机理的研究及改性效果的表征带来困难。针对不同的树脂基体，如何选择合适的纤维改性材料和方法，控制最佳的改性程度，尽可能地提高复合材料的性能，一直是复合材料研究的一个重要内容。

纳米纤维素纤维是一种新型的纤维素纤维，这种纤维由植物纤维精炼、均化和提纯得到，直径为 5～10 nm，长度从 100 nm 到几微米不等，被称为**纤维素微纤**（micro fibrillated cellulose，MFC）或者**纳米纤维素纤维**。MFC 实际上是植物细胞壁中的微原纤，是由纤维素分子链堆积形成的半结晶结构，具有较普通植物纤维更高的强度、模量及长径比，其拉伸强度可以达到低碳钢的 5 倍，热膨胀系数可以与石英相媲美。由于其纳米尺寸、优异的力学性能和热性能，作为增强材料使用，具有较大的发展潜力。

7.6.2.3　天然纤维与生物树脂基体的界面研究

界面是复合材料一种特有的结构特征，是基体和增强体在复合过程中形成的相互结合的微区。界面一直是复合材料研究的重要课题，但直到现在，界面研究一直是未能被普遍接受的结论性结果，这是因为界面问题太复杂，一方面是不同的组分材料有不同化学结构和性质，会影响界面结合与界面性质，另一方面，也是最主要的原因，是界面的维度太小，一般都在分子维度级范围，试验观察和模拟都很困难。

对界面的认识，现在有两种观点，一是认为界面是两相材料简单的物理结合，称为**界面层**；二是认为界面是复合过程中两相之间发生化学反应形成的具有不同化学结构的微区，称为**界面相**。

界面在复合材料中起着特别重要的作用，它在增强体和基体之间传递应力，界面的性质对复合材料的强度、韧性和疲劳性能都有重要影响 。因此，研究界面的形成过程、界面结合、界面性质、应力传递行为对宏观力学性能的影响规律，精确地表征和模拟界面结合的情况，进行有效的界面结合控制，是制备高性能复合材料的重要途径。

对于生物树脂基体与植物纤维复合而成的复合材料，界面结合的控制同样非常重要。影响界面性能的因素主要有：

(1)基体和增强纤维的化学结构和性能。起主要作用的是基体的胶接强度，胶接强度高的树脂基体能提高界面结合强度，如环氧树脂的胶接强度目前是最高的，因此是最早也是最大量地用于高性能碳纤维复合材料的基体。在各种生物树脂中，目前聚乳酸的胶接性能最好，相对于其他生物质树脂，也是最早和目前用得最多的生物质复合材料的基体材料。

(2)基体和增强体的组分比例。增强纤维是承载主体，高纤维含量的复合材料具有相对高的强度和模量。纤维含量的不同，对界面的结合有一定影响，纤维含量较低，树脂能充分浸润纤维，得到较好的界面结合，但纤维含量低，承载的主体作用不能充分发挥，复合材料的强度受影响；纤维含量过高，树脂不能充分浸润纤维，导致界面结合薄弱，同样得不到性能优良的复合材料。一般而言，纤维体积含量的比例在 40%～60%是比较合适的范围，对于一些高性能树脂基体，纤维体积含量可高达 70%。

(3)基体和增强体的相容性。对于生物树脂基复合材料而言，用作增强体的植物纤维的主要成分为纤维素、半纤维素和木质素，其化学结构中含有大量的极性羟基，因此纤维表面呈亲水性。而大部分生物基聚合物为非极性，具有疏水性，因此二者的界面结合性能较差。改善界面强度有多种方法，主要分两类，对纤维进行表面处理和对生物树脂基体进行改性。纤维表面的改性方法有多种，在第4章中已有较全面的介绍。对生物树脂基体的改性在本章前面的内容中也有详细介绍，实际应用时，可有针对性地进行参考和选择。

(4)复合材料的成型工艺和加工制造方法。不同的成型工艺会有不同的成型过程工艺和条件参数，最后都会影响到与复合材料工艺质量的诸多问题，如纤维整齐排列、纤维均匀分布、无贫胶或富胶区、减少气泡或空隙含量等，这些都会影响到界面结合性能，从而影响到复合材料的性能和质量。

7.6.2.4　复合材料冲击性能研究

复合材料的冲击强度受多种因素的影响，主要有树脂基体的韧性、界面结合及成型工艺质量等，其中树脂基体的韧性起主要作用，树脂基体的增韧改性一直是复合材料重点研究内容之一。由于生物树脂大多脆性较大，断裂伸长率较低，其冲击强度性能主要取决于植物纤维的性能、分散性、界面相容性、加工方法和加工条件等。例如用聚乳酸作基体，可用植物纤维增韧，不同的纤维对聚乳酸的增韧效果不同，其中苎麻纱线和 lyocell 纤维增韧效果较为显著。植物纤维虽然强度较强，但是一般断裂伸长率都较低，因此，得到的复合材料断裂伸长率也较低，冲击强度很难得到大幅度提升，在相同的加工方法下，即使调节加工条件，也很难达到理想的冲击强度。目前的研究主要集中在树脂基体的增塑或增韧上。

聚乳酸是用得最多的一种生物树脂基体，对聚乳酸树脂的增韧研究已有很多报道，有的研究达到了非常满意的效果，例如用一种反应性的乙烯-丙烯酸甲酯缩水甘油酯共聚物对聚乳酸进行增韧改性，材料退火后的缺口冲击强度可达 70 J/m^2 以上，与纯聚乳酸相比，增加了近 50 倍，比 ABS 韧性也要强许多。但是针对聚乳酸/植物纤维复合体系的增韧改性，目前研究还较少。据报道，用重均分子量为 1 000 的聚乙二醇(PEG)对聚乳酸/洋麻复合材料进行增塑改性，虽提高了复合材料的冲击强度，但结果较不明显，且降低了材料的拉伸强度，分析原因可能是 PEG 分子量较低，干扰了聚乳酸和洋麻间的相互作用，只起到了增塑剂的作用。另外报道一种制备低温力学性能良好的聚乳酸复合材料的制备方法，目的是用于低温储藏容器或者包装材料。以聚乳酸作为基体树脂，以植物纤维(麻纤维或木纤维)作为增强材料，聚己内酯、聚乙二醇或者聚羟基脂肪酸酯作为相容剂，利用螺杆挤出和热压成型的方法制得的复合材料拉伸(68～101 MPa)、弯曲(130～181 MPa)及低温冲击韧性(47～99 J/m^2)优异，且生物降解性能优异，90 天的生物降解率达 95%以上，霉菌降解级达到 5 级，具有良好的生物降解性能，完全符合环保材料的要求。在增加聚乳酸塑性或韧性的同时，加入偶联剂等增加纤维与树脂基体间的界面结合，也可达到良好的增韧效果。如利用杨木粉作为填料，甲基丙烯酸甲酯缩水甘油酯接枝乙烯－1－辛烯共聚物作为增韧剂，聚乳酸作为基体，并加入偶联剂等助剂，制得的复合材料硬度较高，弯曲模量达 5 GPa 以上，弯曲强度达 80 MPa 以上，缺口简支梁冲击强度可达 9 kJ/m^2 以上。

总之，由于大多生物树脂脆性较大，制造的复合材料冲击性能较差，树脂增韧改性的研究一直在进行，如果能得到满意的增韧效果，生物基复合材料的应用将进一步扩大。

7.6.2.5　复合材料耐热性能研究

大多数生物树脂基体本身耐热性较低，如聚乳酸的热变形温度(HDT)基本在玻璃化转变温度(T_g)附近，约为 55～70 ℃，而其他生物树脂，如 PCL、PHBV 等，耐热性更低。若要拓展生物树脂的用途，达到和石化通用树脂材料接近的性能，耐热性能也是研究重点。目前生物树脂/植物纤维复合材料的研究集中在力学性能上，耐热性能的研究也在逐步推进，如有报道用膜堆叠法通过热压成型制备了聚乳酸/洋麻层状复合材料，结果显示复合材料的 HDT 与纯聚乳酸(64.5 ℃)相比有了大幅度提高，达到了 170 ℃以上。利用耐热性较好的玻璃纤维与植物纤维混杂增强，也是提高复合材料耐热性的一个方法，如利用二元纤维增强聚乳酸，制得了一种耐热型二元纤维/聚乳酸基复合材料，其中二元纤维为改性天然纤维和改性无机纤维(玻璃纤维或碳纤维)。实例测试结果显示，复合材料的维卡软化点从聚乳酸的 59.7 ℃提高到了 140 ℃以上。在复合体系中加入成核剂，提高材料的结晶速度和结晶度，也是提高材料耐热性能的一个重要方法。如以聚乳酸为树脂基体，棉或麻纤维作为增强材料，滑石粉、白炭黑、碳酸钙、蒙脱土、高岭土或者沙林树脂、乙撑双油酸酰胺等成核剂，聚醚或者低分子量酯类作为成核助剂，利用双螺杆挤出机熔融共混，制备出的复合材料具有高耐热性，较好的机械性能和成型加工性，同时又保持了复合材料的可生物降解性，可广泛应用于汽车、建筑和家居装饰等领域。实例测试结果显示，复合材料的热变形温度高于 100 ℃，最高可达 150 ℃，远高于纯聚乳酸的 61 ℃，拉伸、弯曲及冲击强度也得到大幅度提高。

7.2.6.6 纳米生物基复合材料研究

纳米材料是一种前沿性的新材料技术，纳米材料的小尺寸效应、量子效应、表面效应和宏观量子隧道效应等特点，使其具有电、磁、光等物理、化学、力学等独特的性能。用纳米技术对材料进行改性得到广泛的研究和应用，对于生物树脂复合材料而言，用得最多的是纳米纤维素，有时也称为**纤维素纳米纤维**(cellulose nanofibrils，CNF)，纳米纤维素根据其制备方法、原料及结构等的不同主要可以分为三类，即**纳米微晶纤维素**(nano-crystalline cellulose，NCC)、**细菌纳米纤维素**(bacterial nanocellulose，BNC)和**微纤化纤维素**(microfibrillated cellulose，MFC)。

纳米纤维素主要是从植物纤维制取，植物纤维的主要成分有纤维素、半纤维素、木质素、果胶及其他成分等。纳米纤维素的制备过程大致是先将植物纤维制成浆料，再采用硫酸水解法和阳离子交换树脂催化水解法将半纤维素和木质素等其他成分溶解分离，制备出纳米纤维素悬浮液，经过冷冻干燥后可制得粉末状的纳米纤维素。纳米纤维素具有许多优良特性，如高结晶度、高纯度、高杨氏模量、高强度、高亲水性、超精细结构和高透明性等，加之具有天然纤维素轻质、可降解、生物相容及可再生等特性，纳米纤维素的制备、结构、性能与应用是目前国内外生物质复合材料的前沿性研究课题。

MFC 是一种新型的纳米级功能材料，由于其具有生物相容性、生物可降解性、优良的力学性能、光学性能以及阻隔性能，在纳米纸、气凝胶、复合材料、造纸、医药等诸多领域具有广阔的应用前景。目前，MFC 作为增强体已被用于热固性树脂、聚乙烯醇、甘油塑化淀粉、聚氨酯、聚乙烯、壳聚糖等许多聚合物体系中，制备的复合材料在力学性能、热稳定性、阻隔性能等方面均比原材料有一定的提高。

在生物树脂基复合材料的应用方面,用MFC增强聚乳酸有较多的研究报道。如用MFC与聚乳酸复合制备生物基复合材料,为了提高MFC的分散性,针对含有水分的MFC浆状物在溶剂置换过程中加入超声处理,制得了一系列MFC/PLA复合材料,MFC的质量分数分别为1%、3%、5%。MFC的加入使材料的拉伸强度和模量有了大幅度的上升,当MFC的质量分数为5%时,材料的拉伸强度上升了21%左右,这与一般的植物纤维相比有更好的增强效果,但是材料的断裂伸长率稍有下降。

在制备生物基聚合物复合材料时,常用方法是将MFC与生物聚合物溶液混合,然后通过抽滤或蒸发除去液体,得到复合材料。由于MFC极性强,与MFC复合的聚合物仅限于极性较大的聚合物,而对于一些非极性或极性较小的聚合物,很难与MFC复合。为此,需要通过对MFC表面进行改性,降低其表面能,才能使其更容易与非极性或极性较小的聚合物复合。如将机械处理得到的MFC乙酰化,然后与聚乳酸复合,得到的复合膜抗水性能比改性前提高了一倍。

纳米纤维素纤维增强生物基复合材料的产品开发日渐成熟,但在目前也面临着许多挑战。今后研究的重点应在以下几方面:①如何利用稀酸处理、碱润胀、生物酶处理等方法改进生物质纤维浆料预处理,减弱纤维素间的分子结合力,以便于后续纳米尺度化加工,降低加工过程中的能源消耗;②如何采用有效的方法从高纤维素含量的生物质纤维中分离出高纯度、尺寸分布均匀、具有完整网状缠结结构的纤维素纳米纤维;③如何提高表面极性高的纤维素纳米纤维与非极性生物聚合物的界面相容性;④如何充分利用纤维素纳米纤维的结构与性能优势开发各种类型的高强度、低密度的生物基复合材料,拓宽复合材料在电子、电气、建筑、家居、汽车、机械、海洋以及航空航天等领域中的应用。

7.6.2.7 成型工艺的拓展研究

复合材料的成型与制造是复合材料产业链中非常重要的环节,直接关系到制件或产品的性能和质量,是复合材料设计思想、复合效应、复合材料优势能否最终体现出来的关键。

数十年来,树脂基复合材料的成型工艺和制造技术取得长足发展,一方面是高效的自动化成型技术的应用,例如,对于较大的制件热压罐成型,由最初的预浸料手工铺叠发展到现在高度自动化和数字化的自动铺叠,最具代表性的是自动铺丝技术(automatic fiber placement, AFP)和预浸带自动层叠技术(automatic tape laminating,ATL)。AFP/ ATL对于提高复合材料大型或超大型制件的制造工效,保证制件的尺寸和质量发挥了重要作用,有力地推动了高性能复合材料的发展。

另一方面,复合材料向低成本化发展,一些新型的低成本成型技术从20世纪90年代得到开发和应用,到现在也发展到相当成熟的阶段,最典型的是以树脂传递模塑(resin transfer moulding, RTM)及其派生技术为代表的液体成型技术,还有高效快速的拉挤成型技术(pultrution),不仅提高了生产率,还大幅降低了制造成本。

生物树脂基体与植物纤维复合制备的绿色复合材料是在树脂基复合材料基础上发展起来的一个新的类别,按材料属性应归类为树脂基复合材料,其成型工艺与制造技术也属于树脂复合材料的技术范畴。

绿色复合材料大量研究和应用的历史较短，而且植物纤维本身形态大多是短切纤维和长度不大的长纤维，生物树脂基体的强度和耐热性都不够，目前还未能进入大尺寸的高性能复合材料应用领域，因此绿色复合材料的制造主要采用常规的成型工艺技术，挤出成型、注射成型、模压成型等，其中挤出成型用得较普遍，根据基体和增强体不同的性质和形态，有多种挤出成型方法和工艺条件选择。

随着绿色复合材料的大量推广应用，新型高效的成型工艺和制造技术也陆续引入，包括预浸料的层压叠合技术、树脂传递模塑技术、纤维缠绕技术、自动铺丝和自动铺带技术以及数字化模拟仿真技术等。

复合材料的成型制造涉及组分材料的性能、复合机理、工艺过程优化和工艺质量控制、制件的后续加工处理等诸多方面的问题，从发展观点来看，今后绿色复合材料的成型工艺和制造技术应着重研究的内容包括：

(1)生物树脂基体和天然纤维增强体的合成和制备工艺研究，优化树脂生产工艺，以提高综合性能，改善工艺性能，降低成本，节能降耗。

(2)优化天然纤维增强体的制取工艺，提高纤维的物理机械性能，降低成本；提高资源利用率，寻求增强纤维制备原料的多样化，更多采用不与粮食作物和经济作物竞争的天然资源，如植物废弃物、旧报纸等城市废弃料等。

(3)加强绿色复合材料基础性研究。包括天然增强纤维自身的物理化学性质、热稳定性的研究和改善，增强体与树脂基体的相容性研究，为正确选择成型工艺，优化工艺参数奠定基础，实现高效低成本的绿色制造。

(4)成型工艺的选择，工艺路线和工艺参数的最佳化。加强成型过程的基础理论研究和成型过程中的工艺质量控制研究。

(5)高效和低成本的绿色化成型工艺的应用研究，包括树脂传递模塑技术、纤维缠绕技术、自动铺丝和自动铺带技术、数字化模拟仿真技术、大型或超大型制件的非热压罐成型技术、树脂扩散成型技术(resin infusion molding，RIM)、双真空袋成型技术(double vacuum bag，DVB)等。

参考文献

[1] 黄发荣.环境可降解塑料的研究开发[J].材料导报，2000，14(7)：40-44.

[2] 王周玉，岳松，蒋珍菊，等．可生物降解高分子材料的分类及应用[J].西华大学学报自然科学版，2003，145(3)：145-147.

[3] 侯庆普，周春阳等.生物降解高分子材料的研究新进展[J].现代化工，2000，20(12)：20-24.

[4] 王琳霞.生物降解高分子材料[J].塑料科技，2002，(147)：37-41.

[5] 封硕.生物可降解高分子材料研究综述[J].中山大学研究生学刊(自然科学、医学版)，2012，31(1)：29-33.

[6] 戈进杰.生物降解高分子材料及其应用[M].北京：化学工业出版社，2002.

[7] 任杰，李建波．聚乳酸[M].北京：化学工业出版社，2014.

[8] 李旭娟,李忠明．聚乳酸结晶的研究进展[J]. 中国塑料,2006,20(10):6-12.
[9] 于江涛,马海洪．丙交酯合成研究的进展[J]. 聚酯工业,2009,22(2):4-8.
[10] 田怡,钱欣．聚乳酸的结构、性能与展望[J]. 石化技术与应用, 2006, 24(3): 233-237.
[11] 董奇伟．聚乳酸降解性能研究进展[J]. 塑料制造,2011,(3):66-69.
[12] 孙媚华,陈迁,宋光泉．聚乳酸的降解研究[J]. 化工新型材料,2013,41(1):140-143.
[13] 方大庆．聚乳酸的合成及降解性能研究[D]. 合肥:合肥工业大学,2006.
[14] 于江涛,马海洪．丙交酯合成研究的进展[J]. 聚酯工业,2009,22(2):4-7.
[15] 张淑贞．丙交酯开环聚合制备聚乳酸的工艺研究[D]. 天津:天津大学,2007.
[16] 赵丹．聚乳酸复合材料的制备、结构表征及其性能研究[D]. 兰州:兰州理工大学,2009.
[17] 严平．聚乳酸类可生物降解复合材料研究进展[J]. 化工与材料,2009,1(2):22.
[18] 邹俊．聚乳酸及其纳米复合材料的研究[D]. 上海:华东理工大学,2011.
[19] 翁云宣, 杨惠娣, 陈学军．生物分解塑料与生物基塑料[M]. 北京: 化学工业出版社, 2010.
[20] 李懋, 王朝云, 吕江南．可生物降解材料聚羟基脂肪酸酯(PHA)的合成与应用概述[J]. 环境科学与管理,2009,34(12):144-148.
[21] 焦宁宁．聚轻基脂肪酸酯的合成和应用[J]. 化工新型材料,2003,31(10):15-18.
[22] 陈国强,张广,赵锴．聚羟基脂肪酸酯的微生物合成、性质和应用[J]. 无锡轻工大学学报,2002,21(2):196-207.
[23] 张恒,杨青芳, 周洋．PHB 的改性研究进展[J]. 材料开发与应用,2010,(8):92-97.
[24] 胡洁．可生物降解材料聚(3-羟基丁酸酯-co-3-羟基戊酸酯)(PHBV)的改性研究[D]. 武汉:武汉工程大学,2008.
[25] 吴丽珍,王垒,翁云宣．PHBV 共混改性研究进展[J]. 塑料科技,2012,40(3):96-102.
[26] 汪蔚,张瑜,陈彦模．PHBV 生物材料的共混改性[J]. 材料导报, 2006,20(6):359-363.
[27] 陈一民,洪晓斌,张文峰．完全生物降解复合材料的研究[J]. 材料导报, 2003,17(1):54-59.
[28] 龚雪．PHBV/TPU 基复合材料增韧改性研究[D]. 上海:东华大学,2012.
[29] 关庆文,王仕峰,张勇．生物降解 PHBV_天然植物纤维复合材料的界面改性研究进展[J]. 化工进展,2009,28(5):828-832.
[30] 黎树根,李长存．ε一己内酯产业现状及其应用[J]. 合成纤维工业,2013,36(1):46-52.
[31] 杜宗里,朱光明,於秋霞．ε-己内酯的合成及应用[J]. 化工新型材料,2003,31(9):12-15.
[32] 郭明奇,邱仁华,尹双凤．环己酮氧化制备己内酯的研究进展[J]. 石油化工, 2012,41(3):354-343.
[33] 邓冰锋,黄从树,叶章基．己内酯的开环聚合与应用研究[J]. 材料开发与应用 2012 ,(12):72-77.
[34] 於秋霞．聚己内酯合成与改性的研究[D]. 西安:西北工业大学,2003.
[35] 王建明, 陈伟, 祝桂香．开环聚合制备聚己内酯[J]. 石化技术与应用,2006,24(6):492-497.
[36] 杨延慧,严涵,康晓梅．聚己内酯的应用研究进展[J]. 化工新型材料,2011,39(12):13-15.
[37] 谢长琼,周元林,马佳俊．聚己内酯改性研究进展[J]. 塑料科技,2009,37(4):100-104.
[38] 王正良,罗卫华,袁彩霞．接枝改性木纤维/聚己内酯复合材料的制备与性能[J]. 高分子材料科学与工程,2014,30(9):145-149.
[39] 李亚滨, 寇士军．竹纤维/聚己内酯复合化的研究[J]. 天津工业大学学报,2004,23(3):26-29.
[40] 廖才智．生物降解性塑料 PBS 的研究进展[J]. 塑料科技,2010,38(7):93-98.

[41] AJIOKA M, SUIZU H, HIGUCHI C, et al. Aliphatic polyesters and their copolymers synthesized through direct condensation polymerization[J]. Polymer Degradation and Stability, 1998, 59:138 - 143.

[42] 张世平,宫铭,党媛. 聚丁二酸丁二醇酯的研究进展[J]. 高分子通报,2011,(3):86 - 93.

[43] 张昌辉,赵霞,黄继涛. PBS 基聚酯合成工艺的研究进展[J]. 塑料,2008,37(3):8 - 10.

[44] 张维,季君晖,赵剑. 生物质基聚丁二酸丁二醇酯(PBS)应用研究进展[J]. 化工新型材料, 2010, 38(1): 1 - 5.

[45] 张敏,强琪,李莉. 不同植物纤维/PBS 复合材料的性能差异比较[J]. 高分子材料科学与工程,2013, 29(3):69 - 73.

[46] DING F F, ZHANG M , WANG J P, et al . Preparation and performance of corn straw fiber/ PBS composites[J]. Polymer Materials Science & Engineering, 2011, 27(10) :158 - 161.

[47] MORTON J, QUARMLEY J, ROSSI L. Current and emerging applications for natural and wood fiber - plastic composites[C] In: The Seventh International Conference on Wood fiber - Plastic Composites, Wisconsin, USA, 2003:3 - 6.

[48] BAILLIE C. Eco - composites [J]. Composites Science and Technology, 2003,(63): 1223 - 1224.

[49] 宋亚男,陈绍状,侯丽华. 植物纤维增强聚乳酸可降解复合材料的研究[J]. 高分子通报,2011,(9): 111 - 120.

[50] 甄文娟,单志华. 纳米纤维素在绿色复合材料中的应用研究[J]. 现代化工,2008,(6):85 - 89.

[51] 竺铝涛. 汽车用纤维复合材料加工成型工艺研究进展[J]. 石油化工技术与经济,2013,29(1):59 - 62.

[52] 陈鹩,顾书英,任杰. 聚乳酸/天然纤维复合材料成型加工研究进展[J]. 工程塑料应用,2014,42(9): 102 - 105.

[53] 马伟. 热塑性天然竹纤维复合材料的制备及其性能研究[D]. 杭州:浙江农林大学,2012.

[54] 李彩林,文友谊. 复合材料成型工艺仿真技术[J]. 宇航材料工艺,2011,(3):27 - 30.

第8章 绿色复合材料成型工艺及制造技术

绿色复合材料是由生物树脂基体与天然纤维增强体用专门的成型工艺和制造技术复合制备的一类复合材料新品种，属于树脂基复合材料的范畴，因此绿色复合材料的成型与制造的工艺原理、工艺过程、工艺参数以及工艺质量控制等与树脂基复合材料的要求大体一致。

树脂基复合材料的成型与制造直接关系到制件的性能和质量，是复合材料设计思想、复合效应、复合材料优势能否最终体现出来的关键。复合材料的成型和制造是将组分材料复合得到一种材料复合体系的加工过程，在这个过程中，树脂基体在一定温度和压力条件下，完成表观结构形态的转变，如热固性树脂基体，要完成固化反应，实现由二维的线性链状分子结构到三维的网状立体结构的转变。而热塑性树脂基体则要完成由高温下的熔融状态到常温的固体状态的转变。通过这种转变，将增强体固结在一起，形成一种多相的材料复合体系。

树脂基复合材料成型过程涉及一系列物理、化学和力学的问题，需要综合考虑。复合材料技术的发展，使得成型和制造在复合材料产业链中变得不再是一个独立的环节，传统的设计与制造脱节，串行式的产品开发模式在减少产品设计修改、减少产品制造和装配错误、提高产品制造和装配效率等方面表现出许多弊端。因此，目前已普遍采用并行式的开发模式，在复合材料产品或制件的设计阶段，就要考虑可制造性和可装配性(design for manufacture and assemble, DFMA)的问题，制定最佳的工艺方案和工艺参数，从而达到最后制品的性能和质量最佳化和低成本化的目的。

8.1 树脂基复合材料成型工艺概述

8.1.1 复合材料成型工艺过程[1—6]

树脂基复合材料的成型是基于高分子合成材料的流变理论，用不同的方法将基体与增强体复合得到一种多相的材料体系的过程。是在传统高分子材料，如塑料、橡胶和涂料成型工艺基础上，加进与增强体复合的一些特殊工艺要求，形成的一类独具特点的加工制造专门化技术。

从发展现状看，树脂基复合材料的成型与制造基本上可分为两大类，即**湿法成型**、**干法成型**，也称作**一步法成型**、**两步法成型**。

湿法成型是直接将液体树脂基体与增强体以不同方式混合，施加到模具上或模腔内成型，传统的方法有手糊、浇注、挤压、喷射成型等。

湿法成型工艺和设备都较简单，特别是手糊成型，不受设备、场地、制件尺寸的限制，目前还在沿用。对于一些大型制件，如风电机组叶片、玻璃钢储存罐、大型雷达天线罩、船舶等，有低成本优势，目前还处于不可替代的地位，但手糊成型的缺点是纤维含量低，一般为30%～50%，纤维分布不均匀，固化时树脂中的溶剂、水分、低分子挥发物不易完全去除，在制品中形成气泡或空穴；树脂分布不均匀，在制品中形成富胶区或贫胶区，严重的情况是出现未浸胶区（俗称“白丝”现象），难以满足高性能复合材料的性能和质量要求。

随着复合材料技术的发展，20世纪90年代开发出一些新型的高效低成本湿法成型技术，典型的是树脂传递模塑（resin transfer molding, RTM）及其派生技术，如真空辅助RTM（vacuum assistant RTM, VARTM）、橡胶辅助RTM（rubber assisted RTM, RARTM）、树脂真空浸渍法（vacuum infusion process, VIP）、西曼树脂浸渍模塑（seeman composites resin infusion molding Process,SCRIMP）、轻质RTM（light RTM）等。这些方法共同的特点是用自动化的编织技术将纤维增强体制成不同形状和尺寸的3维或2维的预型件（preform），放入模腔中，再将树脂注入，固化后得到复合材料成品。这种方法的优点除大幅降低铺叠的人工成本外，由于采用三维预型件，改善了层压复合材料的界面性能，而且还可以成型净形件（net-shape）的产品。

20世纪60年代，开发出一种新型的高性能复合材料的成型工艺，即预浸料的成型，这就是干法成型，也称二步法成型。第一步是将纤维和树脂做成预浸料，预浸料是原材料（树脂基体和纤维增强体）和最终复合材料制品之间的一种中间材料，是针对复合材料，大多是层压结构的形式而开发的，它的制造方法简单来说就是将连续整齐平行的增强纤维牵引通过树脂浸胶槽浸上胶，再收卷成卷材，为防止过早固化，需要低温贮存。这种预浸料称为预浸带，沿纤维方向的长方向是连续的，具有一定的厚度和宽度。预浸带制备要用到一种隔离纸，或称离型纸，与浸过胶的纤维带连续贴合在一起同时收卷，这为后续的预浸带层片切割、铺叠提供了极大方便。

预浸料成型技术的开始是复合材料技术的一项重大创新和进步，通过预浸带层片沿不同纤维方向叠合，一是可以实现性能剪裁，使复合材料具有性能可设计性；二是提高纤维含量和分布均匀性，使复合材料性能大幅提高。半个多世纪以来，预浸料成型一直是高性能复合材料制备的主要方法。

无论是一次成型或二次成型，复合材料典型的成型制造流程如图8-1所示。

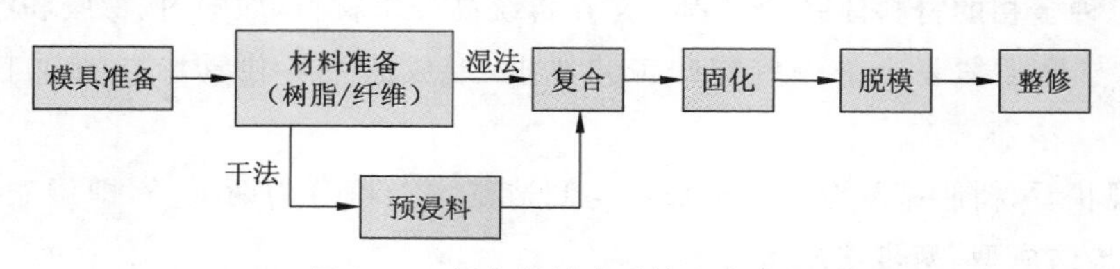

图8-1　复合材料成型的工艺流程

(1)模具准备。

模具是任何一种复合材料成型必不可少的工装,模具分闭模和开模,闭模由上模和下模组成,中间留有型腔,是制件成型的空间,它决定制件的形状和尺寸。一般模压成型、注射成型以及RTM都用闭模。开模分阴模和阳模,制件外表面光洁度要求高的用阴模,内表面光洁度要求高的用阳模,对于大型复杂制件,如热压罐成型的制件一般用阳模,便于预浸料层片铺叠。模具一般采用金属模具,如钢、铝合金模具,也有用专门的复合材料制造的模具,模具材料的选择主要根据成型的工艺要求,如温度、压力、热膨胀性能等。

模具的准备包括型腔、型面的清理,模具的装配和调节,最后在型腔或型面上均匀地涂一层脱模剂。

(2)材料准备。

对于湿法成型,主要是树脂体系的配制和增强体按形状、尺寸和用量要求下料准备,RTM用的是纤维预型件的编织。对于小尺寸制件,树脂体系可一次配够成型的用量,对于大尺寸制件,纤维或织物铺叠时间长,可分多次配制,避免树脂未用完就部分固化。

对于干法成型,主要是预浸料按制件的形状和尺寸切割下料,然后逐层在模具上铺叠。如采用高度自动化的自动铺带系统,预浸料的切割和铺叠都是机器人自动完成。

材料准备还包括固化辅助材料,如真空袋膜、隔离膜、吸胶布、透气膜等。

(3)复合操作。

复合操作是用不同的成型方法将树脂基体与增强体复合成制件的型坯,有多种方法供选择,如湿法的手糊成型和干法的预浸料铺叠。这种复合过程一般在模具上完成,得到一种复合的材料体系,也就是制件的原始坯件,再经加热加压固化得到制品。

(4)固化。

固化是树脂基体流变形态改变的过程,对于热固性树脂,固化使树脂从二维的线性链状分子结构转变成三维的立体网状结构,形态上由黏流态转变为不溶不熔的坚实固体,将增强体结合在一起。而热塑性基体则是先加热变成熔融态,再冷却回到固体态,从而将增强体固结在一起,这一过程称为**固结**。

固化是成型过程中一个非常重要的阶段,直接影响到复合材料的最终性能和质量,长期以来,一直是复合材料技术重点研究的内容。关键问题是如何优化固化工艺参数(温度、压力、固化时间、加压时间、后处理等)以及实施工艺质量控制。

(5)脱模和整修。

成型好的制件从模具上取下来,先去掉所有的固化辅助材料,再将制件搬运到专用的托架上。脱模过程不能对制件有任何损坏,大型制件的脱模需要专门的装置完成。脱模的制件要进行修边、表面清理、小缺陷的修复等。

综上所述,复合材料成型实际上是针对树脂基体的加工和制作过程,原理是高分子材料的工艺学,但由于与增强体复合,因此加进了一些新的要求,同时也给复合材料成型提供了广阔的发展空间,许多新型高效低成本的成型技术相继得到开发。

8.1.2 复合材料成型制造特点

复合材料在成型制造上表现出与一般工程材料不同的特点。

(1)材料和制件成型一体化。

复合材料制件最终是以多相的材料复合体系提供的,同复合材料设计一样,材料的生产与制件的成型是同时完成的,材料的生产过程也就是制品的成型过程。材料的性能必须根据制件的使用要求进行设计,因此在原材料选择、设计配比、确定纤维铺层和成型方法时,都必须满足制品的物化性能、结构形状和外观质量要求等。

传统金属结构件的制造,是在选定材料的基础上直接进行加工的,而复合材料的原材料如树脂和纤维不能用来制造复合材料结构,必须将两者复合在制件中,这就意味着完成了材料的复合过程也就同时完成了制件的成型制造。这是复合材料最具吸引力和最具挑战性的特点之一。

(2)成型方法的多选择性。

复合材料技术经过几十年的发展,到现在有数十种不同的成型工艺可供选择,如热压罐、模压、纤维缠绕、树脂传递模塑、拉挤、注射、喷塑、挤出、搓管以及大型复杂部件的共固化整体成型技术等,不同的成型方法,其设备费用的投入、工艺过程和要求、能耗水平是不相同的,最终关系到产品的总成本,在实际应用时应根据构件的使用性能、材料种类、产量规模和成本等因素选择最适合的成型方法和工艺方案。最终目的是既要保证产品的性能和质量,又要降低制造成本。

(3)可实现复杂制件整体化成型。

复合材料的成型是基于树脂基体的固化,将增强体固结形成一种多相的固体材料,因此也就有可能将这种方法扩展到将两个或两个以上不同形状和尺寸的零件通过共固化的方法一次固化而制造出整体化的制件,这是复合材料成型独具的优点,通过共固化(co-curing),可以一次性地制造出大型、复杂、包含有多个零部件的整体制件,包括带梁、肋和壁板的复杂结构一次性制造。这样可大幅减少金属紧固件数量,大幅降低装配人力和材料消耗,大幅减轻结构重量,降低制造成本。

如美国第四代战斗机,通过结构整体化技术,实现了将11 000个金属零部件减少为450个,600个复合材料零部件减少为200个,135 000个紧固件减少为600个。

除共固化外,实现整体化成型的另一个途径是共胶接(co - bonding),将已固化成型的零件(1个或多个)与未固化的零件(1个或多个)用胶黏剂胶接并固化形成一个整体制件。

基于胶黏剂胶接作用,还可实现将两个或多个已固化的复合材料零件通过胶黏剂的胶接而结合在一起,这也是整体化成型的一种重要技术,其中高强高性能的结构胶黏剂的开发和应用是关键。

(4)可实现大型或超大型制件成型。

复合材料发展的重要里程之一是构件的大型化或超大型化、集成化、整体化,如复合材料的风电机组叶片,长度一般在30 m以上,重量达数吨级,现在风电机组已发展到兆瓦级,复合材料叶片长度达80~100 m,重量超过10 t,这种超大型的整体化制件,只有用轻质高强的复合材料制造。目前主要采用手糊成型与自动铺放技术相结合。又如大型运载火箭的筒状壳体,尺寸为12 m×24 m,超大型的运载火箭低温燃料储罐,最大直径可达10 m,可通过纤维缠绕或预浸带缠绕制造。液化石油天然气大型地面储罐,直径和高度都达数十米,可采用现场的纤维缠绕成型。

8.1.3 复合材料成型工艺发展[7—14]

高性能复合材料是一种高投入、高能耗、高成本的高技术产业,面对经济全球化以及可持续发展的挑战,复合材料必须实现高效低成本化和绿色化的发展。据国际复合材料协会统计,在航空航天高性能复合材料成本中,材料占20%,而成型制造包括加工装配占到70%,因此,低成本的成型工艺的制造技术一直是复合材料的重点发展方向之一。

数十年来,复合材料的成型和制造技术得到快速发展。已形成以树脂传递模塑(RTM)为代表的湿法成型和以预浸料加热压罐为代表的干法成型两大类型。而缠绕成型则兼具这两类成型技术的特点,包括丝束缠绕和预浸带缠绕,前者是纤维丝束现场浸渍树脂液体直接缠绕到芯模上,这种方法操作较简单,工艺质量易于控制,适用性广,目前普遍采用。后者是先将纤维浸渍树脂制成预浸带后通过缠绕铺放到芯模上,热塑性复合材料的缠绕成型一般采用这种方法。缠绕成型的特点是连续作业,生产效率高,产品一次成型,适合于各种尺寸的制件成型,特别适合大型或超大型管件或罐体的成型。随着复合材料的大量推广应用,复合材料成型技术总的发展趋势是高效低成本化、高度集成和自动化、绿色清洁化,表现出以下几个方面。

1. 新型成型技术的开发和应用

20世纪90年代,高性能复合材料开始由“性能第一”向“性能/成本平衡”转型,新的液体树脂成型(liquid composite molding, LCM)系列技术得到开发,典型的是树脂传递模塑(resin transfer molding, RTM)及其派生技术,如真空辅助RTM(vacuum assistant RTM, VARTM)、橡胶辅助RTM (rubber assisted RTM, RARTM)、树脂真空浸渍法 (vacuum infusion process, VIP)、西曼树脂浸渍模塑 (seeman composites resin infusion molding process, SCRIMP)、轻质RTM(light RTM) 等。另外还有树脂膜扩散渗透成型(resin film infusion, RFI)和结构反应注射成型(structural reaction injection molding, SRIM),以及纤维缠绕成型(filament winding, FW)、拉挤成型(pultrusion)。这些方法经多年研究,目前已趋成熟,尤其是RTM,被广泛地用于各种复合材料构件的制造。

与LCM配套的纤维增强体二维或三维的预型件(preforms)制造技术,如编织(braiding)、针织(knitting)、缝合(stitching)、穿刺(z-pin)经编(warp knitting)也发展迅速,采用数字化控制的编织设备,可制备各种2维或3维效果的纤维预型件,同时还可用不同纤维混编,制备混杂型预型件,再采用液体树脂成型技术,制备出各种形状和尺寸的复合材料制品。

这些方法共同的特点是高效快速,用自动化的机械编织代替人工铺叠,不仅可以大量节约工时,还能改善层压复合材料的界面结合问题。

2. 高度集成化和自动化,设备大型化数字化

随着复合材料构件向大型化和整体化方向发展,采用热压罐成型技术,传统的手工裁剪和铺叠工作量大、制造周期长、生产效率低,而且难以达到高精度要求。因此发展了数字化控制的自动铺丝/自动铺带(AFP/ATL)技术,自动铺丝实际上是从纤维缠绕工艺发展起来的一种高效成型技术,所以也叫**预浸带缠绕技术**。而自动铺带用于大型的平面或低曲面的层压件制造,从预浸料层片裁剪、激光辅助定位铺层等都实现了数控化,提升了热压罐成型技术水平,明显提高了预浸料裁剪、铺贴的精度,进而提高了复合材料的制造效率和构件质量,满足大型复合材料构件的高效优质制造的需求。

高端 ATL/AFP 设备,进一步向大型化、高速化、自动化和集成复合化方向发展,以提供高生产率、高自动化、高性能和宽铺放应用范围的 ATL/AFP 机器。

相对于传统人工/半自动人工铺叠,ATL/AFP 具有许多优点:如提高了铺放生产率,降低了人工成本;减少了材料浪费,提高了材料利用率;提高了制造精度,保证了质量稳定性等。

国外复合材料自动化成型技术已经相当成熟。以自动铺放技术为例,已在多种航空航天器的各种结构件上得到应用,如航天载荷适配器、整流罩、燃料储箱、机翼、尾翼、垂尾、进气道、中央翼盒等。

3. 绿色化和环保化

传统热压罐固化成型要用大型热压罐和辅助设备,设备费用高、固化周期长、能量消耗大,复合材料制造成本高。近年来新型的固化技术研究成为热点,主要有辐射固化(radiation curing)的电子束固化 (electronic beam curing ,EB)和紫外线固化(ultraviolet curing, UV),以及微波固化(microwave curing, MW)和超声波固化(ultrasonic wave curing, UW)。

电子束固化原理是高压加速器产生高能量电子束碰撞目标分子,释放足够的能量使其产生一系列活泼的粒子,当邻近分子发生这一过程时,活泼粒子释放出能量,形成化学键。电子束固化可使聚合物体系性能,如模量、强度、冲击强度、硬度、耐热性及抗冲击、抗蠕变等都会有一定程度的提高。常用的电子加速器有高压加速器(电子静电加速器、高频高压发生器),直线加速器,回旋加速器,脉冲加速器和电子帘加速器等。

微波是频率为 109～1 011 Hz 的电磁波,其固化机理是极性物质在外加电磁场的作用下,内部介质极化产生的极化强度矢量落后于电场一个角度,导致与电场相同的电流产生,构成物质内部功率耗散,从而将微波能转化为热能,致使固化体系快速均匀升温而加速反应。

微波加热属于“分子内”加热,不像热固化存在温度梯度,微波能以快速、独特的加热方式对固化树脂结构和性能产生较大影响。研究表明,用微波固化环氧树脂与热固化进行比较,微波固化物有较高的玻璃化转变温度 T_g。

另一种绿色环保的固化成型技术近年来得到快速发展,即非热压罐成型(out of autoclave, OoA),也称脱离热压罐成型,其目标是要得到与热压罐成型具有同等性能和质量的复合材料制件。从绿色化制造发展前景看,OoA 替代热压罐成型的趋势明显。OoA 在缩短制造周期,简化工序,灵活方便应用,减少设备工装投入费用和运作成本,节能等方面具有明显优势,并能带动相关技术发展,包括适用于OoA的树脂和预浸料技术、高效ATL/AFP纤维铺放技术、双真空袋成型技术等。

4. 数字化模拟和仿真技术

树脂基复合材料的特性之一是材料和构件成型的同步性。因此成型工艺质量控制对保证构件的性能和质量至关重要。树脂基复合材料无论采用何种成型工艺,都存在固化过程和固化工艺质量控制。固化过程中增强体基本不改变形态和热性能,而基体树脂要发生从液态—凝胶态—固态的变化,树脂基体的热性能包括热传导、热吸收、热释放以及比热随着固化的进展而发生连续变化,而这些变化将影响到树脂流动性、树脂的固化度、对纤维的浸润性及黏结性,所以复合材料的成型工艺质量控制主要是针对树脂基体而言的。

计算机数字模拟和仿真技术在复合材料成型工艺过程和质量控制中也得到了成功应用,其原理是根据树脂固化反应机理,建立描述固化过程的数字化方程,也就是数字化模型。

这些模型的输入参数包括固化过程中所有的工艺参数,如固化温度、时间、压力、加压时间点、后处理条件等,模拟仿真的数字化结果包括树脂反应动力学、温度、压力、固化度、树脂流出量、空隙率等的变化结果。

实际上,复合材料成型工艺的数值建模相当复杂,它涉及树脂固化中分子结构的化学反应和变化,由此而引发的材料内部的温度分布、压力分布及固化程度的变化等,这些变化又相互耦合,最后都会影响到构件的工艺质量,而且不同树脂基体具有不同的固化反应特征,这就给建立精确而实用的模型带来很大困难,从而需要系统的研究,并用试验结果不断验证。

5. 智能化的在线监控技术

智能化技术在复合材料的研究和应用中得到快速发展,各种智能化具有自调节、自适应、自修复的复合材料结构不断得到开发。实现复合材料工艺过程的智能化在线监控是复合材料智能化技术的一个重要方面。它的基本原理是采用传感技术,目前用得最多的是光导纤维传感器,预置在复合材料坯件的不同位置,树脂固化过程中所有性能参数的变化都可以被传感器感应,并通过光学信号或电磁信号输出到计算机终端,通过计算机将这些感应信号转换成数字化信息,就可以随时了解并掌握固化的进程以及各种性能参数的变化,从而达到有效控制成型工艺质量的目的。

实际上智能化在线监控是在数字化模拟和仿真基础上发展起来的,随着复合材料制件向大型化或超大型、整体化、复杂化方向发展,智能化的在线监控对保证成型工艺质量将发挥重要作用。

8.2　复合材料成型工艺质量控制[15—22]

复合材料产品的质量直接关系到使用性、安全性、可靠性和耐久性,因此质量控制和保证(quality control and assurance, QC/QA)成为产品开发和应用的重要方面。复合材料的质量控制是对复合材料产品成型的全过程,从原材料的复验、预浸料的制备、成型工艺过程,直到最终产品的质量检验等各个环节进行一系列的物理化学性能试验,检测并排除有损质量的各种因素，以保证产品性能和质量的重复性。

复合材料的性能表征和质量控制是一种应用背景很强的基础研究，对复合材料的性能和工艺研究起着配套、服务和技术支撑作用。材料、工艺和性能三者之间关系密切，相辅相成，随着复合材料的发展，性能表征和质量控制的技术保证和技术支撑的地位会变得更加突出，将在复合材料的产品设计、新材料研制、性能改进和提高产品的开发和应用的发展循环中发挥出日益重要的作用。

影响复合材料性能和质量的因素较多，从产品的生命周期考虑，质量控制应贯穿产品开发和应用的全过程，而其中原材料的质量控制和成型过程中的工艺质量控制是最重要的环节。

8.2.1 复合材料成型工艺质量要求

复合材料的制备过程也就是复合材料产品或制件的成型过程。复合材料有多种成型工艺，如热压罐成型、以树脂传递成型为代表的液体成型、真空袋成型、模压成型等。要保证材料或制品的性能和质量，应根据制品的结构特征、承载要求和服役环境、原材料的品种和性能等来选择成型工艺和优化工艺参数。虽然不同的成型工艺有不同的特点和要求，但最后评价成型工艺质量，应共同考虑的有：

(1)制件的整体外观质量。制件外观质量应符合设计要求，如形状、尺寸、重量、表面质量都必须通过检测标准，重点是检查制件是否有弯曲、翘曲、扭曲等变形；制件表面应无皱折、划伤、凹坑、凸点、局部破损等缺陷，不符合标准的应作报废处理。

(2)增强纤维含量和均匀分布。合理的纤维体积含量和均匀分布是评价工艺质量的重要指标之一。增强纤维是复合材料承载的主体，复合材料的力学性能不仅与增强纤维的种类有关，还决定于纤维的含量与分布。一般而言，高性能复合材料的纤维体积分数应在60%左右，有的可高达70%。在复合材料中纤维必须分布均匀、压制密实、排列整齐，没有纤维断裂、弯曲、缠结、局部堆集、层间开裂、树脂浸渍不均、缺胶等缺陷。

(3)树脂基体工艺质量。树脂基体的作用是将纤维固结在一起并在其中传递载荷，实际上复合材料成型工艺质量控制基本是针对树脂基基体而言的。树脂基体固化会发生分子结构、流变行为和形态的变化，因此树脂基体的成型工艺质量包括多方面的要素，如合理的固化度、树脂含量、均匀分布、无富胶或贫胶区等，这些都取决于合理的工艺路线和工艺条件。

(4)纤维和树脂的结合强度。高质量的复合材料制件，必须是纤维和树脂结合牢固、层间压制密实，没有纤维脱黏、分层、局部堆集、扭曲等缺陷，这主要取决于树脂基体的工艺性能，如树脂体系的黏接强度、流动性、浸润性、凝胶和固化特性等以及在此基础上选择的工艺方法和工艺条件，如固化升温速率，预固化、固化和后固化的温度和时间，固化压力大小和加压时间等。复合材料的层间强度和纤维与树脂的界面强度都有标准的试验方法用于评价成型的工艺质量。

(5)空隙率的精确控制。空隙率是树脂基复合材料重要的性能参数和质量指标，其形成的主要原因是树脂基体中包含有残余的溶剂和低分子量的挥发物，在加热固化过程中，没有得到充分的释放和排除，在制件中留下气孔和空隙，它严重影响制件的工艺质量和使用性能，这些微气孔或空隙在制件的服役过程中，可能会诱发局部的失效，甚至导致重大事故。空隙率是评价复合材料质量的重要指标，也有标准的试验方法可循。对于主承力构件，空隙率要求小于1%，次承力构件小于2%。

复合材料成型工艺质量的评价，最后都要用制件的随炉件进行相关的物理性能和力学性能试验，得出相关的数据，使评价做到数据化和定量化，这些都要依据相关的标准试验方法来进行。

8.2.2　复合材料工艺质量控制

影响复合材料工艺质量的因素是多方面的，其中原材料（增强体、树脂基体、预浸料等）的质量和成型过程的工艺质量是最重要的因素，因此，复合材料的质量控制主要是围绕这两方面来进行。

8.2.2.1　原材料的质量控制

原材料质量控制是指用于制造复合材料制件的树脂、纤维增强体、固化剂及其他助剂以及预浸料的质量控制。原材料的质量控制是复合材料质量控制的源头，对复合材料的性能及质量起着决定性作用。其目的是保证不同批次原材料的性能和质量的一致性或重复性，从源头上排除会对产品质量产生不利影响的因素。

原材料质量控制的基本方法是：

（1）制定原材料质量控制的技术标准。对一些影响复合材料性能的敏感因素及其量化结果必须有明确的界定范围，作为不同批次原材料入厂检验的依据。

原材料的质量控制应从树脂基体开始，树脂基体是一种合成高分子材料，不同批次产品在分子结构水平上的组成有较大分散性，从而影响到分子结构水平上的各种性能，如强度、模量、玻璃化转变温度、断裂韧性和耐环境性等，因此必须从树脂基体的化学结构、分子量及其分子量分布、分子链的构型以及助剂的作用出发，找出与复合材料性能相互制约的关系，作为原材料质量控制的技术标准。这些工作通常需要多种物理化学试验方法配合共同完成。

如环氧树脂的主要技术指标，包括外观、分子量及其分布、环氧当量、其他不纯物成分含量等。测定高分子材料化学成分常用的方法是红外光谱分析，在制定原材料质量标准时，应配有标准红外光谱图，包括主要成分的定性定量的特征峰表征结果，在不同批次原材料入厂检验时，可采用标准的红外光谱“指纹”图进行对照检验。

（2）制定预浸料质量控制的技术标准。包括树脂基体和纤维增强体的品种、树脂含量、纤维含量、挥发分含量、单位面积重量、增强体形态、贮存期间的微交联度等性能指标。

（3）不同批次的原材料应进行入厂检验，检验的项目和试验方法根据有关标准决定，合格后方可投入使用，以保证原材料性能和质量的一致性。

(4)供应商或生产地点以及生产过程或工艺改变后的所有原材料，应通过入厂验证试验后方可投入使用。

(5)经入厂检验合格的所有材料应以原包装状态(取样检验包装单元除外)按其相应的技术标准所要求的贮存条件贮存。

(6)成型工艺所需的辅助材料的选择必须能满足成型工艺的要求，最好是选择定点供应的或已经使用合格的品种。在生产中，不得随意改换工艺辅助材料。如因特殊情况需要改换时，需重新进行工艺试验。新研制的工艺辅助材料或改变生产厂家生产的工艺辅助材料，必须经工艺试验合格后方可投入使用。

综上所述，对于原材料的质量控制，制定相应的技术标准非常重要，标准的制定是建立在性能表征技术和试验方式的基础之上，复合材料的性能表征大多采用理化分析仪器，但在实际工作中，要取得准确可靠的图谱和数据，使表征的结果更能反映材料的实质性能水平，使试验结果更接近真值，需要进行大量的试验研究工作，如样品的制备、仪器的标定、试验方法、试验结果数据处理等，这样建立的标准试验方法，不仅能保证试验结果的有效性，而且本身具有普遍性，能在同类材料或相近材料中推广使用。

总之，原材料的质量控制是保证复合材料性能和质量的首要问题，必须严格按照有关标准要求执行。

8.2.2.2 成型工艺质量控制

工艺质量控制是为了保证复合材料成型的工艺重复性。目标是研究制定最佳的成型工艺方案，得出最佳的工艺条件参数，制定出相应的成型工艺标准，在复合材料制品的成型制造时严格按照标准规定的工艺程序和工艺条件进行，保证成型的每一道工序都是在最佳工艺条件下完成。而工艺标准的制定也需要进行大量的试验研究。

1. 主要成型工艺方法比较

复合材料的材料制备与制件的成型同时完成，因此复合材料的成型工艺质量直接关系到最终制件的性能和质量。复合材料的成型有多种方法供选择，不同工艺方法有不同的特点，应根据制品的使用性能要求、结构特点、形状和尺寸、原材料配制、产品市场需求及成本等来进行成型工艺的选择，如表 8-1 所示。

表 8-1 复合材料主要成型方法比较

成型工艺	基体	增强体	成型温度/℃	成型压力/MPa	形状/尺寸	强度	成本	工效	优/缺点
手糊成型	环氧/酚醛/聚酯/生物	玻纤/碳纤/植物/织物	室温～40	接触压力	可选性	中	中	低	操作简单、投资少、适用性广/质量一致性差/周期长
喷射成型	热塑/聚酯/生物	玻纤/植物(短纤)	室温～200	接触压力	可选性	一般	低	中	操作简单、投资少、适用性广/强度低、有污染

续表

成型工艺	基体	增强体	成型温度/℃	成型压力/MPa	形状/尺寸	强度	成本	工效	优/缺点
模压成型	环氧/酚醛/聚酯/生物	玻纤/碳纤/植物/织物/SMC/BMC	室温～200	10～40	受模具限制	高	中	高	产品质量稳定、精度高、强度高/设备投入大、不适合小批量生产
挤出成型	热塑/聚酯/生物	玻纤/植物（短纤）	室温～200	18～20	可选性	中	低	高	操作简单易控、应用范围广、连续自动化/性能一般
真空袋成型	环氧/酚醛/聚酯/生物	玻纤/碳纤/植物/织物	室温～200	真空压力	可选性	中	低	低	操作简单、投资少、适用性广/产品性能一般、周期长
注射成型	环氧/酚醛/热塑/生物	玻纤/植物（短纤）	室温～200	30～50	受模具限制	一般	低	高	成本低、生产效率高、性能较好、适用性广/强度一般
热压罐成型	环氧/双马/热塑/生物	碳纤/玻纤/植物/织物	室温～300	40～80	大型/整体制件	高	高	低	高性能、高质量、适用性广/高成本、高投入、高能耗
RTM成型	环氧/酚醛/聚酯/生物	碳纤/玻纤/植物（预型件）	室温～200	20～60	受模具限制	高	中	低	高性能、高质量、适用性广/高成本、周期长
拉挤成型	环氧/聚酯/热塑/生物	碳纤/玻纤/植物	室温～200	15～20	连续生产	中	低	高	连续自动化、操作简单易控、应用范围广/性能一般
纤维缠绕	环氧/聚酯/热塑/生物	碳纤/玻纤/植物（连续）	室温～200	接触压力/固化压力	连续生产	高	高	高	连续自动化、制件大型化、应用范围广、高性能、高质量/成本高投入大

2. 成型工艺选择原则

复合材料成型工艺目前有20～30种，新的方法还在继续开发，再加上数以百计的原材料品种和规格，对设计师和工程师来说，如何选择正确的成型方法是一种挑战。一般而言，成型工艺的选择应基于以下几方面的考虑：

(1)产品使用性能要求。这是选择成型方法的主要依据，不同的产品有不同的使用性能要求，为做到“性能/成本”平衡，必须对原材料和成型方法进行合理的选择，例如，航空航天高性能复合材料，无论对原材料和成型工艺要求都非常严格，导致它的高投入、高能耗和高成本；而对于通用型的批量大的复合材料产品，在满足使用要求前提下，应选择快速、简便、能降低成本和能耗的成型工艺，实现绿色化的清洁生产。

(2)产率。主要基于产品市场需求的考虑，例如汽车市场，每年需要的复合材料零部件可能超过几百万件，而航空航天市场，也许年需求量为数百件，因此应根据产品市场需求来选择成型制造方法，高产率的成型方法主要是自动化程度高的连续制造工艺，如模压、注射、拉挤等工艺。

(3)成本。成本是另一个必须考虑的重要因素，影响复合材料成本的因素包括工装设备、人工、原材料、制造、装配加工等。其中制造成本占相当大比例，成本分析是正确选择成型方法的依据之一。现在，成本分析不仅局限于审计或市场销售，而且也是设计师和工程师的职责，即从产品的生命周期出发,分析所有与成本有关的问题,如原材料、成型工艺、设计修改和生产条件等。通过建立产品设计、材料选择、工艺选择和工艺成本之间的数字化模型,对产品开发各阶段的成本做出定量化的描述,从而实现成型工艺的优化设计。

(4)产品尺寸。产品尺寸也是影响成型工艺选择的一个重要因素,例如汽车工业所需要的复合材料部件,大多是小型或中型制品,一般采用快速的闭模热压成型,而航空航天和船舶一般都是大尺寸的制品,应采用开模成型工艺,如西曼树脂传递成型制造大型游艇的船体,尺寸达数十米。

(5)产品形状。产品形状在成型工艺选择时也必须考虑,例如,纤维缠绕被用来成型旋转状压力容器、筒形大尺寸制件,如运载火箭壳体、大型低温燃料储罐、大型管道等;而拉挤成型是生产连续长尺寸等截面复合材料型材最合适的方法。

3. 成型工艺质量控制

树脂基复合材料的成型制造实际上是实现热固性树脂基体的固化或热塑性树脂基体熔融固结,将增强体结合在一起,形成一种多相材料体系的过程。成型过程中,增强体形状和性能不发生变化,起主要作用的是树脂基体,因此工艺质量控制的对象主要是树脂基体,关键是固化温度、时间、压力等工艺参数的优化和控制。

一般而言,工艺质量控制涉及的内容包括:

(1)成型设备、工装、模具的检控。对投入使用的设备,如热压罐、模压机、挤出机、缠绕机、铺丝/铺带机等及附属测量仪器仪表,以及辅助工装、模具等,必须定期检查、维护、校正和试操作。使之处于良好的使用状态,确保每一次成型工艺过程的顺利完成。

(2)工序操作的质量控制。各道工序操作对制件质量的影响很大,特别是属于手工操作的部分更要注意,典型的是热压罐层压成型,预浸料的切割下料、层片形状和尺寸、层片叠合、对接、每层纤维取向、铺叠顺序、平整压实、进罐前预制件的封装等都必须由具有资质的人员按标准工序要求完成。采用自动铺带技术(automatic tape laminating, ATL),相对于手工铺叠,不仅能保证铺层质量,而且还能大幅提高工效,减少材料浪费。但手工铺叠在大型复杂制件成型,减少设备投入,降低制造成本等方面仍具有不可替代的优势。

(3)固化过程的工艺质量控制。热固性树脂基体的固化或热塑性树脂基体的熔融固结是复合材料成型过程中的一道关键工序,直接关系到复合材料产品的最终性能和质量。控制的目标是实现固化过程按照经过验证的固化方案来完成,例如热压罐成型工艺,固化成型方案应包括升温速率、预吸胶温度和时间、固化温度和时间、后处理温度和时间,加压时间及压力大小等工艺参数,最佳的固化方案是实现温度、压力和时间三者之间优化组合,使固化成型在最佳的工艺条件下完成。

(4)成品检验。成品检验是复合材料工艺质量控制必须实行的最后一道工序,即使原材料和成型过程都是按照有关标准经过严格控制,但最终的成品制件必须进行质量检验。首先要对制件的外观、尺寸、重量以及有无变形、划伤、凹陷、凸起、纤维扭曲、断裂等缺陷进行严格检验;还须对制件进行无损检验,检查有无贫胶、富胶、孔隙、纤维分布不均等内部缺陷。不符合质量标准的制件要作报废处理。常用的无损检测方法有 X 射线法和超声法。

最后成型工艺的质量要用随炉件(batch sample)的性能试验来验证。随炉件是指用相同的原材料和成型工艺与制件同时制备的能代表该制件工艺质量的试验件。用随炉件可着重检查复合材料制件的一些性能，例如孔隙率、纤维分布及体积含量，以及一些常规的力学性能，包括拉伸强度和模量、弯曲强度和模量、层间剪切强度等。用光学显微镜测定复合材料的孔隙率和纤维体积含量不仅比较直观，而且方法简便。

综上所述，复合材料的质量控制是一种系统化的工程技术，一直得到重视和研究，随着计算机数字化技术的应用和发展，现在复合材料工艺质量控制较普遍地实现了数字化模拟和仿真，并在此基础上发展了智能化的在线质量监控技术。通过数字化的模拟，可以定量描述温度、压力、时间与制件质量变化的相互关系，如成型过程中复合材料内部温度的空间分布随时间的变化，内部压力的空间分布随时间的变化，树脂流变性能的空间分布随温度和时间的变化，树脂固化度的空间分布随温度和时间的变化，空隙的含量和尺寸随温度、压力、时间的变化等。数字化模拟不仅简化了质量控制过程的程序，而且也提高了质量控制的效果和实用性。在数字模拟的基础上，引入新型传感技术，如光纤传感技术，就可以实现成型过程中的在线质量监控。

几十年来，先进树脂基复合材料的成型和制造技术已发展成为一门独立的和前沿性的现代工程技术，它融合了材料研究、产品设计、制造技术、性能评价和质量保证等多方面的内容，集数字化模拟技术、现代检测技术、自动化控制技术等于一体，是实现复合材料高性能的重要保证，也是降低复合材料成本的一个重要方面。随着使用经验不断积累，复合材料将在更大范围内得到推广和应用，因而，进一步提高复合材料的性能和降低复合材料的成本就成了现代复合材料的发展主流，其中，高效、节能、低成本的成型和制造技术是复合材料低成本化的重要方面。

8.3　绿色复合材料成型工艺与制造技术

本节将沿用树脂基复合材料技术的内容，对绿色复合材料的成型工艺和制造技术作较全面的介绍和讨论。

8.3.1　模具技术[23,24]

模具是树脂基复合材料成型与制造必不可少的工装之一，复合材料制件和产品的制造、生产都需要成型模具(processing mold)。模具的形状和尺寸决定了复合材料制件的形状和尺寸。对模具的基本要求是：

(1)满足产品设计的精度要求。模具尺寸精确，尺寸稳定性好，模具表面光滑、平整、密实、无裂缝、无凸起等缺陷。保证产品表面质量。模具材料尽可能与构件的热膨胀系数相匹配，以保证制件形状和尺寸。

(2)要有足够的刚度和强度。能承受自重、制件重量、生产过程中的震动及活载荷的组合作用。对于大型产品，除满足强度要求外，还必须满足刚度要求。

(3)良好的热传导性和热稳定性。模具要有足够的耐热性,防止固化过程中加热变形,影响产品质量。模具导热性好,可缩短制件在热压罐中的固化周期,节约能源。

(4)重量轻、材料来源充分。模具的设计及选材在满足刚度和强度的要求时还要考虑其运输操作方便,特别是用于大型或超大型制件成型的模具。

(5)成本低、易于加工。模具的成本及加工的技术难度也是模具设计必须考虑的因素。

(6)维护及维修简便。坚固耐用,耐磨损,能多次重复使用,易于维修,模具的使用寿命能尽量延长。

模具材料与模具的质量和成本关系很大,模具材料的选择除包括前述的几点外,还应考虑制品的成型工艺要求。

对于低温固化成型或尺寸精度要求不高的制件,对所用的模具一般不会有太高的要求,因此模具材料就可选用价格低、易加工、较轻便的材料,如玻璃纤维增强的塑料、高密度泡沫、混凝土、甚至黏土或木材,以及几种材料的组合。

对于高温固化、尺寸精度要求高的模具,在选择模具材料时通常要考虑耐热性、热膨胀系数、使用周期、制品公差、表面质量、固化设备和成本等,一般优先选用金属材料模具。

8.3.1.1 金属模具

金属材料,如铝合金、钢是首选的模具材料,具有强度和刚度高、易加工、导热性好、使用寿命长、尺寸稳定、易修复、表面光洁度高等优点。但金属模具材料一般价格较高,且有足够自重,给搬运操作带来不便。

如图 8-2 所示是一种金属模具,适用于手糊成型工艺,可以看出,模具表面光洁度极高,可以精确保证复合材料制件的尺寸和外观要求。

图 8-2 一种复合材料成型的金属模具

铝制模具重量轻,加工工艺性好,制造尺寸精度高,模具成本相对较低,导热性好,模具升温速度快。但是铝的热膨胀系数较大,对成型的复合材料制件尺寸稳定性有影响。对于大尺寸模具,铸造过程中难免会出现一些如砂眼、细小裂纹等铸造缺陷,有可能导致使用过程中会产生漏气现象,而热压罐成型复合材料工艺是一个真空加压系统,要求模具必须有良好的气密性,如果真空系统泄漏,会造成复合材料构件内部质量降低,严重时造成报废。

钢制模具热膨胀系数比铝制的低一半,刚性大,制造尺寸精度高且表面光洁度好,气密性好,使用寿命长。对于大尺寸复合材料制件,多采用热膨胀系数很小的殷钢作模具。钢模具自重大,使用搬运不便,同时模具型面加工难度相应较大,加工成本高。

树脂基复合材料的成型温度一般在 200 ℃以内,对于大尺寸和复杂形状的制件而言,采用金属模具材料就会产生材料和加工成本,以及搬运重量的问题,因而就要考虑其他替代的模具材料，如选用复合材料模具。

8.3.1.2　复合材料模具

复合材料模具实际上是一种纤维增强的树脂基复合材料结构，模具的制造也与复合材料的成型相同。简言之，即用层片铺叠或其他方式将复合材料施加到过渡芯模上，再固化成型为模具。当然在用作模具之前还要进行一些后续加工处理，如修边、打磨、表面涂胶层、装配等。

复合材料模具明显的优点是质量轻，刚度大，搬运操作方便，热膨胀系数与所成型的复合材料构件接近，能保证构件形状和尺寸的精确度。同时复合材料模具型面由预浸料铺叠成型，可作修补再用，使用效率高。

现在复合材料模具材料品种很多，选用时应主要考虑的是使用温度、热膨胀性能、强度、刚度以及制模的工艺性能等。

复合材料模具特别是大型模具，必须有足够的强度和刚度，能够满足成型过程中的所有工艺要求，在高温高压下能保持形状和尺寸的稳定性。因此，需要对模具进行加强和加固。目前已有专门用于复合材料模具加强的结构件，如螺旋形柔性加强件，很容易弯曲到模具的曲度，在模具背面形成永久性的支撑；方管、角材、工字梁可用来制造模具的支撑框架结构；还有各种形状和规格的管接头，用于各种支撑结构的连接。

这些辅助的加强或加固件可与复合材料模具实行共固化，形成一个整体模具结构，也可用胶接或机械连接方式与模具连接，两种连接方式可结合使用，视具体要求而定。

图 8-3 所示为两种典型的复合材料模具，图 8-3(a)是由碳纤维复合材料制造的模具与支撑框架的组合，支撑框架可用轻金属如铝合金制作，也可用复合材料制作。这是一种适用于复合材料的真空袋热压成型的模具。先将预浸料按形状要求下料切割成片材后，再根据铺层顺序在模腔内进行层片铺叠成预制件，通过加真空和加热加压成型，其本身就是一种复合材料结构的成型。图 8-3(b)是一种复合模具，其中上模是阳模，下模是阴模，这适用于树脂传递成型(RTM)，纤维增强体或纤维编织预制件放在阴模上，覆模后将树脂注入模腔，然后加热加压固化成型。

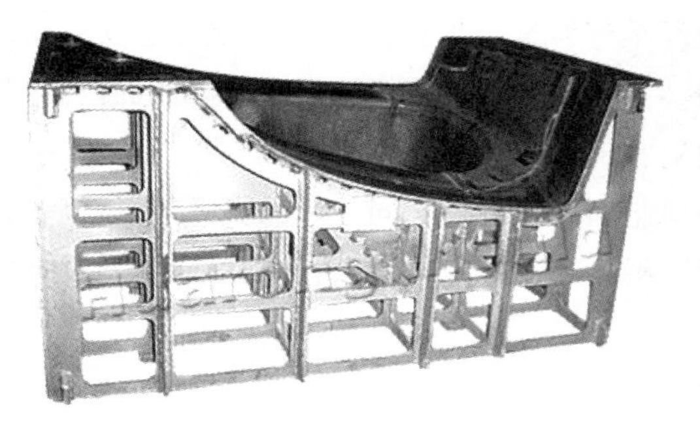

(a)

(b)

图 8-3　两种复合材料模具

复合材料模具的最大缺点是成型温度受限，对于高温型复合材料，成型温度超过 200 ℃时，就必须用金属模具。每种模具都有其优缺点，具体选用哪种材料的模具，必须依据产品的成型工艺要求。一般而言，对于尺寸精度配合要求较高，而且产量不大的复合材料构件可用碳纤维/环氧复合材料模具；对于尺寸精度要求不太高的构件或平板产品，铝制模具最为适用；产品批量大，尺寸精度要求较高的构件，最好选择钢制模具。

8.3.2 预浸料技术[25—27]

为保证高性能复合材料具有高纤维含量和均匀分布，20 世纪 60 年代开发了一种新型的树脂基体与纤维增强体的复合技术，即预浸料技术。预浸料技术是纤维复合材料技术的一项重大创新，对提高复合材料的可设计性、强度、刚度，以及推进复合材料新型制造技术如自动铺丝/自动铺带技术的发展都做出了重要贡献。因此预浸料技术一直沿用至今，70%以上的各种复合材料还在采用这种成型技术。

如前所述，预浸料是复合材料**干法成型**（也称**二步法成型**）的第一步，是针对复合材料，大多是层压结构的形式而开发的，预浸料的制备是将连续整齐平行的增强纤维牵引通过树脂浸胶槽浸上胶，再收卷成卷材。这是一种用得最多的预浸料，称为**单向预浸带**，沿纤维方向的长度方向是连续的，具有一定的厚度和宽度。预浸带制备要用一种**隔离纸**（或称**离型纸**）与浸过胶的纤维带连续贴合在一起同时收卷，这为后续的预浸带层片切割、铺叠提供了极大的方便。

8.3.2.1 预浸料的分类及特点

预浸料是原材料（树脂基体和纤维增强体）和最终复合材料制品之间的一种中间材料。

预浸料的分类一般基于树脂、纤维不同品种及不同的纤维增强形式。树脂包括两大类，即热固性和热塑性，热固性树脂主要有环氧、酚醛、聚酯树脂等；热塑性树脂品种较多，包括通用型的聚乙烯、聚丙烯、聚苯乙烯、聚酰胺，以及高性能的新型树脂，如聚醚醚酮、聚醚酰亚胺、聚苯硫醚等。热固性与热塑性预浸料的制备方法是不同的。

纤维主要有碳纤维、玻璃纤维、芳纶、植物纤维等。纤维增强形式主要分为连续单向纤维和纤维织物两种类型。因此要给出一种预浸料完整的名称，就必须包括所有涉及的内容，如环氧/碳纤维单向预浸料，酚醛/玻璃纤维织物预浸料。

因此根据不同的使用要求，用不同品种的树脂和纤维以及不同的增强方式，可以制备出很多的预浸料产品，图 8-4 所示是两种典型的预浸料产品，其中(a)是碳纤维单向预浸带，(b)是玻璃纤维织物预浸布。

预浸料的性能和质量主要取决于树脂基体，基本要求如下：

(1)树脂基体和增强体相容性好。提高两者之间的相容性可提高界面结合强度，从而提高复合材料层间强度。

(2)工艺性能好。取决于树脂基体的黏性和流动性，黏性适度，使预浸料铺覆盖性好，一是便于改正铺层错误，可以分开重新铺贴；二是能使层与层之间紧密结合，保证铺层质量。流动性好，能保证充分浸润纤维，提高制件整体性能。

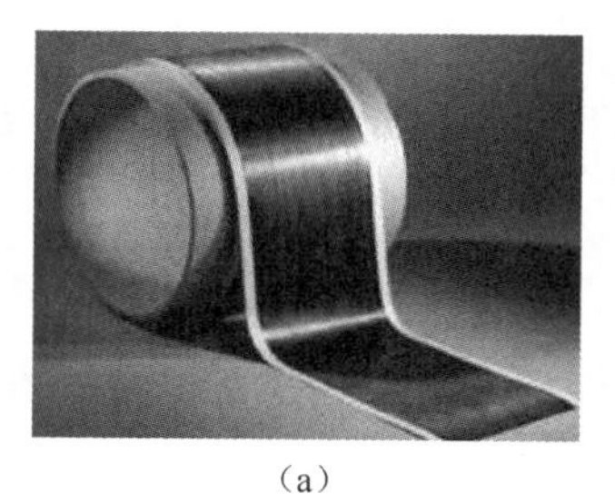

(a)

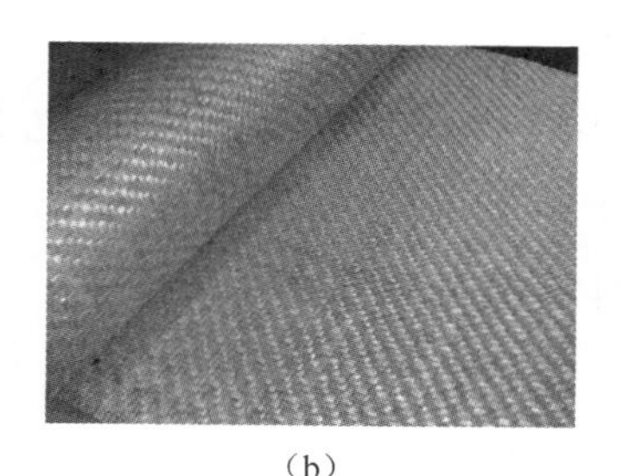

(b)

图8-4　预浸料产品

(3)树脂和纤维比例合理。增强纤维是承载主体，基体是将增强纤维胶结在一起并传递载荷，这就要求树脂基体与纤维增强体之间有一个最佳比例。纤维体积含量一般在40%～60%，有的甚至高达70%，纤维含量高，结构的承载能力提高，更能发挥材料效率，但高纤维含量要求树脂基体有足够高的胶接强度。

(4)挥发分含量尽量小。挥发分包括低分子物、溶剂残余、水汽等，是复合材料孔隙形成的主因，含量一般控制在2%以内。高性能复合材料预浸料的挥发分含量要求控制在0.8%以内。

(5)贮存寿命长。这是针对热固性基体预浸料，通常要求室温下的储存期大于1个月，－18 ℃以下大于6个月。

(6)较宽的工艺窗口。有较宽的加压温度范围，这对于大制件的成型非常重要，加压时间有较大选择度，保证制件压制密实和固化均匀。

由于热固性基体是包含固化剂等助剂的树脂体系，贮存过程中会自行固化到一定程度，称为B-阶段。B-阶段预浸料在常温下呈半干态，便于切割下料铺层。

贮存中树脂基体的固化程度与贮存温度和时间有关，固化程度太高将影响最终使用，甚至不能再用，因此必须考虑贮存寿命，不同的树脂基体有不同的贮存寿命，这一点对预浸料的使用很重要。

这种采用预浸料的二步法成型，虽然增加了一道工序和专用设备，使成本提高，但对于高性能复合材料的性能和质量保证，却体现出多种优点：

(1)预浸料制备过程中，可以实行工艺质量控制，能有效地控制一些重要性能参数，如树脂含量和分布均匀度、纤维的方向性和分布均匀度等，最后能有效地保证复合材料制件的性能和质量。

(2)预浸料制备过程中，树脂中的溶剂、水分、和低分子组分能得以排除，使得复合材料制件中的气泡空洞等缺陷大为减少。

(3)预浸料的切割、铺叠极为方便，能实现纤维的不同取向，充分发挥复合材料性能可设计性的特点。

(4)预浸料有专门的生产场地和工艺流程，易形成专业化、规范化，产品质量易于控制，生产效率大为提高。同时能避免纤维飞扬、树脂流溅、空气污染等问题，为后续工序改善了操作环境和劳动条件。

(5)预浸料能得到大量不同品种、规格、性能的产品，同时能根据不同产品要求进行设计，最大限度上满足使用要求。

8.3.2.2 预浸料制备技术[28,29]

按树脂基体，预浸料的制备分两大类，即热固性预浸料和热塑性预浸料的制备。

1. 热固性预浸料制备

热固性预浸料制备主要是采用**溶液法**(也称**湿法**)，即将树脂基体溶于一种低沸点的溶剂中，形成一种具有特定浓度的溶液，置于浸胶槽中，然后牵引连续平行纤维束或者织物按规定的速度通过浸胶槽，浸渍树脂溶液，并用刮刀或计量辊筒控制树脂含量，再通过烘箱干燥并使低沸点的溶剂挥发，最后收卷。这是一种树脂连续浸渍制备技术，生产效率高，质量控制好，产品可成卷低温贮存，其工艺过程如图 8-5 所示。

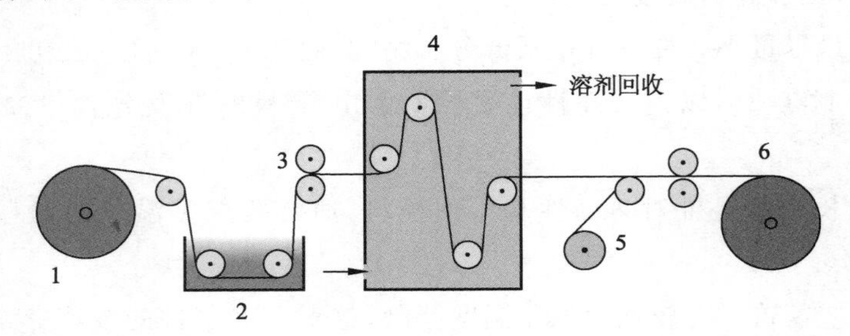

图 8-5 溶液法制备预浸料示意图

1—纤维纱架；2—浸胶槽；3—计量辊筒；4—纤维张力控制；5—离型纸；6—收卷机。

湿法具有设备简单、操作方便、通用性大等特点。用湿法可制备厚度为 0.1 mm，宽度可达 1 000 mm 的连续预浸料。其主要缺点是增强纤维与树脂基体比例较难精确控制，树脂基体均匀分布、挥发分含量控制较为困难，此外，湿法过程中使用的溶剂挥发会造成环境污染，并对人体健康有一定危害，所以新的制备方法，即**干法**(也称**熔融法**)得到开发。

干法技术是先将树脂在高温下熔融成流体，然后通过不同的方式浸渍增强纤维制成预浸料。干法按树脂熔融后的加工状态可分为**一步法**和**两步法**。一步法是直接将纤维通过含有熔融树脂的胶槽浸胶，然后干燥收卷(见图 8-6)。

两步法又称**胶膜法**，它是先在制膜机上将熔融后的树脂均匀涂覆在浸胶纸上制成薄膜，然后与纤维或织物叠合经高温处理。为了保证预浸料树脂含量的稳定，树脂胶膜与纤维束通常以“三明治”结构叠合，如图 8-7 所示，上下两面是树脂胶膜，中间是纤维，最后在高温下加压使树脂熔融嵌入到纤维中形成预浸料。

干法的优点是预浸料树脂含量控制精度高，挥发分少，对环境、人体危害小，制品表面外观好，制成的复合材料空隙率低，避免了因空隙带来应力集中导致复合材料寿命减少的危害，对胶膜的质量控制较方便，可以随时监测树脂的凝胶时间、黏性等。缺点是设备复杂，工艺烦琐，要求热固性树脂的熔点较低，且在熔融状态下黏度较低，无化学反应，对于厚度较大的预浸料，树脂容易浸透不均。为了得到较好的纤维、树脂界面，现通常在与树脂基体复合前对增强纤维进行加热处理，以提高纤维表面的活性，改善纤维树脂的界面接合。

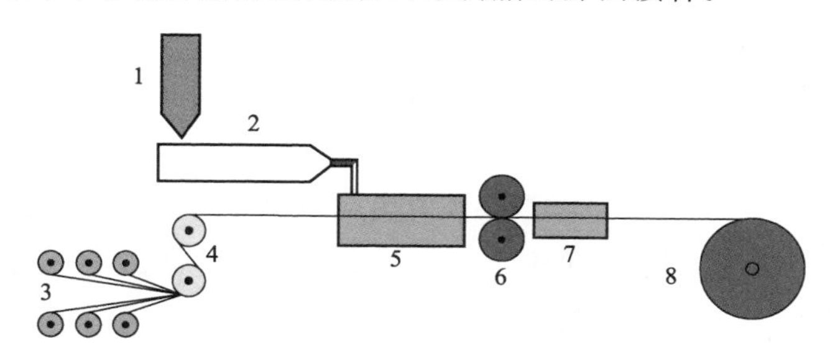

图 8-6　熔融法制备预浸料示意图

1—树脂罐；2—树脂挤出机；3—纤维纱架；4—纤维张力控制；
5—浸胶槽；6—计量辊筒；7—冷却箱；8—收卷机。

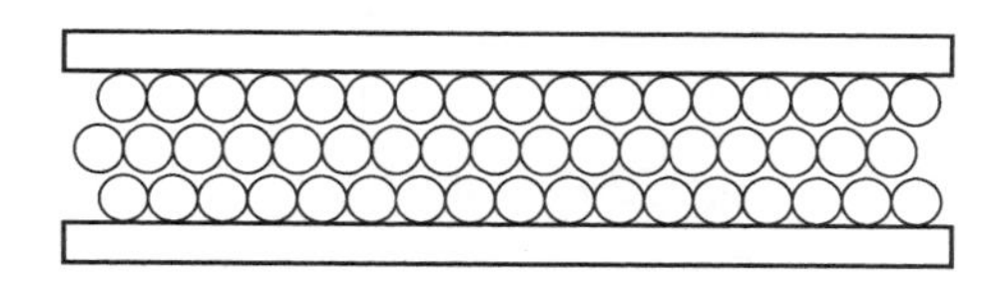

图 8-7　熔融胶膜法制备预浸料示意图

2. 热塑性预浸料制备

热塑性树脂的熔融黏度一般大于 100 Pa・s，对纤维的浸润性不好，因此制备热塑性树脂预浸料的关键技术是解决热塑性树脂对增强纤维的浸渍。国内外对热塑性树脂基预浸料的浸渍展开了广泛的研究。常用的制备方法包括溶液法、热熔法、粉末法浸渍法、悬浮浸渍法、纤维混杂法、原位聚合法等。

部分非结晶型树脂，如聚醚酰亚胺(PEI)、聚醚砜(PES)等可溶解在低沸点溶剂中，可用溶液法制备预浸料，但一般需要高温条件，以增加热塑性树脂在溶剂中的溶解度，提高预浸料的树脂含量。但结晶型热塑型树脂，如聚醚醚酮、聚苯硫醚等没有合适的低沸点溶剂可溶，应采用热熔法，这与前述的热固性树脂的热熔法相似。并在此基础上开发了粉末法、悬浮预浸法、纤维混编法等。

粉末法是制备热塑性预浸料比较典型的方法。它是指将带静电的树脂粉末沉积到被吹散的纤维上，再经过高温处理使树脂熔融嵌入到纤维中。粉末法的特点是能快速连续生产，纤维损伤少，工艺过程短，聚合物不易分解，具有成本低的优势。不足之处是树脂粉末直径在 5～10 μm 为宜，而这种直径的树脂颗粒制备难度大，且浸润所需的时间、温度、压力均依赖于粉末直径的大小及其分布状况，较难控制。

悬浮预浸法主要过程是纤维通过事先配制好的悬浮液，使树脂粒子均匀分布在纤维上，然后加热烘干悬浮剂，同时使树脂熔融浸渍纤维得到预浸料。悬浮剂多为含有增稠剂聚环氧乙烷、甲基乙基纤维素的水溶液。树脂粉末应尽可能细小，直径最好在 10 μm 以下并小于纤维直径，以便均匀分布并使纤维浸透。这种方法生产的片材纤维分布均匀，成型加工时预浸料流动性好，适合制作复杂几何形状和薄壁结构的制品。但与熔融法一样，该法存在技术难度高和设备投资大的缺点。

纤维混编法是先将热塑性树脂纺成纤维或纤维膜带，再根据含胶量的多少将增强纤维与树脂纤维按一定比例紧密地并合成混合纱，然后将混合纱织制成一定的产品形状，最后通过高温作用使树脂熔融，嵌入纤维中。纤维混杂法的优点是树脂含量易于控制，纤维能得到充分浸润，可以直接缠绕成型得到复杂外形的制件。缺点是在树脂浸润过程中，树脂难以实现均匀浸润。此外，制取直径极细（<10 μm）的热塑性树脂纤维非常困难，同时织造过程中易造成纤维损伤，因而限制了这一技术的应用。

纤维混编法的独特之处在于树脂浸润过程与预浸料固化过程同时进行，树脂的浸润与纤维混合截面及工艺参数，如温度、压力、时间等有很大关系。

8.3.2.3 预浸料技术发展[30—32]

高性能复合材料主要采用预浸料和热压罐固化工艺制造，热压罐成型制备的复合材料性能优异、质量稳定可靠，目前仍处于不可替代的地位。但其高昂的制造成本一直是关注的重点，首先是热压罐设备高投入，比相同容积的烘箱高 10 万～100 万英镑。另外，零件尺寸受到热压罐尺寸的限制，不利于大型整体化零件的成型。随着复合材料制件的大型化或超大型化，一种新型的成型技术得到开发，这就是非热压罐成型(out of autoclave, OoA)。

OoA 需要一些配套技术，其中首要的是适合于 OoA 的树脂基体和预浸料。用于 OoA 预浸料的树脂应具备一些特点，如黏合力强，能保证树脂与纤维之间有足够高的黏结强度；树脂中低分子挥发物含量尽量少，能降低制件成型后的孔隙率；工艺性能良好，有适合各种预浸料层叠的黏性和铺覆性；固化温度低，即能在较低温度下固化而得到高温固化的耐热性。自 20 世纪 90 年代开始，一些 OoA 树脂基体和预浸料陆续得到开发(见表 8－2)。

表 8－2 商品化的 OoA 树脂体系及主要性能

公　司	树脂体系	典型固化工艺	T_g/ ℃(干/湿)	外置时间/天
Advanced Composites Group (ACG)	MTM44－1	130 ℃/2 h+180 ℃ /2 h	180/160	21
	MTM45－1	130 ℃/2 h+180 ℃ /2 h	190/155	21
	MTM46	120 ℃ /1 h+180 ℃ /1 h	—/133	60
	XMTM47	121 ℃ /2 h+177 ℃ /2 h	—/157	30
Cytec	CYCOM 5320	121 ℃/2 h + 177 ℃ /2 h	202/154	21
Hexcel	HexPly M56	110 ℃/1 h + 180 ℃ /2 h	203/174	35
Toray	2511IT	88 ℃ /1.5 h +132 ℃/2 h	210/161	21

用OoA树脂基体制备OoA预浸料面临的首要挑战是在脱离热压罐后，如何在真空压力的工艺压力条件下，降低复合材料的孔隙含量，以保证复合材料制件的性能。这一问题的解决很大程度上取决于所选用的树脂体系，此外，也与预浸料制备和OoA成型的工艺条件优化有关。

为应对上述问题，一种OoA预浸料新技术，即**薄层预浸料技术**得到开发。相对于传统预浸料，薄层预浸料纤维浸润性好，更容易铺叠，适合于变厚度的制件，制件纤维含量可高达70%。在这方面处于领先水平的是瑞典北方薄层技术公司(north thin ply technology)，它号称能生产世界上最薄最轻的预浸料，如该公司专门为OoA开发的ThinPreg™ 80EP预浸料，用增韧的低黏度环氧作基体，制成的单向预浸带的单位面积纤维质量范围为35～150 g/m²，其厚度约为传统单向带的1/5，而传统的单向预浸带单位面积纤维质量范围为150～600 g/m²(见图8-8)。这种薄层预浸带的固化温度为80 ℃，制成的复合材料最高使用温度为120 ℃，且具有较好的强度和抗疲劳性能。图8-9所示是用该公司的薄层预浸料进行自动铺带。

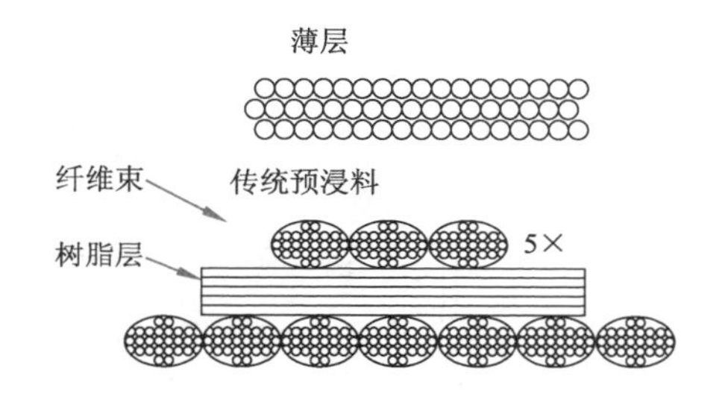

图8-8　薄层预浸料横截面示意图

图8-9　薄层预浸料的自动铺带

预浸带制备过程中，是先将连续碳纤维丝束展开排列成具有一定宽度的单向纤维布，再浸渍树脂制成单向预浸带，因此这对纤维分布的均匀度要求非常高，特别是对于超薄预浸料。因此，纤维的均匀分布排列有较高的技术难度，目前正处于进一步研究之中。

综上所述，预浸料技术对发展纤维复合材料非常重要。今后的发展方向是快速高效的低成本制备，提高工艺性能和质量，实现绿色化和清洁化的生产，扩大品种、规格和应用范围。

8.3.3　复合材料湿法成型工艺

湿法成型是直接将液体树脂与增强体以不同方式直接施加到模具上或模腔内的成型方法，传统的方法有手糊成型、喷射、浇注、挤压成型等。湿法成型的特点是工艺过程和设备都较简单，成本低，适用性广，特别是手糊成型，制件形状和尺寸不受限制，对于通用型复合材料，仍在广泛采用。

8.3.3.1　手糊成型[33,34]

手糊成型(hand laying-up process)是一种传统的复合材料成型方法，主要工序用手工操作完成，无须专门的设备，所用的工具也非常简单，适用范围非常广泛，例如，建筑业、造船业、交通运输业、石油化工业、机电、体育运动器材领域等。

随着复合材料的应用领域不断扩大，如绿色能源领域的风力发电，就要用到大量的复合材料桨叶，而目前这种大尺寸或超大尺寸的复合材料制件，大多用手糊成型制造。此外，复合材料船舶主体、巨型雷达天线罩，为了降低制造成本也大多采用手糊成型。尤其是复合材料船艇的制造，由于船艇尺寸较大，弧面较多，需要一种可以使制品一体成型的工艺，手糊成型工艺正符合这一条件，具有复合材料共固化的优点，一次性地完成复合材料船艇的制作。所以，手糊成型这种传统的成型工艺，在复合材料成型中现在仍占有很大比例。但是随着复合材料工业的不断发展，机械自动化水平的日益提高，手糊工艺面临的挑战也越来越大。

手糊成型工艺过程是：先在模具上涂刷含有固化剂的树脂混合物，再在其上铺贴一层按要求剪裁好的纤维织物，用刷子、压辊或刮刀压实织物，使其均匀浸渍并排除气泡后，再涂刷树脂混合物和铺贴第二层纤维织物，反复上述过程直至达到所需厚度为止。然后，通过抽真空或施加一定压力使制件固化（冷压成形），有的树脂需要加热才能固化（热压成形），最后脱模得到复合材料制品。其工艺流程与示意图如图 8-10 所示。

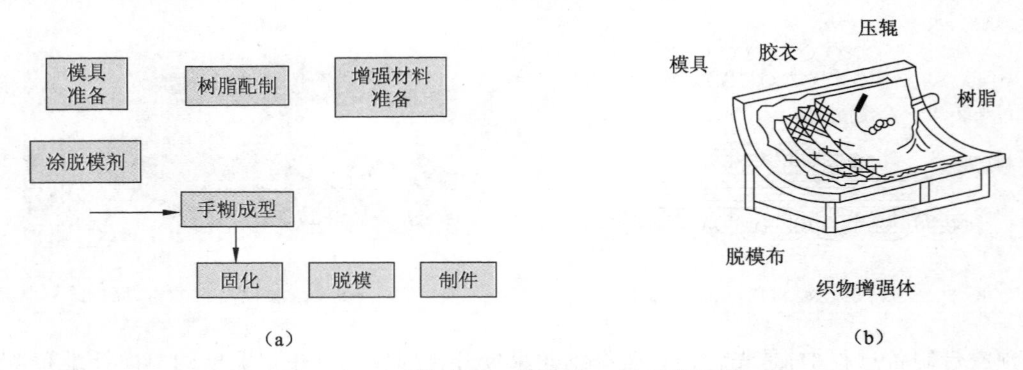

图 8-10　手糊成型工艺流程(a)及示意图(b)

手糊成型所用树脂基体主要有溶液型热固性树脂，如环氧、酚醛、聚酯等以及溶液型热塑性树脂。增强材料可以是碳纤维、玻璃纤维、植物纤维等各种织物。

手糊成型的工艺要点是：树脂涂覆均匀，用量以能充分浸润纤维为准；增强材料铺放平整压实，无皱折、扭曲、断丝等现象；固化完全，尽量排除挥发分，固化后制件不变形，如需要可采用真空辅助加压固化。

手糊成型的优点：

(1)无须复杂设备，只需简单的模具、工具，故投资少、见效快、成本低。

(2)操作技术易掌握，经过短期培训即可进行生产。

(3)制件不受尺寸、形状的限制，如大型游船、圆屋顶、水槽、风电叶片等。

(4)可与其他材料（如金属、木材、泡沫等）同时复合制作成一体。

(5)对一些运输困难的大型制品（如大罐、大型屋面）可现场制作。

手糊成型的缺点：

(1)生产效率低、速度慢、生产周期长，不适合大批量的产品。

(2)产品质量取决于操作人员技能水平及制作环境条件的影响，故产品质量稳定性差。

(3)生产环境差,有大量溶剂及低分子物挥发,气味大,须加强劳保及控制污染。

8.3.3.2 喷射成型[35,36]

喷射成型(spray-up process)是手糊成型基础上发展起来的一种半机械化成型技术。喷射成型在复合材料制品制造中仍有大量应用,用于制造汽车车身、船身、浴缸、异形板、机罩及容器与管道的内衬层等。增强体主要用玻璃纤维无捻初纱,树脂多用不饱和聚酯,具有成型快、操作简便、效率高、适用性广等特点。

1. 喷射成型工艺原理

喷射成型工艺是将混有引发剂和促进剂的不饱和聚酯分别从喷枪两侧喷出,同时将切断的玻纤粗纱由喷枪中心喷出,使其与树脂均匀混合,沉积到模具上,当沉积到一定厚度时,用辊轮压实,使纤维浸透树脂,排除气泡,固化后成制品(见图8-11)。

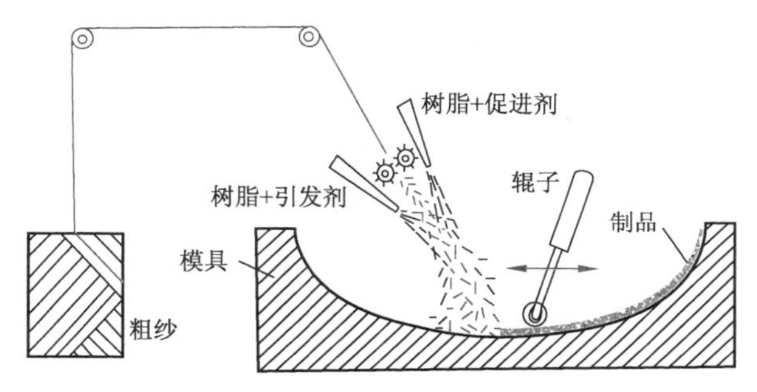

图8-11 复合材料喷射成型原理

喷射成型按工作原理分气动型和液压型。

气动型是用压缩空气引射喷涂系统,靠压缩空气的喷射将树脂雾化并喷射到模具上。部分树脂和引发剂烟雾被压缩空气扩散到周围的空气中,因此这种形式已被限制使用。

液压型是无空气压力的液压喷射系统,靠液压将胶液挤成滴状并喷涂到模具上。因为没有压缩空气喷涂,所以没有烟雾散发到空气中,材料浪费少,有利于环境保护。

喷射成型机分压力罐式供胶和泵式供胶两种。

泵式供胶喷射成型机是将树脂引发剂和促进剂分别由泵输送到静态混合器中,充分混合后再由喷枪喷出,称为**枪内混合型**。其组成部分为气动控制系统、树脂泵、助剂泵、混合器、喷枪、纤维切割喷射器等。树脂泵和助剂泵由刚性摇臂连接,调节助剂泵在摇臂上的位置,可保证配料比例。在空压机作用下,树脂和助剂在混合器内均匀混合,经喷枪形成雾滴,与切断的纤维连续地喷射到模具表面。这种喷射机只有一个胶液喷枪,结构简单,重量轻,引发剂浪费少,但因系内混合,使用后要立即清洗,以防止喷射堵塞。

压力罐式供胶喷射机是将树脂胶液分别装在压力罐中,靠进入罐中的气体压力,使胶液进入喷枪连续喷出。它是由两个树脂罐、管道、阀门、喷枪、纤维切割喷射器、小车及支架组成。工作时,接通压缩空气气源,使压缩空气经过气水分离器进入树脂罐、玻纤切割器和喷枪,使树脂和玻璃纤维连续不断地由喷枪喷出，树脂雾化，玻璃纤维分散，混合均匀后沉落到模具上。这种喷射机是树脂在喷枪外混合，故不易堵塞喷枪嘴。

2. 喷射成型材料要求

喷射成型所用材料有**胶衣树脂**、**树脂基体**和**增强纤维**。

胶衣树脂大多用聚酯树脂，其作用是提高制件表面光洁度，静态黏度要大，一般控制在1 000～1 200 cps，以防止在光滑的模具表面流胶而影响产品的表面质量。同时，胶衣树脂动态黏度要小，以便分散形成喷射所需的型面。也就是说，树脂的静态黏度虽很大，但分子间润滑性能及触变性能却很好。调整胶衣树脂的静、动态黏度，应从树脂分子量大小、填料粒度及用量、分子润滑剂、触变剂、稀释剂用量等因素考虑。

树脂基体必须满足产品的性能要求，多用聚酯树脂或环氧树脂。工艺方面要求对纤维有良好的浸润性，还要具有良好的触变性和适宜的固化时间，此外还要考虑树脂基体与胶衣树脂的固化收缩率尽可能一致。调整基体树脂的黏度应从树脂的分子量大小、触变剂、稀释剂用量等因素考虑。

喷射成型所用的增强材料是玻璃纤维无捻粗纱，应具有良好的浸润性、分散性、短切性、脱泡性、覆盖性、抗静电性等，选用经前处理的专用无捻初纱。制品纤维含量控制在25%～45%，小于25%时，滚压容易，但强度太低；大于45%时，滚压困难，气泡较多。纤维长度一般为25～50 mm。小于10 mm，制品强度降低；大于50 mm时，不易分散。

3. 喷射成型工艺控制

(1)树脂含量。喷射成型的制品中，树脂含量控制在60%左右。

(2)喷雾压力。应根据树脂黏度及含量、纤维类型及长度、喷射速率等要求进行控制，以保证组分混合均匀，控制树脂和玻璃纤维含量。

(3)喷枪夹角。不同夹角喷出来的树脂混合交距不同，一般选用20°夹角，喷枪与模具的距离为350～400 mm。改变距离和喷枪夹角，保证各组分在靠近模具表面处交集混合，防止胶液飞失。

(4)环境温度应控制在(25±5) ℃。过高，树脂易固化产生喷枪堵塞；过低，混合不均匀，固化慢。

(5)成型前，模具上先喷一层胶衣树脂，然后再喷树脂纤维混合层。

(6)喷完一层后，立即用辊轮压实，要注意棱角和凹凸表面，保证每层压平，排出气泡，防止带起纤维造成毛刺。

(7)每层喷完后，要进行检查，合格后再喷下一层。

(8)喷射机用完后要立即清洗，防止树脂固化，损坏设备。

4. 喷射成型的优点

(1)用短切玻纤粗纱代替织物，原材易得，可降低材料成本。

(2)生产效率比手糊高2～4倍。

(3)产品整体性好，无接缝，层间剪切强度高，树脂含量高，抗腐蚀、耐渗漏性好。

(4)可减少飞边,裁布屑及剩余胶液的消耗。

(5)产品尺寸、形状不受限制。

其缺点主要在于树脂含量高,制品强度低;产品只能做到单面光滑;污染环境,不利操作人员健康。

喷射成型铺放效率达 15 kg/min,适合于大型制件的制造。已广泛用于加工船舶主体、机器外罩、整体卫生间、浴盆、汽车车身构件及大型浮雕制品等。随着计算机控制自动化技术发展,喷射成型已发展到用机器人代替人工操作,不仅提高了生产效率和产品性能质量,还能使人体健康不受影响。

8.3.4　树脂传递成型及派生技术[37—40]

先进树脂基复合材料的高投入、高能耗、高成本一直是制约复合材料进一步推广应用的主要因素,20 世纪 90 年代,多项低成本计划启动实施,包括低成本成型技术,因此新型的**湿法成型技术**,也称**液体成型技术**(liquid composite molding, LCM)得到开发。

液体成型的基本原理是直接用树脂液体与纤维增强体复合,再固化成复合材料制件。较传统的湿法纤维缠绕也可归为这类成型技术。但与新型的液体树脂成型还有概念上的差别。实际上,液体树脂成型所用纤维增强体是以预成型件的形式提供的,也就是纤维预先通过编织或缝合等方式制成预型件或预型体,放入模具的形腔内,再将液体树脂注入与之复合,在模腔内固化成型,得到所需要的复合材料制件。这与纤维缠绕直接采用纤维丝束或纤维带缠绕到芯模上是不相同的,纤维缠绕大多用来制造对称的旋转体,而液体树脂成型几乎可以用来制造任何形状的复合材料制件。

另外液体成型与传统的手糊成型和喷射成型的原理也有所不同,手糊成型和喷射成型用的是开模,用人工或机器喷射将树脂与基体施加到模具上。而液体成型多用闭模,增强体是编织或缝合的 3 维或 2 维的预型件,先置入模腔中,再将树脂注入形成复合件,最后固化成型。

在液体树脂成型这一类技术中,最有代表性的和应用最多的是树脂传递成型(resin transfer molding, RTM)以及在此基础上发展起来的派生技术。

RTM 的派生技术主要有:

(1)传统 RTM。成型时闭合模具,向预制件中注入树脂,最后固化成型,所得产品的纤维含量为 20%～45%。采用闭模加压,压力范围为 0.4～1.2 MPa,采用耐用金属模具,适合中小型产品的的批量生产。

(2)真空辅助 RTM (vacuum assisted RTM, VAETM)。通过对模腔抽真空,借用真空压力作用将树脂导入模腔,树脂较均匀,制品孔隙较少,纤维体积含量可提高到 50%～60%。

(3)橡胶辅助 RTM (rubber assisted RTM, RARTM)。采用热膨胀系数较大的高温型橡胶制成加压模具,用于成型整体化制件或具有内部形腔制件的成型,在加温过程中与外部的真空加压结合,通过橡胶模的热膨胀从制件内部加压,得到压制密实的产品,纤维体积含量可达 60%以上。

(4)树脂真空浸渍法（vacuum infusion process，VIP）。利用真空将树脂吸入预制件中进行纤维浸润，产品的纤维体积含量可达60%左右。

(5)西曼树脂浸渍模塑（Seeman composites resin infusion molding process，SCRIMP）。下模用刚性模，上模则采用真空袋，利用真空袋使树脂加压浸渍，浸渍速度快，面积广。树脂在预制件的厚度方向也能充分浸渍，但必须使用真空袋和软面模具。节约了模具成本，适合于大尺寸制件，如船体的成型。

(6)树脂渗透浸渍(resin film infusion，RFI)。采用干态树脂膜或树脂块置入纤维增强体下面，再一起放入模腔中，通过加热使树脂熔融，由下至上浸渍纤维，最后在模腔中固化成型，这种方法也适合热塑性复合材料的成型制造。

(7)轻质RTM（Light－RTM）。主要是在真空袋的基础上的改进，上模采用厚度小的半刚性的复合材料模代替真空袋。加压过程中，柔性模能很好地铺伏在制件上，均匀加压。特点是下模可以多次使用，上模可以适时更换，适合于制造性能要求一般的大型制件。

(8)高压RTM(high pressure RTM，HP－RTM)。HP－RTM是近年来开发的最新一种RTM成型技术，它集复合材料，特别是汽车复合材料构件模块化设计、高性能低黏度和快速固化树脂基体、高强耐用的模具以及机器人自动操作于一体，大大提高了RTM的工效，能快速高效地制造高质量、高精度、低孔隙率、高纤维含量的复杂复合材料构件，成型过程中挥发分少，有利于清洁化生产和环境保护。

8.3.4.1 RTM的工作原理及特点

RTM是指在模具的型腔里先铺放增强材料，如三维或二维的纤维编织预型件或织物铺叠预型件，合模后，在一定的温度和压力下将树脂注入模具，浸渍织物增强体并固化，最后脱模得到制品的一种工艺，是从湿法铺层和注塑工艺衍生出来的一种新的复合材料成型工艺。RTM成型的实现是以数字化的纤维自动编织技术作基础，由自动化的编织代替人工铺叠，使工效大为提高，随着复合材料大量应用，RTM发展也很快，成为一种适宜多品种、中小批量、高质量复合材料生产的成型技术。RTM的工作原理和工艺流程如图8－12所示。

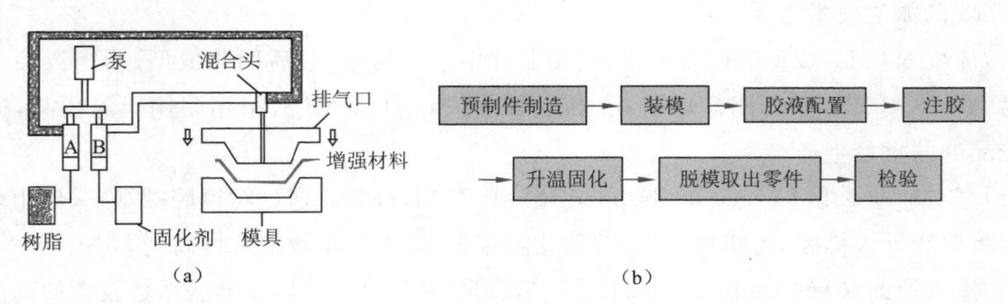

图8－12　RTM工作原理图(a)及工艺流程(b)

由RTM工艺原理及过程可看出，RTM成型工艺具有以下主要特点：

(1)RTM是一种闭模成型,增强体的浸润是由注入的带压树脂在密闭的模腔中快速流动而完成,而非手糊和喷射工艺中的手工浸润,也非预浸料工艺中的昂贵机械化浸润,是一种低成本、高质量的半机械化纤维/树脂浸润方法。

(2)RTM成型工艺,采用了与制品形状相近的增强材料预成型件技术,纤维/树脂的浸润一经完成后即可进行固化,因而可采用低黏度快速固化树脂体系,并可对RTM模具加热,进一步提高生产效率和产品质量。

(3)RTM成型工艺中的增强材料预成型件,可由短切毡、纤维布、无皱折织物、三维针织物以及三维编织等方法制备。并可根据性能要求进行择向增强、局部增强、混杂纤维增强以及采用预埋及夹芯结构,可充分发挥复合材料的性能可设计性。

(4)RTM由于采用多维的纤维编织体或缝合体,改善了由预浸料层压而引起的复合材料的层间强度低的问题。

(5)RTM成型工艺的闭模树脂注入方法可极大减少树脂的挥发成分和溶剂的排出量,有利于安全生产和环境保护。

(6)RTM成型工艺一般采用低压注射工艺(注射压力<0.392 MPa),适于中小型尺寸、复杂外形、两面光的复杂整体结构的制备。

综上所述,RTM工艺的生产效率及经济性介于低效率、低成本成型工艺和高效率、高成本成型工艺之间。从发展趋势看,从降低成本和简化工艺出发,轻质RTM近年来成为研究热点和发展重点。

8.3.4.2 RTM工艺过程

RTM的工艺过程大致可分为模具准备、预型件铺放、注入树脂、固化/成型、制件后处理等几道工序。

(1)模具准备。根据实施工艺不同的要求,RTM应选用不同的模具,如大型飞机零部件,像翼盒、尾翼、甚至机翼等,大都采用真空树脂导入工艺,使用单片模具和真空袋膜。而形状复杂的零部件采用闭模注射模具。根据不同制品的成型温度和成型压力,模具材料可以选用钢、铝、复合材料等。不同的模具应进行不同的准备,首先要检查模具的外观,检查模具辅助零部件是否齐全完好;然后进行表面清理;复合材料模具还要检查在存放期间是否出现变形;最后要施加脱模剂。

(2)预型件铺放。用于RTM的纤维预型件大多是已经编织好的二维、三维及多维预型件,也可直接用纤维布或纤维织物。对于后者,在铺放时要保证纤维的取向及用量符合制件的设计要求。

(3)注入树脂。这是关键的一道工序,它关系到最后制件的性能和质量,在这道工序中,要着重控制几个重要的工艺参数,包括:树脂黏度、注射压力、成型温度、真空度等,同时这些参数在成型过程中是相互关联和相互影响的。

(4)最后固化成型的制件从模具中取出后,还须进行一些必要的后续加工处理,如外观质量检查、修边、打磨和机械加工等。

8.3.4.3 RTM 成型使用的树脂体系[41—46]

RTM 成型使用的材料主要是树脂基体和纤维增强体。由于 RTM 工艺的特点，对原材料特别是对树脂基体有不同于其他成型工艺的要求。而对于纤维增强体，一般都要采用预型件，预型件的制备主要有二维和三维编织、缝合、针织等。编织预型件需要自动化程度高的专门的编织设备，可以编织出不同形状和大小的预型件，成为 RTM 工艺的重要组成部分。

大多数热固性树脂都可用于 RTM 成型，如：环氧树脂、酚醛树脂、聚酰亚胺树脂、氰酸酯树脂、聚氨酯树脂、不饱和聚酯树脂或聚氨酯/不饱和聚酯混合物和热固性丙烯酸酯树脂等热固性树脂。对树脂的要求主要有：

(1)有高的胶接强度，制品具有良好的力学性能，高强、高模和高韧性。

(2)工艺性能好，在室温或工作温度下具有低的黏度（一般为 0.5～1.5 Pa・s)及一定长的适用期。低黏度意味着树脂在纤维介质中易于流动，特别是在高纤维含量时仍能渗透并浸润纤维，而不需要太大的压力，从而可以避免模具的变形和纤维的滑移。

(3)对增强材料具有良好的浸润性、匹配性、黏附性，能顺利、均匀地通过模腔、浸透纤维，并快速充满整个模具型腔。

(4)在固化温度下具有良好的反应性且后处理温度不能太高，固化中和固化后不易发生裂纹，固化放热低，以避免损伤模具；固化时间短，凝胶时间一般为 5～30 min，固化时间不超过 60 min；固化收缩率低，固化时无低分子物析出，气泡能自动消除。

对于航空航天高端复合材料结构，大多采用环氧树脂，为了提高制件的使用温度，也正研发和应用新型双马树脂(BMI)和聚酰亚胺树脂(PI)，以满足复合材料耐高温的要求。

8.3.4.4 纤维增强预型件[47—56]

RTM 的纤维增强体大多以各种形状的预成型件提供，预型件是将纤维预先制成一定的三维或二维的结构形状和尺寸，放置于模具形腔中，然用注入树脂复合成型。预型件的纤维材料、构形和编织方式对复合材料的力学性能影响很大。

制备纤维预型件的主要方法有：

1. 编织

编织(braiding)是制备 RTM 纤维预型件一种基本的编织技术，能够使两条以上纱线在斜向或纵向互相交织形成形状复杂的整体结构预型件。但其尺寸受设备和纱线尺寸的限制。该技术主要研究集中在编织的设备、数字化控制生产、预型件几何形状和结构的形成，最终目的是实现完全自动化生产，并将设备和工艺与 CAD/CAM 进行集成，制备各种形状、结构和尺寸的预型件。该工艺技术一般分为两类，一类是二维编织工艺，另一类是三维编织工艺。

二维编织(2D braiding)工艺能用于制造复杂的管状、曲面或平面零件的预型件，它的研究主要集中在研发自动化编织机来减少生产成本和扩大应用范围。关键技术包括质量控制、纤维方向和分布、芯轴设计等。该技术通常与 RTM 和 RFI 技术结合使用，另外也可以与挤压成形和模压成形联合使用。在航空工业的应用包括制造飞机的进气道和机身J型隔框，其应用水平在洛克希德·马丁公司生产F-35战斗机进气道制造中最能体现其先进性，加强筋与进气道壳体是整体结构，减少了95%的紧固件，提高了气动性能和信号特征，并简化了装配工艺。

为了克服二维编织厚度方面强度低的问题，开发了三维编织技术，为制造无余量预型件提供了可能，但是该技术同样受到设备尺寸限制。

三维编织(3D braiding)是一种新型的复合材料制造技术，用三维编织与RTM结合制造的复合材料，在航空航天及其他领域得到越来越多的应用，已发展成为先进树脂基复合材料的主要制造技术之一。三维编织复合材料首先利用三维编织技术，将纤维束编织成所需要的结构形状，形成预型件，然后以预型件作为增强骨架进行浸胶固化而直接制成三维编织树脂基复合材料，也可利用预型件制成三维编织碳基、陶瓷基、金属基复合材料等。三维编织技术、三维编织复合材料制造及其应用研究多年来一直是国内外整体化复合材料结构的研究热点，如图8-13所示为三维编织技术以及一些典型的碳纤维预型件。

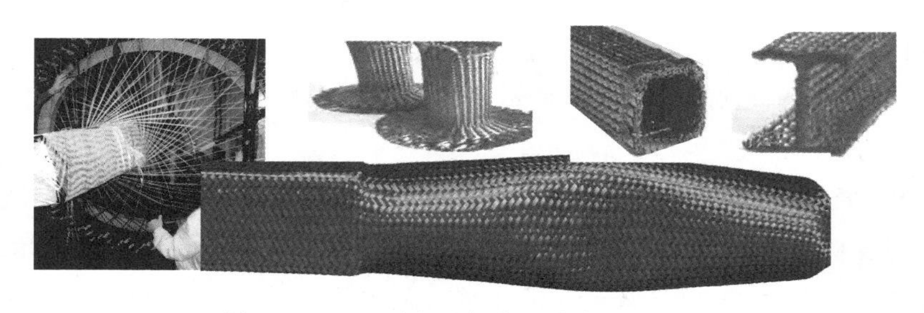

图8-13 3D编织及部分纤维编织预型件

三维编织需要专门的自动化编织机，通过CAD/CAM软件对纤维束排列布局的设计、编制工艺过程的动态模拟，可实现三维异型整体机织的自动化，提高三维编织复合材料的质量和生产率、加速三维异型整体编织复合材料的发展和推广应用。目前三维编织技术在飞机和发动机结构上得到应用，如飞机的T型框、带加强筋的壁板、发动机安装架等，最先进的是在Scramjet发动机原型机上应用了三维编织蜂窝夹芯制造的复合材料燃烧室，材料为陶瓷基复合材料，是采用三维编织形成整体燃烧室结构，解决了由一般制造方法带来的连接和泄漏问题。

目前，三维编织复合材料在航空航天中已得到越来越多的应用，如：

(1)高性能轻质结构复合材料。如火箭、卫星、飞机、船艇、汽车、风力发电机叶片等结构中的梁、框、桁、筋、轴、杆等部件。

(2)高温功能结构材料。包括陶瓷基、金属基、碳基等复合材料，用于发动机热端部件、火箭(导弹)头锥、喷管、喉衬、飞机刹车片等。

(3)可作为防护材料，如防弹材料、装甲等。

此外，通过RTM或其他液体树脂成型工艺，三维编织可方便地与其他结构件实现共固化的整体成型，不仅提高制品整体性能和质量，还简化成型工艺，有效降低生产成本。如图 8 - 14 所示为纤维编织预型件与 RTM 成型的飞机复合材料构件。

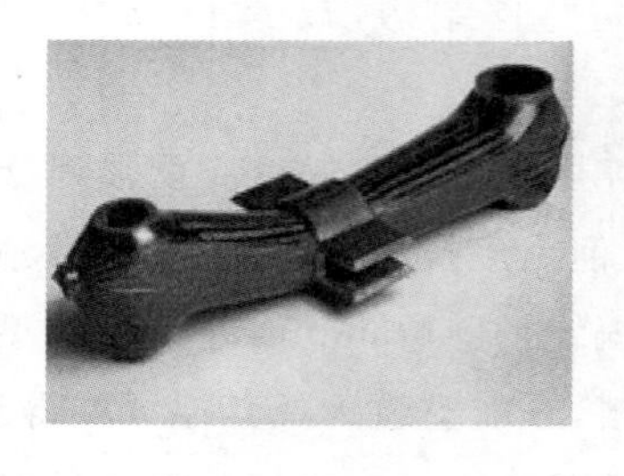

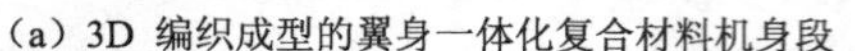

（a）3D 编织成型的翼身一体化复合材料机身段　　（b）3D编织复合材料真升机起落架

图 8 - 14　纤维编织预型件与 RTM 成型的飞机复合材料构件

2. 缝合

缝合(stitching)是采用高性能纤维将多层二维纤维织物缝合在一起形成织物增强预型件，放置于模具型腔中，注入树脂再经固化后得到复合材料制件。它通过引用贯穿厚度方向的纤维来提高抗分层能力，增强层间强度、模量、抗剪切能力、抗冲击能力、抗疲劳能力等力学性能，从而满足结构件的性能需求。

美国 NASA 首先利用缝合技术成功地制造出复合材料机翼，其中采用的是波音公司开发的 28 m 长的缝合机制造的飞机机翼蒙皮复合材料预型体。该缝合机能够缝合超过 25 mm 厚的碳纤维层，缝合速度达 3 000 针/min。除了缝合蒙皮预成形体外，还可缝合加强筋。缝合预型件采用树脂膜渗透成型技术进行热压固化。这样生产出的结构件相对于同样的铝合金零件重量减少 25%，成本降低 20%(见图 8 - 15)。

欧洲 EADS 公司也开发了该技术，利用该技术首先制造的零件是 A380 后机身压力隔框，该材料为干态碳纤维预型体，比黏性的预浸料较易处理。每片复合材料使用自动缝合机连接在一起，可靠性和可重复性好。采用的缝合机将几种长度的碳纤维织物并排铺放在长和宽都为 8 m 的台面上。缝合头由一个金属横梁带着前后移动，曲形针缝合材料的速度达到每分钟 100 针。这种特殊的曲形针能够实现单边缝合，因而可以连接任何长度的材料。连接后的后压力隔框板成为一块“毯子”(见图 8 - 16(a))。接着，“毯子”放在一个模具上被卷起来再摊开，看起来像一个倒扣的帽型结构(见图 8 - 16(b))。为了获得必要的强度，6 块这样的“毯子”按不同方向交替铺叠，再缝合在一起形成预型件的叠层结构，然后将这种纤维预型件和树脂膜一起放在热压罐里，在真空状态下加热加压熔化树脂膜，渗透到纤维预型件中，最后固化成复合材料制件。

缝合复合材料具有良好的层间性能，成本低，效率高，且可设计。缝合还可代替复合材料传统的机械连接方法，从而提高整体性能。因此有望用于大型整体复杂结构件制造，特别是可用于大型军用运输机的机体结构，减轻重量和降低成本。该技术的关键技术包括专用设备的研制及缝合工艺。

(a) 大型纤维预型件缝合机

(b) 缝合预型件和RFI制造的机翼蒙皮

图 8-15 用缝合预型件/RFI 技术制备的带加强筋的机翼蒙皮

(a)

(b)

图 8-16 缝合技术制备的增强纤维预型件

3. 穿刺

穿刺(Z-pin)是结构三维加强的一种简单方法,它比三维编织或三维缝合简单。但是它不能用于制造三维纤维预型件。这个工艺是利用细的插销从 Z 向在固化前或固化时插入二维的碳纤维环氧复合材料层板中,从而获得三维增强复合材料结构。Z 向插销可以是金属材料(一般是钛合金),也可采用非金属材料(一般采用碳纤维环氧复合材料)。将插销插入的方式有两种,一是采用真空袋热压的方法(见图 8-17),二是采用超声技术(见图 8-18)。真空袋热压法更适合于相对大或无障碍部位进行 Z 向结构加强,而超声法则对难到达部位或局部需要 Z 向加强的结构部位更为有效。另外,超声法还可利用金属插销插入已固化的复合材料中实现分层复合材料的修理。

穿刺技术与缝合技术的出现和应用极大改进了复合材料的断裂韧性,意味着复合材料能够承受更高冲击强度和剥离应力。例如,Z 向增强技术已用于 GE90 发动机风扇叶片,对强度要求的部位进行加强。在飞机上,该技术用于泡沫夹芯蒙皮结构,是传统上采用的铝蜂窝结构挤压强度的 3 倍。该技术比缝合技术更具发展潜力,主要是因为其节省了高成本的缝合机,尺寸不受限制,特别是能够进行局部结构的加强,因此是未来飞机机体应用的关键技术。

4. 针织

针织(knitting)用于复合材料的增强结构始于 20 世纪 90 年代。由于它的方向强度、冲击抗力较机织复合材料好,且针织物的线圈结构有很大的可伸长性,易于制造非承力的复杂形状构件。目前国外已生产了先进的工业针织机,能够快速生产复杂的近无余量结构,而且材料浪费少。用这种方法制造的预成形体可以加入定向纤维有选择地用于某些部位增强结构的机械性能。另外，这种线圈的针织结构在受到外力时很容易变形，因此适于在复合材料上成形孔，比钻孔具有很大优势，但是较低的机械性能也影响了它的广泛应用。

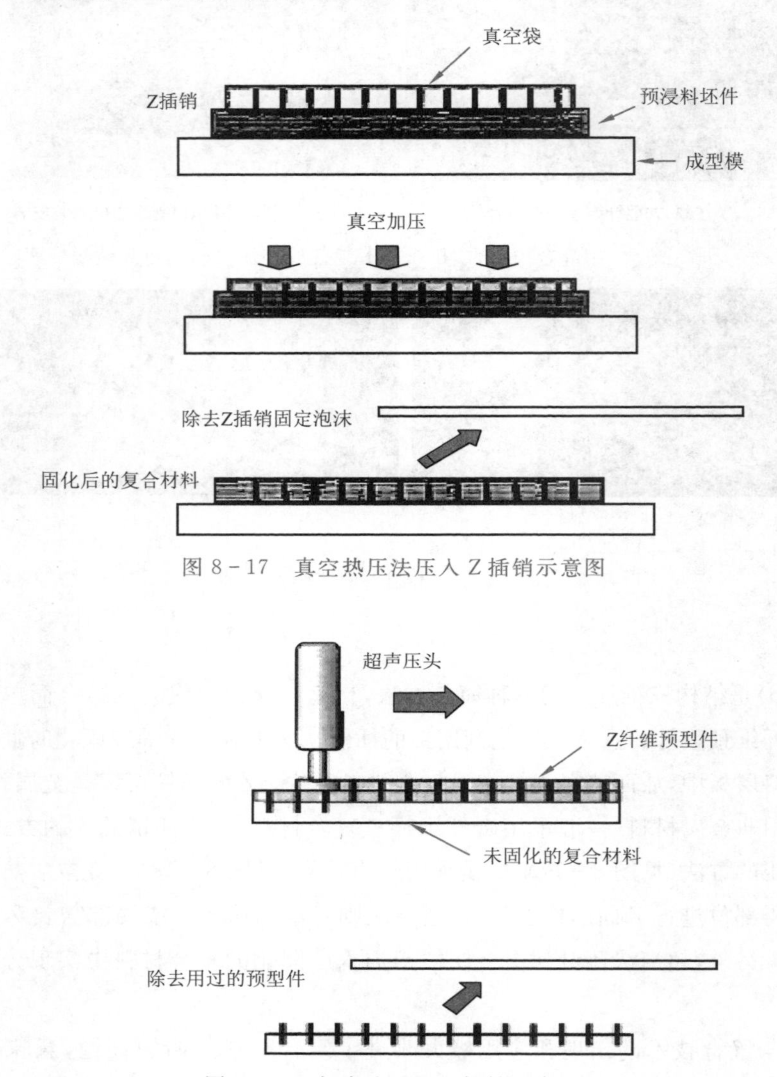

图 8-17　真空热压法压入 Z 插销示意图

图 8-18　超声法压入 Z 插销示意图

5. 经编

针织技术在航空航天工业的应用很有潜力，而采用经向针织技术，并与纤维铺放概念相结合，制造的多轴多层经向针织织物一般称为经编织物(warp knitting)。这种材料由于不弯曲，因此纤维能以最佳形式排列。经编技术可以获得厚的多层织物且按照期望确定纤维方向，由于不需要铺放更多的层数，可极大提高经济效益。目前国外已经能够在市场上获得各种宽幅的玻璃纤维和碳纤维经编织物。这种预型件有两个优点：一是与其他纺织复合材料预成形体相比成本低；二是它有潜力超过传统的二维预浸带层压板，因为它的纤维是直的，能够在厚度方向增强从而提高材料的层间性能。但是目前限制其应用的主要原因是原材料成本高以及市场化程度不够。国外航空航天工业部门正在研究将这种技术用于次承力和主承力构件，已经在飞机机翼桁条和机翼壁板上进行了验证，预计未来将在飞机制造中广泛应用。

针对以上预成形体制造技术，国外近年还开展了多种研究，如美空军实施复合材料结构斜织预型件的开发计划，取消铺层工序，以降低加工整体复合材料结构的复杂程度及成本。

8.3.4.5　RTM 派生技术[57—63]

RTM 工艺经过几十年的发展，已经形成了多种派生技术，这些派生技术都是在传统 RTM 技术的基础上，根据制件的设计和性能要求，增加一些辅助功能，使 RTM 的应用范围逐步扩大，最终目的是提高产品的性能和质量，降低制造成本。

RTM 派生技术中有代表性的是西曼树脂浸渍技术（SCRIPTM）、轻质技术 RTM(L-RTM) 和树脂膜渗透技术(RFI)。

1. 西曼树脂浸渍技术 (SCRIMP)

这是由美国西曼复合材料公司研发，并在美国获得专利权的真空树脂注入技术。这种方法实际是真空辅助 RTM(VARTM)技术的延伸和发展，它改变了 RTM 采用双边闭合模的办法，而只采用单边硬模，用来铺放纤维增强体，另一面则采用真空袋覆盖，由电脑控制的树脂分配系统先使树脂胶液迅速在长度方向充分流动渗透，然后在真空压力下向厚度方向缓慢浸润，从而大大改善了浸渍效果，减少了缺陷发生，产品性能的均匀性和重复性以及质量都能得到有效的保证，其原理如图 8－19 所示。

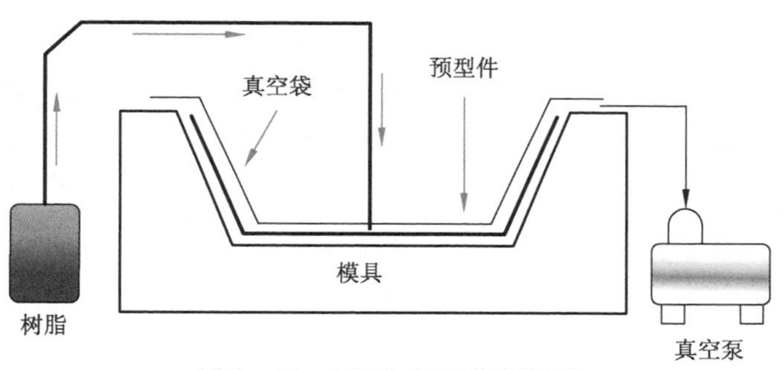

图 8－19　SCRIMP 工作原理图

SCRIMP 突破了传统 RTM 制件尺寸受限的缺点，使大尺寸、几何形状复杂、整体性要求高的制件的制造成为可能。有关资料表明，目前它可以成型面积达 185 m^2、厚度为 3～150 mm、纤维含量达 70%～80%、孔隙率低于 1%的制品。在船艇制造、风机叶片、桥梁、汽车部件及其他民用和海洋基础工程等方面得到广泛应用。如英国的 Vosper Thornyctoft 公司自 1970 年以来为英国皇家海军制造了 270 艘复合材料雷艇，最大的扫雷艇体总长达 52.5 m，总重达 470 t。起初，该系列艇 FRP 部件约占总重量的 30%，由于 SCRIMP 工艺的引入，FRP 制品的比例可提高到 35%～40%。VT 公司应用 SCRIMP 工艺开展的项目还涉及制造运输船、作业艇、救生艇船体和海洋港口工程结构，如桥梁甲板、大型冷冻仓等。VT公司还为Compton Marine及Westerly等公司提供技术支持，用经济的SCRIMPR替代原有的开模方法制造长度14 m的游艇，以及开发新一代游艇系列。

瑞典海军的轻型护卫舰Visby艇长达73 m（舰上有10.4 m的梁），这是目前建造的最大的FRP夹芯结构。舰上的部件（如船体、甲板和上层建筑）都是用SCRIMP法制造的。该工艺确保了高纤维含量、优异的制品性能、质量稳定性和快速成型。Peichell Pugh公司开发了Corum快速游艇（OD48系列）。游艇使用SPX7309环氧室温固化注射树脂，制造周期仅为30 min。Ciba－Gejgy公司采用Injectex织物/树脂渗透介质/低黏度环氧体系开发了舰船部件。

SCRIMP工艺的另一个主要应用领域是风机叶片的制造，目前，国外采用闭模的真空辅助成型工艺用于生产大型叶片（叶片长度在40 m以上时）和大批量的生产。这种工艺适合一次成型整体的风力发电机叶片（纤维、夹芯和接头等可一次模腔中空成型），而无须二次黏结。世界著名的叶片生产企业LM公司开发出56 m长的全玻纤叶片就是采用这种工艺生产的。

SCRIMP工艺的技术优势在于能制造性能优良的复合材料部件，用这种方法加工的复合材料，纤维含量高，制品力学性能优良，而且产品尺寸不受限制，尤其适合制作大型制品。并且可以进行芯材、加筋结构件的一次成型以及厚的、大型复杂几何形状的制造，提高了产品的整体性。采用SCRIMP制作的构件，不论是同一构件还是构件与构件间，制品都保持着良好的重复性。SCRIMP成型时树脂的消耗量可以进行严格控制，纤维体积比可高达60%，制品孔隙率小于1%。

SCRIMP工艺的另一个优势是可以大大降低制造成本，在同样原材料的情况下，与手糊成型相比，成本节约可达50%，树脂浪费率低于5%，而制件的强度、刚度及其他的物理特性比手糊成型提高了30%～50%。由于采用封闭成型，挥发性有机物和有毒空气污染物均受到很好的控制。

如图8－20所示为三菱重工业公司正在研制中的支线飞机MRJ－90的复合材料整体成型的垂直尾翼稳定器，采用的是真空辅助RTM技术，其中的桁条、加强筋等零件通过共胶接和共固化实现一次性的成型。

如图8－21所示是美国NASA兰利研究中心用二维编织预型件与SCRIMP工艺制造的复合材料机身段壁板，其中的加强肋和桁条与壁板实现了整体化的成型。

2. 树脂渗透成型技术

树脂膜渗透（resin infusion molding, RIM）成型实际上可以看成是真空辅助RTM的一种技术延伸。

RIM是采用单面刚性模具（阴模式阳膜）上以柔性真空袋薄膜包覆、密封纤维增强材料，然后在真空负压下排除模腔中气体，利用树脂的流动渗透，实现对纤维及其织物的浸渍，并在室温或加热条件下固化成型的一种工艺方法。有时也称真空辅助RIM（vacuum assistant，VARIM）。

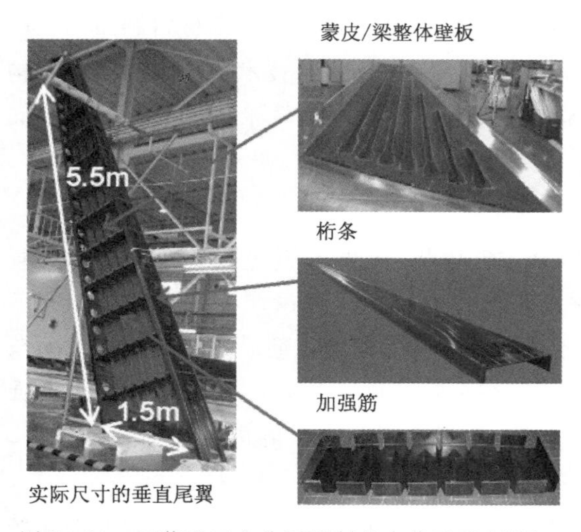

图 8-20　三菱重工业公司研制的支线飞机 MRJ-90 复合材料垂直尾翼

图 8-21　美国 NASA 研制的复合材料整体机身段壁板

作为一种先进的液体模塑成型工艺，RIM 具有的主要优点是：成本低，特别适合大尺寸、大厚度结构件的制作，还可以在结构件内表面嵌入加强筋、内插件和连接件等实现整体化成型；工艺稳定性好；制品纤维体积含量高（可达 70%以上）、孔隙率低，性能与热压罐工艺接近；闭模成型，绿色环保。

RIM 对树脂性能的特殊要求包括低黏度、室温固化、操作适用期长和力学性能高等。适合 VARI 的树脂基体包括乙烯基树脂、不饱和聚酯树脂和环氧树脂等，以及酚醛树脂、双马来酰亚胺树脂和氰酸酯树脂等。

RIM 对成型工艺的要求主要在于合理的树脂流道和真空通道设计，保证能排出气体和树脂能均匀浸渍增强材料，避免产生空隙和缺陷；真空负压值的选择和确定，一般最佳值为大于等于 0.095 MPa，保证纤维铺层压制密实；良好的密封有利于提高真空度和排出气泡，减少制品孔隙率；树脂注射压力和注射温度的选择，注射压力过大过小都不利于提高充模速度和树脂浸润；注射温度影响树脂黏度和活性期，应尽量接近树脂达到最低黏度的温度，温度过高会缩短树脂活性期；温度过低会使树脂黏度增大，压力升高，不利于树脂流动和浸渗纤维。

在树脂渗透成型基础上又进一步发展了树脂膜渗透成型（resin film infusion，RFI），实际上可以看成是真空辅助 RIM 的一种技术延伸，也可归类于复合材料干法成型。它所用的树脂是干态树脂膜或树脂块。其工艺过程是将带有固化剂的树脂膜或树脂块放入模腔内，然后在其上覆以纤维织物或以三维编织等方法制成的纤维预型件，再用真空袋封闭模腔，抽真空并加热模具使模腔内的树脂膜或树脂块融化，并在真空状态下渗透到纤维层（一般是由下至上），最后进行固化制得制品。RFI 是目前综合性能最佳的复合材料成型工艺之一，制品纤维含量高达 70%，空隙率低（0%～0.1%）；工艺不采用预浸料，树脂挥发少，VOC（挥发有机化合物）含量符合 IMO（国际有机质量标准）标准，有利于工作安全和环境保护。

RFI 工艺技术始于 20 世纪 80 年代，最初是为成型飞机结构件而发展起来的。近年来这种技术已进入到复合材料成型技术的主流,适宜多品种、中批量、高质量先进复合材料制品的生产成型,它已在汽车、船舶、航空航天等领域获得一定的应用。在国外 RFI 技术被用来制造大型构件和高性能复合材料,现发展成为飞机用复合材料重要的低成本制造技术,应用于 F-22、F-35(JSF)及大型商用飞机(如 A380)的研制和生产中。

3. 轻质 RTM 技术

轻质 RTM 工艺是对传统的 RTM 工艺在模具上的改进,上模采用厚度小的半刚性复合材料模代替真空袋。利用真空辅助,使低黏度树脂在闭合模具中流动浸润增强材料并固化成型,这样模具可以多次使用,适合于批量较大的产品制造。树脂和固化剂通过注射机计量泵按配比输出带压液体并在静态混合器中混合均匀,然后在真空辅助下注入已铺放好的纤维增强体的闭合模中,模具利用真空对周边进行密封和合模,并保证树脂在模腔内沿流道流动顺畅,然后进行固化。

传统的 RTM 工艺,特别是对于大尺寸制件的成型,需要大型的模具。树脂的注入是在较高的压力和流速下进行的,因此模具的强度和刚度要足够大,在注射压力下不变形。通常采用带钢管支撑的夹芯复合材料模具,或用铝模或钢模,成本很高,这样就限制了 RTM 工艺在批量产品上的应用。

轻质 RTM 保留了 RTM 工艺中的对模工艺,但其上模为半刚性的复合材料模,厚度一般为 6～8 mm,模具有一个宽约 100 mm 的刚性周边,由双道密封带构成一个独立的密封区,只要一抽真空模具即闭合,非常方便、快捷。抽真空后,利用模内的负压和较低的注射压力将树脂注入模具,使树脂渗入预先铺设的增强纤维或预制件中。轻质 RTM 模具费用低,而且是在较低压力下成型,所用的模具很容易从开模工艺的模具改造过来。

轻型 RTM 在国外的应用发展很快,并有超过 RTM 技术应用的趋势。目前常见的应用领域有航空航天、军事、交通、建筑、船舶和能源等,例如,飞机的复合材料舱门、风扇叶片、机头雷达罩、飞机引擎罩等;军事领域的鱼雷壳体、油箱、发射管等;交通领域的轻轨车门、公共汽车侧面板、汽车底盘、保险杠、卡车顶部挡板等;建筑领域的路灯的管状灯杆、风能发电机机罩、装饰用门、椅子和桌子、头盔等;船舶领域的小型划艇船体、上层甲板等。

真空辅助 L-RTM 成型技术是一种新型低成本的复合材料大型制件的成型技术,其最大优势在于大幅节约了模具成本,因此对于大尺寸、大面积的复合材料制件是一种十分有效的成型方法,可用于大厚度的船舶、汽车、飞机等结构件的制造。L-RTM 工艺制造复合材料制件的性能和质量高、空隙率含量小、成型过程中产生的 VOC 挥发气体少、环境污染小。并且具有很大的工艺灵活性,被广泛应用于中小型游艇、风电机舱罩、汽车大包盖、工程车覆盖件等领域。

4. 高压 RTM 技术

高压 RTM(high pressure RTM,HPT-RTM)技术是近年来开发的一种针对大批量生产高性能热固性复合材料制件的新型 RTM 技术。

它采用预成型件、钢模,真空辅助排气,高压注射和在高压下完成树脂的浸渍和固化工艺,实现低成本、短周期(大批量)、高质量生产。其工艺流程如图8-22所示。

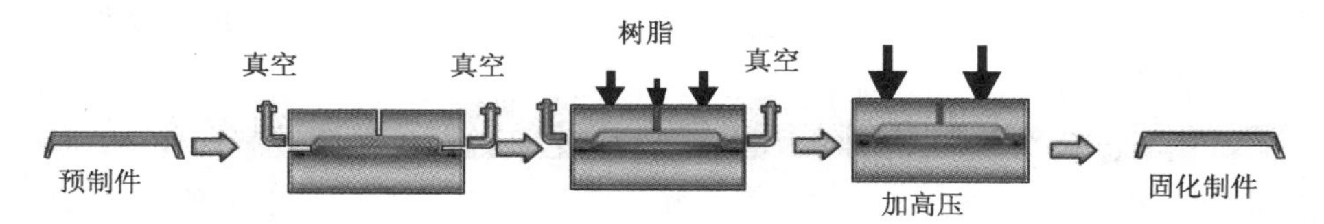

图8-22　HP-RTM成型工艺示意图

HP-RTM的原理是采用的专门开发的树脂基体,如低黏度和快速固化的环氧树脂系统,而对于热塑性树脂基体,是将反应单体聚合物与反应催化剂混合,用高注射压力注入模腔中,快速浸渍纤维预型体,然后快速固化成复合材料制件。成型时间可控制在60 s之内,更短的甚至在30 s之内。与传统RTM相比,HP-RTM大幅提高生产效率,将年产率由3 000～4 000件提高到12 000～50 000件,充分满足汽车工业对复合材料的大量需求。

除专用树脂基体外,另一关键技术是树脂高压注射,一般的RTM注射压力为800～2 000 MPa,而HP-RTM高达20 000～25 000 MPa,大大减少了注射时间,缩短了工艺周期。因为高压注射对模具的精度和强度有更高要求,一般采用高强度钢或殷钢作模具材料,使模具成本提高。由于整个生产过程完全是自动连续,精度要求很高,因此所有工序都由机器完成。

HP－RTM主要优点包括:快速高效、生产周期短、产品具有卓越的表面性能和质量、产品的厚度和三维形状尺寸偏差低、工艺稳定性和重复性好、适合于大规模化的工业生产。

8.3.5　复合材料干法成型工艺

复合材料干法成型也称为二步法成型,即第一步是将树脂与增强体复合制备成预浸料或其他形式的模塑料,然后再用相应的方法制造复合材料产品。

8.3.5.1　模压成型[64,65]

模压成型工艺是复合材料生产中一种传统常用的成型方法。它是由普通塑料制品模压成型演变而来,是一种对热固性树脂和热塑性树脂都适用的纤维复合材料成型方法。模压成型基本过程是:将一定量的模压料经一定预处理后放入预热的模具内,施加较高的压力使模压料填充模腔。在一定的压力和温度下使模压料固化,然后将制品从模具内取出,再进行必要的辅助加工即得产品(见图8-23)。

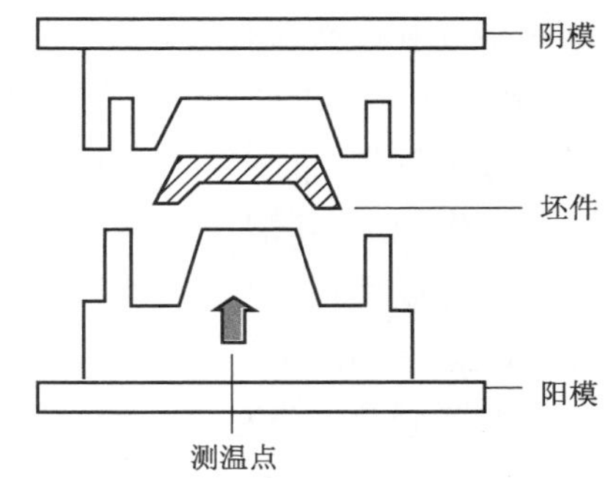

图8-23　模压成型工作示意图

模压成型工艺的主要优点如下:

(1)生产效率高,便于实现专业化和自动化生产;

(2)产品尺寸精度高,重复性好;

(3)制件表面光洁,无须二次修饰;

(4)能适合不同形状和尺寸的制品成型;

(5)可实现批量生产,价格相对低廉。

模压成型的不足之处在于模具制造复杂,模压的压机投资较大,制品尺寸受设备限制,一般只适合制造批量大的中、小型制品。

随着金属加工技术、压机制造水平及合成树脂工艺性能的不断改进和发展,压机吨位和台面尺寸不断增大,模压料的成型温度和压力也相对降低,使得模压成型制品的尺寸逐步向大型化发展,目前已能生产大型汽车部件、浴盆、整体卫生间组件等。

模压料的品种有很多,可以是预浸物料、预混物料,也可以是坯料。当前所用的模压料品种主要有:预浸布、纤维预混料、片状模塑料、块状模塑料、团状模塑料、高强模塑料、厚层模塑料等品种。

(1)片状模塑料(sheet molding compound, SMC)是把低黏度树脂浸到玻璃纤维中形成的连续、片状预成型模塑复合材料,采用模压成型,能够制造带有筋、凸起的大型覆盖件。

(2)SMC 生产效率相对较高,产品性能稳定,强度高,质地均匀,强度较高,能得到良好表面,适合制造汽车外装饰件(如商用车保险杠、翼子板等)。

(3)厚片状模压料(thick molding compound, TMC)的组成与 SMC 相似,厚度 50 mm 以上。由于厚度大,玻璃纤维能随机分布,改善了树脂对玻璃纤维的浸润性。该材料还可以注射和传递成型,适用于制作大型载货车的内、外装饰件。

(4)块状(团状)模塑料(bulk molding compound, BMC)是把树脂、填料和玻璃纤维等各种成分混炼成块状料,采用模压成型。由于玻璃纤维在混炼过程中受到破坏而降低了产品的强度,所以制品强度比 SMC 略低。目前 BMC 应用较少,有被 SMC 取代的趋势。BMC 一般用于中型外装塑料件(如壳体类零件和导流板等)。

(5)团状模塑料(dough molding compound ,DMC),即与 SMC 有类似的性能和成分。由于具有优良的电气性能、机械性能和耐化学腐蚀性,又适应各种成型工艺,因此在汽车电器和车灯上的应用较多。

(6)高强度模压料(high molding compound, HMC)中不加或少加填料,采用短切玻璃纤维(纤维含量为 65%左右)增强,强度较高,用于制造中小型、高强度的汽车零件。

(7)玻璃纤维毡增强热塑性片材(glass mat reinforced thermoplastics,GMT)是一种用玻璃纤维针刺毡增强的热塑性塑料半成品片材。GMT 的基体树脂材料通常采用聚烯烃类塑料(如聚丙烯等),也可采用尼龙、聚酯等其他树脂。具有密度低、价格低、加工性好、贮存期长和综合性能较高的特点,使用比较普遍。能够制造有较高强度、耐高温要求的汽车零部件。

GMT 模压成型,工艺特点主要有:片材需要预热至 220 ℃以上,成型压力高(10 MPa 以上),成型温度低(40 ℃左右),成型周期短(1 min 以内),成型周期是 SMC 的 1/3～1/4。GMT 制品强度高、冲击韧性好、可回收利用,因此应用范围不断扩大,有代替金属和热固性复合材料的趋势。但是高玻璃纤维含量的聚烯烃基 GMT 有表面质量略低、表面处理较难的问题,一般应用于前端模块框架、汽车仪表板骨架、座椅骨架和保险杠骨架等高强度骨架类零件。

模压成型工艺流如图 8 - 24 所示。

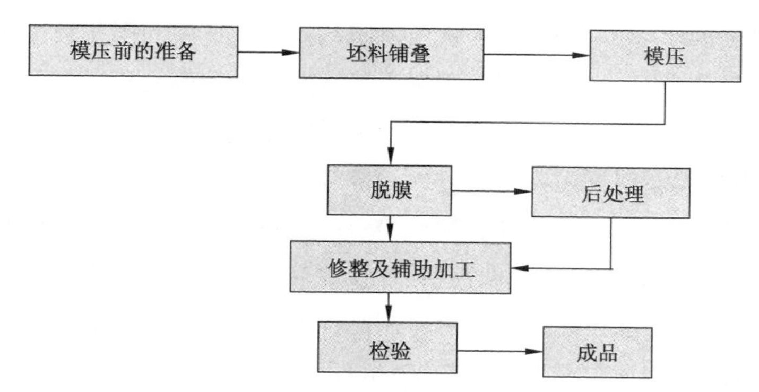

图8-24　复合材料模压成型工艺流

工序的要求：

(1)模压前的准备。首先是模具准备，包括模具检查和装配，涂脱模剂，预热等。另外是模压工艺参数确定，如升温速率、固化温度、加压时机、最大压力、保压时间、冷却速率、开模温度等，以上各项要在正式操作之前决定好。

(2)坯料铺叠。对于不同尺寸的模压制品要进行装料量的估算，以保证制品几何尺寸的精确，防止物料不足造成废品，或者物料损失过多而浪费材料。层压片料可直接在模上铺叠，要注意纤维方向，每层要压实，排除气泡。

(3)模压。将装有坏实的模具放入热压机中，按规定的工艺条件实行加热加压，完成制件固化。

(4)脱模及后处理。模具冷却到一定温度后可开模取出制件，要检查制件质量，包括外形、尺寸、表面质量等。已脱模的制品要放在烘箱内在较高温度下进一步加热固化一段时间进行后处理，目的是保证制件完全固化，提高制品尺寸稳定性和除去制品中的内应力。热处理温度随制品壁厚而定。

影响模压制品的性能和质量的因素主要有以下几项：

(1)模塑料。

各种模塑料或预浸料的树脂基体或增强体的性质、配比以及用量都是影响制件性能和质量的重要因素，因此要根据制件的性能要求选择合适的基体和增强体。另外前述任何形式的模塑料，在装模前必须精确计算并确定最合理的用量，用量过多会有多余料从模腔溢出，过少会使制件缺料，均对制件性能和质量有影响。

(2)模具。

压制模具一般用有足够强度、刚度和长使用寿命的金属模，应考虑能给制品各部位、各方向较均匀地施加压力，也要考虑保证制品顺利出模。模具设计尽量使制品整体成形，既可保证制品的强度、刚度，又可减少辅助加工工序和工装模具数量。

(3)压制工艺条件。

工艺条件要实现温度、压力和时间的优化，得到最佳性能和质量的制品。

温度是模压成型的主要工艺参数，影响到树脂基体反应速度和固化程度，因而也影响复合材料制品的最终性能和质量，必须根据所用树脂基体类型合理确定模压温度。

压力是另一个重要工艺参数，起到控制树脂和纤维合理配比的作用，压力不够会影响到制件的压实密度，压力过大会使树脂流出量过大，都对制件的质量不利。

模压时间是固化过程所需要的时间，指预浸料或模塑料放入工装模具中开始升温，加压至固化完全的时间。模压时间与预浸料的类型、挥发物含量、制品形状、厚度、工装模具结构、模压温度、压力等因素有关。模压时间的长短对制品性能影响甚大，模压时间太短，固化不完全，制品物理和力学性能低，表面粗糙度差、制品易出现变形。模压时间过长，制品变脆，产生微裂纹，内应力会增加。

近几年来随着复合材料生产自动化和建立在二维与三维织物的先进工艺基础上的复合材料半成品材料工业的发展，以长或短纤维为增强材料，以热塑性、热固性树脂为基体材料的各类复合材料模压制品工艺发展很快，产品性价比高，环境污染小，生产率高，已经或正在不断适应汽车公交业、航空航天业、化工业、桥梁、通讯等领域工业化发展的需要。

8.3.5.2 热压罐成型[66—68]

热压罐成型是最早开发用于航空结构复合材料制造的一种技术，目前还在继续大量使用。特别是对于一些大尺寸和形状复杂的制件，采用整体化的共固化成型时，就要采用这种技术。

热压罐是一种能同时加热加压的专门设备，其主体是一个卧式的圆筒型罐体，同时配备有加温、加压、抽真空、冷却等辅助功能和控制系统，形成一个热压成型设备系统。为了适合制件不同尺寸的要求，从罐体内部空间的大小可分为小型、中型和大型。小型热压罐的罐体内径为0.5 m，长度为2 m左右，主要用于小制件的成型和教学示范。大型热压罐内径可达数米，长度达数十米。主要用于大尺寸和整体化部件成型。

热压罐的温度和压力是主要性能指标。最大工作温度一般为250 ℃，高温热压罐要求达到400 ℃，主要满足高温型树脂基复合材料成型需要。最大工作压力至少要达到50个真空大气压。罐内温度和压力分布要均匀。能保证大尺寸和形状复杂的制件各点的加热加压均匀一致。

热压罐成型的工艺过程如下：

(1)模具准备。模具要用软质材料轻轻擦拭干净，并检查是否漏气。然后在模具上涂布脱模剂。

(2)裁剪和铺叠。按样板裁剪带有离型纸的预浸料，剪切时必须注意纤维方向，然后将裁剪好的预浸料揭去保护膜，按规定次序和方向依次铺叠，每铺一层要用橡胶辊等工具将预浸料压实，赶除空气，形成如图 8-25(a)所示的坯件。

(3)组合和装袋。在模具上将预浸料坯料和各种辅助材料组合并装袋，应检查真空袋和周边密封是否良好，如图 8-25(b)所示。

(4)热压固化。将真空袋系统组合到热压罐中，接好真空管路，关闭热压罐，然后按确定的工艺条件抽真空/加热/加压固化。

(5)出罐脱模。固化完成后，待冷却到室温后，将真空袋系统移出热压罐，去除各种辅助材料，取出制件进行修整。

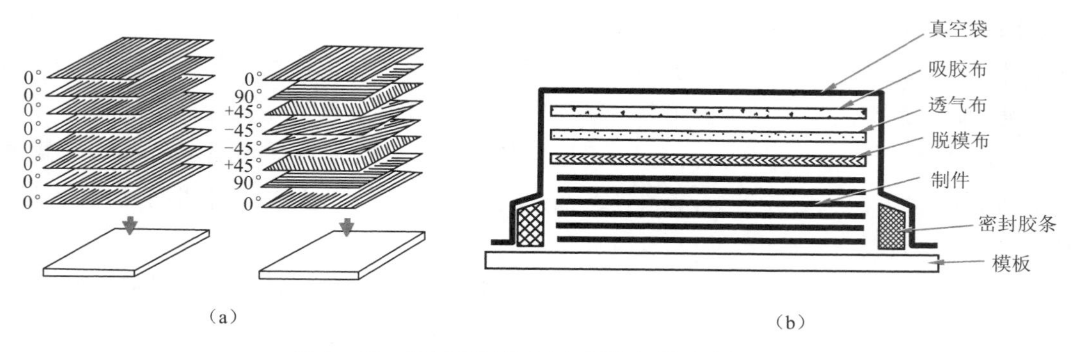

图 8-25　层压板坯件(a)与封装组件示意图(b)

热压罐成型的技术要点在于如何控制好固化过程中温度和压力与时间的关系，通常，制定一个复合材料产品成型的工艺路线的要经过一系列的工艺性能试验，取得较完整的结果数据，最后再结合制件的具体要求制定出合理的工艺规程，而且在实际生产过程中，工艺条件可根据情况作适当修改。热压罐的工作示意图与典型的固化周期如图 8-26 所示。

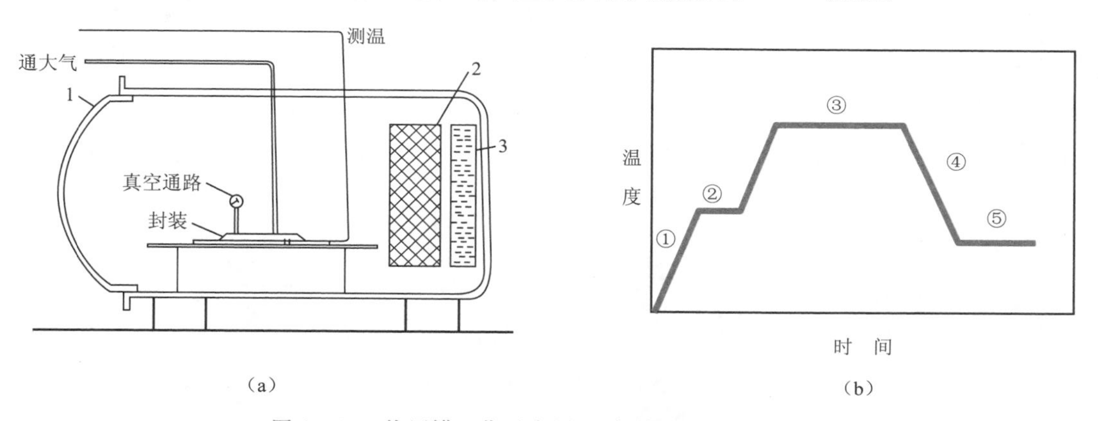

图 8-26　热压罐工作示意图(a)与热压固化周期 (b)

典型的热压罐固化工艺过程分 5 个阶段，详见图 8-26 (b)，每个阶段的技术要点如下：

(1)升温阶段。要选择合理的升温速度，对于大制件，升温要慢，使整个制件受热均匀，2 ℃/min 是常用的升温速率。这个阶段主要用真空压力，视情况可施加一定压力。

(2)吸胶阶段。实际上是一个中间保温阶段，对不同的树脂基体，保持的温度和时间有所不同，此阶段的主要目的是使树脂熔化，浸渍纤维、除去挥发物，并且使树脂逐步固化至凝胶状态。此阶段的成型压力为全压的 1/3～1/2。使部分树脂流出，保证制件最后的树脂含量符合设计要求。

(3)继续升温阶段。经过吸胶阶段后，树脂基体已成半固化状态，溶剂和低分子量挥发物充分排出，将温度升至固化温度。热固性树脂的固化反应是放热反应，固化过程中有热量放出,如升温速度过快,使固化反应速度急剧加快,热量集中地大量放出,导致材料局部烧坏,这种现象称为暴聚,必须避免。

(4)保温热压阶段。此时的温度是树脂固化的温度,树脂基体进一步固化,这一阶段要加全压,目的是使树脂在继续固化过程中,层片之间充分压实。从加全压到整个热压结束,称为**热压阶段**。而从达到指定的热压温度到热压结束的时间,称为**恒温时间**。热压阶段的温度、压力和恒温时间是成型过程中的重要工艺参数,必须根据所用树脂基体的配方严格控制。

(5)冷却阶段。在一定保压的情况下,采取自然冷却或者强制冷却到一定温度或室温,然后卸压,取出产品。冷却时间过短,容易使产品产生翘曲、开裂等现象。冷却时间过长,对制品质量无明显帮助,但会使生产周期拉长。

此一阶段也称后处理阶段,高温固化的制件,经过这一阶段在较低温度下保持一段时间,可以消除因高温固化所产生的制件内应力,防止卸压脱模后制件变形。

总之,固化过程中的各种工艺参数,要根据所用树脂基体的特性来确定。在成型过程中,要对各种工艺参数进行严格的控制,才能得到高质量的制品。

热压罐成型仅用一个阴模或阳模就可得到形状复杂、尺寸较大、高质量的制件。热压罐成型技术主要用来制造高端的航空、航天复合材料结构件,如直升机旋翼、飞机机身、机翼、垂直尾翼、方向舵、升降副翼、卫星壳体、导弹头锥和壳体等。

如图 8-27 所示是美国雷神 (Raytheon)公司于 2001 年初获 FAA 适航认证的"首相一号"(Premier I)飞机的全复合材料机身段的制造过程,这个机身段采用预浸带自动铺放技术,4 个工人仅用一周就完成了制造全过程。图 8-27(a)是预浸带自动铺放情景,图 8-27(b)是机身段即将进入热压罐固化的情景。"首相一号"飞机是目前最先进的轻型喷气式商务飞机。

(a)

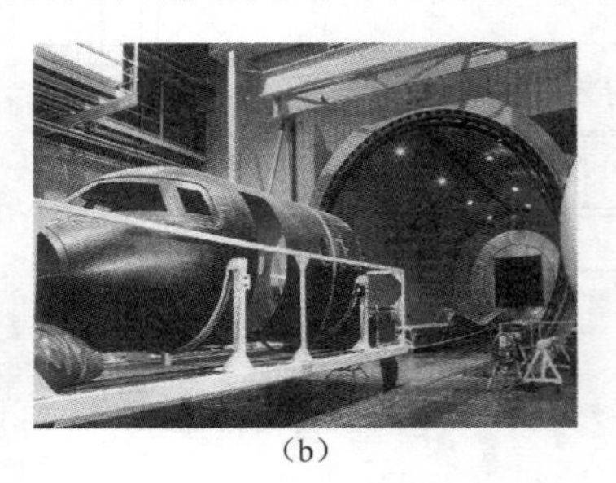
(b)

图 8-27 美国雷神 (Raytheon)公司首相一号飞机的全复合材料机身段

热压罐成型技术现在仍然被用来大量制造高端航空航天复合材料,但设备投资大,成本较高。为了降低制造成本,提高生产效率,一种新的成型技术得到开发,这就是热压罐的共固化整体成型技术。

共固化是实现复合材料制件整体化成型的一种重要方法。对飞机结构而言是典型的薄壁结构件,如承力机身蒙皮、机翼和操纵面蒙皮等对稳定性要求很严。虽然先进复合材料有较高的弹性模数,但是在很多情况下还需要额外加强。加强的方式无非是选用夹芯结构,或选用不同横截面形状的桁条或加强筋直接加强(见图 8-28),而后者就属于一种复合材料整体结构的成型。实际上夹芯结构(也叫夹层结构)也是一种典型的整体化成型结构,已有几十年的发展历史,属于复合材料整体成型结构的一个方面。

图 8-28 几种典型的复合材料整体结构

用热压罐实现这种整体结构的成型称为**共固化**(co-curing)或**共胶接** (co-bonding)。

共固化是将两个或两个以上的预成型件采用同一工艺规范一次固化成型为一个整体构件的工艺方法。这种方法一般要用相同的复合材料预成型件。

共固化最大的优点在于,与胶接共固化或二次胶接相比,只需要一次固化过程,不需要装配组件间的协调,就能得到结构整体性好的复合材料制件,大幅减少机械连接件的数量,这是复合材料制造成型的一个最显著的优势。

胶接共固化 (co-bonding),也称**共胶接**,是将一个或多个已经固化成型的部件与另一个或多个尚未固化的预成型件通过胶黏剂进行固化并胶接成一个整体构件的工艺方法。

8.3.5.3 挤出成型[69]

挤出成型(extrusion process)也称为**挤压模塑成型**或**挤塑成型**,是塑料常用的一种成型工艺,被拓展到复合材料的加工制造,是木塑复合材料目前大量采用的一种成型制造技术。其原理是借助螺杆的挤压作用,使受热熔化的原料在压力推动下,强行通过口模而成为具有恒定截面的连续型材。挤出成型几乎适用于所有的热塑性塑料。生产的制品有管材、板材、线缆包覆物以及其他制品,是一种生产效率高、用途广泛、适应性强的成型方法。具有产品质量稳定、成本较低、投资相对较少等优点。

挤出法生产木塑复合材料的主要设备是螺杆挤出机,包括单螺杆挤出机、平行双螺杆挤出机和锥形双螺杆挤出机。

1. 单螺杆挤出机

单螺杆挤出机的工作原理是热塑性固体物料和增强体短切纤维或颗粒从料斗加入,在旋转着的螺杆的作用下,通过机筒内壁和螺杆表面的摩擦作用向前输送和压实。在开始的阶段物料呈固态向前输送,由于机筒外有加热圈,热量通过机筒传导给物料;与此同时,物料在前进运动中生成摩擦热,使物料沿料筒向前的温度逐渐升高,致使基体材料从颗粒或粉状的固体转变成熔融的流体状态,与增强体混合熔融,再被连续不断地输送到螺杆前方,通过过滤网、分流板进入机头成型,从而使熔体具有一定的形状;再通过定型、冷却、牵引等辅助作用,就成为一定形状的复合材料制品。

2. 双螺杆挤出机

工作原理是利用平行啮合同向旋转双螺杆，当物料由加料口加到一根螺杆上后，在摩擦拖拽下将沿着这根螺杆的螺槽向前输送至楔形区，在这里物料受到一定压缩。因两根螺杆在楔形区有一大小相等、方向相反的速度梯度，故物料不可能进入啮合区绕同一根螺杆继续前进，而是被另一根螺杆托起并在机筒表面的摩擦拖拽下沿另一根螺杆的螺槽向前输送。当物料前进到上方楔形区时，又重复此过程，只是已在轴线方向移动了一定距离。

双螺杆挤出机尤其是啮合同向双螺杆挤出机的特点是剪切力大、混合效率高，但熔体压力控制不如单螺杆挤出机平稳，故双螺杆挤出机主要用于混合效率要求高的场合，如纤维与塑料熔融复合。双螺杆挤出机结构复杂，价格一般为相当螺杆直径单螺杆挤出机的数倍。

如果将双螺杆挤出机与单螺杆挤出机串联组合，并与型材辅机组成型材挤出生产线，则能充分发挥各自的优点。即利用双螺杆挤出机混合能力强的优点和单螺杆挤出机机头压力大而稳定的优点，生产的木塑复合材质量好而加工成本相对较低。这主要是因为木材组分(纤维、粉末、细小刨花等)与塑料在双螺杆挤出机中能够充分地混合均匀，同时，由于物料只有一次受热过程(而采用双螺杆挤出机进行木塑复合料造粒，然后用单螺杆挤出机挤出型材的传统工艺，物料需要两次受热熔融)，不仅降低了能耗，而且有利于降低物料的热降解。

3. 锥形双螺杆挤出机

锥形双螺杆挤出机对物料的混合能力强于单螺杆挤出机，而挤出压力比双螺杆挤出机大，可用于直接挤出型材。此外，有物料压缩比大的特点，这对于原料堆积密度较低的木塑复合材的挤出加工而言是突出的优点。然而，锥形双螺杆挤出机的混合效率不及平行双螺杆挤出机，此点在选择具体设备时应予以充分注意。

4. 木塑复合材料挤出成型工艺概述

干燥的木材纤维(或木粉、细小刨花，可预先进行表面改性处理)由特殊的喂料器在塑料熔融时连续喂料(或者与塑料粉末混合后一同喂料)，木材纤维与塑料及助剂(偶联剂、润滑剂、紫外线吸收剂、抗氧剂、热稳定剂等)在双螺杆挤出机的熔融段被充分混合。此时木材中的残余水分由真空泵带走。在充分混合并塑化后，混合物在一定压力下从口模挤出，制成型材或板材。这种挤塑可以挤出性能一致的材料。

使用这种加工方式的木材需要干燥，以防止复合材料中出现气泡，同时木材纤维的长径比要小，以免在加工时有大量的木材纤维交缠成团，影响产品质量，也使设备免受损伤。

在挤出成型加工工艺中，温度、转速和物料在挤出机中的停留时间是主要的工艺参数。如果温度太高，木材纤维会很快降解，其力学强度降低，颜色变深，从而影响复合材料的质量。一般加工温度都在 150～200 ℃之间。

转速和木材纤维在挤出机中的停留时间对材料的性能影响很大。如果转速太快，剪切力增大，大量的木材纤维和刨花被剪断，而且两种材料混合不均匀；如果转速过慢，不仅由于剪切不足而影响物料的混合，而且木材纤维和刨花在挤塑机中停留时间太长也会加剧木材原料的热降解，导致产品质量降低。

木塑复合材料是目前应用非常广泛的一种复合材料，其优势在于原料广泛易得、生产效率高、价格低廉、外形美观，被大量用于基建、家居、园林和公共设施等方面。

8.3.5.4　拉挤成型[70—72]

拉挤工艺是一种连续生产复合材料型材的方法，基本工序是增强纤维从纱架引出，经过集束辊进入树脂槽中浸胶，然后进入成型模，排出多余的树脂并在压实程中排除气泡，纤维增强体和树脂在成型模中成型并固化，再由牵引装置拉出，最后由切断装置切割成所需长度(见图 8－29)。

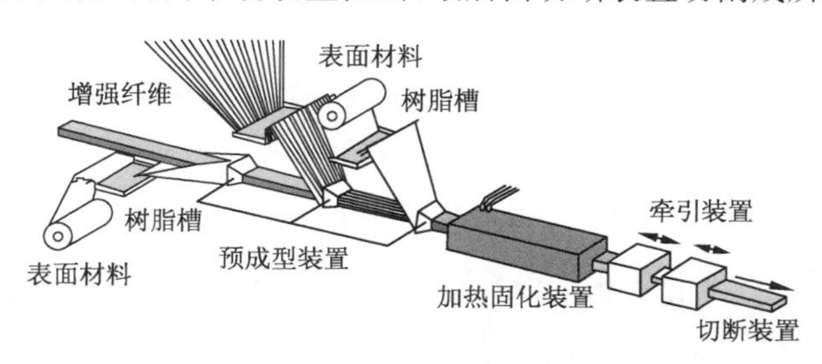

图 8－29　复合材料拉挤成型示意图

拉挤成型工艺对树脂的基本要求为黏度低，对增强材料的浸透速度快，黏结性好，存放期长，固化快，具有一定的柔软性，成型时制品不易产生裂纹。

拉挤成型工艺所用的树脂主要有不饱和聚酯树脂、环氧树脂和乙烯基酸树脂以及一些生物树脂等。其中以不饱和聚酯树脂为主，大约占总用量的 80%以上。

拉挤成型工艺中所用的增强材料绝大部分是玻璃纤维，其次是聚酯纤维。在航空航天、船舶、机械、运动器械等高档应用中，也用芳纶、碳纤维等高性能增强材料，推广到绿色复合材料，也可用强度较高的连续再生纤维素纤维。

拉挤成型工艺已经广泛使用，技术还在继续发展中，主要是生产连续的大尺寸、复杂截面、厚壁的产品。其中有代表性的是反应注射拉挤(continuous resin transfer molding pultrusion process，CRTM)和曲面拉挤 (curved surface pultrusion)。

反应注射拉挤是 20 世纪 70 年代后期发展起来的，是树脂传递模塑与拉挤工艺的结合，增强纤维通过导纱器和预成型模后，进入连续树脂传递模塑模具中，在模具中以稳定的高压和流量，注入专用树脂，使增强纤维充分浸透和排除气泡，在牵引机的牵引下进入模具固化成型，从而实现连续树脂传递模塑，或称**注射拉挤**。这种方法所用原料不是聚合物，而是将两种或两种以上液态单体或预聚物以一定比例分别加到混合头中，在加压下混合均匀，立即注射到闭合模具中，在模具内聚合固化，定型成制品。由于所用原料是低黏度液体树脂，用较小压力即能快速充满模腔，所以降低了合模力和模具造价，特别适用于生产大面积制品。反应注射成型要求树脂的各组分一经混合，立即快速反应，并且能固化到可以脱模的程度。成型设备的关键是混合头的结构设计、各组分准确计量和输送。此外，原料贮罐及模具温度控制也十分重要。

曲面拉挤是美国 Goldworthy Engineering 公司在原有拉挤技术基础上，开发了一种可以连续生产曲面型材的拉挤工艺，例如用来生产汽车用弓形板簧。这种工艺的拉挤设备由纤维导向分配器、浸胶槽、射频电能预热器、导向装置、旋盘阴模、固定阳模模座、模具加热器、高速切割器等装置组成。所用原材料为不饱和聚酯树脂、乙烯基树脂或环氧树脂和玻璃纤维、碳纤维或混杂纤维。曲面拉挤的工作原理是用活动的旋转模代替固定模，旋转模包括阴模和阳模，可以通过控制实现相对旋转，它们之间的空隙即成型模腔。浸渍了树脂的增强材料被牵引进入由固定阳模与旋转阴模构成的闭合模腔中，然后按模具的形状弯曲定型、固化。制品被切割前始终置于模腔中。待切断后的制品从模腔中脱出后，旋转模即进入下一轮生产位置。

德国的 Thomas 公司开发了一种新的制造技术“半径拉挤成型”，这使得有可能生产出几乎所有角度的半径连续弯拉挤型材。该技术能够产生拱形或圆形部分，包括螺旋形部分，使拉挤型材跳出一维，变成三维拉挤型材，如图 8-30 所示。

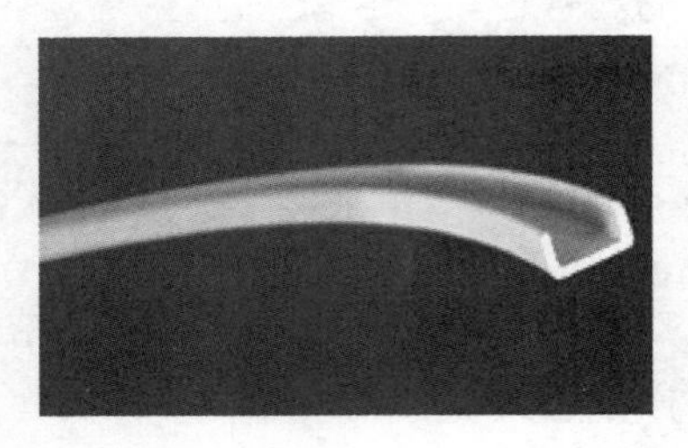

图 8-30　由曲面拉挤成型的复合材料拉挤成型

半径拉挤成型可应用于汽车、飞机、船舶、建筑和家具，及要求弯曲的连续型材的制造。

8.3.5.5　缠绕成型[71,72]

纤维缠绕是一种复合材料广泛采用的连续成型方法，基本方法是将浸过树脂胶液的连续纤维或布带按照一定规律缠绕到芯模上，然后固化脱模成为复合材料制品，如图 8-31 所示。这种方法主要用来制造圆形管道、压力罐、贮存罐等旋转对称形状的产品。其特点是成型过程连续，一次性完成；制品形状和尺寸都能得到保证，在直径方向的强度高，但需要专门的缠绕机器和辅助设备，生产成本较高。

根据纤维缠绕成型时树脂基体的物理化学状态不同，分为干法缠绕、湿法缠绕和半干法缠绕三种。

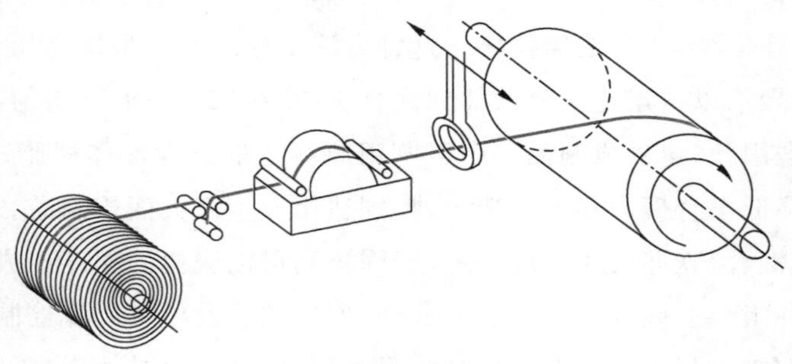

图 8-31　纤维缠绕成型示意图

(1)干法缠绕。

干法缠绕是采用经过预浸胶处理的预浸纱或带，在缠绕机上经加热软化至黏流态后缠绕到芯模上。这种方法适合于热固性树脂，也适合于热塑性树脂。由于预浸纱(或带)是专业生产，能严格控制树脂含量(精确到2%以内)和预浸纱质量。因此，干法缠绕能够准确地控制产品质量。干法缠绕工艺的最大特点是自动化程度高，生产效率高，缠绕速度可达100～200 m/min，缠绕过程机器和场地清洁，劳动卫生条件好，产品质量高。其缺点是缠绕设备贵，需要增加预浸纱制造设备，投资较大。此外，干法缠绕制品的层间剪切强度较低。

(2)湿法缠绕。

湿法缠绕是将纤维丝束(纱式带)牵引通过浸胶槽现场浸胶后，在张力控制下直接缠绕到芯模上。湿法缠绕的优点如下：

① 成本是干法缠绕的40%；

② 产品气密性好，因为缠绕张力使多余的树脂胶液将气泡挤出，并填满空隙；

③ 纤维排列平行度好；

④ 湿法缠绕时，纤维上的树脂胶液可减少纤维磨损；

⑤ 生产效率高(达200 m/min)。

湿法缠绕的缺点是树脂浪费大、操作环境差、含胶量及成品质量不易控制。

(3)半干法缠绕。

半干法缠绕是纤维浸胶后到缠绕至芯模的过程中，增加一套烘干设备，将浸胶纱中的溶剂除去，与干法相比，省却了预浸胶工序和设备；与湿法相比，可使制品中的气泡含量降低。

以上三种缠绕成型中，以湿法缠绕应用最为普遍；干法缠绕仅用于高性能、高精度的航空航天的高端技术领域。

在缠绕成型中，根据纤维(或带)缠绕的方式可分为环形缠绕、螺旋缠绕和极向缠绕。

(1)环形缠绕(hoop winding)，工作原理由图8-32所示。缠绕过程中芯模绕自身轴线匀速旋转，绕丝嘴沿芯模筒体轴线平行方向移动，芯模每转一周，绕丝嘴移动一个纱片宽度的距离，如此循环下去，直到纱片均匀地布满芯模筒体段表面为止。环向缠绕只能在筒身段进行，只提供环向强度。环向缠绕的缠绕角(纤维方向与芯模轴夹角)多在85°～90°之间，主要由带宽决定。环向缠绕最适合于制造环向压力较大的管道的罐体。

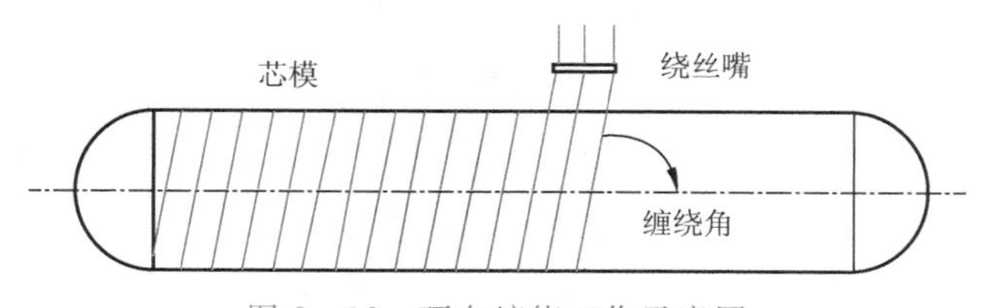

图8-32　环向缠绕工作示意图

(2)螺旋或交叉缠绕(helical winding)是用得较多的缠绕模式，用来制造圆柱零件，通常其缠绕角大于45°，螺旋缠绕的特点是：芯模绕自身轴线均匀转动，绕丝嘴沿芯模轴线方向按缠绕角所需要的速度往复运动。螺旋缠绕的基本线型是由封头上的空间曲线和圆筒段的螺旋线所组成(见图 8－33)。螺旋缠绕纤维在封头上提供经纬两个方向的强度,在筒身段提供环向和纵向两个方向的强度。

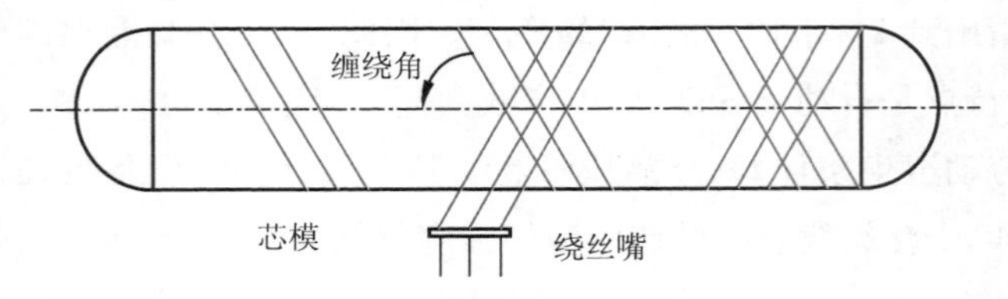

图 8－33　螺旋缠绕工作示意图

(3)极向缠绕,有时也称为纵向缠绕或平面缠绕。缠绕时,缠绕机的绕丝嘴在固定的平面内做匀速圆周运动,芯模绕自身轴线慢速旋转,绕丝嘴每转一周,芯模旋转一个微小角度,相当于芯模表面上一个纱片的宽度。纱片与芯模轴的夹角称为缠绕角,其值小于 25°。纱片依次连续缠绕到芯模上,各纱片均与两极孔相切,各纱片依次紧挨而不相交。纤维缠绕轨道近似为一个平面单圆封闭曲线。极向缠绕基本线型如图 8－34 所示。

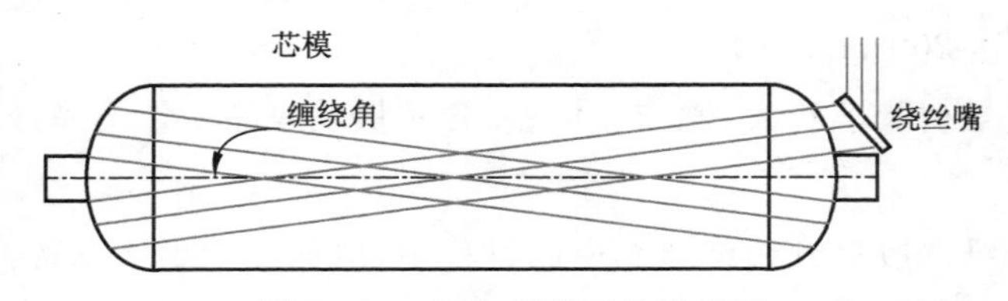

图 8－34　极向缠绕工作示意图

上述三种缠绕方式,都是通过芯模与绕丝嘴做相对运动完成的。如果纤维是无规则地乱缠,势必出现纤维在芯模表面离缝或重叠,以及纤维滑线不稳定的现象。显然,这是不能满足产品设计要求和使用要求的,因此,要求芯模与绕丝嘴应按一定的规律运动,能满足如下两点要求:

① 纤维既不重叠又不离缝,均匀连续缠满芯模表面;

② 纤维在芯模表面位置稳定不打滑。

纤维在芯模表面满足上述条件的排布规律,以及为实现排布规律,导丝头与芯模的相对运动关系就是缠绕规律(亦称线型)。缠绕规律是保证缠绕制品质量的重要前提,是产品设计的重要依据,同时又是缠绕设备设计的依据。

用于缠绕成型的增强纤维以丝束或纱带的形式提供,而干法缠绕使用的材料是经过预浸胶处理的预浸纱或预浸带,是这两种材料预先的组合形式。最常用有玻璃纤维、碳纤维和芳纶纤维。纤维的基本单位是单丝,并由其组成原丝、纤维束和粗纱。以玻璃纤维为例,一根原丝由 200 根单丝组成。玻璃纤维的粗细用特克斯(Tex)数来区分,Tex 数指 1 000 m 粗纱的克数。芳纶纤维也通过类似的方法来区分,其采用 dTex 数,它是指 10 000 m 粗纱的克数。

碳纤维常被称为**纤维束**,而不是粗纱。它的粗细用 K 数来区分,K 数表示一束纤维中单丝的数量。例如,24 K 表示一束纤维包含 24 000 根单丝。缠绕成型用的粗纱或纤维束由外部的一个硬纸筒放卷。

树脂基体是指树脂和固化剂组成的胶液体系。缠绕制品的耐热性,耐化学腐蚀性及耐自然老化性主要取决于树脂性能,同时对工艺性、力学性能也有很大影响。其基本要求如下:

① 适用期要长,为了保证能顺利地完成缠绕过程,胶液的凝胶时间应大于 4 h;

② 树脂胶液的流动性是保证纤维被浸透,含胶量均匀和纱片中气泡被排出的必要条件,缠绕成型胶液的黏度应控制在 0.35~1.0 Pa·s;

③ 树脂基体的断裂伸长率应和增强材料相匹配,不能太小;

④ 树脂胶液在缠绕过程中毒性要小,固化后的收缩率要低。

环氧树脂、乙烯基酯树脂、不饱和聚酯树脂是缠绕成型最常用的热固性基体。聚酯通常用于成型次要部件,乙烯基酯用于对耐化学性要求高的产品,而环氧树脂一般用于成型结构件。

制造纤维含量高的缠绕产品需要高性能的树脂,以维持一些主要依赖于树脂的性能,如剪切强度和冲击性能。

缠绕是一种连续成型技术,主要用于径向强度要求高的旋转体制件。军工和空间技术方面的复合材料缠绕制品,要求精密、可靠、质量轻及经济等,纤维缠绕制品在航空、航天及军工方面的应用实例有:固体火箭发动机壳体、固体火箭发动机烧蚀衬套、火箭发射筒、鱼雷仪器舱、飞机机头雷达罩、大型燃料贮罐、直升机的旋翼、高速分离器转筒、天线杆、点火器、波导管、导弹连接裙、航天飞机的机械臂等。

在这些产品中,最具代表性的是火箭发动机壳体,例如,我国长征火箭发动机壳体,均用纤维缠绕玻璃钢取代合金钢,质量减轻了 45%,火箭航程由 1 600 km 增加到 4 000 km,生产周期缩短了 1/3,成本大幅降低,仅为钛合金的 1/10。

在民品方面,纤维缠绕制品的优点,主要表现在轻质高强、防腐、耐久、实用、经济等方面,已开发应用的产品有:高压气瓶(煤气、氧气)、输水工程防腐管道及配件、各种尺寸和性能贮罐、电机绑环及护环、风机叶片、跳高运动员用的撑竿、船桅杆,电线杆;贮能飞轮、汽车板簧及传动轴、纺织机剑杆、绕丝筒、羽毛球及网球球拍、磁选机筒等。

最具代表性的民用缠绕制品是玻璃钢管、罐。它具有一系列优点:耐化学腐蚀;摩擦阻力小,可降低能耗 30%左右;质量轻,为同口径钢管质量的 1/3~1/5;能生产 2~4 m 大口径管(而球墨铸铁管的最大口径为 1m);施工安装费用比钢管低 15%~50%;中国生产的直径 15~20 m,容积 1 000 m^3 以上的大型立式贮罐,已在工程实际应用,性能良好。

各种缠绕成型的复合材料制品见图 8-35。

其中图 8-35(e)所示为玻璃钢大型贮罐现场立式缠绕,玻璃钢贮罐具有轻质高强、耐化学腐蚀、使用寿命长的特点,非常适合油、气和石化产品的户外储存。现在贮罐向着大型或超大型方向发展,市场已有缠绕直径为 15~20 m 的玻璃钢耐腐蚀贮罐,采用现场立式缠绕制作方法,其优势主要体现在现场制作方便,解决了大型制件运输难题,大量节约厂房、设备及安装费用,可连续批量制作。

(a) M15导弹壳体

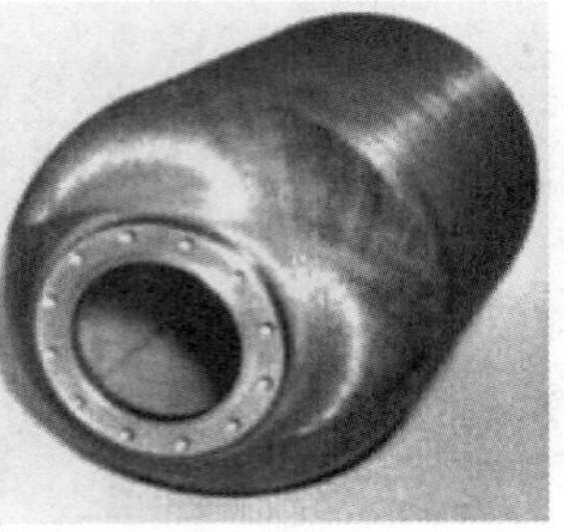

(b) 压力容器

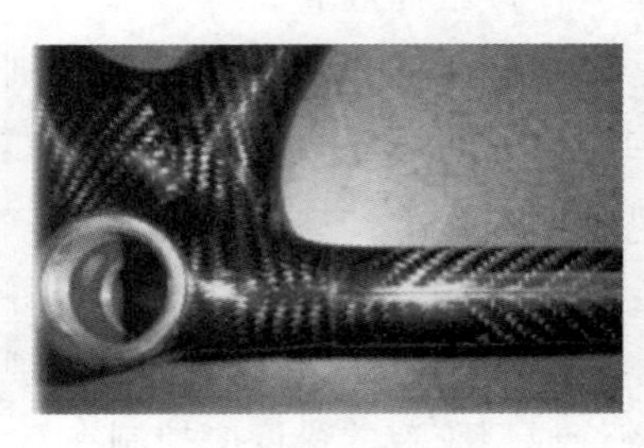

(c) 碳纤自行车框架

(d) 正在缠绕的大型玻璃钢管

(e) 玻璃钢大型贮罐现场缠绕

图 8-35 纤维缠绕成型的复合材料制品

参考文献

[1] 邢丽英．先进树脂基复合材料自动化制造技术[M]. 北京:中航出版传媒有限责任公司,2014.

[2] CAMPBELL F C. Manufacturing processes for advanced composites[M]. Cambridge Florida: Elsevier Advanced Technology,2013.

[3] MUZUMDAR. Composites manufacturing: materials, product, and process engineering[M]. Florida: CRC Press,2002.

[4] 黄家康．复合材料成型技术及应用[M]. 北京:化学工业出版社,2012.

[5] 李坚．生物质复合材料学[M]. 北京:科学出版社,2008.

[6] ADVANI S, HSIAO K T. Manufacturing techniques for polymer matrix composites (PMCs)[M]. Oxford:Woodhead Publishing Limited, 2012.

[7] 邢丽英,蒋诗才,周正刚．先进树脂基复合材料制造技术进展[J]. 复合材料学报, 2013,30(2):1-8.

[8] 何亚飞,矫维成,杨帆．树脂基复合材料成型工艺的发展[J]. 纤维复合材料, 2011, (2):7-12.

[9] 梁滨．航空级树脂基复合材料的低成本制造技术[J]. 材料导报：综述篇, 2009, 23 (4):77-81.

[10] 韩克清,严斌,田银彩,等．碳纤维及其复合材料高效低成本制备技术进展[J]. 中国材料进展,2012, 31(10):30-36.

[11] 林胜. 高端自动铺带机/铺丝机(ATL/AFP)的最新发展[J/OL]. http://www.newmaker.com/art_37256.html.

[12] 唐见茂．航空航天复合材料非热压罐成型研究进展[J]．航天器环境工程，2014，31 (6):577 - 583.

[13] GARDINER G. Out - of - prepregs: hype or revolution [J/OL]. High-Performance Composites. (2011-01-01) [2014 - 11 - 01]. http://www.compositesworld.com/articles/out-of-autoclaveprepregs-hype-or-revolution.

[14] 李彩林,文友谊,窦作勇．复合材料成型工艺仿真技术[J]．宇航材料工艺,2011,(3):27 - 30.

[15] 中国航空工业总公司．航空工业标准．HB 5342—1995 复合材料航空制件工艺质量控制[S]．中国航空工业总公司:2013.

[16] 王天成,葛云浩,沃西源．先进复合材料成型工艺过程中的质量控制[J]．航天制造技术，2011,(1):42 - 45.

[17] BARVARZ M G, KAKROOD A R, DRODRIGUE D C, et al. Multivariate image regression for quality control of natural fiber composites[J]. Industrial & Engineering Chemistry Res earch, 2013, 52 (35): 12426 - 12436.

[18] 胡杰文,冯振宇．复合材料层合板结构制造工艺的质量控制[J]．航天制造技术，2010,(1):49 - 52.

[19] 李建国．碳纤维复合材料孔隙率及其检测方法[J]．纤维复合材料，2012,(4):21 - 25.

[20] 许漂，段淑银，温菡．复合材料产品结构质量及成形工艺验证方法的探讨[J]．航空科学技术，2012,(4):47 - 50.

[21] 胡杰文,冯振宇．复合材料层合板结构制造工艺的质量控制[J]．航天制造技术，2010,(1):53 - 54,61.

[22] 王小永,钱华．先进复合材料中的主要缺陷与无损检测技术评价[J]．无损探伤，2006,30(4): 1 - 6.

[23] 章令晖,李甲申,韩宇．复合材料成型模具研究进展[J]．航天制造技术，2013, (1): 13 - 17.

[24] 何颖,蔡闻峰,赵鹏飞．热压罐成型中温固化复合材料模具[J]．纤维复合材料，2006,(1):58 - 60.

[25] 刘明昌．碳纤维增强环氧树脂预浸料及其复合材料的制备与性能研究[D]．上海:华东理工大学，2012.

[26] 徐燕,李炜．国内外预浸料制备方法[J]．玻璃钢/复合材料，2013,(9):73 - 77.

[27] Hexcel corporation. Prepreg technology[D/OL]. 2013-2-19. www.hexcel.com/Resources/DataSheets/Brochure-Data-Sheets/Prepreg_Technology-pdf.

[28] 陈平,于祺,孙明．高性能热塑性树脂基复合材料的研究进展[J]．纤维复合材料，2005,(2):52 - 57.

[29] CENTEA T. A review of out-of-autoclave prepregs - Material properties, process phenomena, and manufacturing considerations[J]. Composites Part A: Applied Science and Manufacturing, 2015, (70): 132 - 154.

[30] 罗云烽,彭公秋,曹正华．航空用热压罐外固化预浸料复合材料的应用[J]．航空制造技术，2012,(18):26 - 31.

[31] Ginger Gardiner. Out-of-prepregs: Hype or revolution? [J/OL], High-Performance Composites, 2011-01-01. http://www.compositesworld.com/articles/out-of-autoclave-prepregs-hype-or-revolution.

[32] North Thin Ply Technology. Prepreg materials[R/OL], 2014-11-16. http://www.thinplytechnology.com/prepreg-materials.php.

[33] 丁国志．手糊玻璃钢生产工艺的质量控制[J]．玻璃钢/复合材料 1993,(5):45 - 46.

[34] 陈玉辉,王嵘．手糊成型工艺生产过程中的质量控制[C]．第十四届玻璃钢/复合材料学术年会论文集，北京万方数据股份有限公司万方数据电子出版社,2001:207 - 210.

[35] 王勇祥，邱桂杰．玻璃钢喷射成型工艺 [C]．十六届全国玻璃钢/复合材料学术年会论文集,北京万方

数据股份有限公司万方数据电子出版社,2006,153 - 155.

[36] 李燕军．客车玻璃钢覆盖件喷射成型工艺及应用[J]. 客车技术与研究,2011,(0):36 - 38.

[37] Alan Harper. RTM-past, present and future[J]. Reinforced Plastics,2009,53(8):30 - 33.

[38] 马立．三维编织复合材料及其 RTM 成型工艺[J]. 航天返回与遥感 2000,(2):52 - 56,60.

[39] 邓杰．高性能复合材料树脂传递膜技术 RTM 研究[J]. 纤维复合材料，2005，22(1):50 - 54.

[40] ROUISON D. Resin transfer molding of natural fiber reinforced composites: cure simulation[J]. Composites Science and Technology, 2004, 64(5): 629 - 644.

[41] 张锐．RTM 用基体树脂研究进展[J]. 塑料工业，2011,39 (S1)：40 - 46.

[42] 阎业海,赵彤,余云照．复合材料树脂传递模塑工艺及适用树脂[J]. 高分子通报 2001,(6)：26 - 37.

[43] 孟秀青,张静,陈伟明．RTM 成型用高性能环氧树脂基体的研究[J]. 塑料工业，2011，(1)：30 - 34.

[44] 赵静．高性能双马来酰亚胺 RTM 树脂的研究 [D]. 太原:中北大学,2011.

[45] 陈建升,左红军,范 琳．适用于 RTM 成型聚酰亚胺材料研究进展[J]. 高分子通报 2006，(12)：31 - 35,90.

[46] 崔婷婷．适用于 RTM 工艺聚酰亚胺基体树脂的研究[D]. 长春:长春理工大学，2012.

[47] 汪星明，邢誉峰．三维编织复合材料研究进展[J]. 航空学报，2010，31(5)：914 - 927.

[49] 严柳芳,氍嫡粱,罗永康．缝合技术在复合材料上的应用及发展[J]. 产业用纺织品，2007，(2)：1 - 5.

[50] 徐海燕．经编多轴向针织物增强复合材料的研究进展[J]. 产业用纺织品，2012，(10)：4 - 9.

[51] 郑蕊,徐征,李旭嘉．不同针刺预制体结构对 C/C 复合材料力学性能的影响[J]. 宇航材料工艺，2012,(5):31 - 34.

[52] 冯波,王晓洁,惠雪梅,等．复合材料 z-pin 增强技术研究现状[J]. 玻璃钢/复合材料,2012,(2)：85 - 88.

[53] 党旭丹,张红松,王新莉．X-cor 夹层结构的力学性能试验研究[J]. 材料导报，2011，(10)：58 - 62.

[54] 高哲,蒋高明,马丕波．碳纤维多轴向经编复合材料的应用与发展[J]. 纺织导报，2013，(12)：150 - 157.

[55] 童亚彪,敬凌霄,蒋金华．涤纶经编多轴向柔性复合材料复合工艺及拉伸性能[J]. 上海纺织科技，2014,(9)：37 - 39.

[56] 王雪芳,丛洪莲,张爱军．风电用多轴向经编织物的结构设计[J]. 玻璃钢/复合材料,2012,(6)：71 - 74.

[57] 孙赛,刘木金,王海. RTM 成型工艺及其派生工艺[J]. 宇航材料工艺，2010，(6)：25 - 27.

[58] 康中志．软模/真空灌注成型工艺及制品探讨研究[D]. 武汉:武汉理工大学，2011.

[59] 梅启林,冀运东,陈小成．复合材料液体模塑成型工艺与装备进展[J]. 玻璃钢/复合材料,2014(9)：66 - 76.

[60] 吴飞．真空辅助树脂转移模塑工艺研究进展[J]. 高科技纤维与应用,2011,36(2):39 - 43.

[61] 邓京兰,祝颖丹,王继辉．SCRIMP 成型工艺的研究[J]. 玻璃钢/复合材料,2001,(5):40 - 43.

[62] 乔东,胡红,罗永康等．轻型树脂传递模塑工艺(RTM-Light)成型工艺技术[C]. 第十七届玻璃钢/复合材料学术年会论文集,北京万方数据股份有限公司万方数据电子出版社，2008:182 - 186.

[63] Ginger Gardiner. The rise of HP-RTM[J/OL]. Composites World. [2015-05-01] http://www.compositesworld.com/articles/the-rise-of-hp-rtm.

[64] 沃西源,薛芳,李静．复合材料模压成型的工艺特性和影响因素分析[J]. 高科技纤维与应用,2009,34(6)：41 - 45.

[65] Ahmed N. Oumer and Othman Mamat, A review of effects of molding methods, mold thickness and oth-

er processing parameters on fiber orientation in polymer composites[M]. Asian Journal of Scientific Research, 2013,(6): 401 - 410.

[66] 梁宪珠,孙占红,张斌,等．航空预浸料—热压罐工艺复合材料技术应用概况[J]. 航空制造技术, 2011,(20): 17 - 21.

[67] HUBERT P. Autoclave processing for composites[M]. Oxford:Woodhead Publishing,2012: 414 - 434.

[68] 徐伟丽,张玉生,张璇等．大尺寸多格栅复合材料框架共固化成型工艺[J]. 宇航材料工艺, 2014,(6): 50 - 52.

[69] 于艳滨,唐跃,姜蔚,等．木塑复合材料成型工艺及影响因素的研究[J]. 工程塑料应用,2008,36(11): 36 - 40.

[70] Joshi S C. The pultrusion process for polymer matrix composites [M]. Chapter 12 in Manufacturing Techniques for Polymer Matrix Composites (PMCs),2012: 381 - 413.

[71] 许家忠．纤维缠绕复合材料成型原理及工艺[M]. 北京:科学出版社, 2013.

[72] MACK J,SCHLEDJEWSK R. Filament winding process in thermoplastics [M]. Oxford:Woodhead Publishing,2012: 182 - 208.

第9章 绿色复合材料表征、测试和性能评价

绿色复合材料是一类组分材料中包含至少一种是可全降解材料的复合材料，例如用石化合成的聚合物材料作基体与天然纤维复合而成的复合材料，包括热固性树脂，如环氧、聚酯、酚醛等，或热塑性树脂，如聚烯烃类、尼龙、热塑性聚酯类等与麻纤维、竹纤维、纤维素再生纤维复合制备的绿色复合材料。另外是用可降解的生物质树脂与植物纤维复合得到的全降解型复合材料，称为100% 绿色复合材料。

绿色复合材料在复合材料大家族中是近年来发展较快的新成员，可以看成是石化合成树脂基复合材料的一个新的分支，它们的性能表征与评价，基本上可沿用树脂基复合材料的技术和方法，但由于绿色复合材料在原材料的结构与性能、成型工艺和产品的使用性能等方面有一些新的特点，因而对它们的性能表征与评价有新的内容和要求。例如，树脂基复合材料所用的增强材料(如碳纤、玻纤、芳纶等)是已经商业化的产品，在使用时无须再进行性能分析和研究，关心的只是以什么形式增强的问题；而绿色复合材料采用的植物纤维的性能是随原材料和制取方法的不同而有所不同，从而影响到复合材料的性能，因此在用作增强材料时，必须对其化学结构和性能有较全面的分析和研究。又如绿色复合材料的生物质基体材料，随着合成的路线和方法不同，也会表现出化学结构和性能上的差异，在用作基体时，也必须进行分析和研究。另外绿色复合材料的环境性能是非常重要的研究内容，它取决于所用原材料的种类和性能。绿色复合材料这些不同于树脂基复合材料的特征，对性能表征和分析评价提出了新的要求和挑战。

9.1 绿色复合材料表征、测试和评价概述[1—8]

树脂基复合材料，包括绿色复合材料的性能表征、测试与评价，概括地说，就是运用专门的物理和化学的分析仪器和测试设备，以及相关的试验方法，进行各种物理、化学和力学试验，用得到的试验结果数据，对复合材料及其结构进行性能和质量的分析和评价。它贯穿复合材料的材料开发、结构设计、成型制造、质量评价、应用维修的全过程，是复合材料技术的一个重要分支领域，也是综合性很强，涉及内容非常广泛且正在不断发展的一类技术。

用于先进树脂基复合材料表征、测试和性能评价的技术基本上沿用高分子材料科学的相关技术，但由于复合材料的多相材料的特点，以及两种组分材料(即增强体和树脂基体)完全不同的形态和性质，再加之各种复合效应和不同的复合工艺路线和工艺条件，给复合材料的表征、测试和性能评价带来不同于传统高分子材料的许多新的内容和要求。例如，大多数复合材

料的制备都需要经过预浸料的中间阶段，因而对预浸料的表征就需要有专门的试验仪器和方法，尽管所用的分析测试仪器没有跳出高分子材料的范围，但在研究目的和内容上有着许多不同的要求和侧重；又如增强体与基体的界面结合一直是复合材料技术研究的重要内容，它涉及复合材料组分材料的化学结构和性能，复合材料成型工艺条件的优化和工艺质量控制，以及复合材料的使用环境和工作状态。随着各种高新技术，如纳米技术在复合材料中的大量应用，各种各样的新型复合材料不断得到开发，这将为复合材料的界面优化设计及性能表征带来层出不穷的新内容，几乎渗透到新材料科学的各个领域和部门，因此也对表征和分析技术提出了更新和更高的要求。

复合材料的性能表征、测试与评价主要包括 4 个不同层次的内容，也就是 4 个不同的研究对象。

(1)原材料，也称组分材料，即基体和增强体。研究和评价的对象主要是树脂基体，一旦增强纤维的品种和增强形式确定之后，余下所有的技术问题都可归结为树脂基体的问题。目前用于复合材料的树脂基体种类很多，门类各异，不同的树脂基体有不同的化学组成和性能，直接关系到复合材料的工艺性能、增强体的界面结合性能、复合材料制件的最终使用性能；另一方面，复合材料的改性主要是通过树脂基体的改性，采用物理方法和化学方法来进行，改性的机理、改性产生的化学结构的变化、改性引起材料性能的变化，都需要用专门的仪器设备进行分析和研究，用定性和定量的结果对改性的技术途径进行评价。

(2)预浸料。预浸料是原材料和复合材料的一种中间产品，是复合材料在传统手糊成型基础上发展起来的一项创新技术。采用预浸料能够保证复合材料有较高的纤维含量和分布均匀度，有效提高复合材料的性能和质量。

预浸料的性能和质量主要取决于所用的树脂基体以及制备的工艺质量，包括树脂和纤维的含量、分布均匀度、挥发分含量、铺覆性、贮存寿命等。这些都需要专门的仪器设备，采用专门的试验方法进行分析检测。

(3)复合材料。复合材料的性能试验主要是评价复合材料最终产品是否达到设计的性能和质量指标，包括拉、压、弯、剪、界面等力学性能试验，以及一些物理性能试验，如固化度、耐热性和纤维分布的微观检测等。此外，还要评价耐环境性，主要是湿热老化性能。

所有的力学性能试验都必须根据相关的标准试验方法进行，包括试验机、试样制备、试验条件、试验结果处理、数据分析计算等，使试验结果更具真实性、重复性和可比性。

对于绿色复合材料，还要着重研究和评价可降解性，包括光降解和生物降解性、吸水性、耐环境性和阻燃性等。

(4)复合材料结构。复合材料用作结构件使用，具有不同于金属材料结构的许多特点，例如纤维复合材料对损伤和缺陷特别敏感，内部损伤或质量缺陷(如空隙、分层、纤维变形或断裂、富胶、贫胶等)在使用过程中都有可能发展成使构件整体破坏的原因。又如层压结构的复合材料对各种冲击非常敏感，低速冲击(如安装或维修中的工具坠落)都有可能造成表面检测不到的内部损伤，而这种内部损伤随着构件服役时间的延续，在外力和环境的作用下，也可能发展成事故的原因。

因此，针对复合材料结构使用的特点，开发了用于表征和评价复合材料结构性能的试验方法，典型的有开孔拉伸和开孔压缩、冲击后压缩、层间断裂等。

综上所述，每个层面上对表征的内容均有不同的要求，所用的仪器设备和试验方法也不相同。

复合材料的性能表征和评价的目的在于：

（1）新型原材料的开发和改性。复合材料大量地推广使用，新的材料品种不断开发，其前提是新型原材料，主要新型树脂基体的开发和应用。在新型树脂基体的开发过程中，必须从树脂的化学组成开始，对其分子结构特征用分析仪器进行分析和测定，在此基础上再进行物理和力学性能试验和分析，通过对试验结果的分析来评定该树脂基体是否能满足预期使用要求，也就是说，新型树脂基体的开发和应用，必须建立在相应试验数据结果达到规定的技术指标的基础之上。作为结构复合材料的树脂基体，最重要的性能指标是耐热性能和力学性能。

改性是新型复合材料的开发和性能提高的另一条重要途径，侧重用物理和化学方法对树脂基体的改性，例如针对环氧树脂脆性大的缺点，进行增韧改性，以提高复合材料抗冲击性能。性能改进的程度和效果也必须用相应的试验结果数据进行评价和鉴定。

（2）原材料的质量控制。一般而言，复合材料所用的纤维增强体，出厂前都有严格的质量标准，所以原材料的质量控制主要是针对树脂基体。树脂是一种高分子材料，每一批次的化学成分和性能都会有所变化，有时分散性很大，因此必须对每一批次的原材料进行入厂检验，实行质量控制。原材料的质量控制原理是采用标准的试验方法对每一批次的原材料进行质量检验试验，主要是对树脂基体进行化学成分的鉴定和量化分析，目前主要是用红外光谱法和高压液相色谱法等试验方法。用标准试验方法，建立标准的红外光谱“指纹图”和相应的性能数据，作为入厂检验标准，对每一批次的树脂都要在使用前进行抽样检验，不符合入厂检验标准的原材料不能投入使用。

（3）预浸料的质量控制。主要是控制预浸料制备和贮存过程中的一些重要性能参数，如树脂含量、挥发剂含量、纤维含量和分布等。热固性预浸料还有贮存期限的问题，因为贮存过程中，热固性的树脂基体会发生固化，固化度也是一项重要的性能指标。通常采用红外光谱法、液相色谱法和热分析法，建立标准图谱和性能数据，作为检验不同批次预浸料质量的标准。

（4）复合材料成型工艺质量控制。以热分析法为主，结合红外光谱和液相色谱，还必须辅以显微镜的微观检测和无损检验，通过测量固化时间、固化温度、固化度等参数，还包括对随炉件进行物理和力学性能试验，检查最后成型制件的性能和质量。

复合材料工艺质量控制现发展到智能化的在线监控，采用传感技术，如光纤传感技术在线实时监测复合材料固化过程中的一些性能参数变化，并通过计算机数字模型，对整个固化过程实行在线监控，对于大型复合材料制件能有效提高制件质量、缩短生产周期、减少工时、降低成本。

（5）制件的质量评价。检查最后成型的复合材料制件是否满足质量标准要求，包括缺陷和损伤的检验，复合材料成型过程中常见的缺陷有：孔隙、贫胶、富胶、夹杂（如隔离纸、薄膜等）、纤维屈曲与错位、铺层错误、固化不完全、基体开裂、分层等。大多采用无损检测方法，包括X射线法、超声法、声发射法等进行评定。同时还要对随炉件进行必要的力学性能试验。

(6) 为复合材料设计提供材料数据。复合材料在设计时，设计选材是重要的环节，需要提供原材料必要的性能数据，如强度、模量、耐热性等，这些数据必须通过各种试验方法来获取。同时，复合材料是由树脂和纤维复合而成的多相材料，复合材料的材料设计和结构设计是同时完成的，给材料设计带来新的理论和实践问题，因此也要提供一些复合材料特有的性能数据，如纤维单向层压板纵向(平行纤维方向)拉伸和压缩的强度和模量、横向(垂直纤维方向)拉伸和压缩的强度和模量、面内和层间剪切强度和模量等。这就给试验方法带来许多新的问题，要求开发出一些不同于其他传统材料的试验方法。

复合材料的表征、测试和性能评价技术主要包括物理化学性能试验和力学性能试验，这两者虽然有不同的要求和工作内容，但它们是相辅相成的，必须结合起来使用，才能达到预期目的。

需要特别指出的是，经过几十年的发展，有关复合材料的性能表征、测试和评价技术已趋成熟，材料试验的标准化取得很大进展，国内外都建立了较完整的标准体系，如美国的材料试验协会(ASTM)、国际标准化组织(ISO)、以及我国的国标和行标，都有较齐全的标准试验方法可循，因此在材料试验时，一般应根据试验的要求和目的，选择和参照有关的标准试验方法，进行试样或样品制备、确定试验设备和试验条件、试验结果数据的分析和处理，使试验结果更具真实性、可比性和权威性。

9.2　原材料表征技术[9—12]

原材料也即复合材料的组分材料，主要是树脂基体和增强体，从复合材料的制造链来看，树脂基体和增强体处于上游，因此对于复合材料的开发和应用，首先面临的问题就是设计选材，及对原材料性能的认识和了解。用作增强体的纤维材料，出厂时有严格的质量标准，性能数据齐全，在使用过程中一般无须再做更多的分析和试验。

一种复合材料当它的增强材料选定之后，其最终的使用性能就基本受控于树脂基体。因此复合材料的表征、测试和评价的工作集中在树脂基体上，它贯穿于从材料到制造，直到最终产品应用的全过程。

树脂基体的表征包括牵涉到复合材料所有的物理化学性能及力学性能的各种性能特征的分析和研究，如树脂基体的化学组成、流动性、黏接性、耐热性、耐环境性以及最后复合材料样件的强度和模量等力学性能。

对于绿色复合材料，所采用的天然植物纤维增强体，随着原材料和制备的方法不同，在化学组成和性能上也有所不同，因此在用作复合材料增强体时，必须进行性能表征和分析研究。

预浸料是用树脂基体浸渍增强纤维而得到的一种中间产品，为什么要用预浸料？这主要是针对传统的手糊成型工艺中，很难将纤维的含量和分布实现精确地控制。另外，树脂浸渍纤维的效果也不理想，最后制成的复合材料属于通用型产品，在性能和质量上很难满足航空航天等高端应用的要求。而用纤维预浸渍技术基本上解决了上述问题，所以预浸料一直沿用至今，尽管新型的液体成型技术得到开发和发展,但采用预浸料的途径来制造高性能复合材料,目前仍占有相当重要的地位。

预浸料的性能表征主要是针对所用的树脂基体来进行,包括原材料的性能表征和成型工艺性能表征两个方面。技术基础是高分子材料的性能研究所采用的一些技术和方法。预浸料的原材料性能表征是对树脂基体的分子结构和化学成分与性能关系进行研究和分析,常用的技术有傅立叶转换红外光谱法(fourier transform infrared spectrometry , FTIR)、拉曼光谱法(raman spectrum,RS)、高效液相色谱法(high performance liquid chromatography, HPLC)、凝胶渗透色谱法 (gel permeation chromatography, GPC)、核磁共振法(nuclear magnetic resonance, NMR)、质谱法(mass spectrometry, MS)等。

成型工艺性能表征是对预浸料的成型工艺条件进行分析研究和工艺质量控制,包括树脂含量、纤维含量、树脂基体中低分子挥发物含量、树脂流动度、固化温度、凝胶时间、固化度以及贮存期限等。主要是用热分析技术,如差热分析技术(differential thermal analysis,DTA)、动态扫描量热技术(differential scanning calorimetry,DSC),热重分析技术(thermogravimetric analysis,TGA)和动态力学分析技术(dynamic mechanical analysis,DMA)等。

现代仪器分析技术发展很快,一些有效的联用技术得到开发和应用,如:热重与红外(TG-IR)、热重与质谱(TG-MS)、热重与色谱(TG-CS)联用等。

实际上,这些研究内容都属于高分材料科学的范畴,因此,预浸料的表征与树脂基体的表征存在着内在的联系。

9.2.1 红外光谱分析 [13—17]

9.2.1.1 红外光谱分析原理

红外光谱分析是鉴定物质化学成分最成熟、最有效和最广泛的一种分析技术,其工作原理是利用一束红外光波照射样品,激发样品内的分子振动或转动,实现电子由低能级向高能级的跃迁,从而部分吸收红外光波能量;不同的物质有不同分子结构,而不同的分子结构有不同的振动特性,不同的振动特性对红外光波的特性(如频率和波长等)的要求也是不一样的,也就是说,只有一种红外光波的频率或波长与一种分子结构匹配时,才能引起该分子的振动,吸收部分红外光波能量。基于这种原理,通过检测透过样品的红外光波强度,并以波长分布进行排列,就能绘制出反映红外能量吸收特征的连续谱线图,这就是红外光谱图。在红外光谱图上,每一种分子结构(也可称之为组成物质的官能基团)对应一个红外吸收峰,这样反过来,根据光谱图中吸收峰的位置和形状来推断样品中的分子结构,依照特征吸收峰的强度来测定混合物中各组分的含量。

如果样品中只有一种成分,也即只有一种单一的分子结构,得到的红外光谱图中只有一个特征峰。实际上任何一种物质都不是单一成分,因此红外光谱图都是由按波长分布的一系列特征峰组成。

红外光谱分析是基于物质分子结构特征的一种分析技术,因此,凡牵涉到材料分子结构特征及分子结构变化的研究，如化学组成的变化，混合物成分和含量改变，物质在不同温度、压力和环境条件下的结构和性能改变，高分子材料的结晶行为、流变行为、复合材料的复合效应和界面特性等，都可用红外光谱分析来完成。

红外光处于可见光区和微波光区之间，波长范围约为 0.75～1 000 μm，根据不同的仪器和应用特点，根据波长范围将红外光区分为三个区：近红外(0.75～2.5 μm)，中红外(2.5～25 μm)，远红外(25～1 000 μm)。

近红外光区的吸收带主要是由低能电子跃迁、含氢原子团(如 O—H、N—H、C—H)伸缩振动产生的。该区的光谱图用于水、醇、某些高分子化合物以及含氢原子基团化合物的表征。

中红外光区包括绝大多数有机化合物和无机离子的基频振动吸收带，由于基频振动是红外光谱中吸收最强的振动，所以该区最适于进行红外光谱的定性和定量分析。同时，由于中红外光谱仪最为成熟、简单，而且目前已积累了该区大量的数据资料，因此它是应用极为广泛的光谱区。目前用得最多的红外光谱仪器大多是采用中红外光区的频率。中红外普遍适用于高分子化合物的表征和分析，是树脂基复合材料应用最多的原材料表征技术。

远红外光区的吸收主要是由气体分子中的纯转动跃迁、液体和固体中重原子的伸缩振动、变角振动、骨架振动以及晶体中的晶格振动所引起的。由于低频骨架振动能很灵敏地反映出结构变化，所以对异构体的研究特别方便。此外，还能用于金属有机化合物(包括络合物)、氢键、吸附现象的研究。但由于该光区能量弱，除非其他波长区间内没有合适的分析谱带，一般不在此光区内进行分析。

红外光谱分析是研究聚合物材料分子结构经常使用的一种方法，已有数十年的发展历史，其原理是用一束红外光波照射分析样品，利用物质中的不同的分子结构单元吸收不同波长的红外光波能量的特性，通过记录红外光的透射率与波长或频率关系来表征物质的化学成分，得到谱图称之为红外吸收光谱图(见图 9－1)。

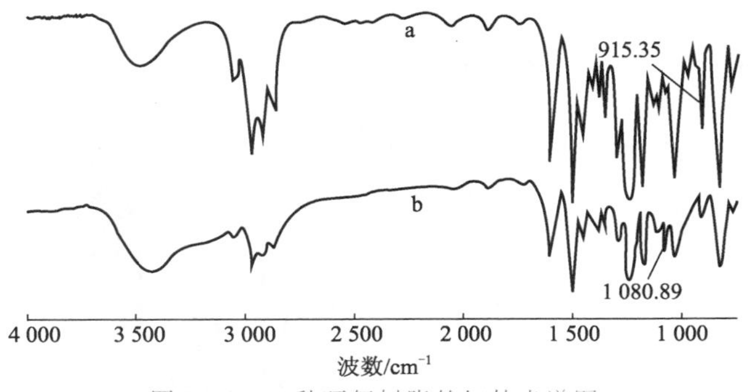

图 9－1　一种环氧树脂的红外光谱图

图 9－1 是一种环氧树脂基体的红外光谱图，横坐标是红外光波的波长或频率(波数)，波长与频率呈反比关系，波长越大，频率越低，这和电磁波的原理是一样的。物质中不同的分子结构单元由于其化学成分或结构的不同，对红外波吸收的波长和吸收率也不同，每一种化学成分都对应一个红外光吸收峰，这样一系列特征吸收峰就组成了红外光谱图。每一种物质都具

有它自己的红外特征光谱图，就像人的指纹图一样，所以红外光谱图也叫红外“指纹图”。显然用红外指纹图来鉴别某种物质以及它的化学成分是一种很有效的方法。另外，在新材料开发和对现有材料改性时，会产生一些新的化学成分也可用红外光谱进行鉴别和研究，这是一种定性的红外分析。同时也可选择某一个重要的有代表性的特征峰，如环氧树脂中的环氧基团，通过测量其相对红外光吸收率的变化，来分析它的含量变化，这是一种定量的红外分析。

聚乳酸是一种应用广泛的绿色复合材料基体材料，可由丙交酯直接缩聚而成，反应是可逆的，体系中同时存在聚乳酸和丙交酯单体，因此控制反应朝正反应方向进行就显得非常必要，图 9－2和图 9－3 是聚合过程中的红外分析图谱，图 9－2 所示是合成聚乳酸的红外光谱图，谱图中最强峰在 1 759 cm^{-1}处，是—C═O 伸缩振动峰，在 1 213 cm^{-1}、1 134 cm^{-1}和 1 093 cm^{-1}处是酯基 C—O—C 的伸展振动峰，由此可以确认产物为聚乳酸。

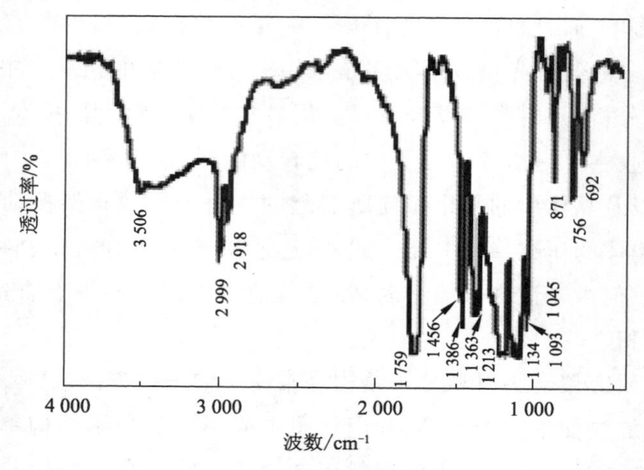

图 9－2　一种聚乳酸的红外光谱图

如图 9－3 所示是副产物的红外光谱，波数 2 962 cm^{-1}是由环状化合物的 C—H 伸缩振动产生的；波数 1 166 cm^{-1}属于酯环化合物的吸收峰。表明副产物为丙交酯。

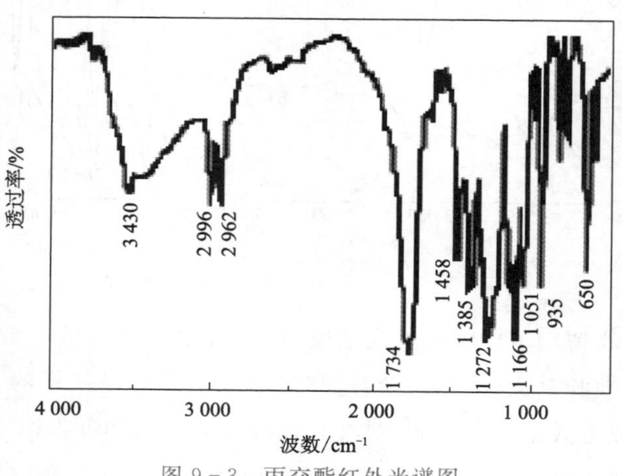

图 9－3　丙交酯红外光谱图

从图9-4看出，3种麻纤维红外谱图类似，但仍存在微小差别。汉麻在1 033 cm^{-1}一处有明显的特征吸收峰，而苎麻、亚麻吸收峰位置在1 049 cm^{-1}一左右。另外，汉麻在2 917 cm^{-1}处有明显的特征吸收峰，而苎麻、亚麻吸收峰位置相对较低。

红外光谱分析按工作原理分为**色散型**和**干涉型**两大类，现已发展到以干涉型为主的傅立叶转换红外光谱分析（fourier transform infrared spectrometer，FTIR），FTIR具有扫描速度快（几十次/秒）、测量频率范围宽、光通量大、检测灵敏度高，并可与气相色谱和液相色谱联用，被广泛用于复合材料的研究和开发。

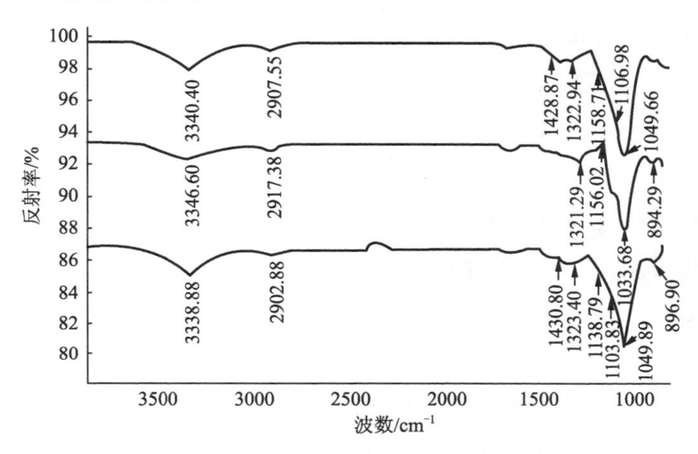

图9-4　汉麻、苎麻和亚麻的红外光谱图

红外光谱的定性分析已有几十年的发展历史，针对不同的材料，已制定出越来越多的标准红外光谱图，供查阅对照，为材料鉴定和新材料开发提供了很有效的帮助。随着分析仪器技术的进步，在定性分析基础上发展起来的定量分析得到的是定性分析的量化结果。两者的结合，能得到更有用的结果。

激光拉曼光谱技术是红外光谱分析的延伸和补充，应用也比较简单方便。只要试样对高强度的入射光是稳定的，且不含荧光物质，在试验中几乎不需要制备样品，固化样品仅需切割至能放入样品室即可。对于透明样品，可直接得到激光拉曼光谱图；而对半透明样品，则可在样品上钻一个孔作为入射光通道，通过分析垂直于入射光束的光散射得到透光光谱；不透明或高散射样品则可以对其前表面的光反射进行分析，得到散射光谱图。

9.2.1.2　复合材料的红外光谱分析[18—20]

复合材料的红外光谱分析主要是针对树脂基体和预浸料，如前所述，红外光谱对每一种材料的样品都可进行定性和定量分析，而对复合材料树脂基体和预浸料，则可进行以下几方面的表征：

（1）鉴定树脂基体化学成分的变化，进而用来进行树脂基体的质量控制。其工作原理大致是，首先对已经使用的树脂基体进行红外试验，得出它的标准红外指纹图；然后对每一批次入厂的树脂进行抽样检验，用同样的方法绘制出红外光谱图，与标准的红外光谱图进行分析对比，检查其化学成分的变化是否符合标准规定的范围而决定取舍。绘制红外标准图是一项认真细致的工作，它包括样品的制备、试验方法的选择，甚至包括对所用红外分析仪器的规定。

(2)新树脂基体的开发或树脂改性。主要用红外分析跟踪某些特殊功能基团的变化，以及是否有新的基团产生来进行分析对比。例如，丁腈橡胶增韧环氧树脂，可以用红外光谱来跟踪和监测环氧基和丁腈基橡胶的羟基特征峰的变化来进行分析。一般来说，红外分析只提供化学成分的表征，而对新材料或改性材料最终的性能评价，要通过力学试验来进行。

(3)跟踪预浸料贮存期间的成分变化，进行预浸料的质量控制。热固性预浸料在贮存期间，树脂基体会发生分子间的交联反应，形成部分固化。这种情况可以通过红外光谱进行定性定量的分析。如图 9－1 所示，图(a)是未固化样品的环氧树脂基体的红外光谱图，其中波数 915.35 cm^{-1}处的特征峰代表环氧基团；图(b)代表固化到一定程度的样品，其中波数 915.35 cm^{-1}处的特征明显减弱，表明树脂已有部分固化。通过计算特征峰值的相对变化率，可以测算出固化程度，预浸料贮存期间的固化度超过标准规定，就不能再用。

(4)测量固化度，进行复合材料成型工艺的质量控制。原理与上述相同，也是通过测量树脂基体某一特征峰的变化，进行定性和定量分析，一是检查固化是否完全，二是监测固化进行的情况。但实行复合材料工艺质量控制多采用热分析法(如 DSC)，操作简单，效果更好。

红外光谱分析是研究材料样品化学成分最常用的方法，在对复合材料进行表征时，往往将红外分析和其他分析技术结合，以得到更全面的结果。

9.2.2 色谱分析

9.2.2.1 凝胶渗透色谱分析[18—20]

高分子材料是由一种结构单元或称单体以不同的方式聚合而成。它具有两个特点：分子量大和分子量大小分布不均匀。分子量是指构成大分子链的重复结构单元的数量，分子量分布是指重复结构单元数量的分布特征，可以用分子量分布曲线来描述。聚合物分子量的大小和分布密切关系到材料的物理性能和力学性能，如近年来开发的超高分子量聚乙烯纤维，分子量可高达数百万，具有非常高的拉伸强度。在表示某一聚合物分子量时一般同时给出其平均分子量和分子量分布。

分子量分布一直是聚合物材料开发和应用倍受关注的问题，直到 20 世纪 60 年代，凝胶渗透色谱(gel permeation chromatography，GPC)分析成功开发，使测量分子量分布的技术得到突破，成为当代高分子材料表征和分析的最重要技术之一。

色谱分析对于物质的成分鉴别不同于红外分析，它是先把物质的各种成分先按分子体积大小进行逐个分离后再进行鉴别的一类技术。

色谱的概念据说起源于 100 多年前一个科学家的偶然发现。他把一滴染料滴到一块纸或者布上面，发现染料在浸润布的过程中，是一环一环地向外扩散，而且每一环的颜色不同。这就成为最初"色谱"这个名称的起源。后来的色谱分析技术都沿用了这个名称,所以色谱法又称**层析法**,尽管现代色谱分析已没有了"色"的概念。

色谱仪都有两个基本工作单元,**流动相**和**固定相**。流动相是液体或惰性气体,它携带分析样品流动经过固定相,固定相又称**色谱柱**,填充有大小不同并带有孔穴的小颗粒,当样品由流动相携带进入固定相时,各种成分因分子体积的不同而进入固定相中不同的孔穴,因而在色谱柱中停留的时间不同,最后被流动相带出色谱柱的顺序也不同,这样就将各种成分实现了分离。再通过检测仪将各种成分进行鉴别。

凝胶渗透色谱又称体积排阻色谱(size exclusion chromatography, SEC),其工作原理是利用具有不同大小孔穴的凝胶物作为色谱柱(固定相),通过凝胶物对化合物中不同分子量的组分产生不同的阻滞作用而进行分离。

先将聚合物样品溶解在溶剂中。尽管聚合物为长链分子,但一旦溶解在溶液中,聚合物分子链因内聚力缠绕起来呈线圈形态,进而形成一个线球。不同的成分有不同的分子量,分子量越大则缠绕成的聚合物球就越大。

这些线球随后被导入到流动相中并随着流动相流入色谱柱,被流动相携带着流过固定相颗粒。体积大的线球,也即分子量大的成分因不能渗透进入凝胶微孔而受排阻,将直接被流动相较顺利地带出色谱柱;中等体积的线球产生部份渗透;小体积的线球可渗透到凝胶微孔而受到阻滞。这种分配在有一定长度的色谱柱中是重复进行的,结果是小分子线球由于能进入凝胶微孔而需要较长时间才能流出色谱柱。相反地,较大分子量的线团由于不能进入孔内而只需较短时间就能通过色谱柱,而中等大小的聚合物线团通过色谱柱的时间介于这两者之间。这样实际上就把具有不同分子量的各成分进行了分离。就像一个大人带着一个小孩子路过超市的玩具区,大人想直接走到停车场,但小家伙却多次走开去玩那里所有的玩具。因此,大人将直接到达出口,而小家伙则需要花一定时间才能到达。这跟凝胶渗透色谱的情形是一样的,大分子先到达出口。

预浸料的树脂基体含有多种不同分子量的组分,如树脂、固化剂、促进剂等,通过凝胶渗透色谱分析可以使树脂基体中的各组分按相对分子量的大小进行分离,从而得到有关树脂基体化学组成的结果。预浸料在贮存过程中,树脂基体可能发生分子交联聚合反应,结果是树脂本身的分子链长和分子量都会增加,低分子量的组分浓度下降,高分子量的组分浓度增加。某种碳纤维环氧树脂预浸料的凝胶渗透色谱如图 9-5 所示,保留时间较短的峰 1 到峰 4 对应着相对分子量较高的聚合反应产物,峰 5 和峰 6 则主要为单体、固化剂、促进剂等较小的分子量成分。

除了鉴别塑化基体中的化学组分之外,凝胶渗透色谱不能表征预浸料贮存期间的老化行为。随着预浸料贮存的时间延长,高分子量反应产物的比例逐渐增加,图 9-5 中峰 1 的相对面积明显增大,如图 9-6(a)中曲线所示。而代表固化剂(DDS)等小分子量的峰 5 面积逐渐变小,如图 9-6(b)中曲线所示,如将固化反应物峰面积之和(峰 1 到峰 4)与小分子量组分峰面积之和(峰 5 和峰 6)的比值 I 来表示预浸料贮存期间的固化程度,则此比值将随预浸料存放时间的延长而逐渐增大，如图 9 - 6(c)中曲线所示。利用曲线(c)即可对一种预浸料的固化行为特性进行表征，估算其贮存寿命，还可以通过对比不同预浸料的(c)曲线评价不同预浸料的贮存寿命。

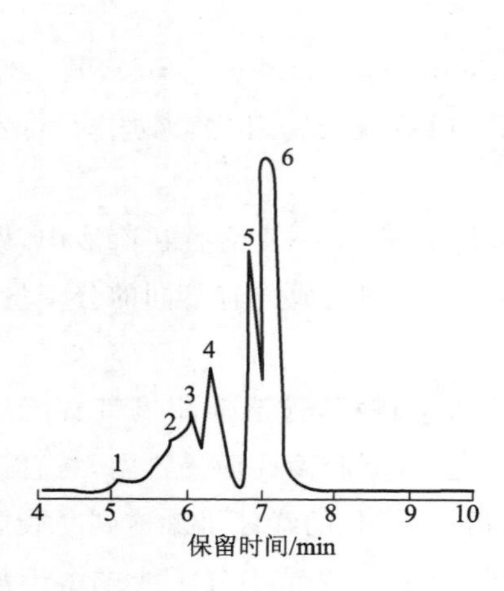

图 9 - 5 NARMCO 5208 预浸料的 GPC 谱

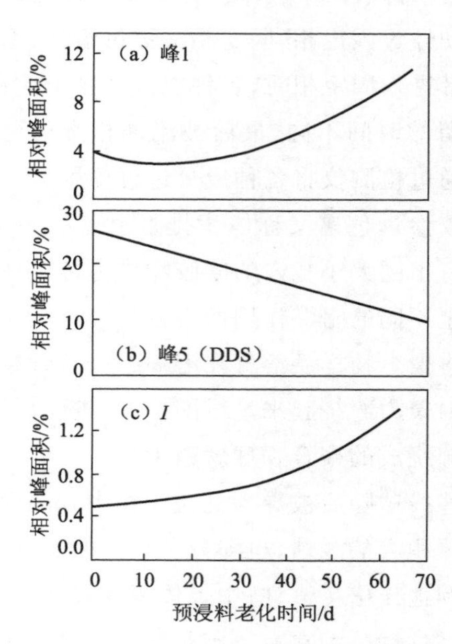

图 9 - 6 预浸料 GPC 谱中峰 1(a)、峰 5(b)和聚合反应度 I(c)随老化时间的变化

9.2.2.2 高效液相色谱分析[21,22]

高效液相色谱(high performance liquid chromatography, HPLC)是另一种对化合物的各种成分进行分离的技术，其工作原理与凝胶渗透色谱类似，将被测样品制成液体状，通常称为流动相，注入色谱柱(固定相)，固定相中填充了不同粒径的小颗粒，流动相通过压力在固定相中移动，由于被测样品中的不同成分与固定相的相互作用不同，因而在色谱柱中停留的时间也不同，进而从色谱柱流出的顺序也不同，这样就能将样品中的不同成分进行分离，通过检测器得到不同的特征峰，最后通过分析对比这些特征峰来判断样品中所含有的成分，数据以图谱形式打印出来。

高效液相色谱是在经典液相色谱法的基础上，于 20 世纪 60 年代后期引入了气相色谱理论而迅速发展起来的。它与经典液相色谱法的区别是色谱柱(固定相)的填料颗粒小而均匀，小颗粒具有高柱效，但会引起高阻力，需用高压输送流相，故又称高压液相色谱，又因分析速度快而称为高速液相色谱。

高效液相色谱由于所用的固定相颗粒更细更均匀，因此分离的效果更好，试验结果更精确。特别适合高分子化合物的分离，作为一种重要的分析方法，常被用来进行复合材料预浸料的表征和质量控制。

9.2.3 热分析[23—25]

按国际热分析学会的定义，热分析是指在温度程序控制下，测量物质的物理性质(参数)随温度变化的一类技术。热分析的技术基础在于物质在加热或冷却的过程中，随着物理状态或化学状态的变化，通常伴有相应的热学性质(如热焓、比热、导热系数等)或其他性质(如质量、力学性质、电性能等)的变化，而这些变化都是因为分子结构或分子运动的改变所引起的，因此，热分析技术测得的物理和化学性质的改变实际上反映出分子结构或分子运动在程序温度控制下的变化特征，对于研究材料的成分和特性，以及新材料的研发和应用都有非常重要的指导意义。

任何材料的物理化学性质的变化都与温度有关，因此热分析在材料科学中应用非常广泛。热分析设备可设计成具有各种测量温度范围，如用于金属或无机非金属的热分析仪器，温度测量应在1 000 ℃～1 500 ℃；用于有机材料或高分子化合物的热分析仪器，最高测量温度应达到500 ℃。

树脂基复合材料，无论是热固性的还热塑料性的，在材料研究、成型制造和使用过程中都会随温度变化而出现物理化学性质的变化，因此热分析被大量用来进行复合材料的研究、表征和质量控制。最常用的热分析方法有：差(示)热分析(differential thermal analysis，DTA)、差示扫描量热分析(differential scanning calorimetry ，DSC)、热重分析(thermogravimetric analysis，TG)、微分热重分析(differential thermogravimetric analysis，DTG)、热机械分析(thermal mechanical analysis，TMA)、动态热机械分析(dynamic thermal mechanical analysis，DMA)、动态介电分析(dynamic dielectric analysis，DDA)。

以上每种方法都有各自的特点，测量的性能参数和研究内容也不同，实际应用时应从不同的目的出发，有所选择，用得最广泛的是 DTA、DSC、TG 和 DMA.

9.2.3.1 差热分析和差示扫描量热分析[26—29]

DTA 是在程序温度条件下，测量样品与参比物(基准物，是在测量温度范围内不发生任何热效应的物质，如 MgO 等)之间的温度差与温度之间关系的一种热分析技术。其原理是基于任何物质的分子结构或运动形式都会因温度的改变而发生变化，这种现象对于具有大分子结构的聚合物来说尤其明显，这是因为大分子之间的结合大多是靠较弱的范德华力，温度变化极易引起分子间结合力的改变，导致链段松弛或分子振动幅度的变化，在这种变化过程中都会吸收或放出一定的能量(热量)，导致物质本身温度的变化。而参比物在整个温度变化过程中没有任何的热效应，因此其本身温度始终与程序控制的温度是一致的。DTA 正是根据这一原理，在程序温度下，连续测量样品的温度变化，与参比物的温度比较，测出两者的温度差，并将结果绘制成以程序温度为基准的连续的特征曲线，称为**差热曲线**或 **DTA 曲线**。反过来，根据差热曲线，就可以分析样品在不同温度下的物理化学性能特征的变化。

差示扫描量热分析(DSC)是对差热分析的发展，通过定量测量输入样品与参比物的热量差与温度关系，得到样品在物理化学变化过程中热量变化的定量分析结果。在聚合物材料的研究和应用中，DTA 和 DSC 是最广泛应用的技术，由于 DSC 能得出量化的测量结果，其研究的内容更深入更广泛，目前有取代 DTA 的趋势。

用 DSC 表征树脂基复合材料的性能，可以进行以下几方面的工作：

1. 测量玻璃化转变温度

玻璃化转变温度(glass transition temperature，T_g)是表征聚合材料的一个重要的性能参数。对树脂基复合材料，它关系到复合材料结构的最高使用温度。

高分子材料在常温下通常存在三种分子结构聚集形态，即玻璃态、高弹态和黏流态。这是由高分子材料特有的链状大分子结构所决定的，当温度改变时，分子链段发生不同程度的运动，迅速聚集形态的互相转变。当在一定温度下，由玻璃态转变成高弹态时，这时材料就会失去固态物质的基本特性，作为结构材料，就会失去承受载荷必要的强度和刚度。而这时的温度就称为玻璃化转变温度。

用 DSC 和 DTA 测量 T_g 是基于树脂基体在玻璃化转变时，分子链段的一定程度的松弛而使热容增加，在 DSC 曲线上表现为基线向吸热方向的移动，如图 9－7 所示。

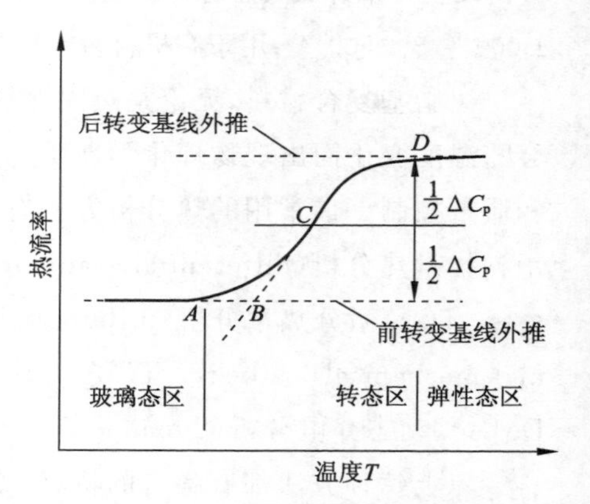

图 9－7　玻璃化转变的 DSC 曲线

图中 A 点是开始偏离基线的点，将转变前和转变后的基线延长，两线间垂直距离即为玻璃化转变前后的热容差$\triangle C_p$。在中点处找到点 C，从点 C 作切线与前基线延长线交于点 B，一般用点 B 作为玻璃化转变温度 T_g；另一种方法是直接将 C 点定义为玻璃化转变温度。这样测得的结果与试验条件有关，如采用较高的升温速度，测得的结果会有所偏高，因此在使用试验结果时应注明升温速率等试验条件。

用 DTA 或 DSC 测量聚合物的 T_g 是最常用最简便的一种方法。

2. 成型工艺研究

树脂基复合材料，无论是热固性还是热塑性的，成型工艺的研究实质上就是要处理好温度、压力和时间的相互关系，以优化工艺过程，制定出最佳的工艺方案。实现这一目标的技术基础目前主要是应用热分析技术，特别是 DSC 技术。这是因为热固性树脂基体的固化，或是热塑性树脂的熔融和冷却都是一个伴随着热效应的过程，比如，热固性基体的固化是一个放热过程，而热塑性树脂的熔融是吸热过程，冷却是放热过程。这种热效应能用热分析技术准确和快速地测出，得到相应的特征谱图，通过对热谱图的数据分析，就可以反过来对复合材料成型过程进行研究，这为制定成型方案奠定了基础。

热固性基体的固化是一个放热的化学反应过程，这是因为在固化时，树脂由线性的链状分子结构转变成立体交联的网状结构，活性分子链段的运动因此受到抑制，致使部分能量被释放出来，在 DSC 曲线上得到的是一个放热峰(见图 9－8)。

基于这一原理，用 DSC 表征热固性预浸料，至少可得到如下几方面的信息。

(1)固化温度。如图 9－8 所示，曲线 I 是用未固化的新鲜样品测得，是一个标准的固化放热峰。可以看出,曲线在 60 ℃左右向上偏移,表示固化开始,这个温度被定义为固化起始温度;到 118 ℃固化速率达到最大,此时放出的热量最大,这个温度被定义为固化峰值温度,也可称为固化温度;随着温度继续上升,固化继续进行,最后固化完成,在 170 ℃处曲线回到基线,这个温度称为固化结束温度。任意一种热固性树脂基体在作 DSC 分析时,都可以得到类似的固化曲线。从而得出上述三个与固化有关的温度,它们在复合材料热压成型中是确定固化温度的基础。

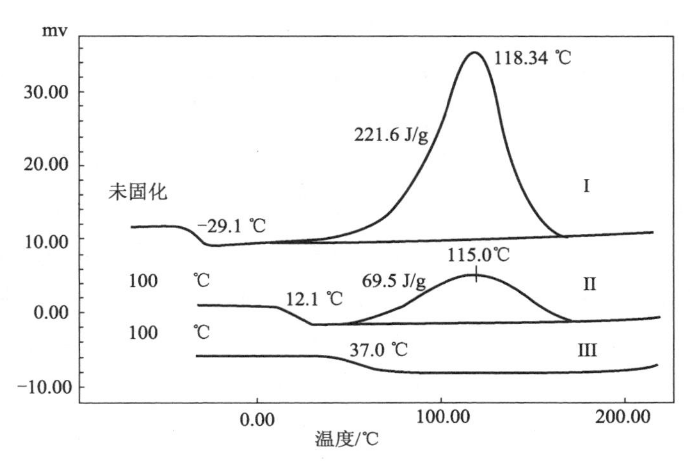

图 9-8　一种环氧预浸的 DSC 曲线

当然,测量结果与试验时的升温速度有关,升温越快,测得的结果数值越大,这一点在实际应用时必须考虑到。

(2)测量固化度。固化是放热过程,固化度的测量实际就是固化放出热量的测量,这在 DSC 曲线上很容易实现,要做的只是测算出 DSC 曲线上的固化峰与基线所包围的面积,代表固化过程样品放出的热量。如果在一个固化成型的制件中取出分析样品,或用随炉件样品做 DSC 试验,仍存在一个面积小的固化峰,称为**剩余固化峰**,这说明制件的固化是不完全的,将剩余固化峰的面积与完全固化样品得到的固化峰面积相比较,即可计算出制件的固化度,如下式:

$$\alpha=\frac{\Delta H_{\mathrm{O}}-\Delta H_{\mathrm{R}}}{\Delta H_{\mathrm{O}}}\times 100\%$$

式中:　α——固化度;

ΔH_{O}、ΔH_{R}——样品的总固化热和剩余固化热。

另一种固化度是在某一温度下固化到一定时间的固化度,如下式:

$$\alpha_t=\frac{\Delta H_t}{\Delta H_{\mathrm{O}}}\times 100\%$$

式中:　α_t——固化到一定时间的固化度;

ΔH_{O}、ΔH_{t}——样品的总固化热和固化到一定时间的固化热。

现在,一般 DSC 仪器都配有数据处理软件,能快速精确地得到固化度结果。

固化度是反映树脂基体固化特征的重要参数,可以用来研究基体的配方设计、改性及优化复合材料成型工艺参数等，例如，用固化度进行固化反应动力学研究。用 DSC 进行反应动力学研究有多种方法，最常用的是用至少三种不同的升温速度测出三条对应的 DSC 曲线，然后对曲线做动力学数据处理，得出固化反应特征与温度和时间的定量数值关系，这些工作现在都能用随机的数据软件自动完成。动力学数据可用来进行固化工艺条件的选择和优化，还可以用来编制固化过程自动监控的电脑程序。

(3)预浸料的质量控制。热固性预浸料的树脂基体，已配制好的带有固化剂的树脂体系，在贮存期间会发生固化，贮存时间越长，固化程度就越高，预固化超过到一定程度，预浸料就不能再用。而热塑性预浸料就没有类似问题。

用 DSC 进行预浸料质量控制的基础是监测树脂基体的固化度，如图 9－8 所示，曲线 Ⅰ 由新鲜样品测得，基体没有固化；而曲线 Ⅱ 和曲线 Ⅲ 是样品经过一定预固化后，也可认为是贮存了一段时间后再用 DSC 测量得到的曲线，曲线 Ⅱ 的固化峰称为剩余固化峰，相对曲线 Ⅰ 已明显变小，表明此前已有一定的预固化；而曲线 Ⅲ 的剩余固化峰几乎消失，表明此前已基本固化完全。如果将曲线 Ⅱ 的峰面积与曲线 Ⅰ 的峰面积相比，即可计算出预浸料在贮存期间已经预固化的程度，预固化度是预浸料质量控制的一个重要性能参数。

采用前面提到的固化反应动力学研究方法，得出预固化度与贮存温度和时间的定量关系，还可对预浸料在某一温度下的贮存寿命进行预测。

(4)热塑性预浸料的成型行为特征研究。热塑性树脂复合材料与热固性材料相比，具有优异的抗冲击韧性、耐疲劳损伤性能、成型周期短、生产效率高、可长期贮存、可进行修补和回收再利用等一系列优点。热塑性预浸料的制备与热固性预浸料不同，主要是通过高温加热使树脂熔融成流体，再牵引连续纤维或织物通过树脂融体，使纤维浸渍树脂，再降低温度使树脂冷却到固体状态，将纤维固结形成预浸料。热塑性复合材料的成型也有类似之处，先将预浸料层片叠合，在高温下使基体熔融，在纤维间互相渗透，再加压冷却成型。因此相对热固性复合材料，热塑性复合材料成型工艺快速简单，实际上只是树脂从固体熔融到流体再冷却到固体的循环过程，其中没有树脂化学结构的改变。热塑性树脂的熔融和固结也是一个热效应过程，也可用 DSC 或其他热分析技术进行表征和研究，但研究内容是熔融和固结与温度和时间的相互关系，对于结晶型树脂，主要是研究结晶行为特征与温度和时间的关系，这和热固性预浸料的表征方法有类似之处，但研究的内容不同。

9.2.3.2 热重分析[30—32]

热重分析(thermogravimetric analysis ，TG)是指在程序温度下，测量物质的重量随温度和时间变化的一种技术。其基本原理是利用高灵敏度的热天平，样品中各种成分在程序温度下将变成气体逸出，如水分在 100 ℃蒸发，溶剂在达到沸点后的挥发，树脂在高温下裂解成气体逸出等，由此产生样品重量变化，引起天平位移，并转化成电信号，经放大器放大后，输入记录仪记录。现代高灵敏度的热重分析仪精度可达百万分之一毫克。用作预浸料的表征，可测出树脂、挥发分、增强体和其他成分含量的定量结果。热重分析分动态和静态两种试验方法，动态分析是对样品以一定的升温速度加温，测量重量随温度和时间的变化；静态分析是先将仪器设置到某一温度，再放入样品，测量样品在该温度下重量随时间的变化。如图 9-9 所示是一种玻璃纤维增强尼龙的动态 TG 曲线。一次测量就可获得所有组分含量的百分含量。

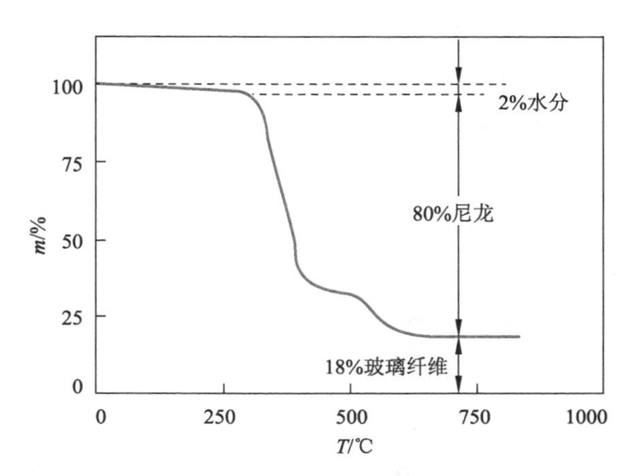

图 9-9 玻璃纤维增强尼龙的 TG 曲线

TG 对高聚物材料的一个重要应用是通过测量材料的热分解温度来研究和表征材料的耐热性，在热分解温度下，高聚物大分子链段开始裂解成小分子产物，从材料中逸出，导致材料部分重量丧失，其强度和刚度急剧下降。热分解过程可用 TG 快速准确地表征。如图 9-10 所示为一种聚乳酸改性前后用 TG 和 DSC 表征耐热性的结果。

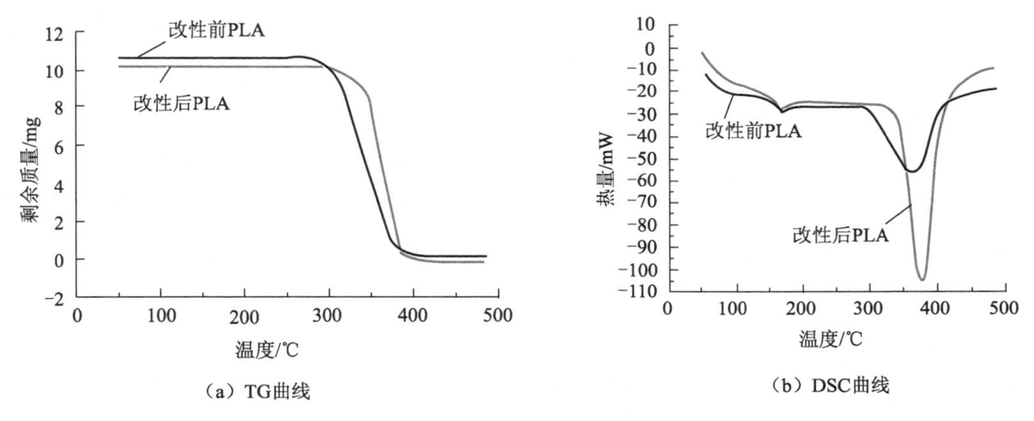

图 9-10 一种聚乳酸经异氰尿酸三缩水甘油酯(TGIC) 改性的 TG 和 DSC 结果

如图 9-10(a)所示，改性前聚乳酸在 270 ℃左右开始分解，在 390 ℃左右残留物只有 0.18 mg；改性后的聚乳酸在 300 ℃左右才开始分解，到 390 ℃左右残留物有 0.28 mg。

如图 9-10(b)所示：在整个吸热过程中有两个吸热峰。第一个峰是熔融时的峰，改性前聚乳酸的熔点在 162.4 ℃左右，而改性以后的熔点在 169.3 ℃左右，熔点有一定的提高。第二个峰是分解时的吸热峰，改性前在 363.4 ℃左右时分解吸热量达到最大，改性后的聚乳酸在 380.6 ℃左右时分解吸热量达到最大，这与热重分析的结果基本一致。由此可以看出，改性后聚乳酸的热稳定性比改性前有一定的改善。

TG 表征预浸料的固化特征，主要是针对树脂基体在固化过程中有挥发物产生的情况，如酚醛树脂的固化为缩聚反应，有水分生成。利用 TG 测量样品脱水失重过程即表征酚醛树脂的固化，如图 9-11 所示是一组静态的酚醛树脂固化的 TG 曲线，可以看出不同温度下失重率不一样，240 ℃得到最大失重率，由此测出最大固化温度为 240 ℃。

现代热分析技术发展到将两种技术联用，如 TG－DTA 和 TG－DSC 联用能综合两种技术的优点，如用 TG－DSC 表征热固性预浸料，一方面可以测出预浸料中各种成分含量，另一方面又能表征预浸料的固化行为特征。

另一种联用技术是把 TG 与其他成分分析技术串接联用，如热重分析与红外光谱联用（TG-FTIR），热重分析与质谱联用（TG-MS），差热分析与气相色谱联用（DTA-GC）等，一方面能测出预浸料的各种成分，同时又能对 TG 分离的成分进行分析鉴别。

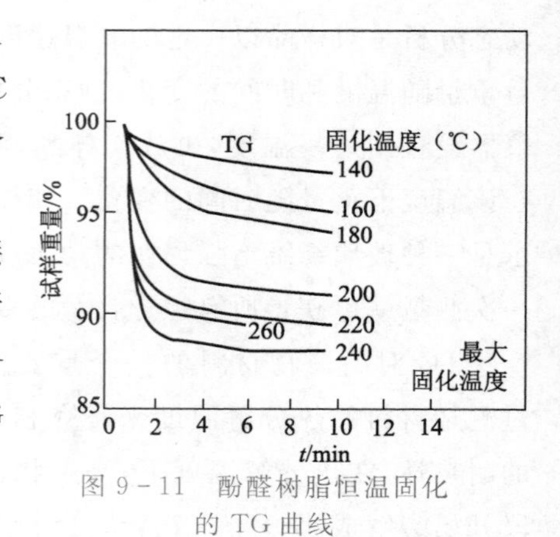

图 9－11　酚醛树脂恒温固化的 TG 曲线

9.2.3.3　热机械分析[33—35]

热机械分析分静态和动态两种，是在程序挖掘温度下测量材料力学性能变化的一种技术。静态热机械分析（TMA）主要用来测量聚合物的热变形温度，对试样施加恒定不变的载荷，如拉、压、弯等，当温度达到一定程度时，试样的变形量会增加，这个温度被定义为热变形温度，并在 TMA 曲线上得到反映。与 TMA 不同，动态热机械分析（DMA）则是对试样施加周期性变化的动态载荷。由于 DMA 能得到更多反映材料热性能的信息，现在比 TMA 用得更多。

DMA 是在程序控制温度下测量材料在周期动态载荷下的动态模量或力学损耗与温度关系的技术。常用来测定高分子材料的各种转变，评价材料的耐热性、耐寒性、相容性、减震阻尼效率及成型工艺性能，为研究高分子的聚集态结构提供信息。由于高分子的玻璃化转变、结晶、取向、交联、相分离等结构变化都与分子运动变化密切相关，而分子运动的变化又能在动态力学性能上得到灵敏的反映，因此，DMA 表征聚合物和复合材料具有快速、准确、信息量大的特点。

聚合物的链状大分子结构使它对外力作用呈黏性和弹性的双重响应，这种黏弹行为随温度和时间的变化特别明显。DMA 正是根据这种黏弹行为来进行表征。在 DMA 试验中，试样对外力的响应，一是弹性响应，即在外加作用下，试样变形，变形的大小与试样的弹性模量有关，形变时产生的能量由试样贮存起来，除去外力，试样又恢复原状，贮存的能量又被释放出来，在弹性响应中，试样的分子重排与外力的变化是同步的，试样的这一特性在 DMA 分析中被定义为存储模量（E'）。另一种是黏性响应，分子在外力作用下产生永久变形，或分子重排跟不上外力的变化，而且使一部分能量损耗，这一特性在 DMA 分析中被称为**损耗模量**（E''），存储模量与损耗模量之比称为**损耗因子**（tan δ）。这三种参数组成 DMA 分析谱图（见图 9－12）。

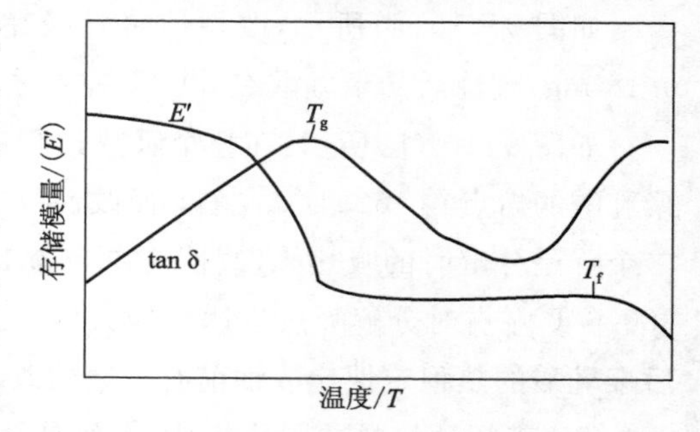

图 9－12　一种固体聚合物的 DMA 曲线

图 9－12 是一种固体聚合物测得的 DMA 谱图，它包含存储模量和损耗因子两条曲线，可以看出随温度上升，存储模量下降，当达到玻璃化转变温度时，曲线产生一个台阶式的转变，对

应的损耗因子曲线出现一个峰，此时试样已从玻璃态转变成高弹态；继续升温到 T_f，试样转变成黏流态，模量迅速下降。

用 DMA 表征预浸料的固化可采用时间扫描模式，即在恒温恒频率下测定动力学性能随时间的变化，如图 9－13 所示为某种环氧预浸料在室温 100 ℃下固化的 DMA 时间扫描曲线，可以看出，大约固化 15 min 后，模量和 tan δ 值几乎不随时间变化，表明体系已接近完全固化，用不同的温度进行试验，则可得出多个类似的结果，从而可制定出该预浸料的固化温度、时间等最佳工艺参数。

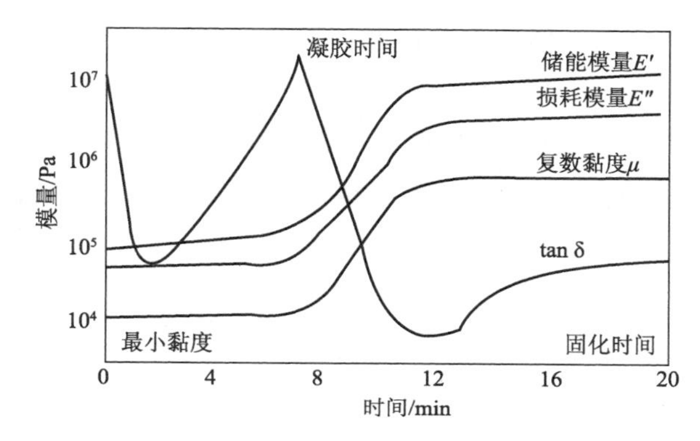

图 9－13　某种环氧预浸料在室温 100 ℃下固化的 DMA 曲线

用 DMA 还可进行预浸料的质量控制。其方法是用 DMA 制定一个标准谱图，并规定出几个重要的参数，如美国某公司规定预浸料必须符合标准的 DMA 图谱规定的参数范围。如图 9－14 所示，每一批次的预浸料必须得出类似的 DMA 图谱，即软化峰值温度必须是 82 ℃，凝胶温度为 178 ℃，虚线表示不合格的预浸料。

如果从新鲜预浸料开始，对贮存中的预浸料进行定期的 DMA 试验，则可根据接收或拒收的标准很容易地监测预浸料的贮存质量和贮存寿命。

如前所述，热分析技术在聚合物和复合材料中应用非常广泛，除上述几种技术以外，还有动态介电分析技术（DDA），热扭变分析技术（TBA）等，也可被用来进行复合材料的表征和研究。

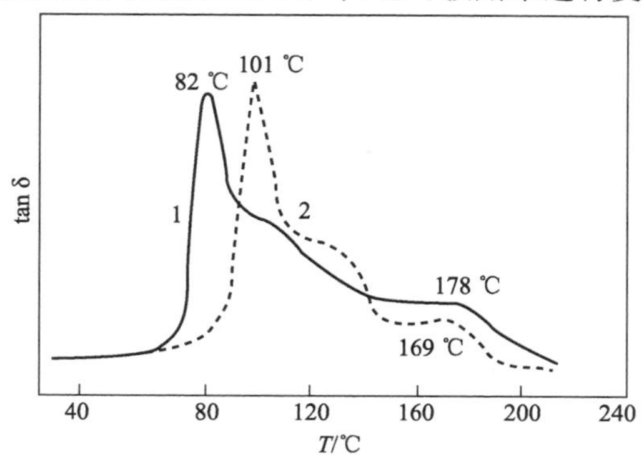

图 9－14　某环氧预浸料的 tanδ-T 曲线

9.3 预浸料表征技术[36—40]

预浸料是纤维浸渍树脂得到的一种半成品材料，是原材料和复合材料的中间产品，在原材料基础上上升了一个层面。组分材料的性能，特别是树脂基体的性能已集中到预浸料中，因此预浸料的性能和质量直接关系到复合材料的性能和质量。预浸料的化学性能取决于所用的树脂基体，在前面已有所介绍。此外预浸料还有一些重要的物理性能，如增强体形式、树脂含量、纤维含量、挥发分含量等，这些性能都关系到最终复合材料的性能和质量，也给预浸料的表征带来新的内容和要求。

目前预浸料已形成商业化生产，由生产商直接提供的预浸料，一般都提供重要的性能参数，用户可根据不同需求自行选择。预浸料的品种非常多，美国 Hercules 提供的部分预浸料的物理性能见表 9－1。

表 9－1 Hercules 公司生产的部分预浸料的物理性能

增强形式	牌号	单位面积纤维质量/($g \cdot m^{-2}$)	宽度/mm	树脂含量/%	挥发分含量/%
单向纤维	cAS/3500－5A	150	305	35±3 或 42±3	<1
单向纤维	AS4/3502	164	305	35±3 或 42±3	<1
单向纤维	AS4/4502	145	305	35±3 或 42±3	<1
单向纤维	AS4/1908	146	305	38±3	<1.5
单向纤维	AS4/1655	124	305	38±3	<1
单向纤维	HMS/3501－6	146	305	42±3	<1
织物	A193－P/3501－5A	193	990	35±3 或 42±3	<1
织物	A370－8H/3501－6	370	990	35±3 或 42±3	<1.5

热固性预浸料在运输和贮存期间，树脂基体会发生固化，导致物理化学性能的变化，因此在使用前必须对一些重要性能用标准的试验方法进行检测，进行预浸料的质量控制。

9.3.1 树脂基体

树脂基体是预浸料质量控制的主要对象，是预浸料中树脂、固化剂和其他助剂的总称。当增强纤维选定之后，复合材料的力学性能和热学性能就决定于所用的树脂基体，高性能复合材料对树脂基体的性能和含量都有严格的要求。

9.3.1.1 树脂含量测定

树脂含量是指树脂基体在预浸料中所占的质量比率，是一个重要的性能参数，测量方法有溶液萃取法和灼烧法：

(1)溶液萃取法。将预浸料试样放入一种能完全溶解树脂而对纤维不溶解的溶剂中，使树脂完全溶解，再将纤维取出烘干后称量重量，由此而测出树脂含量。

(2)灼烧法。将试样放入坩埚,在马弗炉中灼烧,完全烧掉预浸料中的树脂,再称量纤维的质量,计算树脂的质量含量。

应当指出,上述试验都有相应的标准方法,在操作过程中应严格按标准方法规定的要求和步骤进行。

灼烧法只适用于玻璃纤维预浸料,对碳纤维和芳纶预浸料,一般不用此法,因为灼烧过程中,碳纤维和芳纶都会发生氧化反应,影响测量精度。

9.3.1.2 挥发分含量测定

挥发分含量是预浸料中可挥发物(通常是有机溶剂,如丙酮等)在预浸料总质量中的比率,挥发分主要来源于树脂中的低分子物或湿法预浸未除掉的溶剂残余物。挥发分可在复合材料成型过程中逸出,形成气泡或空穴,影响制件的性能和质量。

挥发分的测量可直接用热重分析法,也可将试样放在烘箱内,在一定温度下烘干后进行测量,试验方法也有标准可循。

9.3.2 增强材料

9.3.2.1 纤维分布

纤维增强一般分单向增强和织物增强,层压结构复合材料多用单向增强,由此得到的预浸料称为单向预浸料。各种预浸料在使用前都必须检查,确保质量完好。预浸料操作间应保持恒温恒湿。

单向预浸料的纤维应沿预浸料纵向直线排列,平行角度误差在0.5°以内。纤维分布均匀平整,不应有搭接、扭曲、皱折、波纹、折断、缺胶、富胶等缺陷。

单向预浸料纤维间的间隙应符合规范要求,对于宽幅或超长的预浸料,若存在间隙,应做出标记,或替换下来不用。

织物预浸料的经纱和纬纱应互相垂直,平行于预浸料的纵向和横向。在整幅预浸料宽度范围内,平行偏差不能超出规定范围。

预浸料可制成不同的宽度,对每一幅宽都应有规范要求。

9.3.2.2 纤维含量

在没有空穴时,预浸料的纤维含量加树脂含量应为100%,在测量树脂含量时也就同时测出了纤维含量。预浸料的纤维含量通常有两种表示方法,即质量含量和体积含量,质量含量可用多种方法测量,把树脂完全除掉,就可以测出纤维的质量含量,但复合材料力学性能中要求按照体积混合定律计算,因此需要经常把质量含量换算成体积含量。计算公式如下:

$$V_f=\frac{\dfrac{w_\mathrm{f}}{\rho_\mathrm{f}}}{\dfrac{w_\mathrm{f}}{\rho_\mathrm{f}}+\dfrac{1-w_\mathrm{f}}{\rho_\mathrm{r}}}\times 100\%$$

式中：V_f——纤维体积含量；

w_f——纤维质量含量；

ρ_f——纤维密度；

ρ_r——树脂密度。

9.3.2.3 单位面积纤维重量

指预浸料单位面积上所含纤维的质量，以 g/m^2 表示。将测量树脂含量时所得到的纤维质量除以试样尺寸(面积)得出单位面积纤维质量。它关系到不同纤维体积含量的制件厚度，是结构设计和工艺控制的重要依据之一，预浸料单位面积纤维质量不同将导致层压的厚度和纤维体积含量的不同。单位面积纤维含量应在预浸料不同部位抽样检验，对检验结果应在一定的容差范围内。

9.3.3 预浸料的工艺性能

预浸料的工艺性能是指对复合材料的制造成型工艺有影响的性能，包括与树脂基体有关的工艺性能和预浸料本身的工艺性能。

9.3.3.1 树脂基体工艺性能

树脂基体工艺性能主要取决于所用树脂的类型及基体的配方，不同的树脂基体要求不同的成型工艺。预浸料与树脂基体有关的工艺性能主要包括：

1. 树脂黏性

树脂黏性与树脂的化学成分和结构有关，不同树脂基体有不同的黏性，它决定了预浸料层片叠合时的黏接能力以及预浸料层叠后彼此剥落的难易程度，最后要影响到纤维和树脂的界面结合强度及复合材料的层间性能。树脂黏性是预浸料层片铺叠性及层间黏合性的表征，预浸料的黏性首先要适合于铺叠，不能太高也不能太低，太高会给手工铺层带来困难，太低则导致层间黏合力低，影响铺层质量。

预浸料的黏性取决于树脂特性、树脂含量、挥发分含量、贮存期间的固化程度及操作环境温度。因此在铺叠大型制件时，预浸料用量大，工序长，对预浸料从冷藏取出、切割、铺叠及操作间的温度和湿度都有规定。

2. 树脂流动度

树脂流动度指在一定温度和压力下，预浸料中树脂流动能力大小的度量，与树脂基体的化学成分、树脂含量、反应程度及环境温度等因素有关。树脂流动性对复合材料制件的质量非常重要，流动性太大将会在热压成型过程中产生过多流胶，形成贫胶或带动纤维错位。流动性太小，则可能造成层间结合不良、树脂分布不均等缺陷。流动性适度将有利于降低复合材料空穴含量，使树脂分布均匀，从而提高复合材料成型质量。

表征树脂流动度有专门的试验方法，对试样制备和试验条件等都有规定。

3. 凝胶时间

凝胶时间是预浸料的一个重要工艺参数，是确定加压时间的重要依据。从热固性树脂的固化机理来看,凝胶是固化过程的一个重要转折点,树脂达到凝胶状态后,分子的网状交联将加速进行,树脂将由黏流态迅速转变为玻璃态,此时应是加压的最好时机,加压过早,将会使尚处于流动态的树脂过多流失,加压过迟,树脂已成固态,将造成压制不实、树脂和纤维结合不牢、空穴增多等缺陷。

树脂凝胶是一个短暂过程,与树脂本身的化学结构有关,也与环境温度有关,在实际中是一个较难控制的参数。

测量树脂凝胶时间有专门的试验方法,用DTA或DSC有时也能测出,有些树脂的凝胶在DSC曲线上表现为一个基线的小偏移,一般出现在固化起始温度和固化峰项温度之间。

9.3.3.2　预浸料工艺性能

预浸料的工艺性能实际上也取决于所用的树脂基体,但本身也有特殊的工艺性能要求。

1. 固化单层厚度

固化单层厚度指按规范工艺固化制备的层压板的单层厚度,与纤维含量及树脂基体的黏性和流动性有关,也取决于所采用的成型工艺路线和工艺参数,碳纤维结构复合材料的固化单层厚度一般规定为0.125 mm。

2. 使用期

使用期指热固性预浸料在规定的工作环境条件下,预浸料能满足工艺性能要求以及能保证复合材料质量所要求的最大工作时间。它涉及预浸料从冷藏间取出,在净化间进行下料、铺叠成坯件、并进行抽真空封装等工序期内仍能保持应有的工艺性能,如黏性和流动性等。

这对于大制件的制造非常重要,预浸料在低温存放,组分间的化学反应慢,当放置在净化间操作时,在室温下固化反应会加速,而大制件工序长,有时达2～3周,因此要求预浸料有较长的使用期。有时也可根据工序要求,分次取出冷藏的预浸料进行层片切割和铺叠。

3. 贮存期

预浸料的存放寿命已在前面提到多次,是指预浸料在规定的贮存条件下,能满足制件质量要求的最大存放时间。热固性预浸料树脂基体是已经加有固化剂等助剂的树脂体系,在低温下贮存,尽管自身的固化速率很慢,但经过一段较长的时间仍能达到一定的固化程度,这对于复合材料成型和制件质量影响很大。在存放时固化超出规定范围的预浸料,黏性降低,影响铺覆,压制不实,制件超厚,空穴增多,质量严重下降。因此对新制备的新鲜预浸料,必须规定合理的贮存期限,如我国自行研制QY8911预浸料在－18 ℃条件下贮存期限为12个月,室温为30天;5222预浸料为6个月,室温为20天。

9.4　复合材料表征技术[41—46]

复合材料是指纤维和树脂复合后得到的一种多相材料体系,同时也是最后的复合材料产品,这是因为复合材料的材料成型和产品成型是同时完成的。由于复合材料大多采用层压结构，所以复合材料的性能目前主要用层压板的性能来表征，层压板性能试验已经从原材料的层面上升到复合材料的层面，是复合材料表征与性能评价的重要组成部分。层压板的表征包括物理性能和力学性能试验，而力学性能试验又包括静态、疲劳、断裂等。

同其他工程材料一样，复合材料的力学试验是评价其性能和质量的最终依据。作为结构材料使用的复合材料，在开发或改性的前期，运用一些物理化学方法从原材料开始，进行表征和研究是必要的，但最后结果的判断必须以力学性能试验得到的数据为依据，综合分析判断，决定取舍。

对材料研究者而言，着重关心的是层压板的拉伸、压缩、弯曲、面内剪切和层间剪切及抗冲击等性能。对于复合材料结构设计，必须通过静态力学性能试验，提供单向纤维增强层压板的纵向拉伸强度和模量、横向拉伸强度和模量、纵向压缩强度和模量、横向压缩强度和模量、纵横剪切强度和模量以及主泊松比等 11 个工程常数。在考虑结构的完整性和稳定性时，还要提供与结构有关的性能数据，包括开孔拉伸和压缩、填充孔拉伸和压缩、层间断裂韧性、冲击后压缩及损伤容限等。

层压板重要的物理性能包括密度、纤维和树脂含量、空穴含量、尺寸稳定性、玻璃转变温度、吸湿性等，这些性能与前述的预浸料相关性能在表征内容和方法上都有相似之处，在本节不再做专门介绍，而着重介绍一些力学性能的表征技术。

9.4.1 拉伸试验

拉伸试验是复合材料最基本的试验方法，测量在拉伸载荷下复合材料层压板抵抗变形和断裂的能力，单向层压板的拉伸试验可得到以下性能数据：平行纤维方向（纵向）的拉伸强度 X_{1T}、模量 E_{1T} 和断裂应变 ε_{12}；垂直纤维方向（横向）的拉伸强度 X_{2T}、模量 E_{12} 和断裂应变 ε_{22}；以及纵向泊松比 ν_{12}。这些数据是层压复合材料最基本的力学性能数据，是复合材料静强度设计的依据，同时也是评价材料性能和成型工艺质量的依据。

拉伸试验目前已有标准试验方法可循，主要包括试样制备、试验条件选择、试验结果分析。

9.4.1.1 试样制备

层压板的拉伸试样有三种类型：直条型、变截面型和夹层结构型。

高性能复合材料的拉伸试验，多采用直条型试样，它具有形状简单，易于制备；试验段较长，在测量标段内受力分布均匀；可方便地同时进行强度、弹性模量及断裂伸长率的测量等特点。除用于单向层板的拉伸外，还可用于多向及织物增强复合材料的试验。

直条型拉伸试样的形状如图 9－15 所示。

在制备试样时，应参照有关标准，根据纤维的取向、增强方式选择不同的长度、宽度和厚度。同时要在两端，用高强度胶贴上加强片，加强片材料可以是玻璃织物增强的复合材料，也可用铝合金，其目的是保护被试验机夹头夹住的试样端部在试验过程中不破坏，顺利地完成试验全过程，同时还可使载荷更均匀地分布到试样上。为了测量伸长变形，还要在试样中部贴上电阻应变片。

复合材料强度对湿气敏感，制备好的试样需在干燥器中停放一段时间除掉湿气后再做试验。

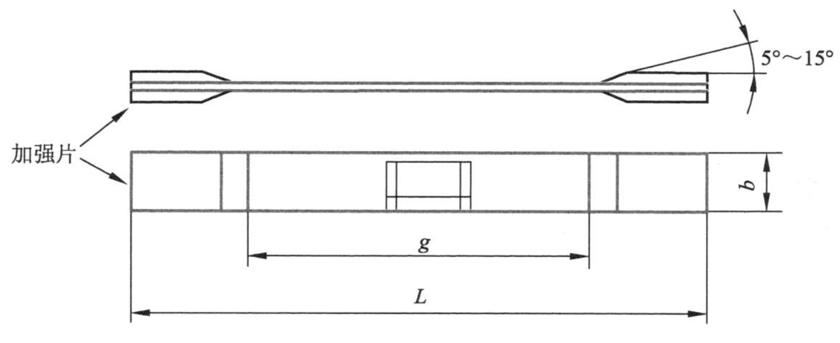

图9-15　直条形拉伸试样

9.4.1.2　试验条件选择

除试样制备外，试验条件选择是准确表征材料性能的另一个重要方面，也是得到完整试验结果的保证。

试验条件的选择主要是确定合理的加载速率，加载过慢，试验周期拉长；加载过快，试样对外加载荷来不及反应，载荷分布不均匀，结果不理想；或是造成试样中途破坏。对于纤维复合材料，加载速率一般选在1～2 mm/min。

试样在装入试验机夹具时，应确保对中性，即将试样放在夹具的中心位置，并尽可能地调整试样和夹具的对中性。

一般而言，在正式试验开始前，要对试样进行一次或几次预加载。其目的是检查试验是否出现异常，其次是调整纤维变形的一致性，使载荷更均匀地分布到试样上，得到线性程度较好的应力-应变曲线。预加载一般不超过破坏载荷的50%。且在加载过程中不出现纤维断裂。

9.4.1.3　试验结果分析

单向纤维层板的拉伸试验表现出典型的脆性断裂，如图9-16所示。试样在破坏前呈线性的应力-应变行为，即试样在断裂前的变形与载荷成正比，在达到破坏载荷时，试样立即断裂。这种破坏模式主要取决于增强纤维，因大多数纤维(如玻璃纤维和碳纤维)都是脆性材料。

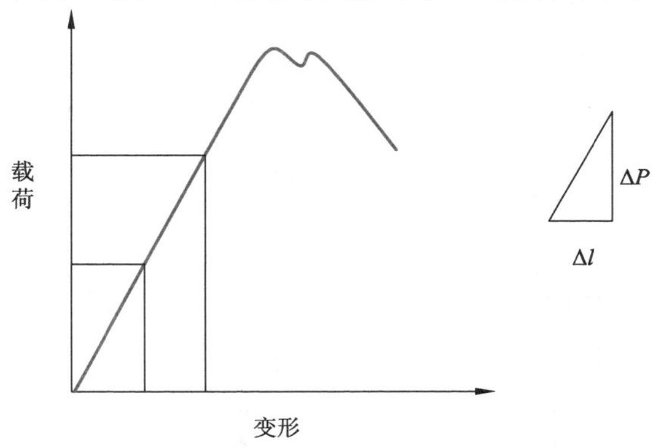

图9-16　单向层板的拉伸试验曲线

在分析拉伸试验结果时要用到两个概念，即应力和应变。应力是载荷变化与试样横截面积之比，记为 $\sigma=(P_2-P_1)/S=\Delta P/S$；应变是在一个单位长度内的长度变化，它可用贴在试样上的应变片测出。记为 $\varepsilon=(l_2-l_1)/l=\Delta l/l$。

一次拉伸试验可测出如下几种数据：

拉伸强度：最大载荷与试样横截面积之比，记为 $X=P/S$，也可看成是最大应力，它表示材料所能承受的最大外力载荷。

弹性模量：应力与应变之比；记为 $E=\sigma/\varepsilon$，它表示材料在外力作用下抵抗变形的能力。

泊松比：试样横向变形量与纵向变形量之比，或横向应变 ε_T 与纵向应变 ε_L 之比，记为 $\nu=\varepsilon_T/\varepsilon_L$。

强度和模量的国际计量单位用帕斯卡，1 帕斯卡相当于每平方米面积上 1 N 的作用力，记为 Pa。常用的碳纤维复合材料的拉伸强度为 2 000～3 000 MPa，模量为 20～30 GPa。

拉伸试验不仅能表征材料性能，对复合材料而言，还能表征成型工艺质量，显然，压制密实，纤维和树脂结合牢固，空穴率低的复合材料具有较高的拉伸强度和模量。

应该指出，理想的拉伸试验是试样在中部呈横向的整齐断裂，并有相当数量的纤维被拉出来，如图 9－17(a)所示，它表明所有纤维在试验中承受的载荷是均匀一致的，但这种理想情况在实际试验中很难得到，大多是无规则破坏的模式，如图 9－17(b)所示，由此得到的试验结果，数据一般要低于正常破坏情况下得到的数据。这归因于复合材料是两种材料的复合体系，影响性能的变数多，同一批次的试样，试验结果重复性不好，数据分散性很大，有时达 30％以上，这给数据处理和应用带来难度，因此要多做重复试验，对一些极端数据，如特别高和特别低的结果值，要去除不用。

拉伸试验试样制备和操作都相对简单，在表征和评价复合材料力学性能时，能进行多方面的研究，如增强纤维含量、界面结合、湿热老化等。如表 9－2 所示是单向剑麻纤维/环氧复合材料不同纤维含量的拉伸性能比较。

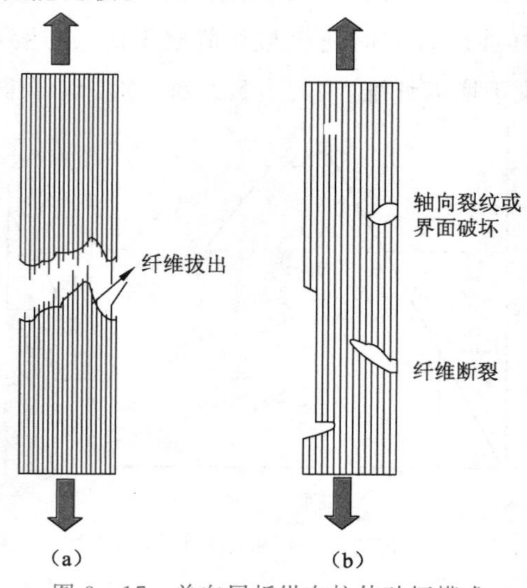

图 9－17　单向层板纵向拉伸破坏模式

表9-2　单向剑麻纤维增强环氧复合材料拉伸性能

复合材料	纤维含量/%	拉伸强度/MPa	比强度/($MPa \cdot g^{-1} \cdot cm^{-2}$)	拉伸模量/GPa	比模量/($GPa \cdot g^{-1} \cdot cm^{-2}$)	断裂伸长率/%
环氧基体	—	76	66	3.1～3.2	2.7	7.3
剑麻/环氧	28	169	146	14.2	12.2	2.3
剑麻/环氧	35	183	157	14.5	12.4	2.2
剑麻/环氧	46	211	180	19.7	16.8	1.9
玻纤/环氧	48	817	478	31	18	2.8

可以看出麻纤维含量增加，能提高复合材料的拉伸性能，但与玻璃纤维相比差距较大。

9.4.2　压缩试验

自20世纪70年代，才开始较多地研究复合材料的压缩性能，此前，人们认为纤维复合材料同其他工程材料一样，压缩模量与拉伸模量是相等的，只要进行拉伸试验测出弹性模量即可。但后来很快就发现，这个假设对复合材料的压缩强度是不成立的，实际测量结果显示，复合材料压缩强度比拉伸强度要低很多。这个问题引起了极大关注，当复合材料被设计用来制造飞机机翼上的蒙皮时，压缩强度成为一个关键的性能指标。

复合材料压缩强度低是由它的两相材料特点所决定的，当复合材料在纤维方向受到压缩载荷时，纤维是不变形的，而基体则会产生压缩变形，由于变形的失配使纤维与树脂的界面结合受到损伤或破坏，使纤维产生屈曲，复合材料强度迅速下降。这种情况在复合材料表面受到冲击，内部层合结构局部损伤时，表现得更为严重。

复合材料在服役过程中，有可能受到外来物的冲击，层压结构的复合材料对冲击是敏感的，因此冲击后的压缩强度成为表征复合材料结构的性能参数。

纤维复合材料大多以薄壁和薄板的形式使用，这就给复合材料压缩性能表征带来困难，主要是如何更好地对试样施加压缩载荷的问题。薄板试样不能像柱体试样那样直接由端面加载，因此必须设计专门的夹具来进行加载。

目前常用的夹具有两种，加载的方式有类似之处，一种是Celanese夹具，另一种是由美国依利诺大学开发的夹具。

Celanese夹具：如图9-18(a)所示，它是一个圆筒状的中轴线剖面图，试样由上下两组夹头夹紧，并通过剪切力将压缩载荷传给试样。试验时，载荷越大，试样被夹得越紧，最后将试样压坏。这种夹具的特点是对中性极好，载荷分布均匀，结果比较可靠。但夹具精度要求极高，造价高。

美国依利诺大学开发的夹具如图9-18(b)所示，也是通过夹头的剪切力传递载荷，造型稍简单，但夹具重量增加，给实际操作带来不便。

这两种方法由于夹具尺寸的限制，要用尺寸较小的试样，特别是前者，试样长度30 mm，宽度10 mm，厚度5 mm以内。

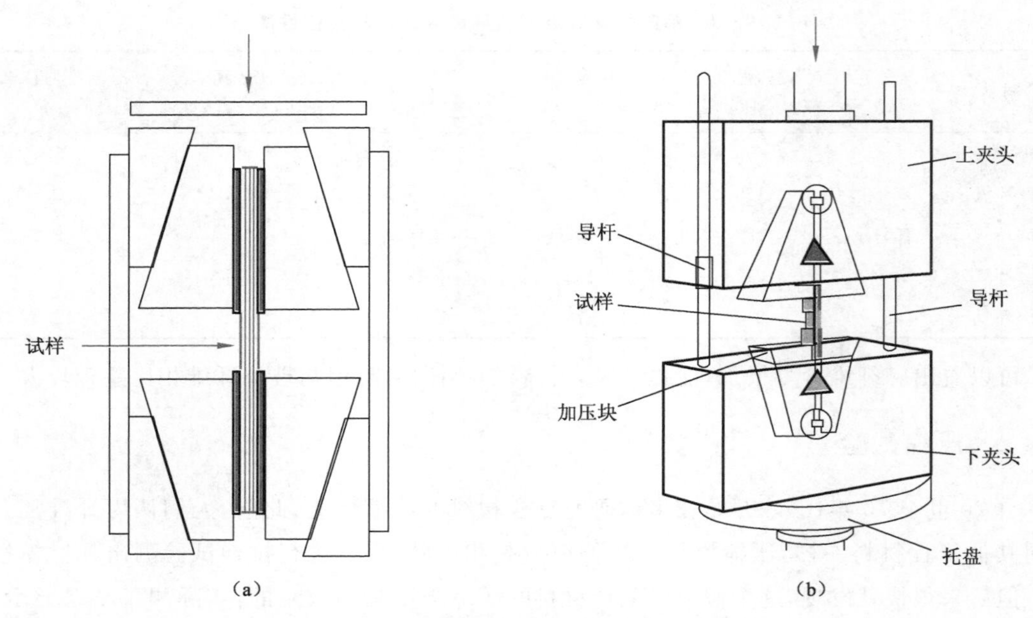

图 9-18　两种常用的复合材料压缩试验夹具

另一类压缩试验是采用尺寸较大的试样，在试样端部直接加压，但必须在试样两侧加以支持，否则试样在试验过程中会出现弯曲。由于试样尺寸较大，在试验中较难得到均匀的应力分布，影响到试验结果。但这种方法所用的夹具较简单，适合于强度较低的材料表征。

要评价压缩试验的结果是否理想，最后主要看试样的破坏模式，单向层板典型的压缩破坏应首先是纤维产生微观屈曲变形，造成基体和纤维的界面破坏，最后发展成试样沿 45°方向断裂，如图 9-19 所示。其中图(a)是破坏的模型，图(b)是实测破坏试样的局部放大照片。

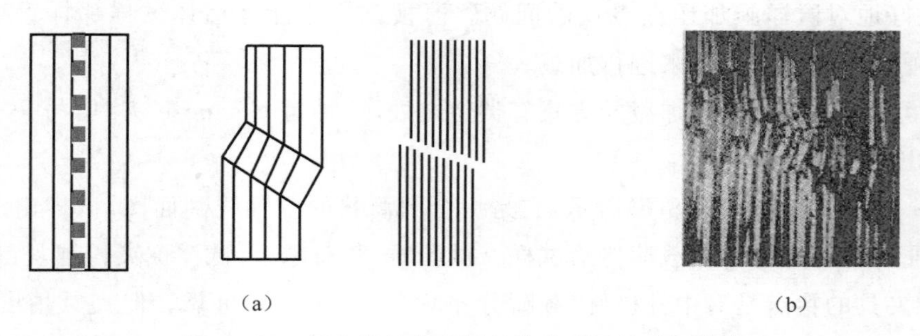

图 9-19　复合材料单向层板的典型压缩破坏模式

9.4.3　面内剪切试验

面内剪切试验是测量复合材料在剪切载荷平面抵抗变形的能力，它与组分材料的类型和用量以及成型的工艺质量有关，剪切性能数据为复合材料结构稳定性设计提供依据。

在所有测定复合材料力学性能的单项实验中，剪切实验是最困难的。理想的剪切实验应能在试件中产生均匀的纯剪力区，可重复操作，能得到剪应力-剪应变全过程曲线。但由于复合材料两相材料复合的特点，这些要求有时是较难实现的，如多向纤维铺层的层压复合材料，在剪切试验中会产生应力耦合效应，试样会出现弯曲变形，从而影响到试验结果。

剪切试验方法经多年研究，现已初步形成四种较常用的方法：

(1)±45°拉伸剪切实验，是用[±45]的正交层合板作试样，施加单轴拉伸荷载，近似得出层合板的剪切性能。这种方法试件制作方便，且无须特殊的加载装置，操作简单，但获得的剪切强度和剪切应变一般精度都不高，只能用于粗略估计层合板的剪切性能。

(2)轨道剪切实验，是对平面试样进行双轨或三轨夹持，在试件的边缘施加剪切荷载以测定其面内剪切性能，多用双轨剪切法。这种方法试件工作区较大，剪切荷载通过轨道与试件间的摩擦力引入，易得到纯剪应力；其缺点是抗剪强度较高的试件中往往会发生滑移，从而引起试件与轨道螺栓发生压力接触，引发沿螺栓中线而不是在试件中心的过早断裂，导致无法获得最终的抗剪强度，在试件中钻孔通常会引起层裂，引起试件内的应力分布偏离理想的剪应力状态。

(3)iosipescu 剪切实验，这种方法使用 V 形开口矩形试件，通过 iosipescu 实验夹具对试件施加力偶来逼近纯剪切状态。由于试件中有 V 形开口，在试件工作区可得到较均匀的剪应力场，且试件破坏时也基本发生在工作区。iosipescu 剪切实验一般可获得较满意的测试结果，也是目前最常用的剪切实验方法，如图 9－20 所示。

(4)V 形开口轨道剪切实验，V 形开口轨道剪切实验是双轨剪切实验和 iosipescu 剪切实验的结合，采用两对加载轨将 V 形开口试件两边夹持住，实验时加载轨道通过试件夹持面将剪力引入试件。该方法综合了上述两种方法的优点，克服了部分缺点，被认为是目前最有前途的剪切实验方法。与 iosipescu 剪切实验相比，该方法具有较大的工作区，在夹持面引入剪力可测试高剪切强度的试件且能消除挤压破坏。与双轨剪切实验相比，试件无须钻孔，从而克服了试件与加载螺栓的易挤压破坏的缺点，同时在试件工作区可获得更均匀的剪应力状态。

应该指出，由于复合材料多相体系的特点，目前所有剪切试验几乎都难以得到纯剪切的试验结果。复合材料的非线性特性、界面效应、边缘效应、应力状态耦合效应、加载方式等都会影响到最终结果，导致得不到纯剪切破坏，因此在数据处理时，如何选择一个最有代表性的结果，如何在规定的变形条件下选取相应的剪应力作为剪切强度，也许是较合理的方法。

如图 9－21 所示是典型的单向复合材料面内剪切破坏模式。破坏的原因是基体剪切破坏、界面脱黏或者是二者联合作用。受剪时裂纹沿抗剪能力较差的部位扩展，有时还与纤维中的裂纹接通。单向复合材料力学性能特点之一是抗剪强度很低，例如，树脂基复合材料的抗剪强度只有其抗拉强度的 1/20 左右。

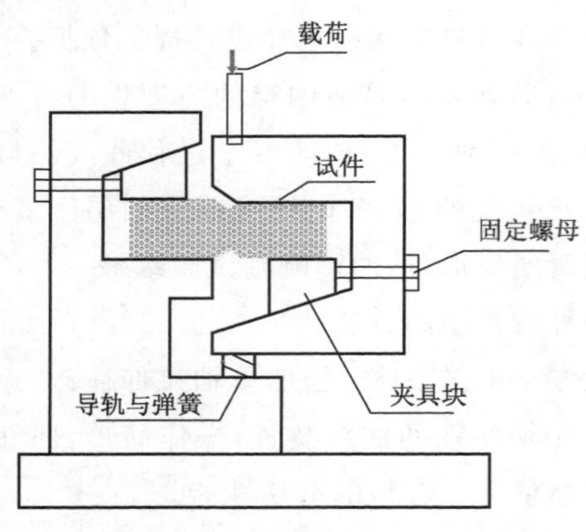

图 9-20　Iosipescu 剪切试验方法示意图

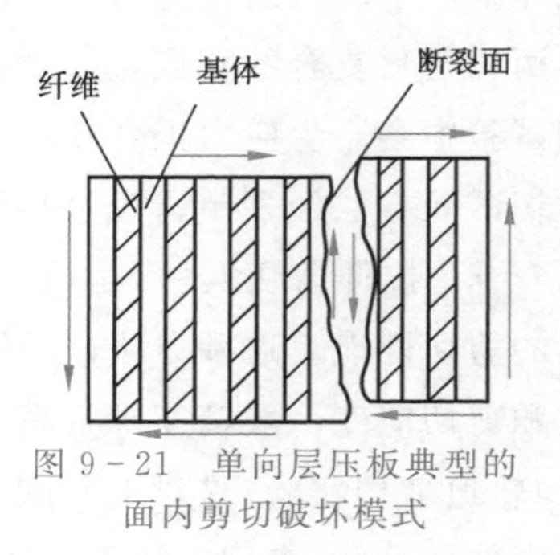

图 9-21　单向层压板典型的面内剪切破坏模式

9.4.4　层间剪切试验

层间剪切试验是根据复合材料层压结构的特点建立的，是表征复合材料层间结合强度的重要方法。常用的方法是由三点弯曲试验发展起来的短梁剪切试验(short beam shear，SBS)，其工作原理如图 9-22 所示。试样放置在两个支撑圆棒上，上面再用一个圆棒加载，试样在载荷下发生弯曲变形，由于各层弯曲变形量不同，造成了层与层之间相互错位而产生层间剪切应力，最后的破坏主要是由层间结合失效而引起的层间剪切破坏。

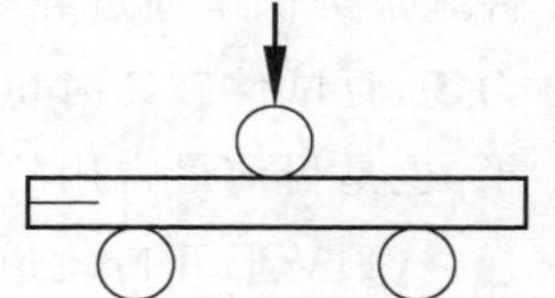

图 9-22　短梁剪切试验示意图

这种方法的试样制备和试验操作都比较简单，已制定相关的标准方法，对试样尺寸和试验条件都有规定，其中的要点是对试样厚度的规定，下面的两个支撑点距离不能太大，这样能较好地保证试验得到层间剪切应力。

层间结合强度是层压复合材料的主要研究问题，主要影响组分材料的性能和成型工艺质量以及不同的环境状态。新型的复合材料采用纤维三维编织的预型件，再用液体成型方法，如树脂传递成型，制得的复合材料改善了层间结合问题。但这些方法也有局限性，主要是纤维预型件的编织较复杂，需要专门的自动化设备，同时还需要造价高的专门成型模具，对于大型或超大型形状复杂的制件制作比较困难。所以用预浸料铺叠方式进行热压成型目前仍是复合材料主要的成型方法。

9.4.5　弯曲试验

弯曲试验是测量复合材料弯曲强度和模量的较为简单的方法，复合材料的弯曲强度和弯曲模量也是重要的性能指标，得到的试验结果可用来评价组分材料的性能和成型工艺质量，同时也为结构设计提供数据依据。

根据加载的方式不同可分为三点弯曲和四点弯曲。采用单向层板的长条形矩形试样，已建立了相关的标准试验方法，如图 9－23 所示。

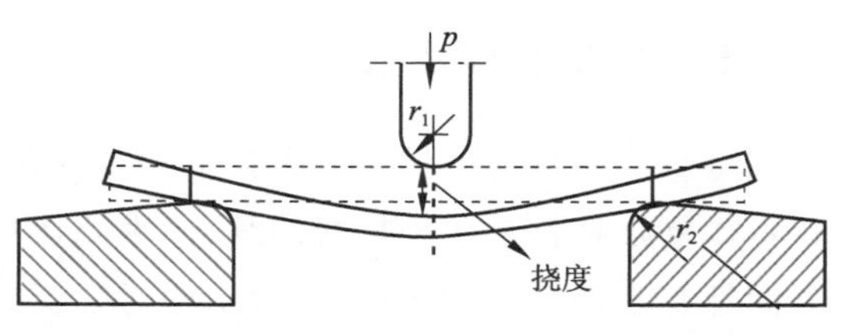

图 9－23　弯曲试验示意图

严格地说，弯曲试验适用范围仅是均匀层合板（沿厚度均匀铺层），有人还提出，仅限于单向板或平面正交织物层合板。对于非均匀层合板，其弯曲性能还取决于铺层顺序。在复合材料的弯曲试验中，试件中既没有均匀应力场，也不是单一应力状态，包含了拉伸、压缩、剪切，还有挤压等多种应力。测出的弯曲性能不用作设计参数。但由于弯曲试验方法简单，且拉、压、剪切和挤压多种性能都有反映，被广泛应用于质量检验。

由于弯曲试验时，试件同时存在剪切应力，为保证试件是弯曲破坏，而不是剪切破坏，需要通过跨厚比的选择，将剪切应力减到最小。

评价弯曲试验结果，也要观察最后的破坏模式。弯曲试验可能出现的破坏模式包括：加载点局部损坏、外表面纵向拉伸破坏、内表面纵向压缩破坏、试样脆性折断，甚至局部剪切破坏。理想情况是外表面纤维拉伸断裂破坏，某些标准试验方法对此有明确的规定，以得到重复性较好的试验结果。

以上几节内容介绍了在复合材料层面上的力学性能表征方法，采用恒定的加载速率来测量复合材料的响应行为特征。即所谓的静态力学性能试验方法。

不同于其他工程材料，复合材料细观不均匀结构使其呈现出明显的各向异性特点，而且两种主要组分材料，即增强体和基体的不同类型和性能，以及不同的复合方式，对最终复合材料性能的影响非常大。这就使得复合材料的力学性能表征变得更多样、更复杂，要考虑的因素更多。因此在进行复合材料力学性能试验时，要针对不同的目的，参照有关的试验标准，对试样制备和试验方法进行选择，以期得到较为理想的试验结果。

弯曲试验也是一种简便的试验方法，常与拉伸、压缩试验结合，对复合材料力学性能进行测试和评价。如表 9－3 所示是长竹纤维含量对酚醛树脂基复合材料性能影响的试验结果，可以看出，几种试验方法测得的结果具有一致性，随着纤维含量增加，复合材料的各种性能都有所提高，特别是弯曲强度提高的幅度较大。

表 9－3　长竹纤维体积含量对酚醛树脂基复合材料性能的影响

性　能	体积分数						
	0	20%	30%	40%	50%	60%	70%
抗拉强度/MPa	34.64	47.82	55.75	65.46	71.83	74.28	74.49
弹性模量/GPa	3.26	3.84	5.02	5.95	6.73	7.26	7.45
抗压强度/MPa	38.52	—	—	—	—	—	—
抗弯强度/MPa	43.67	58.76	67.28	72.19	74.52	73.13	71.02
剪切强度/MPa	42.73	—	—	—	—	—	—
冲击韧性/(kJ·m^{-2})	1.45	3.29	6.36	9.51	9.87	9.04	8.42

9.4.6 微观检测技术[49—51]

微观检测是利用显微放大技术对复合材料的局部微观结构和形貌进行观测和分析的一类技术。复合材料是两相材料的复合，因此在相容性、界面结合、成型工艺质量控制、断裂机理等方面都有非常广泛的研究，微观结构对复合材料宏观性能影响重大，在实际应用时经常将显微观测的图像与宏观力学性能试验结合起来分析研究，使试验结果更具可比性。

复合材料微观检测大多用扫描电子显微术（scanning electronic microscopy，SEM），这是因为 SEM 具有观测维度范围宽（数十倍到十万倍）、试验样品制作简便、试验材料不受限制、图像清晰并可进行数字化处理等优点。对于纤维增强或颗粒增强复合材料，维度在微米级范围，SEM 的放大倍数可在数千倍范围内选择，而纳米复合材料，放大倍数可提高到数万倍。

如图 9-24 所示为一种用玄武岩纤维（basalt fiber，BF）和生物基环氧（bio-epoxy）制备的复合材料的 SEM 图像，复合材料采用真空辅助树脂传递模塑成型（VARTM），分别用了三种放大倍数。可以看出，用树脂对纤维的浸渍效果良好，成型工艺质量较高，一是纤维分布均匀，无堆集或扭曲现象；二是未发现缺胶、富胶或空隙存在。

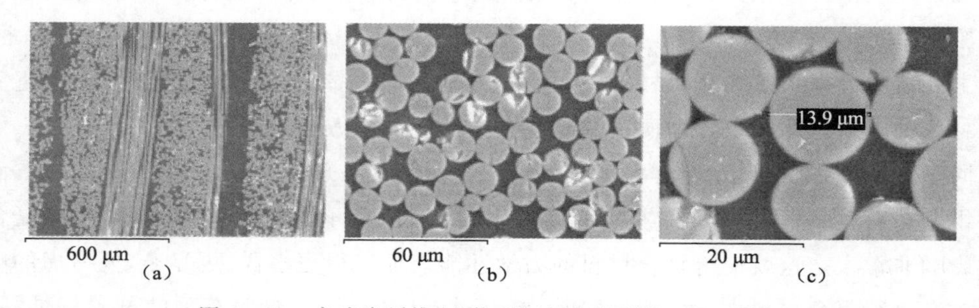

图 9-24 玄武岩纤维/生物环氧复合材料的 SEM 图像

如图 9-25 所示是剑麻纤维/聚乳酸复合材料的拉伸破坏的 SEM 断口形貌，图 (a) 是剑麻纤维未经表面处理，图 (b) 是经聚乙二醇（PEG）表面处理。可以看出，两者的断裂形貌有所不同，未处理的纤维被拉断后，表面光滑，不附有基体残余物，而处理过的纤维被拉出后，表面附有基体残余物，说明这两种复合材料中的纤维与聚乳酸基体的界面结合不同，表面处理能改善纤维与基体的相容性，从而提高了相互之间的界面结合，影响到复合材料最终的力学性能，试验结果表明，纤维经表面处理后，复合材料的拉伸强度和弯曲强度分别提高了 10%和 15%。

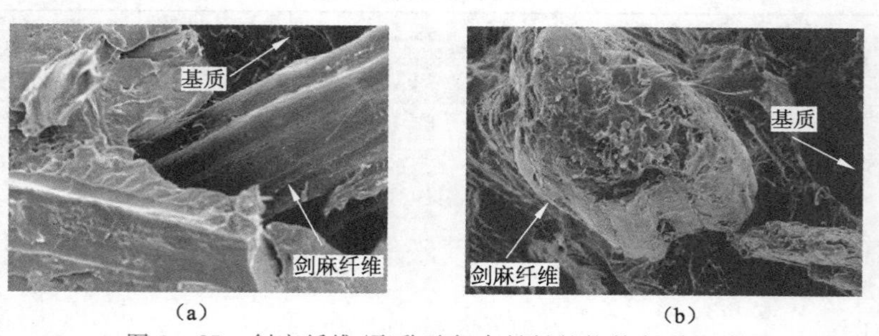

图 9-25 剑麻纤维/聚乳酸复合材料的拉伸断裂形貌

9.5　复合材料结构表征技术[2,50,51]

对于结构复合材料设计，不仅需要提供与材料有关的性能数据，如层压板的拉伸、压缩、剪切试验数据，还要提供与结构完整性有关的试验数据。复合材料的损伤容限设计也需要与损伤有关的性能数据，典型的是因低速冲击引起的局部损伤。复合材料大多应用层压结构，层间结合是结构的薄弱环节，冲击损伤导致的局部分层会在制件服役中，因载荷或环境的作用发展成事故。因此美国宇航局（NASA）于 20 世纪 90 年代开发了一组用于表征复合材料结构性能的试验技术，包括开孔拉伸、开孔压缩、单钉挤压边缘分层、Ⅰ型和Ⅱ型断裂韧性、冲击后压缩和准静态压痕等。

9.5.1　开孔拉伸和开孔压缩

这两项试验用于评价复合材料层压板对结构缺陷/损伤（除冲击损伤外）的敏感性。国内外都已制定了相应的标准。

试验方法与普通静态拉伸和压缩试验基本相同，但在试样制备上有明确要求，如图 9－26 所示。

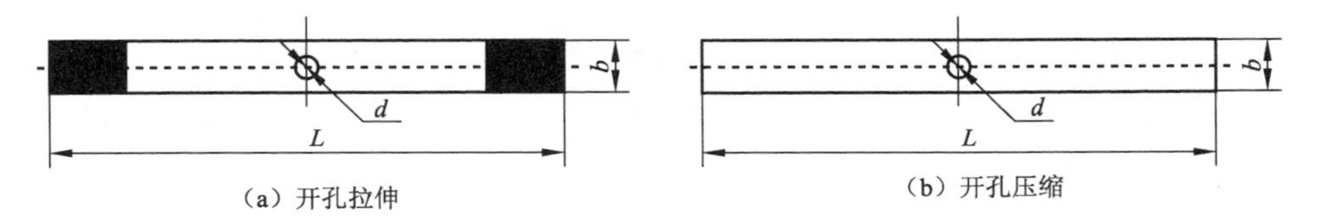

图 9－2636　复合材料开口拉伸(a)与开口压缩(b)试样示意图

如图所示，试样为 300 mm×36 mm 的长条形试样，厚度为 2～4 mm，中心开孔直径为 6 mm。通常应选择[45/0－45/90] ns 预浸带层压板或[45*i*/0*i*]ms 织物层压板。且在四个主要方向上，每个方向纤维的单层至少为 5%。拉伸试样的两端贴有加强片。

拉伸试验将试样直接装夹于上下夹头之间，以 1～2 mm/min 的速率加载。

压缩试验需要使用侧向防失稳装置以防止试验过程中试样失稳。

开口拉伸和开口压缩强度可由下式算出：

$$\sigma_{\mathrm{Vc}}=\frac{P}{bt}$$

式中：P——破坏时的最大载荷，N；

b——试样宽度，mm；

t——试样厚度，mm。

这两种试验主要用来评价复合材料对损伤的敏感性，同时也可以用来评价不同组分材料对复合材料性能的影响，如图 9－27 所示。

其中图(a)是采用相同的树脂基体，但增强碳纤维不同，可以看出用 T700 增强的复合材料，开口拉伸强度较 T300 提高 15%；图(b)是用同种纤维但基体不同的试样，可以看出它们之间的开口压缩强度也存在明显的差别。

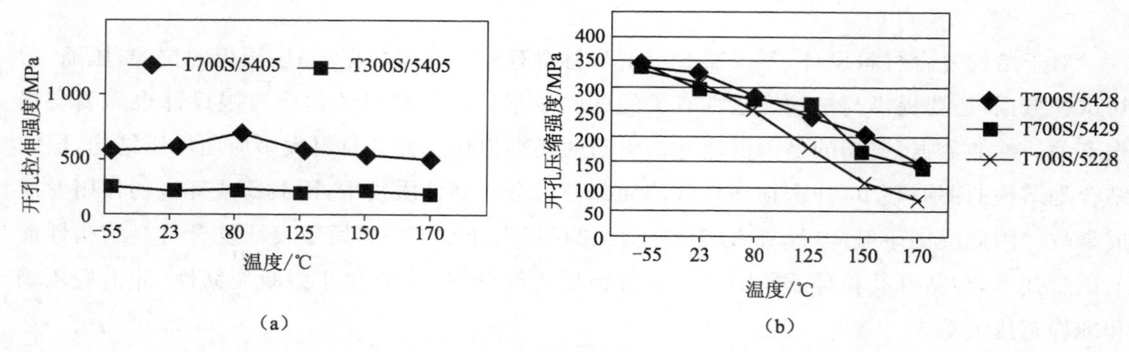

图 9-27 不同材料组分对开口拉伸/压缩性能的影响

9.5.2 层间断裂韧性

复合材料层间断裂韧性表征分Ⅰ型和Ⅱ型，如图 9-28 所示。

其中图(a)是Ⅰ型层间断裂韧性 G_{IC} 所用的试样，称为双悬臂梁试样(double cantilever beam, DCB)。一端的中面层埋入聚四氟乙烯塑料薄膜，形成预制分层，薄膜的厚度应不大于 0.05 mm。按美国 NASA 规定，试样的尺寸分别为：长度 L=80～200 mm、宽度 B=20～30 mm、厚度 h=3～10 mm、薄膜长度 a=12.7～50 mm。

这是一种层间张开型的测量方法，试验以位移控制方式对试样施加拉伸载荷，加载速率为 1～2 mm/min。记录载荷-变形曲线，每次加载使层扩展到一定程度，然后卸载，这样重复多次，直至分层长度达到规定长度时停止试验，得到如图 9-29(a)所示的载荷-位移曲线。

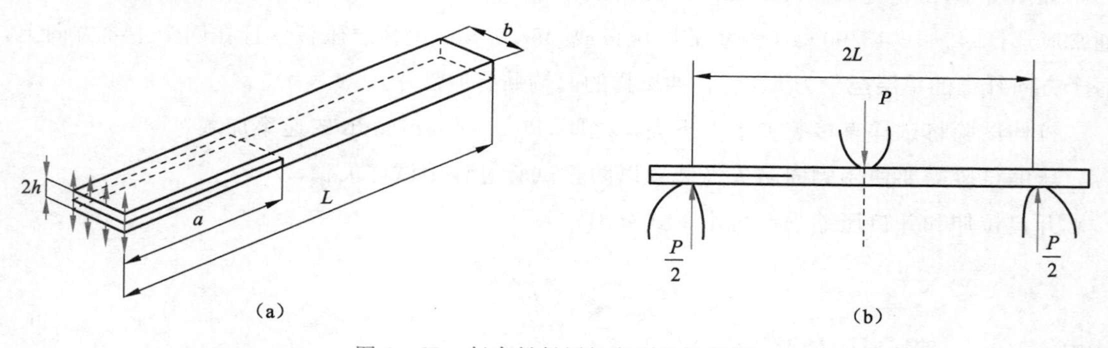

图 9-28 复合材料层间断裂韧性试样

按照下式对每次加载-卸载过程计算层间断裂韧性，并取平均值：

$$G_{IC}=\frac{mP\delta}{2b\alpha}\times 10^{3}$$

式中：G_{IC}——层间断裂韧性，J/m²；

m——柔度拟合系数；

P——分层扩展临界载荷，N；

δ——对应于载荷 P 的加载点位移，mm；

b——试样宽度，mm；

α——分层长度，mm。

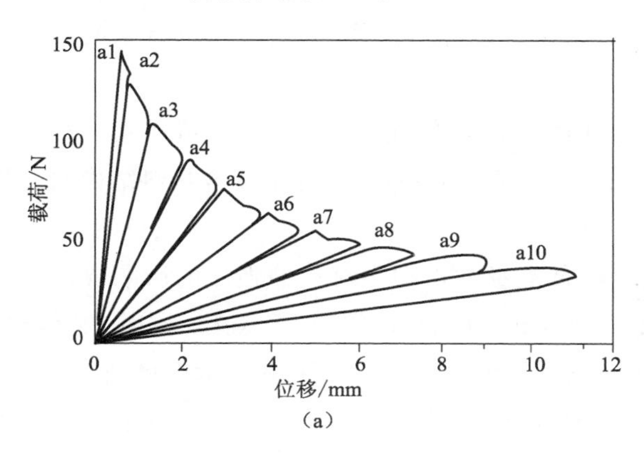

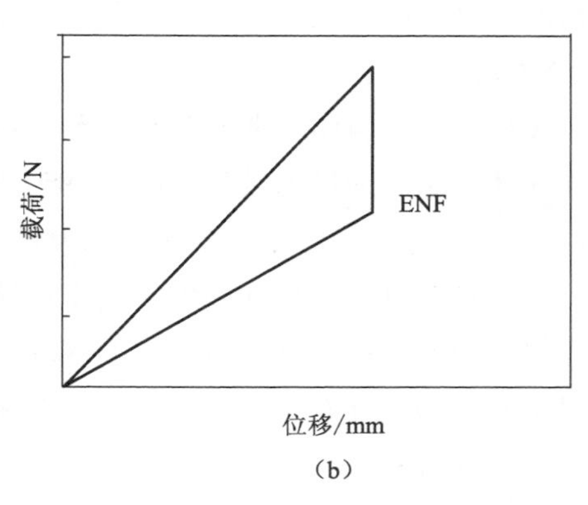

图 9－29　断裂韧性的载荷与位移曲线

图 9－29(b)是Ⅱ型层间断裂韧性 $G_{\text{II}C}$ 所用的试样，称为端部裂缝断裂(end notch fracture, ENF)试样，这是一种层间滑移错位型的测量方法。按美国 NASA 规定，试样长度 $L=70\sim200$ mm，宽度 $B=15\sim25$ mm，厚度 $h=3\sim6$ mm，预制裂纹长度 $a=15\sim50$ mm。试验方法与三点弯曲试验类似，得到如图 9－28(b)所示的典型载荷-位移曲线。

Ⅱ型断裂韧性可由下式计算：

$$C_{\text{IC}}=\frac{9P_c^2Ca^2}{2b(2L^3+3a^3)}$$

式中：C——柔度，$C=\delta/P$；

P_c——裂纹开始扩张的载荷；

b——试样宽度；

a——预制分层长度；

L——两支撑点间距离。

层间断裂韧性主要表征纤维和基体的界面结合性能，它与所用的纤维和树脂基体的性能有关，其中很大程度上取决于树脂基体的韧性，同时也与复合材料成型工艺质量有关。树脂基体的韧性关系到复合材料的抗冲击能力和损伤容限。目前广泛用于飞机结构复合材料的环氧树脂基体和双马来酰亚胺树脂基体，具有结合强度高，耐高温等优点，但存在脆性较大的缺点，脆性树脂基体使复合材料对外部的冲击损伤非常敏感，容易形成界面结合的破坏，导致复合材料的脆性断裂，因此，对热固性树脂基体和增韧改性一直是复合材料的重要研究课题。

9.5.3　冲击后压缩强度

冲击后的压缩强度(compression after impact, CAI)是表征和评价复合材料抗损伤能力的一个重要性能参数，一直是多年来普遍关注的重要问题。

复合材料层压结构对外来物冲击非常敏感，例如飞机结构复合材料部件在制造、维修和使用过程中很有可能受到各种形式的外部冲击，如飞行中的鸟碰撞、起飞和降落过程中的小石子撞击或装配维修中的工具坠落等，这些低速的冲击可能引起复合材料不同程度的损伤，而且多数情况下这些损伤发生在制件内部，被称为"难以觉察的冲击损伤"。这为飞机后来的飞行带来了潜在的危险。

飞机复合材料结构非常强调完整性，因为任何一定程度的冲击都有可能造成基体开裂或纤维和基体结合的局部破坏，并有可能发展成为较大范围的损伤，破坏了复合材料结构的完整性，使其压缩强度、弯曲强度和刚度大幅度下降。

纤维复合材料的拉伸强度要高于压缩强度，低能量冲击损伤对拉伸强度的影响要比对压缩强度的影响低得多，因此用 CAI 来表征复合材料抗损伤能力更有实际意义。同时 CAI 与所用树脂基体的韧性有关，用 CAI 来表征树脂的增韧改性，多年来一直在进行大量的研究。

在试图将复合材料用于飞机主承力结构件时，CAI 值就成为一个关键性的性能指标。因此多年来有多种 CAI 的试验方法和标准相继建立，如美国 NASA 对试样的铺层、尺寸和试验方法都有规定。试样厚度为 6 mm，用直径为 12.7 mm 的冲击头进行 27 J 能量冲击后得到的压缩强度被作为标准的 CAI 值，还规定 CAI 大于 200 MPa 的树脂可称为韧性树脂。波音公司制订了另一种试验方法，使用较小的试样，试样厚度为 4 mm，冲击头直径改为 16 mm 进行 27 J 能量冲击。近年来随着复合材料的性能和质量不断改进，空客公司和波音公司在评定材料时均采用了更大的冲击能量，特别是空客公司明确提出了用凹坑深度为 1.0 mm 和 2.5 mm 时的 CAI 来进行评定。

CAI 试验分两部分，一是引发复合材料冲击损伤，二是损伤后的压缩强度试验，如图 9－30 所示，其中图(a)是引发冲击损伤的装置，图(b)是压缩试验示意图。

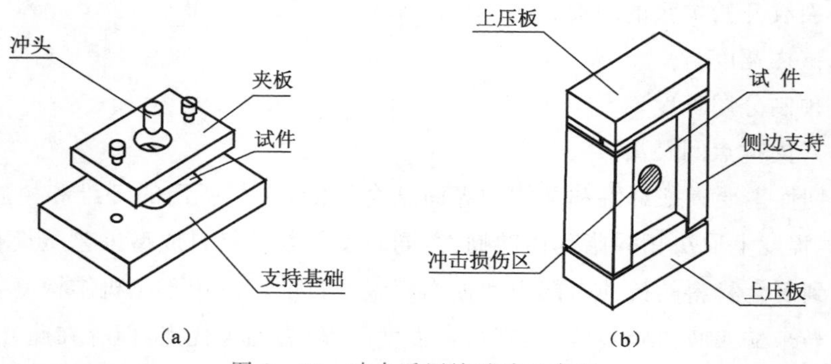

图 9－30　冲击后压缩试验示意图

如图 9－30(a)所示，试样夹持在两钢板之间，冲击部分是直径为 40 mm 的圆形开口，冲头是一个直径为 20 mm 的钢质球形端部，冲头质量为 4 kg，轴线与板平面垂直，通过调整冲头下落的高度来控制冲击能量和速度。试验中必须严格控制不发生二次冲击。

图 9－29(b)是压缩试验示意图，试验夹具由上下压板和边界支持组成，这样能保证试样

不发生总体失稳破坏。最好用人工控制加载速度，以便随时观察加载过程中损伤的变化情况，记录外观损伤的变化。

CAI 值可用下式计算：

$$S_{CAI}=\frac{P}{bh}$$

式中：S_{CAI}——冲击后压缩强度，MPa；

P——破坏载荷；

b 和 h——试样宽度和厚度，mm。

复合材料的 CAI 值与树脂的韧性有关，也与冲击能量有关(见图 9－31)。其中图 9－30(a)结果显示出韧性复合材料的 CAI 值高于脆性复合材料，且随着冲击能量的增大而降低。图 9－30(b)给出 CAI 值与冲击能量的关系，随着冲击能量的增大，CAI 值逐渐下降。这是因为冲击能量增大，造成的损伤程度也随之增大。

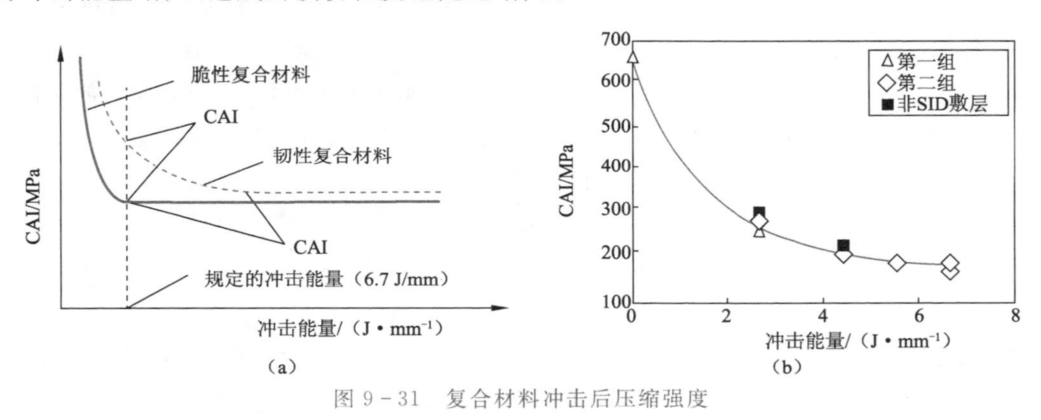

图 9－31　复合材料冲击后压缩强度

9.5.4　复合材料环境性能表征

9.5.4.1　复合材料湿热老化性能

湿热性能的表征是研究和评价树脂基复合材料在不同环境状态下的性能变化特征和耐环境老化能力的重要指标，是复合材料应用研究的重要内容之一。

湿热性能表征有两方面内容：一是评价复合材料的耐热性，它关系到复合材料结构的最高使用温度；二是评价复合材料的耐水性，有时也称为耐湿性，它关系到复合材料结构耐环境影响的能力。而且温度和湿度对复合材料性能的影响是互相协同的，例如不同温度下树脂基体的吸湿性会有所不同，在高温条件下会促进湿气的吸收。因此通常将它们的协同作用结合起来研究，这就是复合材料的湿热性能表征。

复合材料的湿热性能主要取决于所用的树脂基体，复合材料的耐热性在某种意义上讲就是树脂基体的耐热性，树脂基体的玻璃化转变温度是一个非常重要的性能参数，它决定了复合材料的最高工作温度。

另一方面，同其他高分子材料一样，树脂基体也能不同程度地吸收水分。研究表明湿度和温度的协同作用对聚合物基体复合材料结构的性能有显著影响。

另外，湿气对复合材料的界面性能也有很大影响。复合材料界面是指基体与增强物之间化学成分有显著变化的，构成彼此结合的，能起载荷传递作用的微小区域。界面对复合材料性能（特别是力学性能）起着极为重要的作用，湿热环境对复合材料界面具有破坏作用，主要表现为：

(1)基体吸水溶胀，吸湿量远大于纤维吸湿量，使树脂基体和纤维的体积膨胀不匹配，纤维/基体界面产生剪应力，进而产生裂纹，导致界面结合力下降；

(2)渗入到界面处的水与界面区的基体和纤维发生某些化学反应，使界面结合力降低；

(3)高温下由于纤维与树脂基体热膨胀的差异，使界面产生内应力；

(4)水助长界面相上微裂纹的扩展，破坏界面结构。

综上所述，湿热老化对复合材料力学性能的影响是明显的。湿热老化不仅会引起复合材料尺寸、质量的变化，还会使玻璃化转变温度、界面结合强度显著改变，降低复合材料层间剪切强度、拉伸强度、压缩强度、破坏应变、弯曲强度、刚度等主要的静态力学性能。

研究表明，吸湿量是表征复合材料湿热性能的关键参数。纤维体积分数与纤维的铺层方向对复合材料吸湿量有很大影响。同等条件下，纤维体积含量高的，材料的吸湿量相对低；低铺层角的复合材料比高铺层角的复合材料吸湿量要大。

对于一种复合材料而言，它的最大吸湿量主要取决于所用树脂基体，但也受环境温度的影响，如图 9－32 所示，80 ℃下的最大吸湿量是 40 ℃的 3 倍多，充分说明了温度和湿度的协同效应。

表征湿热性能最常用的方法是将经过湿热老化的试样与未经老化的试样进行力学性能的对比，计算出性能的保持率，即计算出老化后的性能占其原始值的百分比，通过比值的大小来评价复合材料抗湿热老化的能力，最常用的是层间剪切性能和弯曲性能。如图 9－33 所示是一种环氧复合材料湿热老化后的层间剪切试验结果，横坐标是试样在 80 ℃下水煮不同时间，得到不同的湿气含量；纵坐标是层间剪切强度的保持率 τ/τ_0，可以看出，当吸湿率达到 2.5％时，层间剪切强度下降了 40％。

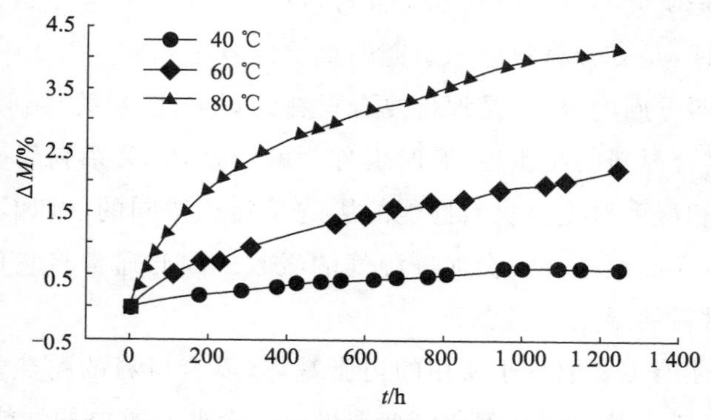

图 9－32　复合材料吸湿量与温度和时间的关系

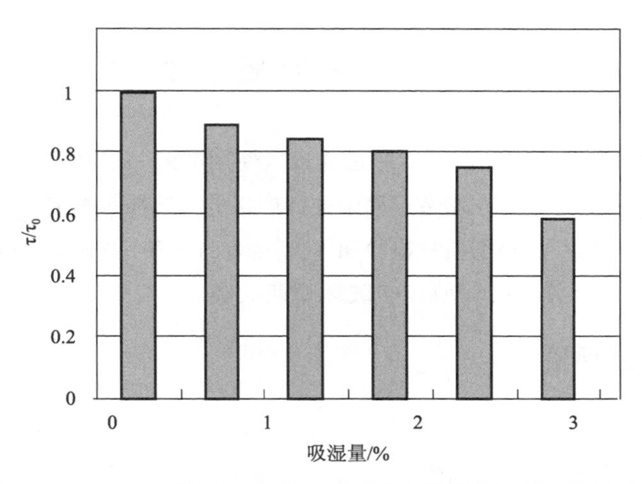

图 9-33　一种环氧复合材料的吸湿量与层间剪切强度的关系

9.5.4.2　复合材料的降解性能

降解性能是绿色复合材料研究的重点内容之一，研究的方法较多，目前主要用堆肥法和生物脂肪酶降解法。前者是将复合材料试样置入天然植物肥料和土壤中，进行微生物和酶菌降解，然后分期分批地取出进行试验，分析检测降解程度。后者是在实验室中进行，用制备的脂肪酶进行降解，对试样同样进行分期分批检测。

用于制备绿色复合材料的生物树脂基体(如 PLA、PCL、PHB、PHBV 等)都是含有酯基的生物脂肪族聚酯，其降解机理是微生物首先侵蚀聚酯表面，然后由微生物分泌的脂肪酶对聚酯中的酯键发生作用使其水解，酯键断裂分解成 H_2O 和 CO_2，这种降解过程是一种发生分子结构改变的化学反应，可以通过一些分析技术如 SEM、XRD、FTIR 和 DSC 对降解前后复合材料的性能进行分析表征。

如图 9-34 所示是苎麻增强聚丁二酸丁二醇酯(PBS)复合材料的生物降解前后的红外分析光谱图。其中曲线(a)来自未降解的新鲜样品，曲线(b)和(c)来自堆肥法和生物脂肪酶降解后的样品。图中 1 850～1 650 cm^{-1}为 PBS 酯键的吸收峰，2 946 cm^{-1}为甲基和亚甲基的 C—H 峰，3 400～3 200 cm^{-1}为 O—H 伸缩振动峰。可以看到，降解后的酯键含量降低，说明降解过程中，部分酯键被水解而丧失。

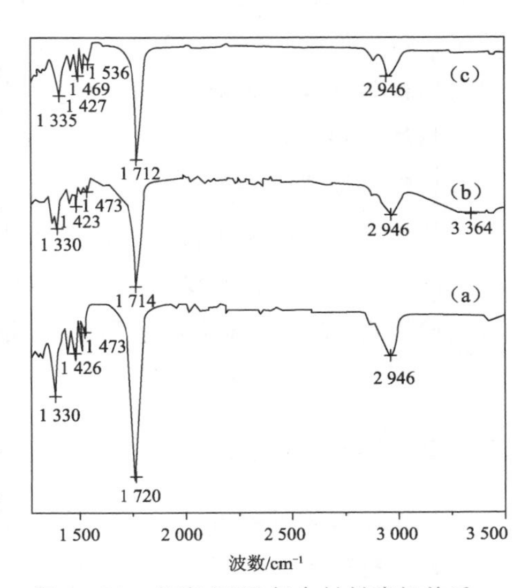

图 9-34　苎麻/PBS 复合材料降解前后的 FTIR 光谱图

同样的结果可由 X 射线衍射(X-ray diffraction, XRD)和热重分析(TG)测出。

9.6 复合材料质量评价

复合材料的质量评价是在产品制成后和正式投入使用前的一道必不可少的环节，特别是对于航空应用的高端复合材料，除了要在制造过程中进行严格的工艺质量控制外，对制成的产品还必须按照专门的规范或标准，进行严格的质量检验和评价，确保进入使用的产品符合规定的质量要求。

复合材料的质量评价分为破坏型和非破坏型两大类。

9.6.1 破坏型质量评价

破坏型质量评价是指对复合材料或制件按设计要求进行相关的力学性能试验，试验后的试样已经破坏，所用的试验方法与前面介绍的层压板力学性能试验相同。试验项目根据设计要求而定，主要是测试材料的基本力学性能，如拉伸、压缩、剪切的强度和模量以及泊松比等。试验结果可用来直观地评价复合材料的质量，为成型工艺质量控制提供依据。对于飞机结构复合材料，关系到结构完整性和损伤容限的一些性能倍受关注，因此破坏型的质量评价还包括开孔拉伸、开孔压缩、冲击后压缩以及层间断裂韧性等一些试验项目。至于飞机部件的整体验证试验，如机翼和机身段的整体验证试验，已超出材料质量评价的范围。

破坏性质量评价分两个层面的试验，其一是对随炉件的试验，其二是对制件进行整体解剖，选取其中相关部分进行力学性能试验。

随炉件是指用相同的材料和成型工艺随同制件一起成型的试验件，随炉件试验成本低，方法简便，得到的试验结果能直接客观地反映复合材料制件的质量，因此经常被用来进行破坏性质量评价。但随炉件试验受取样部位的局限，不能像整体件解剖那样在任意部位取样，试验结果对结构整体性的质量评价有不足之处。

整体件解剖是一种破坏性试验，成本较高，只有在非破坏检验和随炉件试验不能充分评价复合材料质量或对一种新的结构件缺少制造经验时才可考虑采用。

整体件解决除用于首件或首批部件抽样检验之外，还用于关键部件的定期检验。整体件解剖的试验项目要精心设计，要能得到更多的试验结果，包括试验项目、取样部位、解剖区的细微结构检查，如纤维铺层顺序和方向、铺层皱折、纤维分布均匀性、微裂纹、孔隙、贫胶和富胶区、夹层结构的芯子和蒙皮结合等。

9.6.2 非破坏型质量评价[52—56]

非破坏型质量评价又称**无损检验**[non - destructive inspection(testing), NDI(NDT)]，是在不破坏材料的前提下，用物理或化学方法，通过现代仪器的检测，对材料内部及表面的状态、结构、性质进行检测和测试的方法。其工作原理是根据材料内部的结构异常或缺陷与其周围正常状态的材料对热、光、声、电、磁信号的反应有所不同，通过检测这些信号的变化来检测材料的表面和内部缺陷，并对缺陷的类型、形状、尺寸、数量、位置、分布作出判断和评价，这类似于人们去医院进行内部器官的检查，如超声、CT、X射线、核磁共振检查等。

现代无损检验不仅要求发现缺陷，探测试件的结构、状态、性质，还要求获取更全面、准确和综合的信息，辅以成像技术、自动化技术、计算机数据分析和处理技术等，并与材料力学、断裂力学等学科综合应用，对制件的性能和质量做出全面、准确的评价。

对于航空结构复合材料，无损检验已成为一种必不可缺的支持性技术，无损检验的目的主要有以下三方面：

(1)质量鉴定。在制件正式投入使用前，检查其是否达到设计质量标准，判断其是否能安全使用。这既是对制件质量的验收，也是对成型工艺合理性的评价。

(2)质量管理。通过仪器对缺陷的检测和分析，基本可以确定缺陷的类型和尺寸，进而确定缺陷产生的原因是由原材料质量引起的缺陷，还是成型工艺质量缺陷。这些信息反馈到设计和工艺部门，为改进产品设计和制造工艺提供依据；在制造过程中，阶段性的无损检验可及时发现工艺质量问题，避免不合格的产品继续加工，从而降低废品率，提高产品质量，降低成本。

(3)在役检验。可以对在服役期间的部件进行定期检验，保障使用安全。在役检验不仅能及时发现隐患，还可以根据检测到的早期缺陷及发展程度(如疲劳裂纹的萌生和发展)，在确定其形状、方位、尺寸、类型等基础上，对该部件是否能继续使用及其安全运行寿命进行评价。

9.6.2.1　复合材料结构的缺陷和损伤类型

复合材料飞机结构的缺陷、损伤类型通常按出现的时间分为两大类，一是成型制造过程中形成的工艺缺陷，二是结构在使用中出现的各种损伤。

成型过程中产生的工艺缺陷大多数是由于工艺路线设计不合理，或工艺质量控制不好所致。损害复合材料飞机结构的完整性和性能的缺陷有：气孔、夹杂、分层、纤维断裂或皱折、纤维和基体的结合状况不良、纤维和树脂的比值不正确、贫胶或富胶、空隙率超标、微裂纹和界面脱黏、分层等。表9-4列出了复合材料的制造成型过程中几种代表性的缺陷。

表9-4　复合材料常见的工艺缺陷

缺　陷	产生原因
孔隙	溶剂、低分子杂质的挥发，真空控制不当
贫胶、富胶	预浸料树脂不均匀或储存时间过长，固化工艺不当
夹杂(如隔离纸、PE薄膜等)	操作失误或预浸料本身有夹杂
纤维屈曲与错位	预浸料本身有缺陷或操作不当
铺层错误	操作失误
固化不完全	预浸缺陷或固化工艺不当
基体开裂、分层	基体、纤维、模具热膨胀系数不匹配或储存时间过长
纤维缺陷	预浸料中纤维质量不好
黏结缺陷	黏结剂选择或固化不当

载荷引起的疲劳、着火、腐蚀或超过设计极限的飞行操作所导致的损伤，大多表现为零件断裂、接头破坏和分层、基体裂纹、部分脱胶以及不可目视的结构内部损伤。这类损伤严重地

损害结构件的完整性，其中，撞击对飞机结构复合材料的结构完整性和安全性构成最大威胁。因此撞击后结构内部损伤以及撞击点周围的影响区域必须使用无损检测技术给出检测结论。

还有一种情况是由结构件中原有的工艺缺陷发展形成的危害极大的损伤。在生产制造阶段产生的工艺缺陷，由于受检测能力的限制，有一些是检测不出或是在设计验收标准以内的缺陷，还有一些漏检的缺陷。针对这类缺陷，也必须使用专门的无损检测方法及时进行监控。

9.6.2.2 复合材料无损检验技术

无损检验是利用物质的声、光、磁和电等特性，在不损害或不影响被检测对象使用性能的前提下，检测被检对象中是否存在缺陷或结构不均匀性，给出缺陷大小、位置、性质和数量等信息。与破坏性检验相比，无损检验有以下特点：第一是具有非破坏性，因为在做检测时不会损害被检测对象的使用性能；第二具有全面性，由于检测具有非破坏性，因此必要时可对被检测对象进行100%的全面检测；第三具有全程性，破坏性检验一般只适用于对原材料进行检测，如普遍采用的拉伸、压缩、弯曲等，破坏性检验一般用制件的随炉件进行，对于成品和在用制件，一般不能进行破坏性检测。而无损检测因不损坏被检测对象的结构整体性和使用性能，所以，可以对一种复合材料结构进行全程跟踪检验，包括原材料质量、成型工艺过程直至最终产品。也可对服役中的制件进行在线检测。

随着智能化材料技术发展，现代无损检测技术向以传感技术为基础的复合材料结构智能化方向发展，利用先进的传感技术，如光导纤维传感器，实现复合材料结构在线健康监测。表9-5列出了用于结构复合材料，特别是大型航空航天复合材料结构件的无损检验技术以及它们的适用性。

表9-5 用于结构复合材料的无损检验技术

类型	方法	基本原理	可检缺陷类型	优缺点
超声法	超声波反射	检测回波时间及回波能量	测厚、分层、夹杂、裂纹、基体层间开裂、空腔	要求选择声入射表面及良好的耦合条件，缺陷趋向与声束垂直
	超声波透射	测定透过声波衰减量	空率、疏松、夹杂、分层	
	超声成像	计算机控制干涉成像	成像显示夹杂、空隙、纤维排列	
声振法	声阻抗	分析反射波能量	基体强度和质量分析、脱黏、空腔分层、连接的整体性等	试验操作方便易行，属实验室分析技术
	频谱分析	分析反射波频谱		
	敲击法	可听的声调和声强度		灵敏度低，手工操作、方便易行，费用低
射线法	X射线照相	记录透过的射线	气孔、疏松、越层裂纹	辐射有害；需要胶片成像，检测裂纹能力受X射线束方向的影响。需专用设备定位X射线管和胶片
	实时检测	实时成像	气孔、疏松、纤维错位	

续表

类型	方法	基本原理	可检缺陷类型	优缺点
热学法	温度测量、热成像技术 热振动图	测量缺陷或损伤引起的温度分布变化 测量振动引起的热	探测复合材料和蜂窝材料中的积水、液体污染、外物撞击以及内部夹杂、分层、空腔及芯子异常等	易携带、快速、实时成相直观、记录提供一个数字化的永久记录,以方便计算机处理;受被检表面及外界影响较大
光学法	激光全息 激光散斑	测量加载引起的表面变形	近表面脱黏、分层、夹杂	外界环境干扰明显
荧光渗透	着色法 充填法	利用渗透现象 进入液体不能渗透部位	与表面连同的分层、裂纹等	直观,渗透剂清除不方便,可能导致材料腐蚀变质
涡流法	涡电流感应	测涡流特性变化	检测导电纤维的体积含量及铺层	限于检测碳纤环氧复合材料
微波法	微波	测量对微波的吸收或反射	气孔、分层、脱黏	设备复杂、费用较高
声发射	声发射检测应力波因子	检测声发射信息,测量应力波因子变化	可实现对构件强度及损伤扩展的监控	目前尚处于试验室阶段;不能描述损伤的几何形状和评价强度变化

迄今,还没有一种无损检测技术可以检测不同复合材料飞机结构的所有缺陷和损伤。在实际应用中,需要根据构件的形状、类型,要求检测的缺陷或损伤的类型、大小、位置、取向等特性,以及检测设备的检测能力、操作使用的方便程度、检测工作的经济费用等诸多因素,选一种或几种不同的方法互相补充。表9-6给出对不同类型构件推荐选用的检测方法。

表9-6 不同类型构件推荐选用的无损检验方法

结构类型	形状	选用的方法
层压板结构	非特殊形状(等厚度平板)	超声波接触法、C扫描反射或穿透法、X射线照相法、涡流、微波
	曲面成型结构(如正弦或异型凸、凹面)	超声波脉冲回波测厚、X射线照相法、声振法、光学检测、
蜂窝夹心结构	平面、等厚弧面夹心	C扫描穿透或反射法
	楔形件、异型纯胶结与夹心混合结构	C扫描反射法、超声波接触法
胶粘连接件	异型件或楔形件	超声波接触法
	等厚成型结构	C扫描反射或穿透法、X射线照相法
在役的所有结构类型	平整光滑表面或近表面	应优先选择声振法、敲击法、热成像或散斑成像
服役中的所有结构类型	结构内部夹杂、多余物及空腔等缺陷的扩展	X射线照相法

在上述各种检测方法中，技术上已成熟且应用最普遍的是超声波检验、声振检验和射线检验。近年来这些方法已在自动化技术、探测器技术、信息处理和数据存储等方面取得了很大进展，在航空航天领域的复合材料构件的制造中发挥了极为重要的作用。在复合材料的无损检验中，超声波检验是其中应用最为广泛的方法之一。尤其是超声C扫描，由于显示直观、检测速度快，已成为飞行器零件等大型复合材料构件普遍采用的检验技术。

9.6.2.3 几种常用的无损检验技术

1. 超声无损检验

超声波是指频率在20 kHz以上的声波，它们的波长与材料内部缺陷的尺寸相匹配。根据超声波在材料内部缺陷区域和正常区域的反射、衰减与共振的差异，来确定缺陷的位置与大小。按测定方法分类，超声波检测主要有脉冲反射法、穿透法和反射板法。它们各有特点，应根据不同的缺陷来选择合适的检测方法。

超声波不仅能检测复合材料构件中的分层、孔隙、裂纹和夹杂等缺陷，而且在判断材料的疏密、纤维取向、纤维屈曲、弹性模量、厚度和几何形状等方面的变化也有一定的作用。对于一般小而薄、结构简单的平面层压板及曲率不大的构件，宜采用水浸式反射板法；对于小但稍厚的复杂结构件，无法采用水浸式反射板法时，可采用水浸或喷水脉冲反射法和接触带延迟块脉冲反射法；对于大型结构和生产型的复合材料构件的检测宜采用水喷穿透法或水喷脉冲反射法。由于复合材料组织结构具有明显的各向异性，而且性能的离散性较大，因而其产生缺陷的机理复杂且变化多样，复合材料构件的声衰减大，航空航天领域的复合材料制件又多为薄型构件，由此引起的噪声和缺陷反射信号的信噪比低，不易分辨，所以在使用时应选用合适的方法进行检测。

超声检测技术，特别是超声C扫描，由于显示直观、检测速度快，已成为飞行器零件等大型复合材料构件普遍采用的检测技术。英国ICI Fiberite公司采用9轴式C扫描，对蜂窝泡沫夹芯等复杂结构的复合材料构件进行无损检测。麦道公司曾专为曲面构件设计的第五代自动超声扫描系统，可在九个轴向运动，并能同时保证脉冲振荡器与工件表面垂直。该系统可以完成二维和三维的数据采集，可确定大型复杂构件内的缺陷尺寸。波音飞机公司用超声波研究了复合材料机身层合板结构的冲击强度和冲击后的剩余强度，结果表明，超声波不仅可以检测损伤，而且能确定损伤对复合材料构件承载能力的影响。为了实现复合材料制造过程的在线监控，还发展了用脉冲激光在复合材料生产中产生超声波的检测系统。该系统已成功地应用于远距离、非接触式复合材料固化过程的在线检测监控，其功能包括温度分布图、固—液态界面、微观结构、再生相（疏松、夹杂）、黏流—黏滞特性的检测。

2. X射线无损检验

X射线无损探伤是检测复合材料损伤的常用方法。目前常用的是胶片照相法，对检查复合材料中孔隙和夹杂物等体积型缺陷效果较好，对增强体分布均匀性也有一定的检出能力。但该方法检测分层缺陷很困难，裂纹一般只有当其平面与射线束大致平行时方能检出，所以该法通常只能检测与试样表面垂直的裂纹，可与超声反射法互补。

随着计算机技术的发展,X射线实时成像检测技术得以实现,开始应用于结构的无损探伤。其原理可用两个转换来概述,即X射线穿透材料后被图像增强器接收,图像增强器把不可见的X射线检测信息转换为可视图像,称为光电转换;就信息的性质而言,可视图像是模拟量,不能为计算机所识别,如要输入计算机进行处理,需将模拟量转换为数字量,再经计算机处理将可视图像转换为数字图像,称为模/数转换。其方法是用高清晰度电视摄像机摄取可视图像,输入计算机,转换为数字图像,经计算机处理后,在显示器屏幕上显示出材料内部的缺陷性质、大小和位置等信息,按照有关标准对检测结果进行缺陷等级评定,从而达到检测目的。X射线实时成像无论在检测效率、经济性、表现力、远程传送和方便实用等方面都比照相底片成像更胜一筹,因此发展很快。

3. CT层析照相无损检验

传统的X射线照相分析只能得到缺陷的二维图形,也就是只能得到缺陷在被检平面上形状、尺寸和部位的有关信息,而对于缺陷在纵深方向的尺寸和部位是无能为力的,因此传统的X射线成像的分辨率和精度都受限制。随着计算机技术的应用和发展,在传统的X射线检测技术基础上开发出CT层析照相技术,其原理主要是通过扫描工件得到断层投影值,然后通过计算机图像重建算法重建出断层图像,这样就可以得到缺陷在试件任一平面层的图像,具有影像不重叠、层次分明、分辨率高的特点。这项技术的开发首先利用的是医用CT扫描装置,由于复合材料和非金属材料元素组成与人体相近,医用CT非常适于检测其内部非微观缺陷以及测量密度分布,但不适合检测大尺寸、高密度(如金属)物体。因此,20世纪80年代初,美国ARACOR公司率先研制出用于检测大型固体火箭发动机和小型精密铸件的工业CT。其特点是空间分辨率和密度分辨率高(通常$<0.5\%$)、检测动态范围大、成像的尺寸精度高,可实现直观的三维图像,在足够的穿透能量下试件几何结构不受限制。其局限性表现为检测效率低、检测成本高、不适于平面薄板构件以及大型构件的现场检测。

CT主要用于检测非微观缺陷(裂纹、夹杂物、气孔和分层等),测量密度分布(材料均匀性、复合材料微气孔含量),精确测量内部结构尺寸(如发动机叶片壁厚)等。

4. 微波无损检验

微波无损检测技术始于20世纪60年代,作为一种新的检测技术正日益受到重视。微波是一种高频电磁波,其特点是波长短(1～1 000 mm)、频率高(300 MHz～300 GHz)、频带宽。微波无损检测的基本原理是综合利用微波与物质的相互作用,一方面微波在不连续界面产生反射、散射和透射,另一方面微波还能与被检材料产生相互作用,此时微波均会受到材料中的电磁参数和几何参数的影响。通过测量微波信号基本参数的改变即可达到检测材料内部缺陷的目的。

微波在复合材料中的穿透力强、衰减小,因此适于复合材料无损检测。它可以克服一般检测方法的不足,如超声波在复合材料中衰减大,难以穿透,较难检验其内部缺陷;X射线法对平面型缺陷的射线能量变化小,底片对比度低,因此检测困难。微波对复合材料制品中难以避免的气孔、疏孔、树脂开裂、分层和脱黏等缺陷有较好的敏感性。

据报道,美国在20世纪60年代就采用微波进行无损检测。后来又利用毫米微波段对大型导弹固体火箭发动机玻璃钢壳体内的缺陷和喷管内部质量进行检测，其工作频率从最初的 10 GHz 提高到目前的 300 GHz 以上。

微波在雷达罩等介电复合材料中的穿透力强，可用于无损检测，如采用近场毫米波技术检测玻璃纤维复合材料的缺陷，可以显示多处亚表面隐藏缺陷，空间分辨率高，成像质量接近 X 射线 CT 图像。微波（厘米波和毫米波）容易穿透介电常数和损耗低的蜂窝复合材料，对气孔、分层和脱黏等缺陷引起的介电性能不连续非常敏感，但是不适用于介电损耗大的材料，如碳纤维复合材料。毫米波技术成本低、非接触、探头小、分辨率高、设备简单且不需耦合剂，可实现在线检测，检测质量接近 X 射线 CT，但不能定量确定裂纹深度。

5. 声发射无损检验

声发射（acoustic emission，AE）又称应力波发射，是指物体在受力作用下产生变形、断裂或内部应力超过屈服强度而进入不可逆的塑性变形，以瞬态弹性波形式释放应变能的现象。

声发射作为一种检测技术起步于 20 世纪 50 年代的德国；60 年代该技术在美国原子能和宇航技术中迅速兴起，并首次应用于玻璃钢固体发动机壳体检测；70 年代，在日本、欧洲及我国相继得到发展，但因当时的技术和经验所限，仅获得有限的应用；80 年代开始获得较为正确的评价，引起许多发达国家的重视，在理论研究、实验研究和工业应用方面做了大量的工作，取得了相当的进展。

声发射检测已应用于航空、航天、石油、化工、铁路、汽车、建筑和电力等许多领域，是一种重要的无损检测技术，它与常规无损检测技术相比有两个基本特点：其一是对动态缺陷敏感，在缺陷萌生和扩展过程中能实时发现；其二是声发射波来自缺陷本身而非外部，可以直接得到有关缺陷的信息，检测灵敏度与分辨率高。其优点是：

（1）可获得关于缺陷的动态信息，并据此评价缺陷的实际危害程度以及结构的完整性和预期使用寿命。

（2）对大型构件，无须移动传感器作繁杂的扫描操作，只要布置好足够数量的传感器，经一次加载或试验即可大面积检测缺陷的位置和监视缺陷的活动情况，操作简便、省时省工。

（3）可提供随载荷、时间和温度等外部变量而变化的实时瞬态或连续信号，适用于过程监控以及早期或临近破坏的预报。

（4）对被检工件的接近要求不高，因而适用于其他无损检测方法难以或无法接近（如高低温、核辐射、易燃、易爆和极毒等）环境下的检测。

（5）对构件的几何形状不敏感，适用于其他方法不能检测的复杂形状构件。适用范围广，几乎所有材料在变形和断裂时均产生声发射。

6. 红外热成像无损检验

红外热成像无损检验技术的基本原理是利用红外物理理论，通过检测物体的热量和热流的变化来鉴定材料内部的结构和成分的变化，当试件内部存在裂缝和缺陷时，将会改变该试件的热传导性能，使试件表面温度分布有差别，此时通过检测装置可显示出其热辐射的不同，从而得出热成像图，可以判别并检查出缺陷的位置。红外热成像法具有成本低、快速、方便、精确的优点，可用于多层材料与复合材料的夹杂、脱黏、分层、开裂等缺陷与损伤的检测评估，但要求被测件传热性能好,表面发射率高。美国韦恩州立大学使用红外成像技术对碳纤维增强环氧薄板中的冲击损伤进行了检测;美国航空航天局兰利研究中心和陆军研究实验室对复合材料中分层深度的红外热成像检测技术进行了专门研究,以上两例检测结果表明,红外热成像技术不仅具有探测纤维增强复合材料中是否存在分层缺陷的能力,而且还能够给出缺陷深度方面的信息。

热成像技术可对大面积复合材料结构进行非接触在线检测,对表面或近表面缺陷快速成像。其缺点是只适合较薄的复合材料,长时间加热时要避免过热可能引起的新缺陷,成像是定性的,很难鉴别异物的类型,分辨率也不够理想。

7. 激光无损检验

激光无损检测技术包括激光全息无损检测技术和激光数字错位散斑无损检测技术。激光全息检测技术是激光技术在无损领域应用最早、用得最多的方法。它可检测出复合材料中的气孔、夹杂、孔隙疏松、分层、裂纹等缺陷。检测快速,自动化程度高,结果可记录。激光散斑检测则是集现代激光技术散斑干涉技术、图像采集及处理技术、计算机技术精密测试技术于一体的计量检测技术。它比激光全息照相更为突出的优点是,散斑干涉度量技术降低了机械稳定性和相干性的要求,易于调整灵敏度和测量面内位移。

散斑干涉成像技术操作简便,灵敏度高,无须耦合剂,成像准确且检测速度非常快,抗环境干扰能力强。但是图像分辨率低,无法区分不同深度的缺陷。

综上所述,复合材料在航空工业中应用越来越广泛,但是其结构复杂性给无损检测带来很大困难,许多国家都对航空复合材料无损检测尖端技术进行了研究,并取得了显著成果。

虽然用于航空复合材料的无损检测技术有多种,但每种技术都有其特定的应用范围和优缺点,单一方法难以实现对所有类型缺陷的检测,通常需要多种方法相结合。从目前发展情况看,除了传统的超声和射线技术外,散斑干涉成像、热成像、微波、声发射以及光纤智能监控等新技术都可以在航空复合材料无损检测领域发挥重要作用。

无损检测技术的成本、效率、质量、安全性和通用性之间往往存在矛盾,从手工操作到自动化扫描,从实验室检测到外场原位检测,既要考虑用户的成本可接收性,又要考虑检测仪器的轻便和可使用性,及对缺陷的精确定性、定位、定量和直观成像,总之,低成本、高效率和高可靠性是航空复合材料无损检测技术发展的基本要求。

长远来看,航空复合材料无损检测技术将从地面离位或原位检测向机载实时健康监控方向发展,预测潜在缺陷和诊断早期故障,采取有效措施,保证结构完整性和飞行安全,这需要先进的传感器技术,数字信号处理技术,电子技术和计算机技术,以及基于这些技术的智能化无损评价系统。随着科学技术特别是计算机技术、数字化与图像识别技术、人工神经网络技术和机电一体化技术的大发展,无损检测技术获得了快速进展。

参考文献

[1] 梁基照. 高分子复合材料物性及其定量表征[M]. 广州:华南理工大学出版社, 2013.

[2] 张子龙,向海,雷兴平,等. 航空非金属材料性能测试技术(5)—复合材料[M]. 北京:化学工业出版

社，2014.

[3] 邸明伟，高振华，吕新颖等. 生物质材料现代分析技术[M]. 北京：化学工业出版社，2010.

[4] THAKUR V K Processing and characterization of natural cellulose fibers/thermoset polymer composites[J]. Carbohydrate Polymers，2014，109(30)：102 - 117.

[5] THAKUR V K，SINGHA A S，THAKUR M K. Biopolymers based green composites：mechanical，thermal and physico-chemical characterization[J]. Journal of Polymers and the Environment，2012，20(2)：412 - 421.

[6] 张汝光．复合材料性能试验——方法选择和结果评价[J]. 玻璃钢/复合材料，2000(1)：1 - 4.

[7] 王万卷，余巧玲，何国山．生物基塑料分析鉴定方法综述[J]. 现代化工，2014(12)：174 - 177.

[8] 朱宇宏，汪晓磊，王燕，等．生物基复合材料检测方法体系研究：分析鉴定方法[J]. 中国标准化，2012(3)：61 - 65.

[9] 冀克俭．先进复合材料树脂基体性能表征技术研究[D]. 南京理工大学，博士论文，2003.

[10] 黄文宗，孙容磊，连海涛，等．预浸料的铺放适宜性评价(一)—黏性篇[J]. 玻璃钢/复合材料 2013，(6)：13 - 21.

[11] 黄文宗，孙容磊，张鹏，等．预浸料的铺放适宜性评价(一)—铺覆性篇[J]. 玻璃钢/复合材料 2013，(8)：5 - 10.

[12] 张春辉，秦梦华，詹怀宇．植物纤维化学特性的直接表征技术[J]. 上海造纸，2006，(6)：22 - 28.

[13] THEOPHANIDES T. Infrared spectroscopy - materials science，engineering and technology[M]. Croatia：In Techopen，2012.

[14] 刘荣仲，刘俊松．用红外光谱鉴定塑料成分[J]. 塑料科技，2008，36(6)：72 - 77.

[15] 胡成龙，陈韶云，陈建．拉曼光谱技术在聚合物研究中的应用进展[J]. 高分子通报，2014，(3)：33 - 48.

[16] 张建安，吴明元，吴庆元，等．生物降解材料聚乳酸的合成与表征[J]. 安徽大学学报(自然科学版)，2008，32(6)：78 - 81.

[17] 张建春，张华．汉麻纤维的结构性能与加工技术[J]. 高分子通报，2008，(12)：44 - 52.

[18] 胡净宇，牟世芬，等．色谱在材料分析中的应用[M]. 北京：化学工业出版社，2011.

[19] GARY L. Quality assurance of epoxy resin prepregs using liquid chromatography[J]. Polymer Composites，1980，1(2)：81 - 87.

[20] 鲁红．凝胶渗透色谱仪及其使用[J]. 分析仪器，2010，(3)：86 - 90.

[21] 钟亚兰，蒋序林．高效液相色谱表征高聚物[J]. 化学进展，2010，22(4)：706 - 712.

[22] 冀克俭，张银生，张淑芳，等．环氧预浸料质量控制研究进展[J]. 玻璃钢/复合材料，1997(3)：13 - 15.

[23] MENCZEL J D. Thermal analysis of polymers：fundamentals and applications[M]. New Jersey：Wiley publication，2009.

[24] GEDDE U W. Thermal analysis of polymers [J]. Drug Development and Industrial Pharmacy 2008，16(17)：2465 - 2486.

[25] 周平华，许乾慰．热分析在高分子材料中的应用[J]. 上海塑料，2012，(1)：36 - 46.

[26] 王洪恩，杨洋，陈璐圆等．一种高温碳纤/环氧预浸料的固化反应动力学[J]. 航空制造技术，2013，(12)：103 - 105，109.

[27] SUPRIYA N. DSC-TG studies on kinetics of curing and thermal decomposition of epoxy - ether amine systems [J]. Journal of Thermal Analysis and Calorimetry. 2013，112，(1)：201 - 208.

[28] 李恒，王德海，钱夏庆．环氧树脂固化动力学的研究及应用[J]．玻璃钢/复合材料，2013(4)：43-50.

[29] 郭洪涛，程珏，林欣，等．新型脂环环氧树脂/胺体系固化动力学及性能研究[J]．热固性树脂，2013，(1)：5-9.

[30] CALADO V, CALADOB V, JESUS R S, et al. Thermogravimetric behavior of natural fibers reinforced polymer composites—An overview [J]. Materials Science and Engineering, 2012, (557): 17-28.

[31] 李颖，陈立成，惠小强，等．聚乳酸耐热改性的研究[J]．合成纤维，2007(11)：19-22.

[32] JONES E G. Application of thermogravimetric-mass spectroscopy analysis for polymer characterization [J]. Polymer Engineering & Science, 1988, 28(16): 1046-1051.

[33] MENARD K P. Dynamic mechanical analysis: a practical introduction[M], New York CRC press, 2008.

[34] STARK W, JAUNICHA M, MCHUGH J, et al. Dynamic mechanical analysis (DMA) of epoxy carbon-fibre prepregs partially cured in a discontinued autoclave analogue process[J]. Polymer Testing, 2015, (41): 140-148.

[35] 陈广辉，武轲，杨亚峰，等．DMA在木质复合材料研究中的应用及展望[J]．中南林业科技大学学报，2012(6)：184-186.

[36] Hexcel corporation. Hexply prepreg technologies [M]. Stamford: Hexcel publication, 2103.

[37] 徐燕，李炜．预浸料的质量控制[J]．材料导报，2013，(15)：71-73.

[38] MARSH G. Prepregs - raw material for high-performance composites [J]. Reinforced Plastics, 2002, 46 (10): 24-28.

[39] YU Y F, SU H H, GAN W J, et al. Effects of storage aging on the properties of epoxy prepregsm [J] Ind. Eng. Chem. Res., 2009, 48 (9): 4340-4345.

[40] 田振生，刘大伟，李刚，等．连续纤维增强热塑性树脂预浸料的研究进展[J]．玻璃钢/复合材料，2013(2)：129-133.

[41] HODGKINSON J M. Mechanical testing of advanced fiber composites [M]. Oxford: Woodhead UK, Publishing, 2010.

[42] 李文可．国产碳纤维复合材料基本力学性能试验研究[D]．哈尔滨工业大学，硕士论文，2010.

[43] PIORKOWSKA E. Mechanical and thermal properties of green polylactide composites with natural fillers [M]. Macromolecular Bioscience, 2008, 8(12): 1190-1200.

[44] 李岩，罗业．天然纤维增强复合材料力学性能及其应用[J]．固体力学学报，2010，31(6)：613-630.

[45] 张建明，李红霞．竹原纤维/聚乳酸纤维基复合材料的拉伸性能[J]．玻璃钢/复合材料，2011(2)：29-32.

[46] OCHI S. Tensile properties of bamboo fiber reinforced biodegradable plastics[J]. International Journal of Composite Materials, 2012, 2(1): 1-4.

[47] TORRES J P, HOTO R, ANDRÉS J, et al. Manufacture of green-composite sandwich structures with basalt fiber and bioepoxy resin [J]. Advances in Materials Science and Engineering, Hindawi Publishing Corporation, , Volume 2013, Article ID 2145062013: 1-9.

[48] LI Z Q. Effect of sisal fiber surface treatment on properties of sisal fiber reinforced polylactide composites [J]. International Journal of Polymer Science, 2011(11): 1-7.

[49] HUDA M. S, DRZALA L T, MOHANTY A K, et al. Effect of fiber surface-treatments on the properties of laminated biocomposites from poly(lactic acid) (PLA) and kenaf fibers[J]. Composites Science and Technolo-

gy, 2008,68(2): 424 - 432.

[50] ADAMS D. Testing the damage tolerance of composite materials[J/OL]. High-Performance Composites 2012-02-29. http://www. compositesworld. com/articles/testing-the-damage-tolerance-of-composite-materials.

[51] 李建国. 复合材料冲击后压缩强度试验[J]. 纤维复合材料,2013,(2): 36 - 40.

[52] 刘松平. 复合材料无损检测与缺陷评估技术[J]. 无损检测,2008,30(10):673 - 678.

[53] 成攀娇. 生物可降解苎麻/PBS复合材料的制备及性能研究[D]. 上海:东华大学,2008.

[54] KARBHARI V M. Non-destructive evaluation (NDE) of polymer matrix composites [M]. Oxford: Woodhead Publishing Series, 2013.

[55] KARBHARI V M. Introduction: the future of non-destructive evaluation (NDE) and structural health monitoring (SHM)[M]. Oxford: A volume in Woodhead Publishing Series in Composites Science and Engineering, 2013: 3 - 11.

[56] SARASINI F. Non-destructive testing (NDT) of natural fiber composites: acoustic emission technique[M]. Oxford: Woodhead Publishing,2014:273 - 302.